Privatisierung und soziale Ungleichheit
in der osteuropäischen Landwirtschaft

Campus Forschung
Band 865

Tatjana Thelen, Dr. phil., arbeitet am Max-Planck-Institut für ethnologische Forschung in Halle.

Tatjana Thelen

Privatisierung und soziale Ungleichheit in der osteuropäischen Landwirtschaft

Zwei Fallstudien aus Ungarn und Rumänien

Campus Verlag
Frankfurt/New York

Bibliografische Information der Deutschen Bibliothek.
Die Deutsche Bibliothek verzeichnet diese Publikation in der Deutschen Nationalbibliografie.
Detaillierte bibliografische Daten sind im Internet über http://dnb.ddb.de abrufbar.
ISBN 3-593-37346-7

Druck und Bindung: KM-Druck, Groß-Umstadt
Gedruckt auf säurefreiem und chlorfrei gebleichtem Papier.
Printed in Germany

Inhalt

1. Einleitung

Ein Donnerstagmorgen im Jahr 2000, Kulturhaus in Mesterszállás, einem kleinen Dorf der ungarischen Tiefebene.

Aus der geschlossenen Tür der Bibliothek dringen gedämpfte Stimmen. Das Öffnen der Tür ermöglicht den Blick in einen kleinen Raum voller Bücherregale, zwei Schreibtischen und mehreren Stühlen. Im Raum sitzen gedrängt einige ältere Männer und diskutieren die neuesten Nachrichten zur Landwirtschaft, die am Morgen (5:40 Uhr) in der „Agrarwelt“ im Fernsehen gezeigt wurden. Der Agrarberater des Dorfes, zu dessen Sprechstunde sie gekommen sind, kommt zu spät. Er muss noch die Weizenproduktion seines Bruders verkaufen. Als er schließlich kommt, treten alle der Reihe nach vor, nehmen ihre Kappe ab und suchen in den Plastiktaschen nach ihren Papieren für die Anträge auf staatliche Unterstützung. Immer wieder wird jemand nach Hause geschickt, um noch etwas, z. B. eine Saatgutrechnung als Nachweis über die Ausgaben, nachzuliefern. Der „Papierkram" ist sichtlich kompliziert und löst auch immer wieder Unmut und Diskussionen aus. Gegen zwölf Uhr ebben die Gespräche ab, und die alten Bauern gehen zum Mittagessen nach Hause. Da kommt noch jemand: ein etwas besser gekleideter Mann, mit Handy und Aktentasche. Er wird vom Berater freudig begrüßt: „Komm her, mein Freund“, und die ausgebreiteten Dokumentenstapel werden mit „Keine Sorge, überhaupt kein Problem“ kommentiert. Diese Beratung dauert länger und findet als Einzelgespräch statt. Dann wird die Tür des Büros für diese Woche endgültig geschlossen.

So oder ähnlich verlaufen die wöchentlichen Sprechstunden des Agrarberaters in Mesterszállás, einem der beiden Dörfer, in dem die Feldforschung für das vorliegende Buch stattfand. Was ist daran ungewöhnlich? Eigentlich nichts, und doch sind sie symptomatisch für einige zentrale Aspekte postsozialistischer dörflicher Wirklichkeit. Schon die Einrichtung einer solchen Sprechstunde ist Ausdruck für die Veränderungen in der Organisation landwirtschaftlicher Produktion, denn sie richtet sich an die neuen Privatbauern, die aus der postsozialistischen Privatisierung hervorgegangen sind. Diese neuen Produzentengruppen, ihre Probleme und

Strategien im neuen wirtschaftlichen Umfeld sowie ihr gesellschaftlicher Hintergrund stehen im Mittelpunkt dieser Forschung.

Die beschriebene Sprechstunde ist nicht nur eine Folge der Privatisierung, sondern auch Symptom der sich verändernden Marktbedingungen und der inzwischen weit fortgeschrittenen Bemühungen um die Aufnahme in die EU: Ohne „Papierkram“ geht es nicht. Wer nicht registriert ist, kann seine Produkte nicht legal vermarkten und erhält keine finanzielle Unterstützung, ohne die sich der Anbau meist nicht lohnen würde.

Neben dem Einblick in die lokale Umsetzung wirtschaftlicher Reformen gibt die geschilderte Sprechstunde auch einen ersten Eindruck der neuen sozialen Unterschiede. In dem geschilderten typischen Verlauf der wöchentlichen Sprechstunde treten zumindest zwei verschiedene Personenkreise auf: die älteren Männer mit bäuerlichem Habitus und die neuen Unternehmer mit Handy und Aktentasche. Wer genau sind diese Männer? Wie entwickeln sich diese neuen sozialen Gruppen, und warum finden sich kaum Frauen und junge Männer ein? Die vorliegende Arbeit behandelt diese Fragen und damit zugleich einige der unbeabsichtigten Konsequenzen von Exklusion in der Reprivatisierung der Landwirtschaft.

Die Umgestaltung der Landwirtschaft kann dabei nicht isoliert von dem umfassenderen Übergang aus einem sozialistischen Modell sowjetischer Prägung zu einem westlichen Modell der Mehrparteiendemokratie betrachtet werden. Mit dieser Transformation gingen weit gehende Reformen auf der wirtschaftlichen Ebene einher, deren Kernpunkte mit den Begriffen „Marktwirtschaft“ und „Privateigentum“ umschrieben werden. Diese Veränderungen wirkten sich auf alle Bereiche gesellschaftlichen Lebens aus und haben auch die Entwicklung in der Landwirtschaft und dörflichen Hierarchie beeinflusst. Durch die politische und gesellschaftliche Unübersichtlichkeit und allgemeine Unsicherheit, die das frühe Stadium des Postsozialismus charakterisierten, waren Fragen der nationalen Identität und Authentizität auf die politische Agenda gerückt. In diesem Zusammenhang tauchten auch politische Bewegungen und Parteien mit „historischer Tradition“ auf. Sie boten Identitätsmuster an, die für die Zwischenkriegszeit charakteristisch waren (Niedermüller 1995: 144). Ein solches Identifikationsbild war der „richtige“ Bauer einer idealisierten Vorkriegszeit, so dass die öffentliche Wahrnehmung bäuerlicher Realität ihrerseits den Wandel prägte.

Mehr als bei allen anderen wirtschaftlichen Sektoren stand in der Landwirtschaft die Frage der „historischen Gerechtigkeit“ im Mittelpunkt der öffentlichen Diskussion. Die Kollektivierung der landwirtschaftlichen Produktion 40 Jahre zuvor war der radikalste Wandel, der durch die sozialistischen Regierungen eingeführt wurde. Im Unterschied zur Verstaatlichung von Industrie und zentraler Planung der Bürokratie änderte der institutionelle Wandel hier nicht nur die Funktionsweise der Produktion, sondern auch den Bezug der Arbeiter zu ihrer Arbeit und zueinander (Lampland 1995). Dies gilt vor allem für ehemals freie Bauern, deren Produktionsweise in weiten Teilen auf eigenem Land und familiärer Arbeitsteilung beruhte. Durch die Kollektivierung verloren sie ihr Land, und der Arbeitsablauf wurde durch die Organisation in Brigaden der LPG bestimmt. Die Reprivatisierung des Bodens war daher eines der wichtigsten und emotional am stärksten aufgeladenen Themen der Transformation. In beiden Ländern bildeten sich Bauernparteien und wurden erhitzte Debatten zum Thema im Parlament geführt. Von allen Zweigen der nationalen Ökonomie in Ungarn wurde die Privatisierung in der Landwirtschaft dann auch am schnellsten durchgeführt (Kovách 1997: 26), und in Rumänien gehörte zumindest die Ausweitung der privaten Produktion zu den ersten Maßnahmen der neuen Regierung.

Neben politischen führten auch ökonomische Gründe zu einem hohen emotionalen Potential des Bodeneigentums. In einer überwiegend ländlich geprägten Gesellschaft stellt Bodeneigentum eine Ressource von großer ökonomischer Bedeutung dar. Die Verstaatlichung und Kollektivierung der frühen 1950er Jahre hatten in überwiegend agrarisch orientierten Staaten eingesetzt. Gleichsam betraf die Reprivatisierung, auf einem Prinzip der mehr oder weniger direkten Restitution aufbauend, wiederum einen großen Bevölkerungsanteil. Im Folgenden wird der Vergleich von Auswirkungen der Privatisierung in zwei Dörfern zeigen, wie unterschiedliche rechtliche Grundlagen die Herausbildung neuer Produzentengruppen beeinflussten. Eine solche Privatisierung umfasst notwendigerweise Prozesse der Aneignung. Die vorliegende Arbeit beschäftigt sich daher mit der Frage, welche sozialen Gruppen sich Güter aneigneten, während andere von der Verteilung ausgeschlossen waren, und wie diese Prozesse die sozialen Beziehungen neu strukturieren.

Im Weiteren geht es aber auch um die Voraussetzungen, die die verschiedenen sozialen Gruppen mitbrachten und die dann zu Inklusion bzw. Exklusion führten. Angestrebt wird dabei nicht eine Beschreibung der neuen ländlichen Armut und Arbeitslosigkeit, sondern eine Darstellung verschiedener Ausschlussmechanismen. Die Prozesse der Exklusion sind vor allem deshalb interessant, weil sie entscheidende Auswirkungen auf die Transformation der sozialen und wirtschaftlichen Beziehungen der ländlichen Gesellschaft haben. Während die Abnahme der ländlichen Bevölkerung und Produktion noch zu den erklärten Zielen der Transformation gezählt werden kann, schließen sich als unintendierte

Folgen die teilweise Wiederkehr alter Eliten und vorsozialistischer Teilstrukturen in den familiären Beziehungen an. Es handelt sich allerdings nicht um eine schlichte „Rückkehr“ zu bäuerlichen Traditionen, sondern aufgrund der gesetzlichen Grundlage und der ökonomischen Notwendigkeiten der Privatisierung um neue Machtkonstellationen. Dies wird in der vorliegenden Arbeit nicht zuletzt anhand des Vergleichs zweier Dörfer mit ähnlichem historischem und ethnischem Hintergrund deutlich.

Während in vielen Transformationsstudien die neuen Eigentumsverhältnisse als mangelhafte Umsetzung des westlichen Modells interpretiert werden, geht es hier um die Folgen der „erfolgreichen" Privatisierung aus einer lokalen Perspektive. Es bleibt die Frage, wie einzelne Akteure auf den Ausschluss von Zugangsrechten zu Land reagieren. Dieser ist umso bedeutungsvoller, wenn gleichzeitig weitere langfristige soziale Ansprüche aufgehoben werden. Solche waren etwa die im Sozialismus garantierten Rechte auf sichere Vermarktungsmöglichkeiten, auf bezahlte Arbeit oder soziale Sicherung. Um die Bandbreite der Folgen der Privatisierung für die dörfliche Gesellschaft erfassen zu können, müssen solche Rechte in die Analyse aufgenommen werden. Nur ein erweiterter Eigentumsbegriff bietet die Möglichkeit, die Prozesse historischer Kontinuität und Exklusion in der Privatisierung mit ihren Folgen für die dörfliche Sozialstruktur adäquat erfassen zu können. Daher werden zunächst das begriffliche Instrumentarium und die relevanten Konzepte der Ethnologie und Transformationsforschung zu klären sein (Kapitel 2). Darauf folgend werden die angewendeten Erhebungsmethoden und der Forschungskontext dargestellt (Kapitel 3).

Im Anschluss erfolgt eine Zusammenfassung der vorläufigen Ergebnisse der beschriebenen Forschung (Kapitel 4). Die postsozialistische Entwicklung beider Dörfer wird umrissen, um anschließend anhand von Familienbeispielen typische Entwicklungsverläufe sozialer Mobilität darzustellen. Diese Beispiele und ein Überblick über die jeweiligen Akteure in der Privatisierung und postsozialistischen Produzentengruppen verdeutlichen historische Kontinuitäten bzw. Diskontinuitäten. Die vorgefundenen Ergebnisse unterscheiden sich für die beiden untersuchten Dörfer in wesentlichen Punkten. Während in dem einen Dorf eine partielle Reproduktion vorsozialistischer Elite festgestellt wird, kam es in dem anderen Ort zu einem Bruch sozialer Reproduktion. Auf Grundlage dieses kontrastiven Vergleichs behandeln die nächsten Kapitel die möglichen Voraussetzungen, unter denen bestimmte soziale Hierarchien erfolgreich reproduziert werden oder eben nicht.

Daher stellen die folgenden Kapiteln die unterschiedlichen Entwicklungspfade für die bereits skizzierten Beobachtungen dar. Zunächst werden die frühen historischen Bedingungen der Dorfentstehung und -zusammensetzung verfolgt (Kapitel 5). Dies bietet u. a. den Hintergrund, vor dem die partielle „Rückkehr" zu alten Beziehungsschemata und die Bedeutung dieses Themas als soziale Frage in der Region dargestellt werden kann. Es zeigt sich auch, dass „kulturelle" Differenz als Erklärung der unterschiedlichen sozialen Reproduktion nicht ausreicht.

Da die weiter zurückliegende vorsozialistische Vergangenheit nur wenig Erklärungsperspektiven für die unterschiedliche Entwicklung bietet, wird im Folgenden nach den sozialistischen Bedingungen für historische Kontinuität gesucht (Kapitel 6). Stark (1992) hat mit dem Begriff der Pfadabhängigkeit auf die Bedeutung der unterschiedlichen Ausgangspunkte der ehemals sozialistischen Staaten als Basis für die postsozialistischen Entwicklungen hingewiesen. In diesem Sinne werden die Phase der Kollektivierung und des konsolidierten Sozialismus für beide Dörfer dargestellt. Diese Perspektive ergibt einen Einblick in die Bedeutung der jeweiligen lokalen Praxis der Kollektivierung für die unterschiedliche soziale Reproduktion. In der folgenden Konsolidierung des Sozialismus setzten sich die in dieser Zeit angelegten Entwicklungspfade durch die jeweilige nationale Politik fort. Die Betonung liegt hierbei auf der Unterschiedlichkeit sozialistischer Systeme im Umgang mit Produktion und Eigentum.

Nach dieser Annäherung an die historischen Voraussetzungen sozialer (Dis-) Kontinuität wird der Vergleich für die Zeit des Postsozialismus auf der Ebene der Entwicklung von drei sozialen Gruppen (ehemals arme Bauern, die junge Generation, Frauen) und deren partiellem Ausschluss von landwirtschaftlichem Eigentum fortgeführt. Zunächst geht es um die Exklusion der ehemals armen Bauern in der Privatisierung (Kapitel 7). Die postsozialistische Gesetzgebung in Ungarn ermöglichte dabei eine Fortsetzung des Prozesses der bereits erwähnten Elitenreproduktion. Der Vergleich mit Gesetzgebung und lokaler Praxis in Rumänien verdeutlicht, dass diese Entwicklung kein zwangsläufiges Ergebnis der Auflösung sozialistischer Strukturen ist.

Im Weiteren wird auf die Frage von Generationen- und Geschlechterunterschieden eingegangen, die in der bisherigen Literatur noch wenig behandelt sind, obwohl gerade hier die Auswirkungen der Transformation, wie schon in der eingangs geschilderten Agrarsprechstunde deutlich wurde, besonders interessant sind (Kapitel 8). Was bedeutet die Einführung des Privateigentums für die Familienstrukturen? Wie gestalten sich Generationsunterschiede, und wie verändern sich die Positionen von Männern und Frauen im Postsozialismus? Während im Sozialismus die Veränderung von Geschlechterrollen offizielles Ziel war, war die Hinwendung zu Bildern vorsozialistischer „traditioneller" Familie und Geschlechterrollen ein zweiter wichtiger Aspekt in der bereits angesprochenen, rückwärtsgewandten Suche nach einer neuen postsozialistischen Identität. So warb beispielsweise in Ungarn das Demokratische Forum (MDF) in den letzten Wochen der Wahlkampagne, aus der die Partei als stärkste Koalitionskraft der ersten nachsozialistischen Regierung hervorging, mit einem Plakat, auf dem eine Hochschwangere in den Himmel blickt. Allgemein galt westlicher Feminismus als verpönt, und die Zukunft der Frauen lag in Familie und Haushalt. So war denn auch in der öffentlichen Debatte neben den Bodenenteignungen der frühen 1950er Jahre das Recht auf Abtreibung das zweite Teilstück der sozialistischen Legislatur, das man rückgängig zu machen gedachte (Einhorn 1993, Gal und Kligman 2000: 15). Trotz dieser auffallenden zeitlichen Nähe und parallelen Entwicklung der Debatte um Privatisierung und Geschlechterrollen wurden die beiden Themen noch nicht im Zusammenhang beschrieben. Diese Arbeit leistet daher auch einen ersten Beitrag zur wissenschaftlichen Annäherung an die beiden Themen im Zusammenhang und ihre Auswirkungen auf der lokalen Ebene.

Der Vergleich mit Rumänien zeigt, dass sich schon während des Sozialismus sowohl der Anteil von Frauen in der Landwirtschaft als auch die Frauenpolitik grundsätzlich unterschieden. In der Konsequenz sind auch die postsozialistischen Verhältnisse auf Basis dieses „sozialistischen Pfades" unterschiedlich. Auch hier wird deutlich, dass der partielle Rückgriff auf „alte" Familienstrukturen nicht kulturalistisch erklärbar, sondern eine Reaktion auf die neuen Umstände im Lichte der sozialistischen Entwicklung ist.

In allen Teilen der Arbeit ist ersichtlich, dass die Einführung des Privateigentums nicht losgelöst vom weiteren Kontext des Postsozialismus betrachtet werden kann. Die beiden bereits angesprochenen Aspekte, die Abhängigkeit vom „sozialistischen Pfad" und der Verlust anderer Rechte im Postsozialismus ziehen sich als Kriterium der Exklusion durch die vorliegende Arbeit. Es wird also eine kritische Neu-Untersuchung der Auswirkungen von Privatisierung angestrebt, wobei vor allem die Methode des Vergleichs zu überraschenden Ergebnissen führt.

2. Theoretischer Hintergund

Die postsozialistische Privatisierung und vor allem der in der Einleitung schon erwähnte Nachdruck, mit dem sie gefordert wurde, beruhte u. a. auf Annahmen über Eigentumsformen und ihre Funktion in verschiedenen Wirtschaftssystemen. So wurde das Scheitern des Sozialismus als eine Folge der Abschaffung des Privateigentums an Produktionsmitteln interpretiert (Kornai 1992). Man nahm daher an, dass mit der Überführung des Bodens in die Hände von Einzelbauern sich die Probleme der landwirtschaftlichen Produktion lösen würden. Zum Erstaunen mancher westlicher Beobachter trug bei, dass sich kollektive Formen der Bewirtschaftung weiterhin großer Beliebtheit erfreuten. Dies hing zum einen mit einem Mangel an geeigneten Landmaschinen und Krediten zusammen, zum anderen aber auch damit, dass die Genossenschaften andere eigentumsähnliche Rechte auf Zugang zu Boden und sozialer Sicherung geschaffen hatten. Es zeigt sich hier, dass zu einem Verständnis postsozialistischer Privatisierung einerseits ein erweiterter Begriff von Eigentum, der verschiedene Zugangsrechte und ihre soziale Einbettung berücksichtigt, und andererseits eine Analyse der Organisation sozialistischer Produktion notwendig ist.

In der Ethnologie bildete die Beschäftigung mit verschiedenen Eigentumsformen einen frühen Schwerpunkt der Theorieentwicklung. Die Privatisierung in den postsozialistischen Ländern hat neue Impulse in diese fachinternen Überlegungen gebracht. Gleichzeitig wird die öffentliche Diskussion um die notwendigen Reformen und ihre Auswirkungen eher durch andere Fachrichtungen bestimmt. Im Folgenden wird daher die Entwicklung des Eigentumsbegriffs in der Ethnologie umrissen sowie die Diskussion in den Nachbardisziplinen in Bezug auf die postsozialistische Privatisierung dargestellt. Dabei geht es hier nicht um eine umfassende Darstellung der fachinternen Traditionen, vielmehr sollen die für die Forschung hilfreichen Aspekte aufgezeigt werden. Im Anschluss stellt der letzte Abschnitt die Perspektive und relevanten Konzepte der vorliegenden Arbeit dar.

2.1 Eigentum und (Post-)Sozialismusforschung in der Ethnologie

> „Eigentum ist eine soziale Beziehung. Nicht der Anspruch auf eine Sache schafft das Eigentum, sondern dessen Anerkennung durch die Gesellschaft.“ (Elwert 1999: 1143)

Die Erkenntnis, dass Eigentum nicht die Beziehung von Menschen zu Dingen, sondern zwischen Menschen bezüglich Dingen charakterisiert, hat sich in der Ethnologie Ende des 19. Jahrhundert durchgesetzt.[1] In dieser Zeit begann sich die Ethnologie als akademische Disziplin zu etablieren, und die theoretische Auseinandersetzung mit dem Konzept Eigentum war ein zentrales Element der fachlichen Auseinandersetzung. Diese Diskussion fand vor dem Hintergrund der europäischen Kolonialisierung anderer Kontinente statt, und das Denken wurde damals vor allem von der Dichotomie Privateigentum versus Kollektiveigentum bestimmt (Hann 1998: 24). Den realen langfristigen Nutzungsrechten natürlicher und geistiger Ressourcen wurde diese Dichotomie allerdings selten gerecht. Die Überbetonung der Gegensätzlichkeit trug dazu bei, dass die Komplexität von Eigentumsbeziehungen auch im westlichen Kontext übersehen wurden.

Mit den Arbeiten Malinowskis geriet die strikte Trennung erstmals in die Kritik. Neben der Ablehnung einer einfachen Dichotomie zwischen Individual- und Kollektiveigentum betonte Malinowski die Notwendigkeit, über die Beschreibung der Rechte hinauszugehen und das Netz der tatsächlichen ökonomischen Beziehungen zu berücksichtigen:

> “We could lay down at once the rule that any attempt to study land tenure from the legal point of view must lead to unsatisfactory results.” (1935: 318)

Die Überlegung, dass eine Beschreibung von Bodeneigentum allein durch Erfassung der rechtlichen Lage unbefriedigend ist und stattdessen die umgebenden sozialen Beziehungen in die Analyse einbezogen werden müssen, wird in den weiteren Kapiteln zur postsozialistischen Privatisierung wiederholt aufgegriffen.

Durch den Einfluss des Funktionalismus Malinowskischer Prägung rückten im Gegensatz zum vorangegangenen Evolutionismus die emischen Kategorien, und der soziale Kontext in den Vordergrund der Analyse. In der Folgezeit sahen Ethnologen ihre Aufgabe vor allem darin, die Vielfalt menschlicher Aneignung

---

1 Im Allgemeinen wird Sir Henry Maine genannt, der Eigentum auch als „Bündel von Rechten“ definierte. Elwert (1999) erwähnt in diesem Zusammenhang auch den französischen Wissenschaftler Léon Duguits.

materieller Dinge zu beschreiben. Durch die Beziehung zum Boden wird nicht nur das Land transformiert (aufgeteilt und klassifiziert), sondern die Beziehung zum Boden bestimmt nach Malinowski (1935: 376) die Inklusion in soziale Gruppen (Familien, Dorfgemeinschaften und Produktionsgruppen). Notwendigerweise wird also auch definiert, welche Personen ausgeschlossen sind.

Nachdem die Beschäftigung mit Eigentum in der Folgezeit in den Hintergrund des fachlichen Interesses trat, knüpfte Gluckman (1972) erneut an die Diskussion um Individual- und Kollektiveigentum an. In seiner Beschreibung der Landnutzung der südafrikanischen Barotse stellte er dar, dass individuelle Rechte und Rechte der Gemeinschaft über ein und dasselbe Stück Land gleichzeitig existieren können (Gluckman 1972: 89). Aus Sicht der Rechtsethnologie analysierte er den Zusammenhang von Gruppen und Individuen hinsichtlich der Landnutzung und erarbeitete eine Analyse der Lücke zwischen juristischem Eigentum und tatsächlichen Rechten. So beschrieb er eine Serie einander überlappender Rechte, die über die Hierarchie sozialer Beziehungen definiert ist, d. h., die Rechte der Individuen sind in diesen Gesellschaften von ihrem politischen und sozialen Status abhängig. Es ist die Zugehörigkeit zu sozialen Gruppen (Haushalt, Dorf, Stamm), deren Beziehung zum Boden sich auf unterschiedlichen Ebenen unterscheidet und die die Individuen mit Rechten versieht (Gluckman 1972: 90–92).

In der Beschreibung der Eigentumsvorstellungen der Barotse betonte Gluckman, dass die Rechte über die Nutzung von Land abhängig sind von der Erfüllung der damit verbundenen Verpflichtungen:

> "Tenure of land therefore arises from, and is maintained by, fulfillment of obligations to other persons and not from the title itself." (Gluckman 1972: 79)

Hinsichtlich von Rechtsstreitigkeiten bei den Barotse wird deutlich, dass ein wichtiger Aspekt des Eigentums bereits bei Gluckman die Möglichkeit zur Exklusion von Zugangsrechten bei Nicht-Erfüllung dieser mit dem Eigentum verbundenen Pflichten ist[2]:

> "People acquire rights in land in virtue of their status, as citizens, as villagers, and as kinsfolk. They can maintain their rights only if they discharge faithfully their status obligations: the recalcitrant villager who merits expulsion from the village thereby loses rights in land." (Gluckman 1972: 149)

2 Dieser Gedanke wurde angeregt durch den Workshop „Property Rights in Natural Resources in Post-communist Countries", Universität Lund und insbesondere durch Sara Berry. Für die folgende Interpretation ist aber allein die Autorin verantwortlich.

Den für diese Arbeit wichtigen Aspekt der Exklusion in Zusammenhang mit Eigentum stellt Goody deutlicher noch als Gluckman in den Mittelpunkt seiner Eigentumsdefinition:

> "The definition of property revolves essentially round the problem of exclusion. (...) A man without social relationships is a man without property." (Goody 1962: 187)

Wie schon bei Gluckman wird deutlich, dass eine Analyse von Eigentumsbeziehungen politische Hierarchien miteinbeziehen muss. In der Folgezeit war es das Verdienst der marxistischen Ethnologen, immer wieder darauf aufmerksam zu machen, dass Eigentum nicht nur in kulturellen Vorstellungen, sondern auch in realen Machtbeziehungen verankert ist. So insistierte Godelier beispielsweise darauf, dass neben den abstrakten Rechten auch die konkrete Aneignung zu berücksichtigen sei.

> "But property only exists fully in a concrete activity of appropriation. Property cannot therefore be reduced to an existing body of abstract rules, and only exists when made effective in an appropriative process." (Godelier 1978: 404)

Trotz der ethnologischen Betonung der Vielfalt von Eigentumsformen und damit verknüpfter Machtbeziehungen blieb die Dichotomie Privateigentum – Kollektiveigentum präsent. Dies drückte sich u. a. in der Diskussion um das so genannte „Trauerspiel der Allmende“ ("tragedy of the commons") aus. Hardin (1968) und andere Ökonomen vertraten die These, dass Kollektivbesitz automatisch zu ökologischen Schäden durch Übernutzung führe. Diese These wurde in ihrer Pauschalität von Ethnologen zurückgewiesen (McCay und Acheson 1987). Sie argumentierten, dass es sich bei kollektiver Nutzung natürlicher Ressourcen nur selten um „Open access“-Systeme handelt, bei denen freier Zugang zu Übernutzungsproblemen führt. Vielmehr wiesen sie in detaillierten Fallstudien nach, dass kollektive Nutzungssysteme in der Regel sehr genaue Bestimmungen über den Zugang enthalten, die eine nachhaltige Nutzung unter Bedingungen kollektiven Eigentums möglich machen.[3]

Trotz dieser und einiger anderer Diskussionen ließ in der Folgezeit das Interesse in der Ethnologie an Eigentumsbeziehungen stark nach. Hann (1998: 27)

---

3 Trotz dieser Argumente ist man auch in der Neuen Institutionenökonomie davon überzeugt, dass Umweltprobleme nur dadurch hervorgerufen werden, dass es nicht möglich ist, bei schwer einzuschränkenden Ressourcen eine privatwirtschaftliche Nutzung durchzusetzen: „So erklären sich die Umweltprobleme aus der Unmöglichkeit einer restlosen Zuordnung von Verfügungsrechten über Naturschätze an Einzelpersonen und nicht aus dem Privateigentums als solchem“ (Richter und Furubotn 1996: 82).

argumentiert, dass die Aufspaltung in Subdisziplinen (vor allem Rechts- und Wirtschaftsethnologie) dazu beigetragen habe. Hinzu kam sicherlich das nachlassende Interesse an Eigentumsformen durch die Auflösung der ehemaligen Kolonialreiche. Es herrschte insofern kein gesteigerter Bedarf mehr an Forschung über lokale Regelwerke. Erst in neuerer Zeit gibt es ein verstärktes Interesse, das nicht unwesentlich mit dem Zusammenbruch der sozialistischen Systeme Mittel-Ost-Europas zusammenhängt.

Die neuere Forschung ist dabei von ethnologischen Fallstudien geprägt, die während der Zeit des Sozialismus entstanden. Neben „klassischen" Themen der Ethnologie, wie ethnischen Randgruppen (Stewart 1993) und Ritualen (Kligman 1988), behandelten diese auch das ökonomische und soziale „Funktionieren" des Sozialismus im Alltag. Zum Teil zielten diese Fallstudien darauf, entgegen einer monolithischen Wahrnehmung im Westen die Vielfalt sozialistischer Systeme darzustellen.[4] So beschrieb Hann (1980) anhand einer spezialisierten Kooperative *(szakszövetkezet)* in Ungarn, dass es unterschiedliche Arten kollektiver Integration gab. Humprey (1983) übernahm für ihre Analyse sibirischer Genossenschaften die Kategorien von Gluckman. Sie beschrieb die Hierarchie von Eigentumsrechten, in denen der Staat über die administrativen Rechte verfügte, Produktionsrechte an jeweils untere Ebenen weiterzuleiten. In diesen Darstellungen waren sozialistische Eigentumsbeziehungen durch Flexibilität und überlappende Rechte geprägt und daher in Situationen, in denen sich kollektive und individuelle Rechte überschnitten, gut angepasst (Verdery 1996, Hann 1993).

Die Dichotomie sozialistisch – kapitalistisch, die sich letztlich auf die alte Unterscheidung in private und kollektive Rechte bezog, verhinderte oftmals den Blick auf Gemeinsamkeiten, bzw. die „realen" Unterschiede in der Organisation. Auf Grundlage ihrer ethnographischen Feldstudien zweier industrieller Betriebe in Ungarn und den USA argumentierten Burawoy und Lukács (1992), dass die organisatorische und übergeordnete Einbettung mehr als Eigentumsrechte für die ökonomische Effizienz von Firmen verantwortlich sind.[5] Rückblickend schreiben sie:

> "Although we did not appreciate it at the time, the implications of these conclusions suggested drastic rethinking about the nature of socialism and capitalism. In effect we argued that property relations mattered less than organizational attributes for the microefficiency of the firm. Whether an enterprise was state owned or pri-

---

4 Zu den speziellen Rollen westlicher Ethnologen und dem politischen Kontext während des kalten Krieges in sozialistischen Ländern siehe Kideckel und Sampson (1984).

5 Ähnlich argumentiert auch Hollos (1983) mit dem Vergleich zweier ungarischer Genossenschaften.

vately owned was not as important as the combination of organization forms – hierarchies and markets." (Burawoy und Lukács 1992: 10)

Die Fallstudien aus der Zeit des Sozialismus sowie die „klassische" Eigentumsdiskussion beeinflussen die neuere ethnologische Forschung zum Postsozialismus in zwei Richtungen: einerseits wird auf die Vielfalt lokaler Transformationen hingewiesen, und andererseits wird die Bedeutung lokaler Überzeugungen als Basis solcher unterschiedlicher Reaktionen hervorgehoben. So findet die Privatisierung in manchen Gegenden in Übereinstimmung mit lokalen Vorstellungen der Landnutzung statt, in anderen stoßen die Konzepte individueller Rechte auf Widerstand von Teilen der Bevölkerung.[6] Während die neuen Verfügungsrechte, d. h. das Recht auf Nutzung und Verkauf eines konkreten Stücks Boden auf Eigentumstiteln beruhen, bezogen sich Eigentumsansprüche in der kollektiven Landwirtschaft auf Mitgliedschaft, Arbeit oder Bedürftigkeit. In ablehnenden Reaktionen auf die Privatisierung können sich ökonomische Verlustängste bestimmter Bevölkerungsgruppen spiegeln, aber auch Vorstellungen über Eigentum, wie etwa, dass das Produkt der kollektiven Arbeit nicht nur einem Einzelnen gehören dürfe (Verdery 1999). Der lokale Umgang mit den Veränderungen zeigt daher sowohl die konkreten Effekte der neuen Beziehungen als auch ihre mehr abstrakten Rechtfertigungen an (Burawoy und Verdery 1999: 12). Während im Sozialismus Arbeit eine wichtige materielle und moralische Basis für Ansprüche auf Land darstellte (Lampland 1995: 100–103, Verdery 1999: 73–74), wird in postsozialistischen Verhältnissen Kapital zum Kriterium für die Verteilung von Macht über Land und die Sicherheit und Exklusivität der Rechte betont (Sikor 2001: 23). Die lokalen Reaktionen sind daher keine einfache Verteidigung des Status quo, als was sie vielfach interpretiert werden. Sie stellen auch keine Replizierungen historischer Verhältnisse dar. Vielmehr inkorporieren sie Elemente der neuen Gesetzgebung genauso wie Elemente der lokalen Beziehungen. Moralische und praktische Prinzipien vorsozialistischer und sozialistischer Zeit werden in einem neuen Zusammenhang aktiv kombiniert (Burawoy und Verdery 1999: 2).

In jüngerer Zeit hat vor allem Hann (1998) vorgeschlagen, die postsozialistischen Veränderungen vor dem Hintergrund des Eigentums zu analysieren. Damit

---

6 Ausführlich beschreibt Sikor (2001) einen solchen Fall für vietnamesische Dörfer, in denen sich, trotz nationaler Landreformen der exklusiven privaten Landrechte, lokal ein flexibles System der Landnutzung durchgesetzt hat. Anderson (1998) beschreibt einen Fall im arktischen Sibirien, in dem sich Teile der Bevölkerung gegen eine Einführung exklusiver Privatrechte wehren.

soll dem Konzept des Eigentums wieder ein zentraler Platz in der ethnologischen Diskussion zukommen. Hann erweitert dabei den Begriff des Eigentums auf die Verteilung sozialer Ansprüche in Raum und Zeit (1998: 7). Damit können dann andere Rechte wie etwa soziale Versorgungsrechte oder das Recht auf bezahlte Arbeit als langfristige Erwartungen des Individuums als Eigentum begriffen und in die Analyse einbezogen werden. Ähnlich argumentiert Elwert (1999) mit einer etwas anderen Begrifflichkeit, indem er Eigentum in eine Gruppe von Langfristrechten zählt. Der Verlust reproduktionsrelevanter Langfristrechte führe dabei in jeder Gesellschaft zu Ablehnung. Zu diesen reproduktionsrelevanten Langfristrechten gehören u. a. die Formen der Weitergabe, die als „zentrale Elemente der gesellschaftlichen Reproduktion“ zu dem „besonders geschützten zentralen Verfahrensbestand“ aller Gesellschaften gehören (Elwert 1999: 1143). Zu diesen von ihm als „eigentumsähnlichen“ Langfristrechten definierten sozialen Ansprüchen gehören etwa Renten, Erbschaft und Verkauf der Produkte der Arbeit. Neben dem ähnlichen Ansatz, die Analyse von Eigentum auch auf andere Ansprüche auszudehnen, ergeben sich aus den beiden Definitionen auch Unterschiede. Die Begrifflichkeit von Hann zielt in ihrer Ausweitung auf alle anerkannten sozialen Ansprüche auf eine Vergleichbarkeit zwischen verschiedenen Gesellschaften. In der etwas enger gefassten Auslegung von Elwert ist Eigentum nur eine Möglichkeit langfristiger Ansprüche neben anderen. Während diese Begrifflichkeit an juristischen Formalien orientiert ist und damit die Vergleichbarkeit eher auf legaler Ebene ansiedelt, birgt die Definition von Hann die Gefahr, in ihrer Ausdehnung schließlich „alles und nichts“ zu umfassen. Die vorliegende Arbeit bezieht daher andere langfristige soziale Ansprüche in die Analyse ein, behält aber die Unterscheidung zum Eigentum bei (siehe auch Abschnitt 2.3).

Der Zusammenbruch der sozialistischen Systeme der ehemaligen Sowjetunion und Osteuropas bedeutete zwar einen Aufschwung für die ethnologische Eigentumsforschung. Die öffentliche Auseinandersetzung mit der Transformation sowie die wissenschaftlichen Beraterfunktionen werden allerdings durch die Diskussion und Vertreter benachbarteter Disziplinen dominiert. Daher werden im Anschluss kurz die Hauptlinien der ökonomischen und soziologischen Auseinandersetzungen um die postsozialistische Privatisierung skizziert. Im letzten Abschnitt dieses Kapitels wird dann auf die im Hinblick auf die vorliegenden Forschungsergebnisse relevanten Konzepte der aufgezeigten wissenschaftlichen Diskussionen eingegangen.

2.2 Eigentum und (Post-) Sozialismus in der Transformationsforschung

In der Transformationsforschung sind verschiedene Disziplinen und Richtungen vertreten. Es würde den Rahmen der vorliegenden Arbeit sprengen, die Beiträge der letzten zehn Jahre zusammenzufassen. Daher sollen hier nur einige Schwerpunkte herausgearbeitet werden, um im Anschluss den Standpunkt der vorliegenden Arbeit kontrastierend darzustellen.

Wie in der Ethnologie, wurde auch in der Transformationsforschung die postsozialistische Diskussion von den vorangegangenen Arbeiten zu sozialistischen Systemen bestimmt. Besonders einflussreich für diese Diskussion des Übergangs von Planwirtschaft zu Marktwirtschaft waren die Analysen von Kornai (1992). Als Grundlage der Dysfunktionalität des sozialistischen Systems sieht er die Eigentumsbeziehungen an. Durch die Konzentration von Produktionsmitteln in staatlicher Hand war niemand persönlich für die Wirtschaftlichkeit der Unternehmen verantwortlich. Die sog. „weichen Budgetbeschränkungen" (soft budget constraints), das Fehlen von Konkursverfahren führten dazu, dass unwirtschaftliche Unternehmen weiter wirtschaften konnten. Statt um Abnehmer für ihre Produkte wetteiferten die Betriebe um staatliche Ressourcen. Infolge kam es zum Problem der Mangelwirtschaft. Die daraufhin z. B. in Ungarn eingeführten Reformen stellten für Kornai einen Beweis des Versagens und damit der Unreformierbarkeit des sozialistischen Systems dar.

Auf der Grundlage dieser Analysen sozialistischer Mangelwirtschaft und marktwirtschaftlicher Effizienz waren sich die Berater der Reformregierungen über zwei Punkte des einzuschlagenden Weges einig: Einerseits sollte der Weg der Reformen möglichst schnell und umfassend sein, weil „halbherzige" Reformen zum Scheitern verurteilt sind. Andererseits ist die Einführung des Privateigentums unbedingt notwendig, damit die Unternehmer in wünschenswerter Weise auf Marktsignale reagieren, wobei (selbstverständlich) der Markt die Preise bestimmen muss (Nolan 1994). Die postsozialistischen Wirtschaftskrisen werden in dieser Diskussion entweder als notwendiges „Übel" des Übergangs oder als „Sabotageakte" der früheren Elite betrachtet, die die Reformen behindere.

Aus dieser Sicht ist die Privatisierung von Eigentumsrechten in den früheren sozialistischen Staaten vor allem ein Problem wirtschaftlicher Effizienz. Volle Eigentumsrechte umfassen Rechte auf Konsum, Abschöpfung von Gewinn und Veräußerung. Diese Rechte sollen in der Theorie zu einer effizienten Allokation der vorhandenen Güter beitragen. Daher wird auch oft argumentiert, dass eine

Privatisierung in Form einer Restitution historischen Besitzes, die in der öffentlichen Diskussion, wie eingangs erwähnt, so wichtig war, mit dem Ziel der Effizienz nicht konsistent ist (Rabinowicz und Swinnen 1997: 1–4).

Im Gegensatz zu den Argumenten der neoliberalen Ökonomen hat sich in der so genannten Neuen Institutionenökonomik die Haltung durchgesetzt, dass Eigentum eine soziale Beziehung ist (Furubotn und Pejovich 1972). Marktbeziehungen sind für diese Richtung nicht perfekt, sondern geprägt durch ungleiche Verteilung von Information in der Gesellschaft und damit verbunden sind unterschiedliche Transaktionskosten der Akteure. Das „sozialistische Problem" ist daher für die Neue Institutionenökonomie vor allem ein Problem der Überwachungskosten: Die Durchsetzung der Überwachung von gesellschaftlichem Eigentum zur Verhinderung etwa von unwirtschaftlichem Gebrauch oder Diebstahl bleibt auch bei einer Hierarchie von Aufsehern unlösbar und kann nur mit einer Überführung in Privateigentum gelöst werden (Richter und Furubotn 1996: 99). Obwohl die Vertreter der Neuen Institutionenökonomik einen weiteren Begriff von Eigentum verwenden, liegt die Betonung auf privatem Eigentum als effektivstes Mittel zur nachhaltigen Ressourcennutzung und gesamtgesellschaftlichen Wohlfahrt: Die ökonomischen Anreize tragen „im allgemeinen zu effizienten, nicht verschwenderischen Einsatz knapper Ressourcen und damit zur gesamtgesellschaftlichen Wohlfahrt bei" (Richter und Furubotn 1996: 81).

Insgesamt liegt die Betonung in diesen Diskussionen, im Gegensatz zur Ethnologie, auf den „Rechten" und weniger auf den mit dem Eigentum verbundenen Verpflichtungen. Probleme in der Transformation werden häufig als fehlende Durchsetzung bestimmter Merkmale, wie etwa unklarer Zuordnung von Nutzungsrechten wegen schwacher zentraler Institutionen, gesehen (Weimer 1997: 4). Immerhin gehen Institutionenökonomen davon aus, dass Veränderungen in Eigentumsstrukturen nicht nur durch Effizienzüberlegungen, sondern auch von politischen Machtverteilungen beeinflusst sind (Richter und Furubotn 1996: 115). Deshalb kann es trotz Privateigentums zu suboptimalen Lösungen kommen. Die Vergleichsebene bleibt aber auch hier ein Idealbild westlicher institutioneller Arrangements. Solche Vergleiche führen zur Interpretation der Transformation als defizitär und verfehlen oft die spezifische Dynamik (Burawoy und Verdery 1999: 15). Trotz der Übernahme der Definition von Privateigentum als sozialer Beziehung wird meist der konkrete gesellschaftliche Kontext vernachlässigt. Die Diskussion rankt sich vielmehr um die Entwicklung der „richtigen Mischung" von Gesetzen und Verordnungen für eine erfolgreiche Privatisierung (Kideckel 1995b: 47).

Soziologen hingegen konzipierten die Transformation im Hinblick auf die aus dem Sozialismus übernommenen Strukturen. Soziale Beziehungen aus dem Sozialismus, wie etwa politische Beziehungen oder Austauschbeziehungen, hören mit dem Zusammenbruch des Systems nicht auf zu existieren, sondern setzen sich in veränderter Form durch. Dies gilt auch für Eigentumsbeziehungen, in denen Elemente der Vergangenheit neu konfiguriert werden, als „rekombinierte Formen des Eigentums" (Stark 1996). Solche Analysen kommen näher an die ethnologische Betrachtung von Mikrostrukturen heran, thematisieren aber nicht den Prozess als solchen (Burawoy und Verdery 1999: 6).

2.3 Eigentum und Exklusion als relevante Begriffe für diese Arbeit

Im Gegensatz zu den oben erwähnten Studien, liegt der hier vorgenommenen Betrachtung der Entwicklung in zwei osteuropäischen Dörfern die ethnologische Betonung der lokalen Konsequenzen und des prozesshaften Charakters der Privatisierung zugrunde. Die Bedeutung der ethnographischen Annäherung an die Transformation liegt in der Analyse der Alltagsrealität. Während Studien der ökonomischen Forschung die Transformation oft als einen Übergang, als eine „Transition" von A nach B, behandeln und ökonomische Krisen entweder als notwendiges Zwischenstadium oder als Diskrepanz zwischen dem Idealmodell und der defizitären Übertragung wirtschaftlicher Mechanismen, manchmal auch gesellschaftlicher Organisation interpretieren, versucht die ethnologische Annäherung komplementär zu statistischen Analysen, die Beweggründe, Problemlösungen und Strategien der lokalen Akteure zu beschreiben (Hann 1993: 313, Niedermüller 1998). Die Veränderungen in den Makrostrukturen der ehemals sozialistischen Staaten eröffneten den Raum zu unerwarteten Konsequenzen auf der Mikroebene. Das Repertoire der lokalen Reaktionen wird dabei sowohl von vorsozialistischen als auch sozialistischen Strukturen beeinflusst. Es sind diese lokalen Entscheidungen und Improvisationen, die schließlich Elemente der neuen Struktur bilden (Burawoy und Verdery 1999: 2, Kideckel 1995a: 2).

Aus der Diskussion über den Begriff des Eigentums werden vor allem die Aspekte der langfristigen sozialen Ansprüche sowie der Exklusion aufgegriffen. Während es sich bei dem hier vorwiegend behandelten Bodeneigentum um ein sehr „traditionelles", „handfestes" Eigentum zu handeln scheint, soll dennoch der Zusammenhang zu anderen langfristigen sozialen Ansprüchen aufgezeigt werden. Es wird dabei auf den erweiterten Eigentumsbegriff zurückgegriffen, um die Veränderungen der postsozialistischen Transformation adäquat erfassen zu können. Nur durch den Einbezug langfristiger sozialer Rechte scheint eine Analyse der Veränderungen in den sozialen Beziehungen möglich und trägt damit dem sozialen Charakter des Eigentums Rechnung. Der Entzug des Privateigentums an Boden in der Kollektivierung bedrohte die Reproduktion der bäuerlichen Gesellschaft und stieß auf erbitterten Widerstand. Das sozialistische System führte jedoch seinerseits neue soziale Ansprüche ein, die nun wiederum durch die Privatisierung bedroht sind. In der vorliegenden Arbeit werden diese Ansprüche als Eigentumsrechte behandelt, aber in der Terminologie wird der Begriff der Langfristrechte verwendet, da es sinnvoll erscheint, zwischen formal als Eigentum festgelegten Rechten und z. T. weniger formal festgelegten langfristigen Ansprüchen zu unterscheiden. Ziel ist, die Exklusion aus der postsozialistischen Landwirtschaft verschiedener sozialer Gruppen durch Verlust solcher Ansprüche im neuen Eigentumssystem zu analysieren.

Mit dieser Anwendung des Eigentumsbegriffs, rückt gleichzeitig als zweiter Aspekt die Exklusion in den Mittelpunkt. Wie oben dargestellt, war die Funktion von Eigentum als Exklusionsmechanismus in der theoretischen Analyse implizit immer vorhanden, wurde aber selten in den Mittelpunkt gestellt. Schon bei Gluckmans Interpretation der Eigentumsbeziehungen bei den Barotse ging es immer auch um die Möglichkeit der Exklusion bzw. Enteignung im Sinne des Entzugs von Zugang zu Ressourcen. In den Darstellungen zur Transformation stehen sowohl in ethnologischen als auch in ökonomischen Analysen Prozesse der Inklusion, d. h. die Frage, wer sich Eigentum aneignen kann, im Vordergrund. Der Aspekt des Entzugs von Zugangsmöglichkeiten kommt in der heutigen „Property Rights"-Diskussion häufig zu kurz. Auch in der Transformation sozialistischer Staaten liegt die Betonung auf dem Erhalt neuer Rechte, während diejenigen, deren Zugangsmöglichkeiten beschnitten werden, nicht auftauchen. Die vorliegende Arbeit versucht diese Lücke zu schließen.

Eine Analyse der postsozialistischen sozialen Ungleichheit zweier Dörfer anhand der Gestaltung der Eigentumsrechte bietet sich aus zweierlei Gründen an. Zum einen gehörte die Einführung des Eigentums, wie in der Einleitung dargestellt wurde, zu den beinah „mythologisch überhöhten" Aspekten der Transformation. Zum anderen bietet der Begriff des Eigentums eine gute Basis, die neuen sozialen Beziehungen auf verschiedenen Ebenen zu analysieren. Eigentum wird in diesem Sinne betrachtet als „wichtige Ressource, dessen Besitz oder Nicht-Besitz die Macht- und Herrschaftspositionen wie die Formen sozialer Ungleichheit mitstrukturiert bzw. legitimiert" (Schäfers 1986: 58). Einzelne Aspekte der vorliegenden Arbeit ließen sich auch in andere sozialwissenschaftliche Diskussionen und Begriffe einordnen. So kann beispielsweise die schon in der Einleitung angeklungene Elitenreproduktion auch mit den Kapitalsorten von Bourdieu[7] gefasst werden (Thelen 2001b), und der Verlust von Rechten der Vermarktung schließt an Begriffsbildungen aus der Diskussion um soziale Ungleichheit aufgrund von Marktlagen an. Aus den genannten Gründen habe ich mich zu einer Diskussion unter dem Obergriff des Eigentums entschlossen, werde aber andere Begriffe der sozialwissenschaftlichen Diskussion im jeweiligen Kapitel aufgreifen.

Der Begriff der Exklusion ist in der soziologischen Diskussion eng mit der Debatte um soziale Ungleichheit und theoretisch mit Modellen, die mit Begrifflichkeiten von „Zentrum" und „Peripherie" arbeiten, verbunden. Entwickelt für die Analyse internationaler Abhängigkeitsbeziehungen, wurden die Begriffe auf neue Formen sozialer Ungleichheit in den Zentren selbst übertragen (Kronauer 1996: 55). In der vorliegenden Arbeit geht es im Unterschied zu diesen Arbeiten nicht um eine Analyse neuer Armut, „underclass" oder Marginalisierung.[8] Im Gegensatz zu Beschreibungen fixierter sozialer Lagen etwa einer „Unterklasse" kann durch den Begriff der Exklusion der prozesshafte Charakter der Vorgänge betont werden, deren Ende immer noch offen ist (Herkommer 1996: 17). Konkret geht es um Ausschlussprozesse in Verbindung mit der Einführung einer neuen Form der Verteilung von Bodeneigentum und anderer Langfristrechte. Zum andern erscheint der Begriff passend, da ein wesentliches Merkmal der Ausgrenzung ist, dass „ihr die Erfahrung der Zugehörigkeit entweder vorausgegangen sein oder gewissermaßen als schreiender Widerspruch zur Seite stehen" muss (Kronauer 1996: 60). Es geht in der folgenden Arbeit um Gruppen, die im Sozialismus über Zugangsrechte zu Boden verfügten und diese durch die Privatisierung verlieren. Diese Erfahrungen sind eingebettet in den Verlust weiterer

7 Um auch immaterielle Güter begrifflich handhaben zu können, erweitert Bourdieu (1983) den klassischen Kapitalbegriff.

8 Während in der französischen Soziologie hauptsächlich mit dem Begriff der Exklusion gearbeitet wurde, wurde der Begriff der „underclass" in der amerikanischen Debatte geprägt (Kronauer 1996: 54, zum Konzept der „underclass" siehe Koch 1999). Laut Luhmann gehört es zur Logik der „Funktionssysteme" moderner Gesellschaften, dass sie Menschen ausschließen und in eine Dynamik von Marginalisierung hineinziehen, daher ist eine solche Spirale der Exklusionen auch für den vorliegenden Fall denkbar (Luhmann 1995: 148, zum Unterschied des Exklusionsbegriffs in der Systemtheorie und Armutsforschung, siehe Kronauer 1998).

langfristiger Rechte und führen daher zum Ausschluss von der postsozialistischen Landwirtschaft.

Dabei stellt die Einführung neuer Eigentumsrechte soziale Beziehungen in Frage. Die Transformation der Eigentumsbeziehungen wird aufgrund der Funktion der privaten Zugangsrechte Einfluss nehmen auf die sie umgebenden sozialen Beziehungen. Die Grundlage vieler sozialer Beziehungen wird verändert, und das hat notwendigerweise Auswirkungen auf andere Institutionen, wie etwa die Familie. Obwohl ethnologische Studien traditionell den Zusammenhang von Macht und Besitz betonen, wurde in der Literatur zur Transformation dazu weniger explizit gearbeitet. Auch diese Lücke soll mit der vorliegenden Arbeit durch die systematische Erfassung von Exklusionsprozessen geschlossen werden. Im Sinne Malinowskis wird durch die Analyse dieser Prozesse Eigentum als nur ein Aspekt in dem umfassenderen System der neuen Landnutzung gesehen, während es gleichzeitig auch um die sozialen Beziehungen geht, die sich aufgrund dessen neu strukturieren.

Studien der Transformation aus westlicher Perspektive tendieren dazu, die lokalen und nationalen Unterschiede zu ignorieren und stattdessen systemische Ähnlichkeiten zu betonen. Daher ist der dritte Aspekt der vorliegenden Arbeit der Vergleich zweier ehemals sozialistischer dörflicher Gesellschaften miteinander und nicht mit einem Idealmodell westlicher Markwirtschaft. Erst dieser Vergleich zeigt, welche Möglichkeiten offen standen und welche Veränderungen von Eigentum sich auf die sozialen Beziehungen auswirken. Vermeintliche „Rückgriffe“ auf Traditionen entpuppen sich so als spezielle Lösungen aktueller gesellschaftlicher Probleme. Der Vergleich ermöglicht weiterhin, die Entwicklungsphasen unterschiedlicher Ausgrenzungsmechanismen zu verfolgen. Im folgenden Kapitel zur Forschungsmethodik werden die speziellen Möglichkeiten des Vergleichs noch einmal aufgegriffen.

3. Methodik

Zum besseren Verständnis der nachfolgenden Ergebnisse erfolgt zunächst eine Darstellung der zur Anwendung gekommenen Methoden. Die Daten der vorliegenden Arbeit wurden vor allem durch die „klassische" Methode der Feldforschung gesammelt. Die ethnologische Feldforschung ist in besonderem Maße abhängig von der Person und der sozialen Rolle des Forschers. Daher erfolgen einige reflexive Betrachtungen zur Forschungssituation. Um den Einfluss dieser „persönlichen" Faktoren auf die Ergebnisse dennoch zu verringern, wurden während der Forschung verschiedene Erhebungsinstrumente entwickelt und eingesetzt. Zusätzliche Informationen wurden archivarischen Quellen entnommen. Sämtliche zur Anwendung gekommenen Methoden der Datengenerierung werden daher ebenfalls im Überblick beschrieben und ihre Zitierweise im folgenden Text angegeben. Da der Vergleich eine zentrale Rolle in der folgenden Arbeit einnimmt, wird auch dessen Funktion und Anwendung in der Analyse dargestellt. Weil insbesondere die Auswahl der Untersuchungseinheiten für jeden Vergleich wichtig ist, wird darauf gesondert eingegangen.

Die Feldforschung

Im Idealfall, wie er in den meisten Lehrbüchern dargestellt wird, erstreckt sich die ethnologische Feldforschung über einen Zeitraum von zwölf Monaten ununterbrochenen Aufenthalts am Untersuchungsort. Manche Ethnologen halten es für die Erkenntnisgewinnung – unabhängig vom Thema der Untersuchung – für unabdingbar, einmal einen ganzen Jahreszyklus in der betreffenden Gemeinschaft verbracht zu haben. Im Laufe der innerfachlichen Traditionsbildung hat sich dieser „Initiationsritus" für junge Ethnologen m. E. verselbständigt. Faktoren wie vorherige Sprachbeherrschung, Distanz zur Herkunftsregion und -kultur des Forschers oder der Forscherin sowie vorherige Forschungs- und andere Erfahrungen im Zielland u. v. m. haben in diesem Schema keinen Platz. Diese Traditionsbildung, die zumindest teilweise durch die Praxis der Stipendienvergabe und durch die Perspektive eines „lebenslangen Zehrens“ von dieser Erfahrung geprägt war, wird in ethnologischen Institutionen trotz aller Reflexivität selten hinterfragt.[9] Um aufgenommen zu werden in die „Zunft“, werden zwölf Monate Feldforschung nachgewiesen, auch wenn ein guter Teil dieser Zeit in den Archiven und Bibliotheken der jeweiligen Hauptstadt zugebracht wurde.

Ohne Zweifel stellen ein langer Feldaufenthalt und Spracherwerb immer noch die Basis ethnologischer Forschung dar. Das Festhalten am Jahreszyklus scheint jedoch dem Wunsch nach einem Qualitätskriterium ethnologischer Forschung zu entspringen, das durch solche willkürlichen Grenzen nicht erreichbar ist. Die Qualität einer ethnologischen Forschung wird immer schwer messbar bleiben, da sie in weiten Teilen von der Person des Forschers/der Forscherin abhängig ist. Zudem verschleiert dieser Wunsch nach Messbarkeit andere Kriterien, mit denen die Methodik der Datenerhebung und Vorteile verschiedener Erhebungsarten offener würden.

Die Daten der vorliegenden Untersuchung wurden in mehreren längeren Feldforschungsaufenthalten in dem ungarischen Dorf Mesterszállás gewonnen. Der erste Aufenthalt erstreckte sich von Anfang Februar 1999 bis Ende Oktober 1999, der zweite Aufenthalt im Anschluss daran im etwa gleichen Zeitraum im Jahr 2000. Schließlich wurde im August 2001 das Dorf noch einmal für eine Woche besucht, und auch seit der Fertigstellung bis zum Erscheinen dieses Buches ist der Kontakt durch Besuche und Briefe aufrechterhalten worden. Unterbrochen wurden die Aufenthalte in Mesterszállás durch vier kürzere Aufenthalte von zwei bis vier Wochen in Kisiratos (Rumänien). Zusätzlich wurde ein weiteres Dorf in Ungarn (Almáskamarás) zweimal für Aufenthalte von ein bis zwei Wochen aufgesucht.

Dabei waren die häufigen Unterbrechungen des stationären Aufenthalts zwar persönlich anstrengend, aber für den Erkenntnisgewinn durchaus fruchtbar. Zum einen boten die Aufenthalte in anderen Dörfern die Gelegenheit, „mein“ Dorf nicht als die Erfahrung für Ungarn zu verabsolutieren, eine Gefahr, denen ethnologische Mikrostudien immer ausgesetzt sind. Zum anderen sind gerade die Abschieds- und Ankommensphasen immer besonders intensiv, auch hinsichtlich der Erkenntnisgewinnung. Gleichzeitig bieten sie eine Gelegenheit, noch mal die „Runde“ im Dorf zu machen. Und nicht zuletzt erscheint der Einblick in längere Prozesse von großem Vorteil. So konnte zum Beispiel im vorliegenden Fall die Veränderung durch den Eintritt der Konkursverwaltung in die örtliche Genos-

9 Zur stationären Feldforschung als Ritual und „biographische Investition“ siehe Kaschuba (1999: 200–201).

senschaft über einen längeren Zeitraum hinweg verfolgt werden. Auch die wiederholte Teilnahme an bestimmten Handlungen oder Ritualen wie Ernte oder Osterfest erhöhten den Erkenntnisgewinn. Selten thematisiert wird in ethnologischen Lehrbüchern die Konzentration, die bei der ersten Teilnahme an Arbeitsprozessen, wie in diesem Fall z. B. Paprikaernte oder Schweineschlachtungen, notwendig ist. Erst bei mehrmaliger Teilnahme kann der Forscher oder die Forscherin genug Routine entwickeln, um die Aufmerksamkeit auf begleitende Prozesse, wie etwa Gespräche oder auch Unterschiede zwischen Personen, Gruppen, Familien etc. wahrzunehmen. Während bei der ersten Teilnahme die Ethnologen als Novizen ständig im „Weg stehen", können sie bei der wiederholten Teilnahme zur echten Hilfe werden und dadurch auch tieferen Einblick gewinnen. Erst durch die wiederholte Teilnahme wird deutlich, was die „Ausnahme von der Regel" ist, welche Routinen für ein Individuum oder eine Familie spezifisch sind. Es gibt selbstverständlich Arbeitsprozesse, die rund um das Jahr wiederholt werden, aber gerade für diese ist die Beobachtung des Jahreszyklus überflüssig.

3.1 Auswahl der Untersuchungsorte

Da einheimische Ethnographen die Dörfer meist sehr gut kennen, habe ich mich für die Auswahl der Untersuchungsorte noch vor Beginn des Feldforschungsaufenthalts im Herbst 1998 zunächst an einheimische Institute und Wissenschaftler gewandt. Ein Auswahlkriterium war dabei die möglichst einheitliche ethnische und religiöse Zusammensetzung, um das Problem der Landverteilung nicht durch diese Faktoren verkompliziert zu sehen. Das zweite Kriterium stellte die Existenz sowohl einer noch funktionierenden Kooperative als auch selbständiger Bauern im Dorf dar. Dies sollte einen Einblick in eventuelle Unterschiede zwischen sozialen Gruppen auch hinsichtlich Privatisierung und lokaler Eigentumskonzepte ermöglichen. Das dritte Kriterium war die geographische Lage in der Ebene, um möglichst vergleichbare natürliche Bedingungen für die Landwirtschaft in beiden Dörfern zu gewährleisten. Ursprünglich war deshalb auch geplant, zwei Dörfer in Grenznähe, also möglichst nah beieinander, zu besuchen. Unglücklicherweise schlug man auf ungarischer Seite dort nur ein ehemals deutsches Dorf (Almáskamarás) vor. Dieses hatte nicht nur den Nachteil, dass dort die ethnische Zusammensetzung und Geschichte den Verlauf der Privatisierung entscheidend beeinflusst hat (alle größeren Privatbauern dort bezeichnen sich als ethnisch Deutsche), sondern auch, dass zwar noch eine Genossenschaft existierte, diese aber ihren Sitz im Nachbardorf hatte. Ich habe dieses Almáskamarás trotzdem mehrmals für ein bis zwei Wochen besucht, und diese Erfahrungen fließen in die vorliegende Arbeit am Rande mit ein. Schließlich konnten durch Vermittlung von Prof. Barna vom volkskundlichen Seminar der Universität in Szeged die beiden Dörfer, Mesterszállás und Kisiratos, gefunden werden, in denen die Feldforschung schließlich durchgeführt wurde.[10] Durch seine religionshistorischen bzw. religionsethnographischen Studien kennt Herr Barna beide Dörfer und konnte erste Kontakte zu wichtigen Persönlichkeiten (Bürgermeister und Bibliothekar in Mesterszállás, bzw. Pastor und Arzt in Kisiratos) vermitteln. Diese Kontakte erleichterten den Einstieg in die Forschung und bildeten auch bei späteren Nachfragen, wie ich „ausgerechnet auf Mesterszállás bzw. Kisiratos gekommen sei“, eine gute Referenz.

3.2 Forschungssituation

Die Feldforschungssituation war vor allem durch zwei Aspekte beeinflusst: zum einen durch meine Herkunft aus Deutschland, das für viele Menschen in Mesterszállás und Kisiratos eine Art „Traumland“, in dem alles besser ist, zu sein scheint. Das führte u. a. zu häufigen Gesprächen über die Situation in Deutschland sowie manchmal zu übertriebenen Hoffnungen, ich könne z. B. Touristen in die Orte „locken“ oder Käufer für Boden. Diese Forschungssituation, als Deutsche bzw. als Staatsangehörige eines reichen Landes privilegiert zu sein, ist allerdings fast allen ethnologischen Forschungen immanent. Eine Folge war sicher auch, dass während meines ersten Aufenthalts vor allem die „Intellektuellen“ in Mesterszállás größeres Interesse an meiner Person hatten. Es handelt sich um eine soziale Gruppe, die durch Bildungsstand und Lebensstil derjenigen der Forscherin am ähnlichsten ist. Oft bieten sich Angehörige solcher Gruppen, die häufig, wie auch in diesem Fall, eher randständige Personen in der lokalen Gemeinschaft sind, dem Forscher/der Forscherin als erste Bezugspersonen an (Elwert 1994: 11, Bernard 1994: 165). Auch dies ein Aspekt, der sicherlich vielen ethnologischen Forschungen immanent ist, aber selten thematisiert wird. Im vorliegenden Fall erlahmte das Interesse im Laufe der Zeit, vor allem durch meinen Kontakt mit den „Bauern“ und unteren Rängen der sozialen Hierarchie.

10 Ich möchte an dieser Stelle noch einmal ausdrücklich Prof. Barna für seine Hilfe danken.

Als Unterkunft wurde mir in beiden Dörfern zunächst ein „passender" Ort für die Ansprüche einer Deutschen vermittelt. Bei meinem ersten Aufenthalt in Mesterszállás bekam ich daher ein leerstehendes, möbliertes Haus angeboten. Zunächst war ich enttäuscht über den fehlenden Familienanschluss, denn so hatte ich mir eine „richtige" Feldforschung nicht vorgestellt. Es erwies sich im Folgenden jedoch zunächst als förderlich, denn das Dorf ist in zwei Gruppen gespalten, zwischen denen ich mich so freier bewegen konnte, ohne durch das Wohnen in einer Familie schon zugeteilt zu sein.[11] Für meinen zweiten Aufenthalt bin ich aber dann bei der Familie einer meiner beiden Babysitterinnen eingezogen. Die Unterbrechung des Aufenthaltes gab mir die Möglichkeit, ohne große Beleidigung meiner früheren Vermieterin die Unterkunft zu wechseln. Die Forschungssituation war nun mehr durch den Familienalltag bestimmt, aber auch durch größere Bewegungsfreiheit für mich. Die meisten Archiv- und Bibliotheksstudien habe ich während dieser Phase betrieben.

In Kisiratos wurde ich vor Ort zunächst im neuen Malteserheim einquartiert. Auf die Frage, wo ich im Ort eine private Unterkunft finden könne, wurde mir zunächst gesagt, so etwas gebe es nicht. Schließlich fand sich jedoch eine Witwe, die schon in früheren Jahren an eine Lehrerfamilie vermietet hatte. In beiden Fällen hat man z. T. auf meinen Umzug mit Unverständnis reagiert oder man war besorgt, dass ich Probleme mit dem fehlenden Komfort haben könnte. Diese Reaktionen bezogen sich in Mesterszállás vor allem auf die Beengtheit der Wohnsituation, denn wir wohnten nun mit drei, an Wochenenden vier Erwachsenen und vier Kindern in einem kleinen Bauernhaus mit drei Zimmern. In Kisiratos bezog sich diese Sorge eher auf das Fehlen eines Badezimmers und fließenden Wassers.

Der zweite Aspekt, der für den Feldzugang wahrscheinlich von größerer Bedeutung als meine Herkunft war, ist meine soziale Rolle als Mutter gewesen. Diese Rolle hat auf vielen Ebenen mir und den Dorfbewohnern die Kontaktaufnahme erleichtert. In Gesprächen über Kinder kann man sich sehr zwanglos nähern. Außerdem führte diese Rolle zwangsläufig zur Aufnahme auch anderer Beziehungen. Im ersten Jahr zu zwei Tagesmüttern (Babysitterinnen), im zweiten Jahr, als meine Tochter drei Jahre alt war, durch die Aufnahme in den örtlichen Kindergarten. Diese Beziehungen sind nicht immer konfliktfrei, aber sie schaffen auch ein Stück alltäglichen sozialen Netzes, wie man es auch im heimatlichen Beziehungsgeflecht hat, sowie z. T. eine Nähe zu Alltagsproblemen der untersuchten Gemeinschaft. In Mesterszállás beispielsweise stellte die auto-

11 Zur Spaltung des Dorfes in „Intelligentsia" und „Bauern" siehe Thelen (2001a).

ritäre Leitung des Kindergartens ein ständiges Problem aller betroffenen Eltern dar, das ich dann zwangsläufig teilte. Abgesehen von diesen Aspekten, in denen die Anwesenheit meiner Tochter mich meinen „Untersuchungsobjekten" näher brachte, schränkte sie andererseits meine Bewegungsfreiheit, z. B. durch Schlafenszeiten, ein. Andererseits machte selbst dies mich auch wieder „normal", denn wenn ich anscheinend nicht „arbeitete" und z. B. andere Mütter besuchte, war das nicht besonders merkwürdig. Sicherlich hat dies auch entscheidend meinen Kontakt zu Frauen erleichtert, denn für die Repräsentation nach außen, also z. B. das Gespräch mit der deutschen Ethnologin, waren die Männer zuständig. Frauen fühlten sich für Gespräche über Privatisierung und Landwirtschaft nicht zuständig (siehe Kapitel 8), und bei Fragebogeninterviews antworteten sie in Anwesenheit ihrer Männer meistens nicht selbständig. Nach Etablierung eines privaten Kontaktes, z. B. über Kinder, gehörte ich zur weiblichen Sphäre (mit dem Nachteil, dass sich dann die Männer automatisch zurückzogen). Den Einblick in Familienstrukturen haben diese Situationen auf jeden Fall entscheidend erleichtert. Neben diesen „äußeren" Aspekten der Mutterschaft in der Feldforschungssituation beeinflusst diese Position auch die eigene Wahrnehmung. So empfand ich, trotz vielfacher Warnungen oder Hinweise seitens (männlicher) Ethnologen, weder Einsamkeit noch Langeweile während meiner Feldforschung.

Der größte Unterschied in der Forschungssituation zwischen Mesterszállás und Kisiratos war der Zeitfaktor. Ein längerer Aufenthalt sowie das Wiederkommen ist die beste Basis für tiefere Einblicke in die Alltagserfahrungen einer untersuchten Gruppe. In Mesterszállás ist dies gut gelungen, was sich z. B. in den wiederholten Begrüßungen bei Aufenthalten nach der eigentlichen Feldforschung zeigte. Man wollte wissen, ob ich „nach Hause gekommen sei". In Kisiratos blieben viele Beziehungen notwendigerweise distanzierter. Zusätzlich wirkte sich m. E. auch ein Unterschied der Alltagserfahrung zwischen Ungarn und Rumänien auf die Forschungssituation aus. Dies äußerte sich z. B. darin, dass in Kisiratos Tonbandaufnahmen von biographischen Interviews abgelehnt wurden. Solche Ablehnungen kamen auch in Mesterszállás vor, dann allerdings auch nach einem längerem Aufenthalt. Es drängt sich der Eindruck auf, dass die Zeit unter dem repressiven politischen System einen weit reichenden Einfluss auf das Leben der Menschen heute hat.[12] Im Folgenden wird darauf noch näher einzugehen sein (Kapitel 6, 7 und 8).

---

12 Zum allgemeinen Misstrauen als Folge des extrem repressiven Systems in Rumänien siehe Sampson (1995).

3.3 Erhebungsinstrumente

Der Einsatz von Methoden der Datenerhebung hängt in weiten Teilen vom Erkenntnisziel einer Forschung ab. Da ethnologische Feldforschungen im Verhältnis zu Forschungen anderer Disziplinen zumindest anfänglich meist sehr offen bzw. unstrukturiert sind, bietet es sich an, mehrere Methoden der Datenerhebung einzusetzen. Dieser „Methodenmix" hat den Vorteil, neue Perspektiven und verschiedenartige Informationen zu generieren.[13]

Teilnehmende Beobachtung

Die klassische Methode der Ethnologie ist die Teilnehmende Beobachtung. Man gewinnt durch sie ein umfassenderes Bild der sozialen Strukturen und lokalen Bedeutungen. In meinem Fall habe ich sowohl an öffentlichen Ereignissen des Dorflebens teilgenommen als auch an landwirtschaftlichen Arbeiten. Zu den öffentlichen Ereignissen zählen religiöse Feste (Ostern, Kirchweih) und öffentliche Zusammenkünfte (Dorfversammlungen, Festessen zum Gedenken an 1956, Ball der Stiftung für die Kinder in Mesterszállás etc.). Durch meine Tochter war ich auch in Ereignisse wie die Muttertagsfeierlichkeiten und den Kinderkarneval einbezogen. Außerdem habe ich an im Dorf organisierten Sportgruppen teilgenommen (Gymnastik und Tischtennis). Wichtig war weiterhin die regelmäßige Teilnahme an der in der Einleitung exemplarisch geschilderten wöchentlichen Sprechstunde des landwirtschaftlichen „Dorfberaters". Es handelt sich um einen Termin, an dem sich immer viele Gespräche und Diskussionen abspielen und neueste Informationen ausgetauscht werden. In der örtlichen LPG habe ich mich für kurze Zeit (März 2000) an der Registrierung der Landnutzungsverträge beteiligt. Mehrere Tage habe ich außerdem am Anfang der Forschung (März 1999) den Vertreter der Rentner in der Genossenschaft durch Mesterszállás beim Überbringen eines Schreibens an die Mitglieder begleitet. Da dieses Schreiben unerfreulichen Inhalts war (die Mitglieder sollten per Unterschrift auf einen Teil ihrer Einkünfte aus dem Verkauf der Paprikaproduktion des Vorjahres verzichten), wurde ich so Zeuge vieler Diskussionen und konnte gleichzeitig erste Kontakte knüpfen.

Des Weiteren habe ich, wann immer möglich, an landwirtschaftlichen Arbeiten teilgenommen, so z. B. bei der Versorgung von Vieh (Fütterung und Mel-

13 Zum Vorteil des „Methoden-Mixing" oder „kreuzperspektivischen" Vorgehens siehe Elwert (1994)

ken) und Erntearbeiten (vor allem Mais und Paprika). Letzteres in erster Linie auf Grundlage freundschaftlicher Beziehungen, aber ich wurde auch einmal als „Tagelöhnerin“ (napszámos) für eine Erntebrigade angeworben. Statt einer Bezahlung (ca. 2000 Forint = ca. 17 DM pro Tag) habe ich mir gewöhnlich ein Interview gewünscht, was aber selten gelang. Im Zweifelsfall hat man meiner Tochter ein Geschenk im adäquaten Geldwert gemacht.

Im Weiteren gewährte natürlich das Familienleben einen tieferen Einblick. Hier nahm ich an familiären Ereignissen, wie Schweineschlachtungen und Taufe, teil. Wir gingen auch zusammen zelten, vor allem aber stellte der Alltag eine wichtige Erfahrung dar. Diese Erfahrungen, die zu einem besseren Verständnis der Problematik seit der Privatisierung beitrugen, wurden durch Tagebuchaufzeichnungen festgehalten. Ebenfalls in dieser Form wurden informelle Gespräche und halbstrukturierte Interviews, die vor allem mit selbständigen Bauern geführt wurden, notiert. Im Folgenden werden Aufzeichnungen dieser Art in Zitaten durch TB (Tagebuch) und Datum sowie soziologische Grunddaten (Geschlecht, Alter) gekennzeichnet.

Halb strukturierte und strukturierte Datenerhebung

Halb strukturierte Interviews basieren auf so genannten Leitfragen, die bestimmte Themen in einer Reihenfolge abfragen (Bernard 1994: 209). Das Gespräch wird dabei einerseits „in Gang“ gehalten und andererseits den Gesprächspartnern die Möglichkeit zu weiteren Assoziationen gelassen. In der vorliegenden Forschung wurde diese Form des Interviews vor allem in der Anfangsphase angewandt. Dabei handelt es sich zum einen um Gespräche mit Experten (Dorfberater, Konkursverwalter der Genossenschaft, Leiter der Schweineproduktion) und erste Gespräche mit erfolgreichen landwirtschaftlichen Unternehmern.[14] Die halb strukturierten Interviews anhand einiger Leitfragen konnten z. T. auf Band aufgezeichnet werden. Sechs dieser Interviews wurden in der Genossenschaft geführt und fünf mit landwirtschaftlichen Unternehmern, die sich z. T. mit den Experten überschneiden. Weiterhin wurden zehn offene

14 In diesem Fall trifft die Beschreibung halbstrukturierter Interviews von Bernard (1994: 210) gut die Situation: “Semistructured interviewing works very well in projects where you are dealing with managers, bureaucrats, and elite members of a community – people who are accustomed to efficient use of their time. It demonstrates that you are fully in control of what you ***want*** from an interview but leaves both you and your informant to follow the leads. It shows that you are prepared and competent but that you are not trying to exercise excessive control over the informant” (Heraushebung im Text).

biographische Interviews mit älteren Menschen auf Band aufgenommen. Es handelt sich um Gespräche mit fünf Frauen und fünf Männern. Diese biographischen Interviews veranschaulichen u. a. die unterschiedliche Sicht der Männer und Frauen vor allem hinsichtlich der Vergangenheit (Kapitel 8). Eine vollständige Liste aller auf Tonband aufgenommenen Interviews findet sich im Anhang. Alle Interviews wurden transkribiert, und in den folgenden Kapiteln werden sie mit Namen und Datum der Aufnahme gekennzeichnet.

Die Anwendung der strukturierten Datenerhebung in Form von Fragebögen diente der Überprüfung qualitativ erhobener Konzepte und Motive anhand einer größeren Anzahl von Informanten. Zu diesem Zweck wurde aus den anfänglichen informellen und halb strukturierten Gesprächen im Laufe der ersten drei Monate zusätzlich ein Fragebogen entwickelt. Aus den Gesprächen wurden Themen und emische Kategorien bzw. Einschätzungen zur Frage der Privatisierung übernommen. Der Fragebogen enthält einen demographischen Teil mit Fragen zu soziologischen Daten der im Haushalt lebenden Personen und Kindern aller Haushaltsangehörigen. Vor dem Verwenden des Fragebogens wurden zunächst einige Hauptinformanten nach ihrem Verständnis von einem Haushalt gefragt. Es ergab sich folgende Reihenfolge an Definitionskriterien für einen gemeinsamen Haushalt: die Personen, die zusammen wohnen, und die Personen, die zusammen wirtschaften, wobei unter wirtschaften gemeinsame Kasse und gemeinsames Essen verstanden wurde (TB 17. 6. 1999, 21. 6. 1999 und 24. 6. 1999). Auf dem Deckblatt des Fragebogens wurde die Möglichkeit offen gelassen, dass sich unter einem Dach lebende Mehrgenerationenfamilien als getrennte Haushalte definieren konnten, dies ist aber nur in einem Fall geschehen. Durch diesen Interviewteil konnte ein Einblick in typische Haushaltsgrößen und Zusammensetzungen wie auch die verwandtschaftlichen Beziehungen im Dorf gewonnen werden.[15]

In der Stichprobe überwiegen Haushalte mit drei bis vier Personen. Der Mittelwert lag bei 2,76 Personen pro Haushalt.[16] Mehrgenerationenhaushalte dagegen sind selten. Der größte Haushalt bestand aus acht Personen. Im Schnitt hatten die Befragten 1,88 Kinder. Den Familienstand der Befragten fasst Tabelle 1 zusammen.

---

15 Zur Tradition und Methodik von Zensus und Survey in der ethnologischen Forschung siehe Fischer (1997).

16 Diese Haushaltsgröße entspricht ziemlich genau dem allgemeinen ungarischen Mittelwert, der in den Jahren 1989 bis 1998 zwischen 2,79 und 2,66 Personen pendelte (KSH 2000b: 42–43).

Tabelle 1: Familienstand der Befragten in Mesterszállás

Familienstand	verheiratet	ledig	geschieden	verwitwet	Lebenspartner	Gesamt
Häufigkeit	116	14	13	14	1	158
Prozent	73,4	8,9	8,2	8,9	0,6	100,0

Der zweite Teil des Fragebogens ist in drei zeitliche Ebenen gegliedert: Vergangenheit, Gegenwart und Zukunft. In Bezug auf die nähere Vergangenheit wurden zunächst Fragen zur Einschätzung des Systemwechsels, der Entschädigung, der Bedeutung des Privateigentums an Boden sowie des kollektiven Besitzes gestellt. Die Antwortmöglichkeiten in diesem Teil wurden bewusst auf ja und nein begrenzt, um Diskussionen anzuregen. Die Informanten stellen in solchen Fällen häufig Argumentationsketten des Für und Wider auf oder diskutieren untereinander. Kommentare solcher Art wurden dann im Fragebogen notiert. An anderen Stellen ließen sie erkennen, welche Fragen missverständlich gestellt waren. Unentschiedene Antworten wurden trotzdem zugelassen und vermerkt.

Es folgten Fragen zu eigenem Landbesitz, dessen Nutzung sowie Zukunftsplänen. Die Frage nach den Zukunftsaussichten erschienen deshalb wichtig, weil die Dauerhaftigkeit einer Institution auch von den Einschätzungen der Menschen diesbezüglich abhängig ist. Der vollständige Fragebogen findet sich im Anhang. Kommentare, die als qualitative „Nebenprodukte" der Interviews notiert wurden, werden im Folgenden mit I (Interview), Nummer, Datum und stichwortartigen soziologischen Daten des/der Sprechenden zitiert.

Die Befragungen wurden alle persönlich durchgeführt. Dies bedeutete einerseits einen erheblichen Arbeitsaufwand, andererseits erhöhte es die Wahrscheinlichkeit, dass die Befragten den gleichen Stimuli ausgesetzt waren, und eine Bereicherung durch die angeführten „abfallenden" qualitativen Daten. Der zweite Teil sollte nach Möglichkeit alle erwachsenen Mitglieder eines Haushalts erreichen. Dies erwies sich jedoch als schwierig, da vor allem Frauen bei Teilnahme oder Erscheinen ihrer Männer während des Interviews keine eigenständigen Antworten mehr gaben. Manche Fragebogen sind daher unvollständig. Dies ist die hauptsächliche Quelle der fehlenden Werte in den nachfolgenden Tabellen. Insgesamt wurden 114 Haushalte (ca. Drittel aller Haushalte in Mesterszállás) mit dem ersten Teil des Fragebogens erfasst.[17] Die Anzahl der erfassten Personen (mit deren zum Teil auswärtig lebenden Kindern) beträgt 411.

Der zweite Teil des Fragebogens wurde mit 158 einzelnen Haushaltsmitgliedern durchgeführt. Davon waren 91 Frauen (57,6 %) und 67 Männer (42,4 %). Die Generationen verteilten sich relativ regelmäßig unter diejenigen, die nach 1960 geboren wurden, die mittlere Generation, der zwischen 1940 und 1959 Geborenen, und die über 60-Jährigen, die in vorsozialistischen Zeiten aufwuchsen (siehe Tabelle 2).

Tabelle 2: Altersverteilung der Informanten in Mesterszállás

Alter	**unter 40 Jahre**	**40 bis 60 Jahre**	**über 60 Jahre**	**Gesamt**
Häufigkeit	44	64	50	158
Prozent	27,8	40,5	31,6	100,0

112 (70,9 %) der Befragten stammten aus Mesterszállás, 35 aus der näheren Umgebung, und nur fünf Personen waren mehr als 50 km entfernt geboren. 120 (75,9 %) gaben als Religionszugehörigkeit römisch-katholisch an, 24 reformiert oder evangelisch, vier gehören einer amerikanischen Erweckungssekte an, und zehn gaben sich selber als keiner Religion zugehörig an.

27 Personen (17,2 %) hatten eine höhere Schulbildung (Universität, Fachhochschule oder Technikum), weitere 14 (8,9 %) hatten Abitur, und 50 (31,8 %) Personen waren Facharbeiter. 66 Befragte (42 %) hatten einen Schulbesuch von vier bis acht Klassen absolviert, davon 20 weniger als acht Klassen.

Die Befragung dauerte im Allgemeinen zwischen 0,5 und 2 Stunden, wobei die Länge ein Indikator für „nebenbei abfallende" Informationen ist. Das Auswahlverfahren stellte eine Mischung dar. Es wurden sowohl bekannte Akteure aufgesucht als auch Straßenzüge systematisch von Haus zu Haus befragt. Die Ablehnungsquote war durch dieses Verfahren sehr niedrig. Das erste Interview wurde am 28. 6. 1999 geführt, und bis zum 20. 10. 1999 wurden weitere 77 Haushalte befragt. Die letzten 37 Haushalte wurden im zweiten Abschnitt der Feldforschung durchgeführt, das letzte Interview erfolgte am 1. 11. 2000. Sämtliche Daten wurden in SPSS eingeben und ausgewertet. Fragen der Kodierung

17 Laut einer statistischen Erhebung aus dem Jahr 1996 gibt es in Mesterszállás 396 Wohnhäuser, diese sind allerdings nicht mehr alle bewohnt (Jász-Nagykun-Szolnok Megye Statisztikai Évkönvye 1996).

werden an den entsprechenden Textstellen vermerkt. Um eine „Kontrollgruppe" zu erreichen, wurde versucht, in dem oben erwähnten anderen Dorf (Almáskamarás) eine Zufallsstichprobe mit demselben Fragebogen durchzuführen. Durch den Auswahlmechanismus war die Ablehnungsquote so hoch, dass eine Weiterführung abgebrochen wurde. Zitate aus Interviews mit den dortigen Dorfbewohnern werden mit einem zusätzlichen A gekennzeichnet.

Ein nicht zu unterschätzender Vorteil der Verwendung von Fragebögen in einer ethnologischen Feldforschung ist m. E. die Kontaktaufnahme zu unterschiedlichsten Personen der lokalen Gemeinschaft, die man mit den üblichen Methoden, die oft auf gegenseitiger Sympathie beruhen, nicht findet. Sympathie und Antipathie lassen sich aus der sehr persönlichen Form der ethnologischen Forschung nicht gänzlich herausfiltern. Aber die Arbeit mit Fragebögen liefert neben dem größeren Überblick über die Verteilung bestimmter Überzeugungsmuster in der Gemeinschaft auch ein gutes Hilfsmittel gegen solche „inneren Sperren" gegenüber bestimmten Leuten oder Orten. Nach meiner Erfahrung trifft man so häufig auf besonders „gute" oder auch „nette" Informanten, die man mit den üblichen Mitteln nicht gesucht bzw. gefunden hätte.

Netzwerkerhebung

Ergänzend zu den Beobachtungen des alltäglichen Geschehens und des allgemeinen Fragebogens wurden neun Personen aus dem Personenkreis der selbständigen Bauern mit einem Fragebogen zu persönlichen Netzwerken befragt. Es wurde mit acht Fragen des Fragebogens des International Social Survey Program (ISSP) gearbeitet, die auf die bäuerliche Situation hin leicht verändert wurden.[18] Gefragt wurde nach Austauschbeziehungen, nach dem Schema von: „Stellen Sie sich vor, Sie wären einige Tage krank und müssten im Bett bleiben oder würden einige Tage wegfahren, wen könnten Sie fragen, um auf das Haus aufzupassen oder die Tiere zu versorgen?" Diese und ähnliche Fragen sollen anhand typischer, alltäglicher Situationen und Interaktionsformen diejenigen Bezugspersonen ermitteln, von denen der Befragte annimmt, dass sie in solchen Situationen helfen. Für das Anliegen dieser Arbeit wurde vor allem nach instrumenteller Hilfe gefragt wie kleineren Hilfsleistungen, Ratschlägen bei größeren Entschei-

18 Es handelt sich um einen standardisierten Fragebogen zur Erhebung persönlicher Netzwerke, der international angewendet wird. Bei den hier verwendeten Fragen handelt es sich um Abwandlungen einiger der in Ungarn durch TARKIS (Társadalomkutatási Informatikai Egyesülés) zur Anwendung gekommenen Erhebungsinstrumente (Zentralarchiv 1996).

dungen, Möglichkeiten Geld zu leihen u. ä. Die Menge der Namensnennungen wurde nicht begrenzt. Die derart erfragten Ergebnisse sind kognitive Daten, die nicht unbedingt mit dem aktuellen Verhalten übereinstimmen müssen, aber sie geben stabile Beziehungsmuster wieder (Schweizer 1989: 20). Im Zusammenhang der vorliegenden Untersuchung sozialer Beziehungen kam es in Ergänzung zur Teilnehmenden Beobachtung genau auf solche längerfristig stabilen Beziehungsmuster an. Der vollständige Fragebogen befindet sich im Anhang; aus den Interviews gewonnene Informationen werden mit NW (Netzwerk) gekennzeichnet.

Auswertung archivarischer und anderer schriftlicher Quellen

Die Daten aus den Interviews und der Teilnehmenden Beobachtung wurden ergänzt durch verschiedene archivarische Recherchen. Für Mesterszállás war besonders das Bezirksarchiv in Szolnok nützlich, in Kisiratos hingegen lieferten das Stadtarchiv von Curtici und das Schularchiv von Kisiratos gute Hinweise. Die beiden Letzteren waren leider nicht so gut sortiert wie das ungarische Archiv. Das Auffinden des für die vorliegende Arbeit sehr interessanten landwirtschaftlichen Registers der Jahre 1950–55 war das Produkt eines glücklichen Zufalls und halsbrecherischer Kletteraktionen.[19]

Zusätzlich wurde die „Historia Domus“ der beiden Pfarrämter eingesehen.[20] In Mesterszállás existiert außerdem seit 1990 eine Dorfzeitung („falufigyelő”), in der u. a. die LPG regelmäßig veröffentlicht und die ebenfalls ausgewertet wurde.

Schließlich wurden die so gewonnenen Daten durch das Aktenstudium in der örtlichen LPG ergänzt. Ich habe dort ca. drei Wochen jeden Vormittag im Büro

19 Zwei Bände dessen konnte ich im erwähnten Stadtarchiv finden. Es handelt sich um einen ca. 6 m² großen Raum, der bis unter die Decke voll gestopft ist mit Akten, z. T. in Regalen und z. T. auch in Säcken auf dem Boden. Die besagten Akten fanden sich glücklicherweise in einem nicht weiter ausgewiesenen Regal, wobei ich auf die besagten am Boden befindlichen Säcke steigen musste, die beim Abstieg bedenklich in Bewegung gerieten. Zwei weitere Bände konnte ich im Schularchiv im Dorf selber finden. Sie befanden sich in einem der oberen Regalfächer, zu denen keine Aufstiegsmöglichkeit gegeben war, so dass ich an den Regalstreben hinaufkletterte. In beiden Fällen kann das Auffinden nur als glücklicher Zufall bezeichnet werden. In Ermangelung technischer Hilfsmittel wurden die Akten von mir handschriftlich kopiert.

20 Diese Aufzeichnungen sind sehr von der Persönlichkeit des jeweiligen Amtsträgers abhängig. Sie können beinahe Tagebuchform annehmen oder auch nur wenige buchhalterische Notizen enthalten.

für Bodenangelegenheiten die Akten zu Mitgliederversammlungen und Landauktionen der Jahre 1992–1994 eingesehen. Das Studium dieser Akten ermöglichte z. T. erst das Stellen der richtigen Fragen, denn hier ging beispielsweise aus den Bevollmächtigungen erst hervor, dass nur ca. fünf Personen aktiv an den „Versteigerungen“ beteiligt waren (siehe Kapitel 7). Zudem kam es auch hier zur Teilnehmenden Beobachtung, denn erst die regelmäßige Anwesenheit brachte ein gewisses Maß an Vertrauen, und ich war auch einfach da, wenn Mitglieder ihre Eigentumsangelegenheiten oder Beschwerden im Büro regeln wollten, und hatte so mehr Einblick in den tatsächlichen Ablauf der Dinge. Dieser Weg ging natürlich auch umgekehrt: Erst nachdem mir ein Bauer im Dorf von den Tauschgeschäften von Land mit der LPG erzählte, konnte ich dort wiederum nachfragen, in welchem Ausmaß es solche gibt.

Insgesamt stand man mir von Teilen der Genossenschaftsleitungen in beiden Dörfern eher misstrauisch gegenüber. Ich denke, dieses Verhalten war von zwei Faktoren beeinflusst. Zum einen befanden sich beide Genossenschaften, vor allem aber diejenige in Ungarn, zum Zeitpunkt der Forschung in einer prekären wirtschaftlichen Lage. Die dortige Situation war daher insgesamt geprägt von Nervosität und Unsicherheit, so dass das Auftauchen einer ausländischen Forscherin eher einen zusätzlichen Stressfaktor denn eine willkommene Aufmerksamkeit bedeutete. Zum anderen halte ich dieses Misstrauen für ein allgemeines Phänomen im Zusammenhang mit der Privatisierung, die wahrscheinlich in keinem Fall ohne „Unregelmäßigkeiten“ ablief, so dass Akteneinsicht zur Privatisierung nur sehr selektiv gewährt wurde. In Mesterszállás blieben die Videoaufnahmen der Mitgliederversammlungen verschwunden, und die Verantwortlichen für die Privatisierung konnten sich nicht mehr erinnern, waren krank oder pensioniert. Mir wurde mitgeteilt, dass die alten Akten über die frühe Zeit des Betriebs verbrannt worden und die neuen noch nicht geordnet seien. Die Situation in Kisiratos gestaltete sich ähnlich. Hier waren die alten Akten dem Hochwasser anheimgefallen, alles andere war verschwunden. Zum Beweis wurden leere Schränke geöffnet. Zusätzlich verfolgte in Kisiratos der leitende Agronom jeden meiner Schritte, und Gesprächspartner wurden mir selektiv zugeordnet. Der frühere Leiter der Genossenschaft ließ mich durch entsprechende Bemerkungen wissen, dass man meine Bewegungen verfolgte. Insgesamt trug diese Verschlossenheit dazu bei, dass sich mein ursprüngliches Interesse an Konzeptionen des Eigentums inner- und außerhalb der kollektiven Betriebe hin zu selbständigen Bauern und historischen Kontinuitäten verschob. Trotzdem hatte ich mit einzelnen Personen aus der Führung privat ein gutes Verhältnis, so dass einige Lücken auch durch Gespräche aufgefüllt werden konnten.

3.4 Der Vergleich

Der Vergleich ist keine Methode im strengen Sinne, vielmehr ein Ansatz oder eine Perspektive (Haupt und Kocka 1996: 12). Diese Perspektive ist der Ethnologie seit ihren Anfängen in der Beschäftigung mit außereuropäischen Kulturen immer mehr oder weniger explizit immanent gewesen.

> „Die Ethnologie war von Anfang an eine vergleichende Wissenschaft insoweit, als sie Material aus verschiedenen Kontinenten bezog und dieses Material miteinander verglich, um zu Typologien, Entwicklungsreihen, historischen Beziehungen und – gegebenenfalls – kausalen Erklärungen zu kommen." (Müller 1993: 14)

Radcliffe-Brown spricht sogar von der „Ethnologie als vergleichender Soziologie" (1951: 141) und stellt die Bedeutung dieses Vergleichs für das Studium der menschlichen Gesellschaft heraus:

> "If we are ever to attain to a scientific knowledge of human society it can only be by systematically examining and comparing a number of diverse forms of society." (Radcliffe-Brown 1958: 141)

Allerdings geriet der große interkulturelle Vergleich der Anfangszeit schnell in die Kritik. Datenqualität, Zuverlässigkeit und Repräsentativität sowie deren Interpretation gehörten zu den Kritikpunkten.[21] Daher wird diese Form, außer in einigen amerikanischen Arbeiten, heute selten angewandt. Trotzdem bleibt der Vergleich Thema der Ethnologie, deshalb erstaunt, wie wenig er in den Lehrbüchern zur Feldforschung im Gegensatz zur Einzelfallstudie erwähnt wird. Das entspricht natürlich auch den finanziellen und menschlichen Kapazitäten, denen ethnologische Forschungen unterliegen. Im vorliegenden Fall haben u. a. diese Restriktionen zu einem asymmetrischen Vorgehen geführt. Das in Ungarn gelegene Dorf bildet den Schwerpunkt, während das in Rumänien gelegene Dorf kontrastiv beschrieben wird.

Die Funktion des Vergleichs beschränkt sich aber nicht nur auf das rein deskriptive Vorgehen, vielmehr hat die vergleichende Beschreibung auch analytische Funktion. Für die vorliegende Arbeit liefert der Vergleich, indem die Frage nach den Bedingungen für die Kontinuität sozialer Ungleichheit gestellt wird, auch einen Beitrag zur Erklärung. Daher ist die angesprochene Konzentration auf Einzelfallstudien m. E. angesichts der Tradition mit vergleichenden Arbeiten zum einen erstaunlich und zum anderen schade, eignet sich doch der Vergleich

21 Zu einem Überblick über die Entwicklung vergleichender Arbeit in der Ethnologie siehe Schweizer (1989), speziell zum interkulturellen Vergleich Wirsing (1975).

in besonderer Weise zur Positionierung des Einzelfalls im Umfeld weiterer Theoriebildung.[22] Häufig eröffnet auch erst der Vergleich die Möglichkeit der interessanten Fragestellung:

> „Vor der Interpretation der Phänomene steht ihre Entdeckung. Bei diesem uranfänglichen Schritt zeigt sich zuallererst der Nutzen der vergleichenden Methode." (Bloch 1994: 126)

Bloch spricht hier die heuristische Funktion des Vergleichs an, durch die anscheinend „normale" Phänomene erst im Verhältnis zum „Anderen" interessante Forschungsfragen eröffnen. Im vorliegenden Fall erschien zumindest im ersten Teil der Forschung der Befund der sozialen Kontinuität vorsozialistischer Eliten im postsozialistischen Kontext nicht sonderlich erstaunlich. Die These einer solchen Reproduktion ist in der Literatur durchaus geläufig, erst der Vergleich zu einem Dorf, in dem dies nicht so war, eröffnete die Perspektive auf die Ursachen, die den einen vom anderen Fall unterscheiden.

Dieser „entfremdende" Blick ist eine der ureigensten Qualitäten der Ethnologie. Allerdings wird er meist angewandt, um im Blick auf andere Kulturen die eigene Gesellschaft neu deuten zu können. Aber darin sollte sich die vergleichende Perspektive nicht erschöpfen, vielmehr sollten auch „andere" Gesellschaften untereinander verglichen werden, um nicht neuen Fehldeutungen zu erliegen. Für den Kontext der ehemals sozialistischen Länder haben Burawoy und Verdery (1999: 15) darauf hingewiesen, dass es sinnvoller ist, zwei ehemals sozialistische Länder miteinander zu vergleichen, anstatt, wie dies häufig in der Analyse von Transformationsstaaten geschieht, sie als defizitär gegenüber einem idealisierten Modell westlicher Marktwirtschaft zu beschreiben (siehe Kapitel 2).

Für eine Untersuchung der Auswirkungen der Privatisierung und ihrer Abhängigkeit vom vorherigen „sozialistischen Pfad" bot sich der Vergleich zweier benachbarter Regionen mit unterschiedlicher Herangehensweise an. Ich habe mich daher für Ungarn und Rumänien entschieden, die vor der Wende zwei Pole der sozialistischen Welt repräsentierten. Das liberale, schon früh mit Marktmechanismen experimentierende Ungarn steht dem autoritären, an stalinistischen Wirtschaftsweisen orientierten Rumänien gegenüber. Größere Gegensätze bei gleichzeitiger räumlicher Nähe hat es im Sozialismus kaum gegeben. Dies ist einer der Gründe, weshalb Ungarn und Rumänien in den durchaus vorliegenden vergleichenden Arbeiten nie zusammen behandelt werden. In der Transformationsliteratur werden regelmäßig die sog. „MOE-Staaten" Ungarn, Polen, Tsche-

22 Ähnlich argumentiert auch Elwert in Elwert, Kocka, Rammert und François (1996: 240).

chien und Slowenien verglichen. Rumänien dagegen zählt zu den Ländern Südosteuropas oder des Balkans. Selbst in historischen Arbeiten wird immer vom Sonderfall Rumänien ausgegangen. Diese Präferenzen der wissenschaftlichen Literatur haben selbstverständlich den realen Hintergrund unterschiedlicher politischer und wirtschaftlicher Entwicklung, trotzdem ist dies m. E. kein Hinderungsgrund für den Vergleich zweier immerhin benachbarter Länder.

Die räumliche Nähe hilft im vorliegenden Fall zudem die kulturellen Gegensätze, die einen Vergleich zweier Dörfer besonders nachhaltig beeinflussen können, gering zu halten. In beiden Fällen konnten ungarische Dörfer mit äußerst geringer ethnischer Mischung gefunden werden und somit dieser Einflussfaktor auf die Entwicklung auf ein Minimum reduziert werden. Die möglichst ähnlichen Strukturbedingungen beider Dörfer (Kapitel 5) helfen andere Faktoren als wahrscheinliche Einflüsse auf die Entwicklung auszuschließen.

Im Vorangegangenen wurden die wichtigsten inhaltlichen Funktionen der vergleichenden Perspektive für die vorliegende Arbeit erwähnt. Abschließend wird noch einmal ausdrücklich darauf hingewiesen, dass es sich bei den Untersuchungseinheiten um zwei Dörfer und nicht um einen Vergleich auf nationaler Ebene handelt. Das Vergleichsinteresse besteht an den spezifischen Bedingungen sozialer Kontinuität bzw. Diskontinuität. Damit ist das Erkentnisinteresse einerseits spezifischer als ein nationaler Vergleich, andererseits aber auch breiter, denn es wird auf mögliche allgemein gültige Tendenzen der Reproduktion sozialer Ungleichheit verwiesen.

4. Kontinuität und Diskontinuität sozialer Ungleichheit

Als nach 1989 die sozialistischen Systeme nacheinander zerfielen, war der Unterschied zwischen Ungarn und Rumänien charakteristisch für die gegensätzliche Entwicklung der beiden Staaten in den vorangegangenen Jahrzehnten.[23] Dem formellen Übergang von der Volksrepublik zur Republik Ungarn im Oktober 1989 waren keine Massendemonstrationen oder gar eine Revolution vorangegangen. Indem sie Gespräche mit der Opposition initiierte, hatte die Partei nach dem Tod Kádárs die Reformen selbst eingeleitet, und folgerichtig kam es auch nicht zu einer personellen Zäsur (Haarland und Niessen 1996: 16). In Rumänien hingegen fanden Massendemonstrationen statt, die in Timişoara begannen und sich dann ausweiteten. Im Verlauf der Ereignisse kam es zu bewaffneten Auseinandersetzungen und dann einem putschähnlichen Umsturz, in dessen Folge der frühere Machthaber Ceauşescu erschossen wurde. Einige der Hintergründe der Ereignisse sind bis heute umstritten, und die politische Situation erwies sich in den nächsten Jahren mehrmals als instabil.

Trotz der Unterschiede im politischen Übergang war, wie in der Einleitung schon angeführt, die Reprivatisierung der landwirtschaftlichen Produktionsmittel eines der wichtigsten Elemente der Systemänderung beider Staaten. Diese Wiedereinführung des Privateigentums verfolgte zwei Ziele. Zum einen sollte eine moralische Wiedergutmachung der Enteignungen der frühsozialistischen Zeit und zum anderen marktwirtschaftliche Effizienz erreicht werden. Vor allem in Rumänien drängte die schlechte Versorgungslage zu einer raschen Lösung. Allerdings sollten infolge der Reformen sowohl die Nahrungsmittelproduktion als auch der heimische Konsum drastisch sinken (siehe unten). Der Wegfall der Märkte im Osten und die ausbleibende Öffnung der Märkte im Westen verschärfte die Absatzkrise der landwirtschaftlichen Produktion. Durch diese Agrarkrise wurden wirtschaftliche Erwartungen der Bevölkerung enttäuscht, was entscheidend zur Wahrnehmung der Veränderungen beiträgt.

23 Auf die unterschiedliche Entwicklung im Sozialismus wird in Kapitel 6 ausführlicher eingegangen.

STATISTISCHE DATEN ZUR POSTSOZIALISTISCHEN AGRARKRISE IN UNGARN UND RUMÄNIEN

Gesamtvolumen von Nahrungsmittel und Konsum – In Rumänien sank, trotz der desolaten Situation zu Beginn der Reformen, das Gesamtvolumen der zur Verfügung stehenden Nahrungsmittel (Produktion und Import) 1993 auf 95,7 % des Levels von 1989. In Ungarn, mit seiner vormals relativ effizienten landwirtschaftlichen Produktion, sank der Anteil auf 53 % (Andor und Summers 1998: 102). Des Weiteren sank der jährliche Pro-Kopf-Konsum von Fleisch in Ungarn im Zeitraum 1989–1997 um 10 kg, von Milch um 22 Liter und der Konsum frischer Früchte um 13,4 kg (KSH 2000b: 42–43).

Produktion und Produktivität – Nimmt man das Niveau der Produktion von 1981 als 100 an, dann sank in Ungarn die gesamte landwirtschaftliche Produktion nach 1991 (mit einem Niveau von 113,1) stetig bis 1995 auf 80,5. Der größte Einbruch fand im Jahr 1992 statt, als die Bruttoagrarproduktion gegenüber dem Vorjahr 1991 um fast 20 % einbrach (1991 war das Entschädigungsgesetz erlassen worden). Die Lebensmittelproduktion sank insgesamt in den Jahren 1991 bis 1994 um fast 30 %. In Rumänien pendelte sie sich nach einem vorübergehenden Tief Anfang der 1990er Jahre bis 1995 wieder auf fast dasselbe Niveau (97,2) ein. Die Schweinefleischproduktion in Ungarn sank in den Jahren 1989–93 um 40,1 %, in Rumänien um 10,5 %. Die Getreideproduktion sank im gleichen Zeitraum in Ungarn um 45,6 %, in Rumänien um 15,7 %. Nicht nur die Produktion insgesamt, sondern auch die Produktivität sank nach den postsozialistischen Reformen in Ungarn (für Rumänien gibt es auf diesem Gebiet wenig verlässliche Daten). Die Produktivität z. B. bei Weizen verminderte sich von fünf Tonnen auf drei Tonnen pro Hektar, bei Mais von 1007 kg 1980 auf 757 kg 1995 (Csite und Kovách 2000: 14 f.; Csáki 1994: 617, KSH 1996: 20, 153).

Dieses Kapitel gibt einen ersten ethnographischen Überblick zu der postsozialistischen Entwicklung in den beiden Untersuchungsorten. Neben geographischer Lage wird auf das politische und soziale Leben im Dorf eingegangen und werden die Veränderungen in der wirtschftlichen Situation umrissen. Anschließend werden die unterschiedlichen landwirtschaftlichen Produzentengruppen sowie einige Fallbeispiele heutiger Bauern und deren Familiengeschichte vorgestellt. Die Fallbeispiele spiegeln soziale Kontinuität in Mesterszállás bzw. Diskontinuität in Kisiratos und werden in den folgenden Kapiteln z. T. erneut aufgegriffen.

4.1 Mesterszállás im Postsozialismus

Mesterszállás ist ein kleines Dorf mit 859 Einwohnern im Komitat (megye) Jász-Nagykun-Szolnok (siehe Karte 1). Es liegt ungefähr 150 km südöstlich der Hauptstadt Budapest, während Szolnok, die Hauptstadt des Komitats, ca. 30 km entfernt ist. Mit öffentlichen Verkehrsmitteln besser erreichbar ist die Stadt Kunszentmárton, etwa 25 km entfernt, von der aus das Dorf im 19 Jh. besiedelt wurde (zur Dorfentwicklung siehe Kapitel 5). Außer in Bodenangelegenheiten ist Kunszentmárton bis heute administrativ für Mesterszállás zuständig.

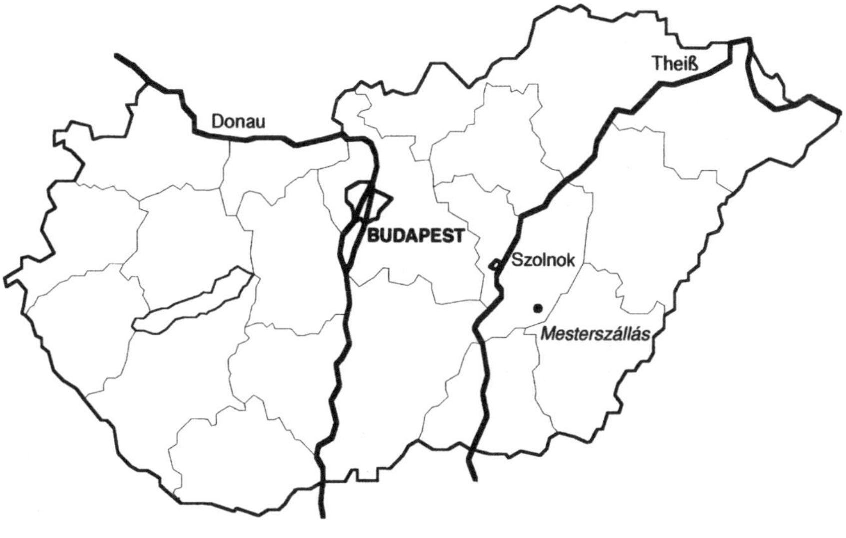

Karte 1: Lage von Mesterszállás in Ungarn

Fährt man von Szolnok nach Mesterszállás, kommt man u. a. durch das Dorf Rákócziújfalu. Hinter dem Dorf liegt eine moderne Bierfabrik, die früher einmal als „erste genossenschaftseigene Brauerei Ungarns“ zur LPG in Mesterszállás gehörte. Heute gehört sie einer ausländischen Firma. Auf der weiteren Fahrt passiert man eine Gemüsetrockenanlage und eine Milchviehstallung, die Anfang 1999 beide noch den Namen der LPG in Mesterszállás trugen, dann aber im Zuge des Konkursverfahrens veräußert wurden.

Rechts und links der Straße nach Mesterszállás liegen ausgedehnte Getreidefelder und z. T. Berieselungsanlagen, die von großflächigem Anbau zeugen. An der Abzweigung nach Mesterszállás befindet sich ein angerostetes Schild mit einem Pfeil und der Aufschrift: „Táncsics MgTSZ Központja" (Zentrum der Táncsics-LPG[24]). Vor dem Ort liegen links der Straße die nun schon teilweise leer stehenden Verwaltungsgebäude der LPG und die ehemalige Werkskantine. Am Ortseingang gruppieren sich das Bürgermeisteramt, der Kindergarten, die Arztpraxis, das Pfarrhaus, eine Schule, die Post und eine dreimal wöchentlich geöffnete Apotheke sowie ein Frisörgeschäft, das allerdings im Laufe der Forschung seinen Betrieb einstellte. Sieht man sich im Dorf weiter um, finden sich zwei Lebensmittelgeschäfte (und zwei bereits wieder aufgebene), zwei landwirtschaftliche Läden, ein Bekleidungsgeschäft sowie zwei Kneipen, das Kulturhaus und ein weiteres Schulgebäude.

Die Bebauung besteht überwiegend aus in den 1960er und 1970er Jahren erbauten „sozialistischen Viereckhäusern", die nach hinten mit Stallgebäuden verlängert wurden. Es finden sich nur wenige, meist kleine Häuser in alter Lehmziegelbauweise und ein paar Häuser aus den zwanziger Jahren im „bürgerlichen Stil", d. h. Häuser mit Fundament und Ziegelbauweise, deren Verzierungen (z. B. Muster im Putz und goldene Zinnen), darauf schließen lassen, dass hier einmal wohlhabende Bauern wohnten. Am beschriebenen Ortseingang befindet sich zwischen Bürgermeisteramt und Post außerdem eine moderne Reihenhausreihe. Die vier Einfamilienhäuser wurden in den 1980er Jahren von der LPG für Führungskräfte als Dienstwohnungen gebaut. Insgesamt lässt die Architektur und die rechtwinklige Straßenführung, trotz der auf einem kleinen Hügel stehenden katholischen Kirche im Zentrum des Dorfes, darauf schließen, dass es sich um ein relativ junges Dorf handelt.

Die Hauptstraße, die nach Mesterszállás führt, endet im vom „Oberdorf" etwa drei Kilometer entfernten „Unterdorf". Etwa in der Mitte zwischen beiden Ortsteilen befindet sich der heute von der ehemaligen LPG unabhängige Schweinemastbetrieb PIG Kft. Weitere Verwaltungsgebäude und ehemalige Ställe der Genossenschaft finden sich am Rand beider Siedlungsteile. Im Unterdorf sind nur noch wenige Häuser bewohnt, das Lebensmittelgeschäft wurde Mitte der 1990er Jahre geschlossen. Geht man dann auf den Feldwegen weiter, kommt man an großen Kuhställen der LPG vorbei und nach ca. weiteren zwei Kilometern zum Ufer des Körös. Das Gebiet am Flussufer ist Überschwemmungsgebiet und als Naturschutzgebiet heute in staatlichem Besitz, kann aber von der Genossenschaft weiterhin als Weide genutzt werden. Im Sommer finden sich hier auch viele wilde Camper ein. Wendet man sich vom Ufer aus nach

24 Benannt nach Mihály Táncsics, einem frühen ungarischen Agrarreformer.

rechts, erreicht man die so genannten Hobbygärten der Dorfbewohner. Es sind kleine Grundstücke, die überwiegend zum Anbau von Obst und Gemüse genutzt werden. Viele Familien haben sich hier aber auch kleine Wochenendhäuser und Stege auf den toten Seitenarm des Körös gebaut. Karte 2 zeigt das Dorfgebiet mit den beiden Siedlungsteilen, den Flächen mit LPG-Gebäuden sowie das als Wiede genutzte Überschwemmungsgebiet am Flussufer und die Hobbygärten.

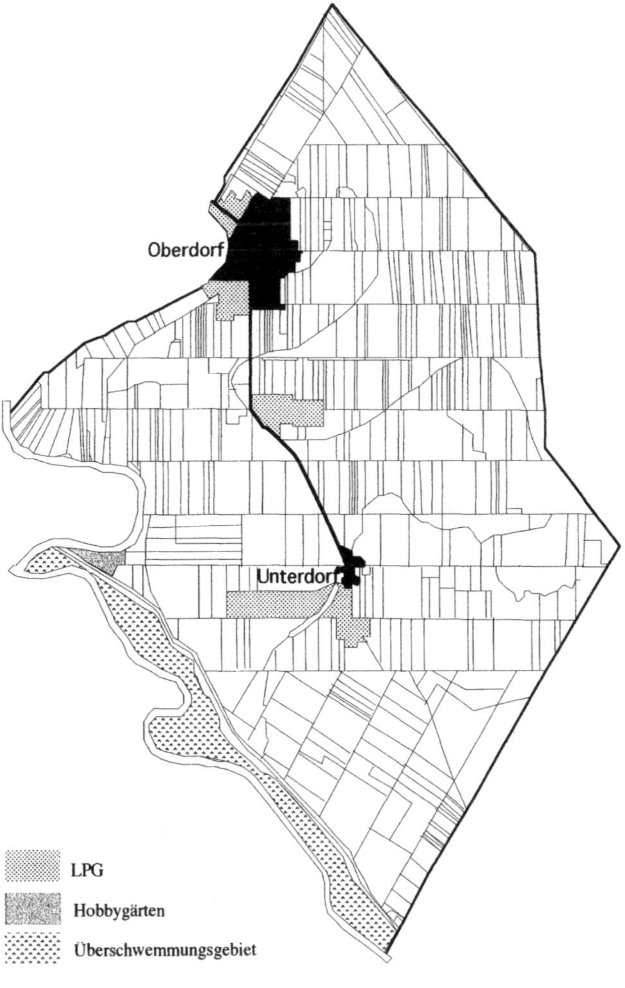

Karte 2: Mesterszállás mit Grundstücksgrenzen nach der Privatisierung

Privatisierung und wirtschaftliche Entwicklung

Die Reformen der 1990er Jahre führten zur Aufteilung des Landes in viele kleine Flächen in den Händen einzelner Privateigentümer. Karte 2 zeigt auf Grundlage der Katasterkarte die nach der Privatisierung entstandenen Grundstücksgrenzen in Mesterszállás. Aber die Bearbeitungsstruktur ist nicht so fragmentiert, wie es auf den ersten Blick scheint. Vielmehr findet sich in Mesterszállás die für die Transformationsländer typische Besitzstruktur mit einem Großbetrieb, einigen größeren selbständigen Betrieben und vielen kleinen Nebenerwerbslandwirtschaften.[25] Bei dem Großbetrieb handelte es sich um die reformierte LPG. Diese wirtschaftete bis zum Jahr 2001 trotz der anfänglichen Austritte 1992 auf fast unverändert großem Territorium, denn sie konnte mit allen neuen Landbesitzern auf dem ehemaligen Land des Staatsguts im Süden von Mesterszállás Nutzungsverträge abschließen und so den Verlust ausgleichen.

Die Privatisierung des Bodens bedeutet auch nicht, dass gemeinschaftlicher Landbesitz gänzlich verschwunden wäre. Viele der kleinen Landbesitzer, die ihr Land nun an die LPG verpachteten, haben ihren Anteil nicht ausmessen lassen, sondern „teilen" sich ein Feld mit anderen Mitbesitzern. Ein Ausmessen hätte von ihnen selbst bezahlt werden müssen und war für viele zu teuer. Damit stellt Mesterszállás keine Ausnahme dar. Kovács (1998: 140) beschreibt die Situation folgendermaßen:

> "For technical and financial reasons (measuring out plots cost money), for many, ownership represented title to a notional area within a collectively cultivated field."

Auch die Nutzungsrechte sind nicht immer eindeutig. Im Laufe der letzten zehn Jahre haben sich einige der neuen Bodeneigentümer nach und nach entschlossen, Teile ihres Besitzes aus der genossenschaftlichen Bewirtschaftung in die eigene zu übernehmen. Oft haben sie dann im beiderseitigen Einvernehmen mit der LPG „getauscht", d. h., sie bekamen eine andere Fläche als die ihnen ursprünglich zugewiesene. Für die Genossenschaft hatte dies den offensichtlichen Vorteil, zusammenhängende Flächen für die maschinelle Bewirtschaftung zu erhalten, aber auch für die Kleinbauern konnte die Lage, beispielsweise am Rand eines größeren Flurstückes statt in der Mitte oder in Nähe des Dorfes, für die Bearbeitung günstiger sein. Weitere „Tauschgeschäfte" liegen auch zwischen priva-

---

25 Zu Situation und Struktur der ungarischen Landwirtschaft nach Landverteilung und Privatisierung allgemein siehe z. B.: Juhász (1998), Varga (1998) sowie Csite und Kovách (2000).

ten Nutzern vor.[26] Um, auch im Hinblick auf einen künftigen Anschluss an die EU, eine transparente Situation der Landnutzung zu erreichen, wurde von der ungarischen Regierung im Jahr 1999 eine Registrierung der Landnutzung beschlossen, die u. a. dazu führen sollte, dass die Besitzer auf ihren „wirklichen" Besitz von 1992 zurückkehren. Der Erfolg der Maßnahme war bis zum Ende der Forschung noch nicht absehbar.

Wie im Erscheinungsbild des gesamten Dorfes gibt es auch bei der Genossenschaft Zeichen für Kontinuität zwischen altem und neuem System. So blieb auf dem Gelände der Verwaltungsgebäude am Dorfeingang die Statue von Mihály Táncsics (des Namensgebers der Genossenschaft)[27] stehen. Ebenso verblieben seine Portraits und die diversen Preise und Urkunden aus sozialistischen Zeiten an ihrem Platz im Gebäude. Neben Kontinuitäten in symbolischen Aspekten zeigen sich auch Kontinuitäten in der wirtschaftlichen Organisation. So wurden zwar nach dem Systemwechsel Boden und Maschinen der Genossenschaft privatisiert, aber die rechtliche Form wurde beibehalten. Wichtiges Prinzip der genossenschaftlichen Form blieb: „Jedes Mitglied hat eine Stimme." Mehrere Versuche der LPG-Führung, die Genossenschaft in eine Aktiengesellschaft umzuwandeln, in denen die Stimmverteilung nach Besitzanteilen gegolten hätte, scheiterten am Widerstand der Mitgliedschaft. Beschlüsse zur Ausgliederung einzelner GmbHs (ung. Kft.) aus den unterschiedlichen Produktionssektoren wurden nur partiell und zögernd umgesetzt. Lediglich die Schweineproduktion und die Gemüsetrockenanlage sind mit ihren Gebäuden halb-selbständige Firmen geworden. Erst 1999 wurden, sozusagen als verspätete Notbremse, sieben neue Kfts. unter dem Dach der LPG (als Holding) ins Leben gerufen. Zu spät, denn im Sommer 1999 begann mit der Einsetzung der Konkursverwaltung die endgültige Auflösung der Genossenschaft.[28] Dieser Prozess wurde 2001 offiziell beendet. Die zentralen Verwaltungsgebäude in Mesterszállás wurden an eine ungarisch-italienische Kooperation verkauft, ebenso wie die Rindermast in

---

26 Solche „spontanen Flurbereinigungen" gehören in das Feld des "fuzzy property" im Sinne von Verdery (1998). Diese Beziehungen sind aber nicht Gegenstand dieser Arbeit. Hinsichtlich der Identifizierung mit dem neu eingeführten Eigentum lässt sich sagen, dass die kollektiven Bodennutzer wenig Identifizierung mit ihrem Eigentum erkennen lassen.

27 Siehe auch FN 24.

28 An dieser Stelle soll kein detaillierter Überblick über den Privatisierungsprozess der LPG gegeben werden. Gute Fallstudien solcher Prozesse bieten z. B. Kovács (1998a) über die „Homokvár" (Sandburg), wo zunächst ebenfalls „alles beim Alten" blieb oder Swain (1998) über die „Aranyszőlő" (Goldtraube), die in eine Aktiengesellschaft umgewandelt wurde.

den oben beschriebenen Ställen in Nähe des Flusses. Die Schweineproduktion „PIG Kft" konnte sich als eigenständiger Betrieb in Form einer neuen Genossenschaft behaupten. Gründungsmitglieder dieser neuen Genossenschaft sind sieben der ehemaligen Mitglieder, einschließlich des leitenden Direktors und sieben neuer Mitglieder von außerhalb. Die Pflanzenproduktion auf dem Gebiet von Mesterszállás, „Mester-AGRO-Kft", wurde ebenfalls von Teilen der früheren Leitung privatisiert, während die Pflanzenproduktion des Nachbarortes aufgeteilt wurde unter einem ausländischen Investor und der Nachfolgefirma der dortigen staatlichen Wirtschaft. Deren heutiger Direktor war in früheren Jahren auch einmal Leiter der Táncsics-LPG in Mesterszállás, und es wurde einiges Personal übernommen. Die vorliegende Forschung fand vor allem in der Zeit vor der endgültigen Abwicklung statt, die vor allem durch Unsicherheit über die Zukunft des Unternehmens geprägt war. Anfang 1999 kursierten zunächst immer wieder unterschiedliche Gerüchte über den bevorstehenden Konkurs, der dann im Sommer offiziell wurde. Da ich genau in dieser Zeit die Forschung begann und an verschiedenen Orten gesehen wurde sowie die Runde mit dem Rentnervertreter im Dorf machte, galt ich schnell als Expertin und wurde um Rat gefragt. In der Zeit nach Beginn des Konkursverfahrens kursierten vor allem Gerüchte über die Teilbetriebe der LPG, deren jeweilige wirtschaftliche Situation und mögliche Veräußerung.

Da es keine weitere Industrieansiedlung gibt, war die Landwirtschaft in der Vergangenheit und ist bis heute Haupteinnahmequelle der örtlichen Bevölkerung. Insofern ist Mesterszállás stark von der einleitend erwähnten postsozialistischen Krise in der Landwirtschaft betroffen. 30 % der aktiven Bevölkerung gelten im Jahr 2000 offiziell als arbeitslos, die Dunkelziffer der nicht mehr registrierten Langzeitarbeitslosen und Frauen dürfte nach Angaben des örtlichen Bürgermeisteramtes noch höher liegen. Nach den Kategorien von Agrarsoziologen kann man Mesterszállás somit zu den stagnierenden Ortschaften in der Transformation zählen (Kovách und Csite 2000: 24).

Politisches und soziales Leben

Der Systemwechsel, der wie eingangs erwähnt in Ungarn nicht mit größeren Unruhen einherging, führte auch in Mesterszállás nicht zu extremen Ereignissen. Erzählt wird im Dorf lediglich, ein ehemaliger Ratsleiter habe sich mit seiner Frau aus Angst vor Vergeltung für seine Amtsführung Anfang der 1950er Jahre (siehe Kapitel 6) drei Tage lang auf dem Dachboden versteckt.

Im Zuge des politischen Wandels wurde bei dem sowjetischen Ehrenmal der rote Stern abgenommen, und das darum liegende Parkstück wird seitdem nicht mehr gepflegt. Dafür stellte man 1997 zum 100-jährigen Jubiläum der Dorfgründung ein neues Denkmal auf der anderen Straßenseite auf. Nun werden an nationalen Feiertagen dort die Kränze niedergelegt. Aber es gibt auch Zeichen der Kontinuität. So existieren beispielsweise weiter eine Lenin- und eine Béla-Kun-Straße.[29]

Neben diesen symbolischen Zeichen für Kontinuität, bzw. Diskontinuität brachte die Transformation eine technische Modernisierungswelle ins Dorf. Anfang der 1990er Jahre erhielten viele Haushalte eigene Telefon- und Gasleitungen. Seitdem wurden öffentliche Gebäude renoviert und mehrere Straßen geteert. In den Jahren der Feldforschung (1999–2000) wurde auch mit der Einführung einer Müllabfuhr begonnen. Dieser Prozess war noch nicht abgeschlossen und wurde teilweise heftig diskutiert. Dass man für Müll, den man bisher einfach verbrannte, nun zahlen soll, wird vor allem von älteren Bewohnern nicht verstanden. Die Dimensionen des Müllproblems sind z. T. Folgen neu eingeführter Konsumprodukte (Plastikflaschen etc.). Eine weitere Neuerung betraf die Anlage neuer Abwasserkanäle und einer Kläranlage. Hinsichtlich der Auftragsvergabe zum Bau des neuen Abwasserleitungsnetzes und der neuen Kläranlage wird Korruption durch den Bürgermeister vermutet.

Die Auseinandersetzungen um das Amt des Bürgermeisters, wie sie sich z. B. in diesem Konflikt andeuten, sind seit dem Systemwechsel bestimmend für das politische Leben. In Konkurrenz stehen dabei die überwiegend eingewanderte sozialistischen Elite und die einheimischen „Bauern".[30] Auch in Konkurrenz mit dem parteilosen Bürgermeister steht die lokale Parteigruppe der Unabhängigen Kleinbauernpartei (FKGP)[31] Obwohl diese Partei bei den Wahlen für das nationale Parlament immer die höchste Stimmzahl im Ort erreichte, konnten sich ihre Kandidaten auf lokaler Ebene bisher nicht durchsetzen. Die Identifizierung mit dem von dieser Partei vetretenen Ziel einer Rückkehr zu vorsozialistischen Besitzverhältnissen ist zwar in der lokalen Umsetzung der Privatisierung wichtig

29 Béla Kun (geb. 1886 in Siebenbürgen) war ungarischer Kommunist und treibende Kraft in der ungarischen Räterepublik von 1919. Nach deren Zusammenbruch floh er erst nach Österreich, dann in die Sowjetunion, wo er 1937 verhaftet wurde und wahrscheinlich 1939 starb. 1956 wurde er rehabilitiert.

30 Der Konflikt wird ausführlicher dargestellt in Thelen (2001a)

31 Sie gehört zu den in der Einleitung erwähnten Parteien mit historischem Vorbild und hat sich insbesondere in der ersten „Nach Wende"-Regierung für eine Rückkehr zu historischen Besitzverhältnissen eingesetzt.

gewesen (siehe Kapitel 7) und es wird auch angenommen, dass die Partei Kleinbauern unterstützt, aber das scheint nur das Wahlergebnis auf nationaler Ebene zu beeinflussen, während die lokale Vertreter weniger glaubwürdig sind. Die lokalen Vertreter und Kandidaten gehören (wie früher) eher in den Kreis der „Mittelbauern". An zweiter Stelle stand bei der Parlamentswahl 1998 die rechtsliberale FIDESZ, gefolgt von der reformierten sozialistischen Partei (MSZP).

Das soziale Leben im Postsozialismus wird von Dorfbewohnern oft negativ beschrieben. Man habe keine Zeit mehr, Nachbarn und Freunde würden sich seltener besuchen, und die Fußballspiele des lokalen Vereins würden auf weniger Interesse als zu früheren Zeiten stoßen. Statt einem „Schwätzchen" auf der Straße werde mehr privat ferngesehen, und Neid sowie gestiegene materielle Ansprüche regierten die Sozialbeziehungen.[32] Wenige, zumeist Intellektuelle, betonen Vorteile oder neue Freiheiten durch den Systemwechsel.

Man beklagt auch den Rückgang von sozialen Aktivitäten, die früher staatlich oder über die Genossenschaft initiiert wurden. Die Rentner können beispielsweise nicht mehr die Busse der Genossenschaft für Ausflüge benutzen. An der Schule finden Ausflüge und Ferienfahrten nur auf Initiative besonders engagierter Lehrer statt. Manche dieser gesellschaftlichen Institutionen werden durch private Organisationen übernommen. So wurde eine „Stiftung für die Kinder von Mesterszállás" (Mesterszállás Gyermekeiért Alapítvány) gegründet, die einen jährlichen Wohltätigkeitsball veranstaltet und aus dem Erlös Ausflüge für die Kindergarten- und Schulkinder finanziert.[33]

Die katholische Kirche konnte ihre vorsozialistische Rolle für das gesellschaftliche Leben nur teilweise wieder aufnehmen. Es gibt Wiederbelebungsver-

32 Interessanterweise beschreiben die Dorfbewohner die postsozialistische Zeit als einen Rückzug ins Private, eine Atomisierung der Sozialbeziehungen, während Intellektuelle diese Phänomene als typisch für den Umgang mit dem totalitären Sozialismus analysieren (Hankiss 1990: 33). Dass die Kommentare der Dorfbewohner zum Freizeitverhalten nicht nur auf einer Verklärung der Vergangenheit beruhen, zeigen die Auswertungen nationaler Zeitbudget-Erhebungen. Danach sank im Zeitraum 1986 bis 1998 die mit sozialen Aktivitäten verbrachte Zeit um 10 % (Männer) bis 20 % (Frauen), in Dörfern sogar noch mehr. Über die Hälfte dieser Zeit wird mit Gesprächen ausgefüllt. Im gleichen Zeitraum stieg die Zeit, die vor dem Fernseher verbracht wird, um 50 % (KSH 2000a: 50–59). Beobachtungen während der Feldforschung zeigten, dass ein großer Teil der Alltagsgespräche auf der Straße, zwischen Nachbarn etc. der Diskussion der täglichen Seifenopern dient.

33 Neben anderen Freizeitaktivitäten sank landesweit auch die Nutzung von Kulturangeboten, vor allem in der Gruppe der unter 20-Jährigen, dies am stärksten in Dörfern. Das dürfte unmittelbar mit dem Sinken des Angebots verbunden sein (KSH 2000a: 52–53).

suche, die jedoch nur von einem Teil der Bevölkerung getragen werden, aber durch Wegfall staatlicher oder anderer gesellschaftlicher Angebote an Bedeutung gewinnen. So wurde Ostern 2000 die katholische Jugendgruppe (Katolikus Ifjusági Kör) mit feierlicher Fahnenweihung in der Kirche neu gegründet. Gruppentreffen und Teilnahme daran blieben im folgenden Jahr sporadisch, aber 2001 wurde zum ersten Mal ein Ausflug für die Mitglieder organisiert. Nach dem Wegfall der Kommunistischen Jugendorganisation (KISZ), über die regelmäßige Ferienfahrten für die Kinder organisiert wurden und deren Ortsgruppe auch einen Clubraum hatte und Tanzveranstaltungen organisierte, wird diese Vereinigung zum einzigen ständigen Angebot für Kinder und Jugendliche. Neben der katholischen Kirche gibt es nun eine amerikanische Erweckungssekte im Dorf, die wechselnd etwa sechs bis zwölf Mitglieder hat. Hier sammeln sich vor allem Menschen mit schweren psychischen und gesundheitlichen Problemen.

4.1.1 Neue landwirtschaftliche Produzenten

Durch die Privatisierung entstanden in Mesterszállás verschiedene Gruppen privater Produzenten. Die eingangs beschriebene donnerstägliche Sprechstunde des Agrarberaters vermittelt bereits einen Eindruck dieser unterschiedlichen postsozialistischen Bauern. In der Sprechstunde müssen sich alle Produzenten registrieren lassen[34], und Anträge auf staatliche Unterstützung der eigenen Landwirtschaft werden dort eingereicht. Da es sowohl steuerlich als auch für staatliche Unterstützung günstiger ist, als Kleinstproduzent registriert zu sein, sind offiziell auch die größten Produzenten als solche gemeldet.[35] Dabei wird der Landbesitz auf andere Familienmitglieder (Ehegatten, Kinder, Geschwister) überschrieben. Während also in der offiziellen Statistik sämtliche Produzenten in Mesterszállás als „Kleinstproduzenten“ gelten, werden bei der Sprechstunde die Unterschiede in den Betriebsgrößen, wie zu Anfang der Einleitung beschrieben, deutlich. Während am Vormittag die kleinen und mittleren Bauern kommen, erhalten die größeren Bauern oft längere „Privataudienzen“ am Mittag oder Nachmittag. Sie haben den bäuerlichen Habitus (Arbeitskleidung, Stoffmützen, Plastiktüten) ab-

34 1996 versuchte die Regierung alle Produzenten, auch die Kleinstproduzenten, steuerlich zu erfassen. Der Versuch scheiterte am Protest der Betroffenen, die Registrierung jedoch blieb (Kovács 1998b: 175).

35 Im Jahr 2000 betrug die staatliche Unterstützung pro Hektar für Landbesitz unter 20 ha 8000 Forint, für Landbesitz zwischen 20 und 50 ha 6000 Forint und bei 50 bis 300 ha 4000 Forint. Größere Betriebe erhielten keine staatliche Unterstützung dieser Art.

gelegt und treten ausnahmslos mit Attributen von „modernen Unternehmern" auf. Häufig befinden sich ihre umfangreichen Unterlagen in Aktentaschen; sie tragen teilweise „städtische" Kleidung bei den Terminen und haben Funktelefone dabei.

Diese verschiedenen Kategorien privater Produzenten bewirtschaften Flächen unterschiedlicher Größenordnung. Fünf Familienbetriebe bewirtschafteten zu Beginn der Feldforschung ca. 100 ha, durch den Konkurs der Genossenschaft pachteten vier dieser Betriebe im Verlaufe des folgenden Jahres weitere Flächen dazu, so dass sie heute um die 350 ha bebauen. Diese werden im Folgenden als „neue Großbauern" bezeichnet. Nominell bewirtschaften auch zwei ältere Männer mehr als 100 ha selbst. Beide hatten allerdings einen Vetrag mit der Genossenschaft, so dass sie als Unternehmer staatliche Unterstützung erhielten, gleichzeitig aber die maschinelle Arbeit durch die LPG erledigt wurde. Diese Arrangements gingen während der Feldforschung durch den Konkurs der LPG ihrem Ende zu, und beide verpachteten Land an einen der größeren Produzenten. Als weitere Kategorie entstanden „neue Mittelbauern", die Flächen zwischen 20 und 100 ha bewirtschaften. Die meisten Produzenten dieser Gruppe bebauen zwischen 20 und 40 ha; nur ein Produzent wirtschaftet auf 80 ha und ein weiterer auf 100 ha. Diese beiden Landwirte stehen zwischen den Gruppen der neuen Groß-, bzw. Mittelbauern. Sie stockten ihre Flächen durch den Konkurs nicht wesentlich auf. Daneben gibt es viele kleinere Produzenten, die auf weniger als 20 ha wirtschaften. Manche von ihnen belassen einen Teil ihres Besitzes zur Bearbeitung in der Genossenschaft und bebauen zusätzlich einige Hektar selbst.

In diese letzte Produzentengruppe fallen auch die Produzenten, die kein geerbtes Land haben und stattdessen nur über ihr Mitgliedsland in der Genossenschaft (siehe Kapitel 7) und/oder ihren Hausgarten verfügen. Tabelle 3 stellt die Verteilung dieser Produzentengruppe in der Stichprobe dar. Die größeren Bauern sind hier überrepräsentiert, da sie, bis auf den einen der beiden genannten älteren Produzenten, gezielt aufgesucht wurden. Mittelbauern gibt es insgesamt einige mehr als in der Stichprobe, und als Kleinstproduzenten können fast alle Haushalte des Dorfes gelten. Als Hinweis auf die Größenordnung der Gruppe der Kleinstproduzenten kann die Anzahl der registrierten Kleinstproduzenten (őstermelő) gelten. Nach Angaben des Agrarberaters betrug sie 1999 in Mesterszállás 497.[36] Bei 859 Einwohnern sind also über die Hälfte offiziell an

36 Hier ist zu bedenken, dass die meisten der größeren Produzenten aufgrund von Steuervorteilen auch lediglich als Kleinstproduzenten registriert sind, allerdings beeinflusst das die Größenordnung nur gering.

der landwirtschaftlichen Produktion beteiligt, d. h., in fast allen Haushalten muss zumindest ein Erwachsener registriert sein. Immerhin zwölf der in der Stichprobe erfassten Produzenten bewirtschaften nur Flächen von weniger als einem Hektar und zehn weitere Familien Flächen zwischen einem und fünf Hektar.

Tabelle 3 erfasst lediglich die rein private Bewirtschaftung und enthält dabei noch nicht diejenigen Kleinstproduzenten, die nur in Kooperation mit der LPG wirtschaften. In den Fragebögen gaben immerhin 52 weitere Familien an, einen Landbesitz von bis zu 5 ha an die Genossenschaft zu verpachten. Diese hatten bisher alle Anspruch auf die an die LPG assoziierte eigene Produktion in Form der sog. *háztáji* (siehe Kapitel 6). Mit der Krise der Genossenschaft versuchen auch mehr jüngere Familien das Land ihrer Eltern privat zu bewirtschaften, allerdings unter zunehmend schwierigen Bedingungen (siehe Kapitel 8).

Tabelle 3: Postsozialistische private Bewirtschaftung in der Stichprobe

Fläche	**Häufigkeit**	**Prozent**
Nichts	97	61,4
bis 1 ha	12	7,6
1–5 ha	10	6,3
5–15 ha	12	7,6
15–100 ha	7	4,4
100 ha ‹	7	4,4
Gesamt	145	91,8
Fehlend	13	8,2
Gesamt	158	100,0

Frage: Wieviel Land bewirtschaften Sie selbst? (auch gepachtet)

Im Folgenden sollen nun einige Produzenten aus jeder Gruppe vorgestellt werden. Die Familiengeschichten weisen auf eine historische Kontinuität sozialer Ungleichheit hin, deren Ursachen in den nächsten Kapiteln analysiert werden. Die Auswahl der Beispiele ist statistisch nicht repräsentativ, vielmehr verkörpern die vorgestellten Familien das vorgefundenen Spektrum von Akteuren in der postsozialistischen Landwirtschaft. Aus der Gruppe der neuen Großbauern wurden ebenso drei Beispiele gewählt wie aus den zahlenmäßig sehr viel stärkeren Gruppen der neuen Mittel- und Kleinbauern. Einige der hier vorgestellten Familienmitglieder kommen in den folgenden Kapiteln erneut zu Wort. Diese Zitate sowie die Erläuterung von hier nur erwähnten Einzelaspekten (Landreformen, Enteignungen etc.) werden die Akteure im Verlauf der Arbeit plastischer erscheinen lassen. Gleichzeitig rücken dann auch vermehrt Unterschiede zwischen Gruppen in ihren Strategien und Interpretationen sowie Konflikte in den Vordergrund der Analyse. An diesen Stellen werden dann jeweils auch andere Beispiele illustrieren, dass es sich bei den hier vorgestellten „Prototypen" nicht um Einzelfälle handelt.

Neue Großbauern

Die Gruppe der heute erfolgreichen landwirtschaftlichen Unternehmer ist wie erwähnt klein, aber ihre Familiengeschichten ähneln sich in entscheidenden Punkten. Das erste Beispiel stellt einen Unternehmer vor, der sich trotz kurzfristiger Degradierung der Familie zur Zeit der Kollektivierung heute unter den Transformationsgewinnern in Mesterszállás findet.[37]

> Vom Großbauern zum Großbauern, 1
>
> Tamás betreibt eines der erfolgreichen landwirtschaftlichen Unternehmen in Mesterszállás auf einer Fläche von ca. 350 ha. Während des Sozialismus besuchte er die Parteischule, und auch sein Bruder Dezső war in der Partei als *„munkásőr"* aktiv.[38] In der LPG wurde Dezső nach seinem Studium als Agraringenieur Gebietsleiter Mitglied der mittleren Führung. Heute hat er als der, schon erwähnte, landwirtschaftliche Dorfberater wieder eine Schlüsselposition inne.
>
> Die Brüder stammen aus einer Großbauernfamilie, deren „Stammvater" sich Mitte des letzten Jahrhunderts in Mesterszállás niederließ. Der „Stammvater" (1855–1900) besaß laut Familiensaga über 400 kh.[39] Boden und betrieb zusätzlich ein Handelsunternehmen mit 40 Arbeitskräften. Sein Besitz wurde durch das Los unter seinen drei Kindern verteilt, wobei der Großvater der Brüder ca. 90 kh in Mesterszállás erhielt und zusätzlich noch den Anteil seiner Schwester von 150 kh in Békesszentandrás kaufte. Die Familie gehörte damit zu den reichsten Familien

37 Informationen aus Tonbandaufnahmen mit Dezső und Tamás am 24.2.2000 bzw. 27.5.1999, Interview Nr. 45, NW-Interview 05 und informellen Gesprächen.

38 Die *„munkásőr"* spielten im dörflichen Alltag nur eine untergeordnete Rolle, aber sie waren die einzige bewaffnete, paramilitärische Organisation, die den Sozialismus im Falle eines Aufstandes verteidigen sollte, und eine Mitgliedschaft war zu Zeiten des Sozialismus karrierreförderlich.

39 = kataszträlis hold, alte Flächeneinheit (Joch), entspricht etwa 0,58 ha.

im Dorf. Der Großvater heiratete und bekam vier Kinder (zwei Söhne und zwei Töchter). Da er 1945 starb, wurde 1949 seine Frau als „Kulakin"[40] qualifiziert. Der Hof der Familie wurde 1952 zum Büro der LPG „Frieden", und die Söhne traten als einfache Mitglieder in die LPG ein.

Einer der beiden, der Vater von Tamás erhielt dann in der Privatisierung der 1990er Jahre ca. 100 ha Land durch Entschädigung. Seit dem Tod seines Vaters leitet Tamás, der jüngere Sohn, das Familienunternehmen. Zu dem eigenen Besitz pachtet weitere ca. 250 ha. Seine Frau, deren Vater ebenfalls auf der „Kulakenliste" stand, arbeitet im Bürgermeisterbüro.

In dem Beispiel war zwar der Vater aus der vorsozialistischen Hierarchie abgestiegen und einfaches LPG-Mitglied geworden, seine Söhne erreichten aber bereits wieder gute Positionen in der sozialistischen Hierarchie. Tamás besuchte die Parteischule und wäre, ohne den Systemwechsel, wahrscheinlich bald Parteisekretär in Mesterszállás geworden. Sein Bruder Dezső war, wie oben ebenfalls erwähnt, zu Zeiten des Sozialismus *munkásőr*. Sein damaliger Chef in der Einheit ist heute Leiter des für Mesterszállás zuständigen Amtes für Bodenangelegenheiten. Das offizielle Büro von Dezső in seiner Eigenschaft als Agrarberater befindet sich im selben Gebäude.[41] Im Gespräch über die Aufnahme der privaten Landwirtschaft und den eigenen Erfolg nehmen die Brüder jedoch nicht Bezug auf ihre damaligen Stellungen, vielmehr betonen sie die Bedeutung von biologischen Anlagen. So begründet z. B. Tamás ökonomischen Erfolg mit der Übertragung von Genen der Eltern auf die Kinder:

---

40 Der aus dem Russischen stammende Begriff *kulák* wurde im Ungarischen übernommen. Nach Solschenizyn (1974: 64) bezeichnete *kulák* im Russischen einen unehrlichen ländlichen Händler, der nicht durch seine eigene Arbeit reich wurde, sondern durch die Arbeit anderer. In den russischen Siedlungen habe es immer nur wenige solcher Mittelsmänner gegeben, deren ökonomische Basis durch die Revolution zerstört wurde. In der Folge wurde der Begriff verwendet, um allgemein alle zu bezeichnen, die fremde Arbeitskraft anheuerten. In Ungarn wurde der Begriff ähnlich verwendet, denn bei Landbesitz von mehr als 25 kh wurde enteignet, dies sollte die Grenze sein, ab der es für eine Familie nicht mehr möglich war, den Hof ohne fremde Arbeitskraft zu bewirtschaften.

41 Die Verlegung von Mesterszállás, das aus historischen Gründen (siehe Kapitel 5) zu Kunszentmárton gehörte, in den Zuständigkeitsbereich von Mezőtúr erfolgte wenige Tage vor den ersten postsozialistischen Landversteigerungen. Offiziell begründet wurde die Verlegung damit, dass auch das übrige Land der örtlichen LPG in den Zuständigkeitsbereich von Mezőtúr falle und damit die Privatisierung vereinfacht werde. Lokal hält sich in diesem Zusammenhang allerdings der Verdacht der Korruption, der auf „gute Beziehungen" wie die oben erwähnte zurückgeführt wird.

„Wem was in den Genen liegt, was man von den Eltern erbt; der eine war fleißig, der andere nicht. Wer fleißig ist, wird immer erfolgreicher sein. Nicht aus jedem wird ein Farmer" (27.5.1999).

Sein Bruder Dezső beschreibt den Beginn ihres Familienunternehmens als Familientradition und gleichsam „traditionellen" Gehorsam gegenüber dem Vater:

„Das war eine schwere Entscheidung, und wir können unserem armen lieben Vater danken, denn er war es, der sagte, so wird es sein. Wir haben auf ihn gehört, wir haben ihm nie widersprochen. (...) Er hat die Situation immer richtig gesehen. Er war immer gegen die Genossenschaft, den Sozialismus hat er nie ertragen." (24.2.2000)

Die Betonung der bäuerlichen „Familientradition" im Gegensatz zur sozialistischen Vergangenheit ist im Kontext der eingangs erwähnten postsozialistischen Suche nach einer „wahren" oder „wünschenswerten" Vergangenheit zu sehen. In der Außendarstellung betont man eher den eigenen bäuerlichen Familienhintergrund als Fachkenntnisse oder das soziale Netzwerk, die zum Erfolg beitragen.

Ähnlich wie die Geschichte von Tamás spiegelt auch der Werdegang von Gábor eine „Erfolgsstory". Seine Familie stand in den Zeiten des Übergangs zum Sozialismus an der Schwelle von Mittelbauern zu Großbauern. Nach anfänglichem Widerstand gegen die Kollektivierung machten sein Vater und später Gábor selbst Parteikarriere. Nach der Privatisierung hat Gábor wie Tamás einen erfolgreichen Betrieb aufgebaut.[42]

Vom Großbauern zum Großbauern, 2

Die Vorfahren von Gábor kamen in den 1880er Jahren nach Mesterszállás und bauten einen größeren bäuerlichen Besitz auf. Der Grundbesitz der Familie betrug zur Zeit der Enteignungen 25 kh, wurde aber nicht enteignet (laut Familiensaga wegen geringer Qualität – unter 300 Ak[43], siehe Kapitel 6). Der Vater von Gábor versuchte zunächst, der Kollektivierung zu entgehen, indem er aus Mesterszállás mit seiner Familie 1952 in eine nahe gelegene Kleinstadt (Tiszaföldvár) zog und in der Industrie arbeitete. 1956 kehrte er jedoch zurück und trat 1959 in die Genossenschaft ein. Dort wurde er zuerst Brigadeleiter und später Parteisekretär in Mesterszállás. Heute hat er sich von dieser Vergangenheit abgekehrt und ist aktiv in der katholischen Gemeinde des Ortes.

---

42 Zusammengestellt nach Informationen aus Interview Nr. 88 und Nr. 110, NW-Interview 09 sowie Tonbandaufnahme am 26 5. 1999, verschiedenen informellen Gesprächen und Archivmaterial.

43 = aranykorona (Goldkrone), alte Einheit zur Bewertung von Bodenqualität.

Sein Sohn Gábor beendete das Agrartechnikum 1968 und arbeitete dann als Brigadeleiter in der Genossenschaft in Mesterszállás. Nach seiner Heirat 1972 zog er mit seiner Frau nach Kunszentmárton, wo er als Parteisekretär der dortigen LPG tätig war. Seine Frau stammt aus einer ehemals enteigneten Familie. Ihr Großvater stand mit dem Besitz von 29 kh und einem Pferd auf der „Kulakenliste". Das Land, das seine Frau dadurch erbte, und sein eigenes bewirtschaftet Gábor seit der Privatisierung als selbständiger Landwirt. Zwar wohnt er immer noch in Kunszentmárton, kommt aber jeden Tag nach Mesterszállás. Als Wirtschaftshof dient das Haus seiner Schwiegereltern, die zwischenzeitlich verstorben sind. Insgesamt wirtschaftet er auf ca. 360 ha. Während sein älterer Sohn in der Tourismusbranche tätig ist, hilft sein jüngerer Sohn in der Landwirtschaft und wird evtl. den Hof übernehmen.

Für die hier vorgestellten Unternehmer trifft Szelényis Annahme (1989: 83–85, 136), dass eine zu lange Verweildauer in sozialistischen Führungspositionen den „unternehmerischen Geist" unterdrücke, nicht zu.[44] Der dritte Produzent in der Gruppe der neuen Großbauern ist Jószef. Er ist der jüngste landwirtschaftliche Unternehmer und ein Neffe von Tamás. Sein Großvater war der Bruder von Tamás' Vater. Er war zur Zeit der Privatisierung erst 16 Jahre und hatte daher noch keine längere Laufbahn im Sozialismus hinter sich. In den 1990er Jahren konnte er auf das Familienerbe (siehe Kapitel 7) zurückgreifen, und er wird auch von seinen Onkeln fachlich beraten. Ebenso wie sie stammen auch die beiden erwähnten älteren Bauern, die ihren Besitz in Kooperation mit der LPG bewirtschaften, aus Familien ehemaliger Großbauern. Auch der Vater des erwähnten Produzenten auf 80 ha, István, gehörte in diese soziale Gruppe.

Im Anschluss an diese Beispiele sozialer Kontinuität soll hier noch die einzige wirkliche Ausnahme erfolgreicher sozialer Mobilität in die Gruppe der neuen Großbauern aufgezeigt werden. Der Erfolg des „Aufsteigers", der zur Zeit der Forschung Bürgermeister in Mesterszállás war, beruht nicht auf landwirtschaftlicher Erfahrung oder Erbe, sondern auf während des Sozialismus akkumuliertem Kapital. Zur Zeit der Privatisierung verfügte der frühere „sozialistische Unternehmer" (Szelényi 1989) über genügend Geld, um Land für ein erfolgreiches Unternehmen zu erwerben. Die unternehmerische Erfahrung und sozialen Beziehungen trugen zum Erfolg der Pläne bei.[45]

---

44 Zu einer ausführlichen Auseinandersetzung mit den Thesen Szelényis siehe Thelen (2001b).

45 Zusammengestellt nach Informationen aus Tonbandaufnahmen von Gesprächen mit Vater und Sohn (29. 3. 1999 bzw. 1. 4. 1999), Interview Nr. 14 und 68, NW-Interview 01 sowie zahleichen informellen Gesprächen.

Vom Kleinbauern zum Großbauern

Beide Zweige der Familie haben einen klein- bis kleinstbäuerlichen Hintergrund. Der Vater von Tibor erhielt noch in der Reform von 1945 eine Parzelle Boden. Tibor selbst machte sich bereits 1966 als Maurer selbständig. Mit der zunehmenden Bautätigkeit der 1970er Jahre baute er ein regelrechtes „sozialistisches Unternehmen" auf, in welchem zeitweilig mehrere Angestellte für ihn arbeiteten. Sein wirtschaftlicher Erfolg drückte sich vor allem in Konsum aus. Er fuhr den ersten PKW im Ort und unternahm mit seiner Familie noch während des Sozialismus die erste Reise in den Westen (Deutschland, Österreich).

Nach dem politischen Wandel wurde er, u. a. wegen seiner Erfahrung als Unternehmer, zum Bürgermeister in Mesterszállás gewählt. Dieses Amt hält er nun in der dritten Wahlperiode. Zur Zeit der Privatisierung investierte er sein Kapital in den Aufkauf von Entschädigungspapieren und ist heute stolz darauf, 300 bis 400 ha Land in *„ganz Ungarn"* zu besitzen.

Seit 1994 bewirtschaftet sein Sohn Tibor (jun.) einen Teil des Landes (1999 ca. 160 ha, später pachtete auch er weitere Flächen). Tibor (jun.) ist gelernter Anstreicher und war ebenfalls im Sozialismus selbständig. Zwischenzeitlich holte er eine landwirtschaftlichen Ausbildung an einer Fachhochschule nach.

Trotz seines kleinbäuerlichen Familienhintergrundes konnte Tibor mit seinem ökonomischen und sozialen Kapital aus sozialistischen Zeiten Boden in der postsozialistischen Privatisierung akkumulieren. Den in Mesterszállás und Umgebung gelegenen Teil dieses Landes bewirtschaftet heute sein Sohn als neuer Großbauer. Seine Familie ist die einzige, die die bäuerliche vorsozialistische Vergangenheit nicht romantisiert und den Erfolg auf Erfahrung mit selbständigen Arbeiten im Sozialismus und Geschäftssinn zurückführt. Tibor (sen.) kommentierte im Gespräch seinen Erfolg mit den Worten:

> „Der Wandel der 90er war für mich kein Problem, weil ich schon selbständig gearbeitet und gewirtschaftet habe. Aber auch ohne das ist in mir dieser Geist, das In-allem-das-Geschäft-Sehen." (29.3.1999)

Die vorgestellten Betriebe der Größenordnung zwischen 100 und 400 ha bewirtschafteter Flächen haben gute Chancen, ihre Betriebe weiter auszubauen. Alle bis auf den „Aufsteiger" haben einen mittel- bis großbäuerlichen familiären Hintergrund und verfügen zusätzlich z. T. über eine Vergangenheit in höheren Partei- oder LPG-Ämtern.

Neue Mittelbauern

Die Gruppe der neuen Mittelbauern, die auf Flächen von 20–100 ha (meist allerdings 20–40 ha) wirtschaften, hat ihr Land ausnahmslos durch die Entschädigung bekommen, d. h., sie stammen alle von ehemals großbäuerlichen Familien ab (siehe Kapitel 7). Nicht alle ehemaligen Großbauern konnten also ihre soziale Stellung reproduzieren. Viele erhielten aber durch die Privatisierung genug Boden, um zu neuen Mittelbauern zu werden. Die Entschädigung wurden von ihnen z. T. als Möglichkeit zur Rückkehr zum „echten Bauern" empfunden. Das nächste Beispiel stellt eine solche Entwicklung dar.[46]

Vom Großbauern zum Mittelbauern, 1

Pál stammt wie Tamás aus einer ehemals enteigneten Großbauernfamilie. Von Beruf ist er Fernsehtechniker. In der Familie nimmt man an, dass seine Weiterbildung im Sozialismus wegen seiner Herkunft verhindert wurde. Im Postsozialismus wurde er arbeitslos, und seit der Privatisierung bewirtschaftet er, zusammen mit seinem Vater, 22 Hektar aus dem Familienerbe. Seine Frau arbeitete noch bis zum Jahr 2000 als Finanzsachbearbeiterin in der LPG.

Sie gehören zu den wenigen Familien, die noch in den 1990er Jahren mit dem Neubau eines Hauses begannen. Sie wohnen allerdings immer noch im Haus seiner Eltern. Auch konnten sie einige Investitionen in Maschinen tätigen, gehören aber insgesamt eher zum Mittelfeld der heutigen Produzenten. Vor allem der Vater von Pál vertritt „traditionelle" bäuerliche Werte. So hält er eine Zusammenarbeit mit der LPG, z. B. durch nur teilweises Bearbeiten des eigenen Bodens, während der Rest in der Genossenschaft verbleibt, nicht für angemessen für ein Mitglied der Kleinbauernpartei.

Ein ähnlicher Fall wie der im vorigen Abschnitt beschriebene Pál ist Jenő. Auch er stammt aus großbäuerlicher Familie und sein Vater weigerte sich, in die LPG einzutreten. Während die Beschäftigung mit der eigenen Landwirtschaft für den Sohn eher eine Notlösung zu sein scheint, ist sie für den Vater auch eine politische Aussage.

Vom Großbauern zum Mittelbauern, 2

Die Eltern von Jenő stammen beide aus großbäuerlichen Familien, die als „Kulaken" enteignet wurden. Sein Vater pendelte während des Sozialismus zur Arbeit nach Budapest, was er ideologisch begründet: *„Warum hätte ich unter die Teufel arbeiten gehen sollen?"* (TB 28. 4.2000).

---

46 Informationen zusammengestellt nach Interview Nr. 62 und informellen Gesprächen.

Bis Anfang der 1990er Jahre arbeitete Geza als Automechaniker in der LPG. Wegen einer Herzkrankheit bezieht er seitdem eine Invalidenrente. Nebenher bebaut er 18 ha Boden. Er plant, in Zukunft diese Fläche auf 50 ha auszubauen.

Neue Kleinbauern

Als Kontrast zu „ewig" Erfolgreichen stellt das nächste Beispiel eine Familie von „ewigen" Kleinbauern vor, die sich trotz kurzfristigen gesellschaftlichen Aufstiegs in der Frühphase des Sozialismus heute wieder unter den kleineren Produzenten findet.[47]

Vom Kleinbauern zum Kleinbauern

Die Familie von Zoltán gehörte vor dem Sozialismus zur Gruppe der Kleinbauern. Das Land seines Vaters gehörte zu den „geschützten" Höfen, d. h., es wurde nur durch staatliches Eingreifen vor der Zwangsversteigerung bewahrt (siehe Kapitel 5). Die Familie erhielt Land durch die Reform 1945. Auch die Familie seiner Frau gehörte zu den Kleinbauern des Dorfes. Als die Mutter seiner späteren Frau schwanger wurde, war sie nicht verheiratet und konnte daher nicht mehr auf eine „gute Partie" hoffen. Sie heiratete einen Landlosen, der *„nur mit einer goldenen Uhr und einem Kalb"* (TB 23. 8. 2000) nach Mesterszállás kam. Da auf dem Hof „ein Mann fehlte", übernahm er die Wirtschaft. Kurze Zeit später erkannte er „die Zeichen der Zeit" und gründete 1952 die LPG „Frieden", deren Leiter er bis zu deren Ende 1959 blieb. Das Büro wurde auf dem Hof der Familie von Tamás eingerichtet(s. o.).

1954 wurde Zoltán für ein Jahr Sekretär der Kommunistischen Jugendorganisation DISZ und war dann ab 1955 für zwölf Jahre Mitglied des örtlichen Gemeinderates. 1959 trat er in die LPG „Frieden" unter Leitung seines Schwiegervaters ein. Zoltán und seine Frau arbeiteten bis zur Rente in der LPG. Neben seiner Rente bewirtschaftete er seit der Privatisierung ca. 10 ha Land. Das Ehepaar hat zwei Kinder. Ihre Tochter lebt in Kunszentmárton, während ihr Sohn (Zoltán jun.) mit seiner Frau (arbeitslose Erzieherin) und seinen drei Kindern im Dorf wohnt. Er ist gelernter Elektriker und arbeitet heute als Hilfskraft im Bürgermeisteramt.

Im nächsten Beispiel geht es um eine Familie, die in vorsozialistischen Zeiten zu den „richtig" Armen zählte. Während des Sozialismus lebten sie fast ausschließlich von der eigenen Landwirtschaft. Diese Erfahrung konnte aber bei fehlendem

---

47 Informationen nach Interview Nr. 3 und 88, biographischem Interview Nr. 3 (25. 6. 1999) auf Tonband, Teilnehmender Beobachtung bei verschiedenen Anlässen, wie Ernte oder Familienfeste, und informellen Gesprächen.

Bodenbesitz nicht ausgebaut werden, und eine solcherart „traditionelle“ Landwirtschaft ist im Postsozialismus kaum überlebensfähig.[48]

Vom Agrarproletarier zum Kleinstbauern

Die Familie von Lajos gehörte zu den armen Familien in Mesterszállás. Während des frühen Sozialismus wurde ihnen das Haus eines enteigneten Großbauern zur Nutzung überlassen. Später konnten sie ein eigenes Haus bauen. Als Lajos heiratete, zog er mit seiner Frau, die ebenfalls aus einer kleinstbäuerlichen Familie stammt, auf ein Einzelgehöft im Nordosten des Gebiets von Mesterszállás. 1972 bezogen sie einen weiteren Einzelhof, bevor sie 1979 mit ihren zwei Töchtern ins Dorf zogen. Seit 1972 arbeitete Lajos selbständig in der Landwirtschaft, während seine Frau in der Genossenschaft arbeiten ging. Sie hielten Kühe, Schweine, Enten und Hühner und hatten durch ihre Beschäftigung in der LPG Anspruch auf eine Haushaltsparzelle sowie feste Absatzpreise für ihre Produkte (siehe Kapitel 6).

Seit der Privatisierung betreibt die Familie eine eigene Landwirtschaft auf 4 ha Land. 1 ha ist Teilhaberland der Frau aus ihren Ansprüchen in der LPG (siehe Kapitel 6), und 3 ha sind gepachtet. Sie verfügen nicht über eigene Maschinen, sondern bearbeiten das Land mit Hilfe der Maschinen größerer Bauern oder ihrer eigenen Pferde. Bis zum Winter 2000 arbeitete die Frau zudem als Putzfrau in der LPG; seitdem ist sie arbeitslos.

Ihre beiden Töchter leben noch im elterlichen Haushalt. Die jüngere ist verheiratet und hat zwei kleine Kinder. Vor der Geburt ihres ersten Kindes arbeitete sie in einer der beiden örtlichen Kneipen als Bedienung. Ihr Mann arbeitete einige Zeit regelmäßig als Bauarbeiter in Deutschland und war nur wenige Wochen im Jahr in Mesterszállás. Die ältere der beiden Schwestern versuchte, nach Beendigung ihres Germanistikstudiums in den letzten beiden Jahren als Babysitterin in Österreich zu arbeiten. Diese Versuche sind weit gehend gescheitert, und seit Anfang des Jahres 2001 lebt sie wieder bei den Eltern. Ebenso ist der Schwiegersohn 2001 aus Deutschland zurückgekehrt und nun arbeitslos. Die Familie lebt daher in beengten Verhältnissen.

Da man annehmen könnte, dass das Scheitern von Lajos beim Versuch, seine Erfahrung mit der selbständigen Landwirtschaft aus dem Sozialismus in der Marktwirtschaft auszubauen, auf einer „Beharrung“ auf traditioneller Landwirtschaft beruht, soll hier als letztes Beispiel unter den postsozialistischen Kleinbauern eine Familie geschildert werden, die durchaus „innovativ“ war. Auch diese Familie verfügte nicht über eigenen Landbesitz, versuchte aber im frühen Postsozialismus ihren im Sozialismus erfolgreich betriebenen intensiven Gemüse-

48 Informationen aus Interview Nr. 77 sowie vielen informellen Gesprächen.

und Obstbau zu erweitern. Diese Anbauweise ist in Mesterszállás neu; allerdings lohnt sie sich unter den postsozialistischen Marktbedingungen immer weniger und bietet ihnen sowie ihren von Arbeitslosigkeit betroffenen Kindern auch keine Aussicht auf ausreichende Verdienstmöglichkeit.[49]

Vom Agrarproletarier zum Gemüsegärtner

Auch diese Familie gehörte vor dem Sozialismus zu den armen Familien. Die Eltern von András stammen aus einer der ärmeren, landlosen Familien in Mesterszállás. Der Vater seiner Mutter kam auf Arbeitssuche ins Dorf, wo er bei einer der reichsten Familien arbeitete, deren „rechte Hand" er wurde. Er heiratete eine Frau aus seinem Heimatdorf, und seit 1930 lebte die Familie dann in Mesterszállás als eine der wenigen protestantischen Familien. Wegen ihrer Religionszugehörigkeit durften die Töchter die katholische Schule im Dorf nicht besuchen. Deshalb und wegen ihres Mangels an Landbesitz war es für sie schwer, einen Heiratspartner zu finden. Die ältere Tochter musste bei einem Großgrundbesitzer „dienen gehen". Die andere Tochter, Mutter von András, fand einen Mann im Dorf, der ebenfalls aus armer Familie stammt. Er arbeitete während des Sozialismus in der LPG, und heute erhält er Rente, während sie nie offiziell gearbeitet hat. Neben der Rente verdient er noch etwas durch Gelegenheitsarbeiten für den neuen Großbauern Tibor (siehe oben). Seine Frau kommentierte die Situation nach der Privatisierung: *„Wir hatten damals nichts und wir haben heute nichts."* (TB 5. 9. 1999)

Schon zu sozialistischen Zeiten hat die Familie in ihrem Garten in drei Foliengewächshäusern Gewinn bringend Gemüsepflanzen angebaut. Den Folienanbau betreiben sie als einzige Familie im Dorf. Sie haben diese Produktionsweise aus dem Heimatort seiner Frau, wo sie nach ihrer Heirat einige Zeit wohnten, mitgebracht. Sie kamen 1983 nach Mesterszállás zurück. Ihr heutiges Haus haben sie von dem ehemaligen Besitzer, einen allein stehenden älteren Herrn, den sie bis zu dessen Tod pflegten, geerbt. Auch geerbt haben sie sein Land, ca. 6 ha, auf denen András heute hauptsächlich Äpfel anbaut. Über ein eigenes Familienerbe an Land verfügten sie aufgrund ihrer Abstammung nicht. Da sie ihr Land aus der LPG herausnahmen, verlor András seinen Arbeitsplatz dort. Dieses Risiko gingen sie damals ein, denn sie dachten, sie könnten ihre bis dahin lohnende private Wirtschaft ausbauen. Kurz nach Austritt aus der LPG wollten sie einer Frucht-Anbau-Genossenschaft beitreten. Das Unternehmen scheiterte und erwies sich als Verlust. Ohne eigene Maschinen ist ihre Landwirtschaft heute arbeits- und kostenintensiv und immer weniger lohnend. Seine Frau wurde 1995 arbeitslos, als die Werksküche der LPG, wo sie gearbeitet hatte, geschlossen wurde. Auch ihre Tochter ist heute

---

49 Informationen aus Interview Nr. 50, 51 und 52 sowie mehreren Gesprächen mit der Mutter (5. 9. 1999, 6. 9. 1999) und Gesprächen zu anderen Anlässen, wie etwa Pflaumenmuskochen, Arbeit im Gewächshaus, Einladung zum Mittagessen etc.

arbeitslos, ebenso wie ihr Mann. Beide verloren ihre Arbeitsplätze bei der LPG im Winter 1999/2000.

Parallel zu den „ewigen Gewinnern“ existieren Familien von „ewigen Verlieren“, die aus kleinbäuerlichen und agrarproletarischen Familien stammend im Postsozialismus erneut landlos oder zumindest landarm sind. Das Beispiel von Lajos zeigte, wie sich eine früher landarme Familie in sozialistischen Zeiten von der privaten Landwirtschaft ernähren, ein Haus im Dorfkern bauen und ihre Tochter sogar an der Universität ausbilden lassen konnte. In postsozialistischen Zeiten konnten sie ihre Erfahrungen aus der eigenen Landwirtschaft jedoch nicht Gewinn bringend verwerten. Mit der Bewirtschaftung von vier Hektar Boden ohne eigene Maschinen leben sie heute wieder am Rand der Armut. Aber auch eine Familie wie die beschriebenen „erfolglos Innovativen“, die mit dem intensiven Folienanbau zu sozialistischen Zeiten begann und Anfang der 1990er Jahre den Sprung ins kalte Wasser der selbständigen, spezialisierten Landwirtschaft wagte, ist wenig erfolgreich.

Andere Fallstudien weisen auf ähnliche Ergebnisse hin, selten wird jedoch nach den Gründen für eine solche Kontinuität gefragt, vielleicht weil sie „natürlich“ erscheint.[50] Szelényi hat in seinem Buch über die sozialistischen Unternehmer in Ungarn den Erfolg ehemaliger Mittel- und Großbauern mit kulturellem Kapital begründet, konnte dies jedoch nicht näher belegen (Szelényi 1989: 235). In Gegensatz zu Szelényis Annahmen, dass diese sozialistischen Unternehmer mit mittel- und großbäuerlichem Hintergrund diejenigen sein würden, die bei einer Umstellung auf Marktwirtschaft die neuen Unternehmer sein würden, hat die obige Darstellung der postsozialistischen Produzentengruppen gezeigt, dass diese eher zu den „Verlierern“ im Transformationsprozess zählen.[51] Zwar haben auch die neuen postsozialistischen Unternehmer überwiegend einen großbäuerli-

---

50 Zu ähnlichen Ergebnissen kommt Kovács (1999: 130–131) in einer Studie zu der Schichtung in „zurückgebliebenen“ Dörfern: „Die heutigen Armen stammen fast ausschließlich von früheren Knechten, Tagelöhnern und Landarbeitern ab“, während die heute „unter schlechten finanziellen Verhältnissen Lebenden“ von klein- und zwergbäuerlichen Familien, Pächtern oder Tagelöhnern abstammen. Die Mittelschichten sind gemischt, hier finden sich Familien, deren Vorfahren zu den Knechten und Tagelöhnern oder auch zu den bis zu 20 kh wirtschaftenden Bauernfamilien gehörten. Bei den Gutverdienenden und Reichen hingegen sind Familien mit Vorfahren aus dem Milieu der Knechte und Tagelöhner eine Ausnahme, sie stammen von Mittel- und Großbauern ab.

51 Diese Beobachtung trifft nicht nur für Mesterszállás zu, vielmehr schreibt auch der Agrarsoziologe Kovách (1997: 31): “The main actors of the second economy of the eighties (hopefully only temporarily) have lost the struggle of the period of transition for social and power position.”

chen Familienhintergrund, sie waren aber bis zum Zeitpunkt des Systemwechsels nicht auffallend unternehmerisch tätig, vielmehr hielten sie führende Positionen in Genossenschaft und Parteistrukturen.

Die Familiengeschichten der neuen Produzenten weisen ein großes Maß an historischer Kontinuität auf. Die Entwicklungspfade scheinen trotz kurzfristiger Aufstiege (im Fall von Zoltán in der anfänglichen sozialistischen Hierarchie) und Abstiege (im Fall von Tamás durch Enteignung) nie längerfristig unterbrochen. Obwohl Angehörige reicher und mittlerer Bauern in den Anfängen des Sozialismus durch Enteignung und Verfolgung zunächst ihrer vorsozialistischen Machtposition enthoben wurden, konnten sich Teile dieser sozialen Gruppen im Postsozialismus erneut als ländliche Elite etablieren. Auffällig ist, dass diese Reproduktion am erfolgreichsten war, wenn schon im Sozialismus (wieder) eine Eliteposition erreicht wurde.

Abbildung 1: Schema typischer Entwicklungspfade sozialer Mobilität in Mesterszállás

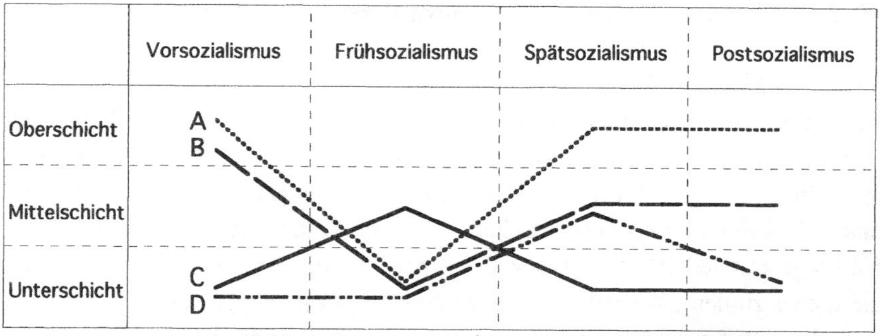

Legende:
A: Entwicklungspfad: Vom Großbauern zum Großbauern
B: Entwicklungspfad: Vom Großbauern zum Mittelbauern
C: Entwicklungspfad: Vom Kleinbauern zum Kleinbauern
D: Entwicklungspfad: Vom Agrarproletarier/Kleinbauern zum Kleinbauern

Abbildung 1 stellt diese typischen Entwicklungspfade schematisch dar. Entwicklungspfad A repräsentiert die Entwicklung ehemaliger Großbauern, die im späten Sozialismus wieder zur Elite gehörten und im Postsozialismus erfolgreiche Agrarunternehmer sind (Tamás, Gábor). Entwicklungspfad B spiegelt die Entwicklung vom Mittelbauern zum Mittelbauern, manchmal vom Großbauern zum Mittelbauern (Jenő, Pál). Die Unterscheidung zwischen Groß- und Mittelbauern ist etwas arbiträr, da es in Mesterszállás vor dem Sozialismus keine wirklichen Großgrundbesitzer gab (siehe Kapitel 5). Daher haben im Schema beide Entwicklungspfade in etwa denselben Ausgangspunkt. Die Entwicklungspfade C und D stehen für die Geschichten der neuen Kleinbauern im Postsozialismus. Diese konnten sich im Sozialismus entweder während der frühen Phase durch Kadertätigkeit (Zoltán) oder während der späten Phase durch private Produktion (András) ihre gesellschaftliche Stellung zeitweilig verbessern, fallen aber im Postsozialismus in ihre alte Stellung zurück. Nicht dargestellt im Schema ist der Entwicklungspfad von Tibor, dem „Aufsteiger", der untypisch ist. Das Schema ist notwendigerweise in der Zeiteinteilung und Hierarchie grob, unscharf ist vor allem die Trennung zwischen Groß- und Mittelbauern sowie zwischen Kleinbauern und Agrarproletariat in vorsozialistischer Zeit. Trotzdem ergeben sich im Folgenden im Vergleich zu Kisiratos auffällige Unterschiede in den typischen Mobilitätsmustern, die eine solche Darstellung, die der Anschaulichkeit dient, gerechtfertigt erscheinen lassen.

Dass die in Mesterszállás vorgefundene teilweise Überlappung vorsozialistischer sozialer Gruppen mit der postsozialistischen Hierarchie nicht „natürlich" ist oder „traditioneller Mentalität" entspringt, sondern das Ergebnis spezifischer Gegebenheiten ist, machen die folgende Darstellung der Kooperationsstrategien und der anschließende Vergleich zur Situation in Kisiratos deutlich. Im Anschluss an diesen Vergleich werden in den nächsten Kapiteln die Gründe für diese unterschiedliche Entwicklung dargestellt werden.

4.1.2 Produktions- und Kooperationsformen

Mit den dargestellten Produzentengruppen gehen unterschiedliche Produktions- und Kooperationsstrategien einher. Diese zeigen, dass sich die dargestellte Kontinuität sozialer Ungleichheit nicht zwangsläufig mit „traditionellen" Werten oder Bindungen überlappt. Die großen Unternehmen sind alle auf großflächigen Getreideanbau spezialisiert. Sie halten entweder gar keine Tiere oder nur in geringem Umfang zum Eigenbedarf. Ihre technische Ausstattung ist am weitesten fortgeschritten. Sie sind die einzigen, die im Dorf in den 1990er Jahren Investitionen größerer Art in Maschinen, Lagerungsmöglichkeiten, Häuser und Luxusgüter tätigen konnten. Alle beschäftigen außerfamiliäre Arbeitskräfte, vor allem zu Erntezeiten auswärtige Gelegenheitsarbeiter, und ein bis zwei regelmäßige Aushilfskräfte aus dem Ort. Im Allgemeinen haben sie eine gewinn- und marktorientierte Einstellung zu ihren Unternehmen. Der oben aufgeführte Tamás kommentierte seine Geschäftseinstellung beispielsweise so:

> „Die alten Bauern sagten: ‚Die Zeit ist gekommen, wir müssen säen.' Ich sage schon: ‚Lass uns säen, wenn es sich lohnt.'" (27.5.1999).

Die neuen Mittelbauern haben oftmals genügend Land geerbt, um in Zeiten hoher Arbeitslosigkeit über ein Einkommen zu verfügen. Allerdings haben sie nicht die finanziellen Mittel, um ihre Betriebe auf ein auch unter EU-Bedingungen lebensfähiges Maß auszubauen.[52] Sie verfügen zwar über Maschinen, müssen aber für bestimmte Arbeiten z. B. für die Ernte auf Mähdrescher privater Dienstleistungsanbieter und/oder der neuen Großbauern im Dorf zurückgreifen. Auch betreiben sie im Gegensatz zu dem spezialisierten Anbau der Großbauern meist eine Mischwirtschaft, häufig aus Überzeugung. Im Gegensatz zu den Großbauern mit ihrer Vergangenheit in sozialistischen Führungspositionen vertreten die neuen Mittelbauern oft einen dezidierten Antikommunismus, wie die oben zitierten Äußerungen der Väter von Jenő und Pál zeigen. Der Vater von Pál ist überzeugtes Mitglied der Bauernpartei und hält es in dieser Eigenschaft für seine Pflicht, sich von der Genossenschaft zu distanzieren, während der Vater von Jenő sich während des Sozialismus weigerte, in der LPG, *„unter den Teufeln"*, wie er sagt, zu arbeiten.

Zwischen den neuen Groß- und Mittelbauern sind die Betriebe von Péter und István anzusiedeln. Sie wirtschaften auf 80 bzw. 100 ha und haben beide ebenfalls einen mittel- bis großbäuerlichen Familienhintergrund. Sie sind freundschaftlich oder verwandtschaftlich mit den größten Produzenten verbunden. So unterhält die Familie von Péter mit der Familie von Tamás freundschaftliche Beziehungen. Außerdem ist die Frau von Péter eine Kusine der Frau von Dezső. István, dessen Vater als „Kulake" galt, ist ein Cousin der Ehefrau von Gábor. Auch István hatte mittlere Führungspositionen in der früheren Genossenschaft inne. Im Kontrast zu den neuen Großbauern vertreten sie eher „bäuerliche Werte". Sie wirtschaften vor allem auf der Basis familiärer Arbeitskraft, und im Gegensatz zu den Großbauern ist ihr Ideal die bäuerliche Mischwirtschaft.

Die heterogene Gruppe der Kleinbauern verfügt nur unzureichend über Boden und landwirtschaftliche Maschinen sowie wenig Aussichten auf einen Ausbau ihrer Produktion. Einige, wie Lajos, waren schon während des Sozialismus private Bauern. Sie konnten durch die Privatisierung ihre Flächen nur geringfü-

---

52 Allgemein gelten in Ungarn Betriebe ab 100 ha als lebensfähig, Bauern mit kleineren Flächen können nur bei hohem Spezialisierungsgrad längerfristig vitale Betriebe aufbauen (Burgerné 1996: 414).

gig vergrößern (siehe Kapitel 7). Andere sind durch die postsozialistischen Umstrukturierungen arbeitslos geworden und betreiben nun unfreiwillig eine private Landwirtschaft. Wiederum andere, wie im Beispiel von Zoltán, betreiben die Landwirtschaft als Nebenerwerb zur Rente. Manche solcher älterer Produzenten nehmen die eigene Landwirtschaft auch mit Gefühlen der Sentimentalität bzw. der späten Genugtuung darüber auf, dass die Kollektivierung wieder rückgängig gemacht wurde.

Die geringen Flächen bedingen, dass für den Markt meist tierische Produkte, vor allem Schweinefleisch, Eier und Milch produziert werden. Das dafür nötige Tierfutter, vor allem Mais für die Schweinemast, wird entweder auf kleinen privaten Flächen oder in Kooperation mit der örtlichen Genossenschaft angebaut. Diese Kooperation, die *háztáji*-Produktion (siehe Kapitel 6), hatte sich seit dem Systemwechsel zunächst kaum geändert, sie wurde sogar anfänglich ausgedehnt, wie ein Mitglied der früheren LPG-Führung im Interview beschreibt:

> „Das hat Anfang der 90er Jahre, wenn möglich, sogar mit noch größerer Kraft funktioniert, diese ergänzende Hauswirtschaft (háztáji kiegészitő gazdaság). Und, nicht wahr, das war das Wesentliche, dass man so zu steuerfreiem, reinem Gewinn kommen konnte. Fast auf 1000 Hektar [der LPG], lief diese *háztáji*-Produktion. Und davon haben die Leute jährlich 150–200 Millionen Forint in die Tasche gesteckt." (16.3.2000, ehemaliger Parteisekretär, in den 1990er Jahren Leiter einer der Pflanzen-Produktions-Kft der Genossenschaft)

Vor allem in den ersten Jahren nach dem Systemwechsel vergrößerten einige Familien ihre Anbauflächen in der *háztáji*-Produktion, indem sie den Anteil von anderen z. B. allein stehenden älteren oder kranken Menschen übernahmen:

> „Wie bis dahin [bis zum Systemwechsel] war es nicht so, (...), weil bis dahin konnte man z. B. nur 2000 m² Paprika übernehmen. Jetzt [nach 1990] aber soviel man will. Fünf oder sechs (1000 m²): ‚Schreiben Sie es auf den Namen des Nachbaronkel'" (16.3.2000, s. o.)

Diese Produzenten verfügen als Kapital nur über ihre Arbeitskraft. Für die Erntearbeiten kommt die ganze Familie zusammen, einschließlich in der Stadt lebender Kinder. Mit Freunden und Nachbarn existieren Austauschbeziehungen auf Basis gegenseitiger Reziprozität, d. h., der Einsatz bei der Ernte wird durch die gleiche Leistung zurückgegeben. Foto 1 und 2 zeigen Anlässe innerfamiliärer Kooperation. Zu Erntezeiten oder Schlachtungen kommen mehrere Generationen zusammen, und manchmal reisen auch Kinder und andere Verwandte aus der Stadt an. Foto 1 zeigt die Familie eines Kleinbauern, die zur Maisernte zusammengekommen ist und gerade Mittagspause macht. Zusätzlich zur familiären Arbeitskraft wurde ein Nachbar als Tagelöhner angeheuert. Außer der Bezahlung kann er sich, da er nicht über eigenes Land verfügt, einige Tage später die trockenen Pflanzen als Winterfutter für seine Schafe holen kommen. Für den Bauern hat das den Vorteil, dass sein Feld nachher „sauber" ist. Während der Ernte werden die Kolben von Hand abgebrochen und auf die Ladefläche eines im Schritttempo nebenherfahrenden Traktors mit Anhänger geworfen. Besonders schöne Exemplare werden aufgehoben und als Schmuck mit nach Hause genommen. Es wird ca. ein Hektar geerntet, und da die Arbeit laufend verrichtet werden kann und nicht so anstrengend ist wie beispielsweise die Paprikaernte, kann man sich bei der Arbeit gut unterhalten. So dienen diese Erntetage auch dem vergnüglichen Beisammensein und fördern den sozialen Zusammenhalt der Familien.

Foto 1: Maisernte bei Kleinbauern in Mesterszállás

Foto 2 zeigt Zoltán (sen.) und seinen Sohn bei der Schweineschlachtung. Wie der überwiegende Teil der Dorfbevölkerung halten beide Haushalte getrennt Schweine zur Eigenversorgung, aber das Schlachten und die Verarbeitung werden gemeinsam besorgt. Im Gegensatz zu anderen Familien, die mittlerweile die Tötung sowie die Wurstzubereitung einem der beiden ausgebildeten Fleischer im Dorf überlassen, schlachten hier Vater und Sohn selbst. Üblicherweise werden

Schweine im Winter vor den Weihnachtstagen geschlachtet, mit der Verbreitung moderner Kühltechnik kommt es aber, wie auf dem Foto, auch immer häufiger zu Schlachtungen zu anderen Zeitpunkten. Das ganze Schwein wird verarbeitet, dabei wird u. a. Schmalz gewonnen, und es werden verschiedene Sorten Wurst hergestellt. Ist die Arbeit beendet, findet ein gemeinsames Essen statt, bei dem u. a. das gekochte Blut sowie ein frisches Fleischgericht (pörkölt) serviert wird. Normalerweise behält diejenige Generation, die das Schwein gemästet hat, auch den größten Anteil an produzierten Fleischprodukten. In Fällen, wo die Kinder in der Stadt leben, bekommen diese selbstverständlich einen Teil. So stellen die auf dem Land lebenden Eltern mit ihrer Produktion immer noch eine Funktion sozialer Sicherung für ihre Kinder dar.

Foto 2: Schweineschlachtung in Mesterszállás

Für die maschinellen Arbeiten der kleinen Produzenten werden die Dienste der Genossenschaft oder, im Falle allein bewirtschafteter Flächen, diejenigen privater Anbieter genutzt. Aufgrund des Kapitalmangels geht in dieser Produzentengruppe der Einsatz von Düngemitteln, besonders der Langzeitdünger, zurück.[53]

53 Der Einsatz chemischer Dünger ging landesweit drastisch zurück: von 127 kg pro Hektar 1990 sank der Einsatz bis 1993 auf ein Drittel (KSH 1996: 179). Der Verkauf sank von

Eine weitere Folge ist die Abnahme der Saatgutqualität durch Rückgriff auf die eigene Ernte. So versuchte z. B. der Kleinbauer Zoltán im Jahr 2000, das Saatgut für scharfe Gewürzpaprika durch Verwendung der eigenen Paprika zu gewinnen. Eine äußerst unangenehme, zeitaufwendige und wenig effektive Methode. Unangenehm vor allem deswegen, weil die Paprika Atemsweg- und Augenreizungen verursacht; weswegen sich die Autorin zusammen mit der Schwiegertochter und deren Schwester mit umgebundenen Küchenhandtüchern zu schützen versuchten. Dies führte zwar zu allseitigem Gelächter, die Aktion wurde jedoch später abgebrochen. Trotzdem deuten solche Versuche darauf hin, dass im Gegensatz zu den eingangs beschriebenen Erwartungen an die postsozialistische Transformation eine Modernisierung der Landwirtschaft allein durch Privatisierung nicht erreicht wurde. Tabelle 4 zeigt die postsozialistischen Produzentengruppen mit ihrem familiären Hintergrund und ihrer wirtschaftlichen Orientierung im Überblick.[54]

Tabelle 4: Herkunft und Produktionsstrategien der neuen Produzenten

Größenordnung der Betriebe (heute)	**Familiärer Hintergrund**	**Stellung im Sozialismus**	**wirtschaftliche Orientierung**
Großbauern (ca. 100–350 ha)	Mittelbauern (ehemals „Kulaken“)	mittlere und höhere Führungsriege der LPG	profitorientierter spezialisierter Getreideanbau
Mittelbauern (ca. 20–100 ha)	Mittelbauern (ehemals „Kulaken“)	einfache LPG-Mitglieder, selten mittlere Führungsriege	bäuerliche Mischwirtschaft und „Liebe zum Boden“ als Ideal
Nebenerwerbsbauern u. Kleinstproduzenten (ca. 0,5–20 ha)	landlose und -arme Familien	einfache LPG-Mitglieder	Ergänzung der Einkünfte durch Anbau arbeitsintensiver Gemüsepflanzen und Schweinemast

1399 Tonnen 1980 auf 347 Tonnen 1999. Gleichzeitig sank der Einsatz natürlicher Dünger ebenfalls auf ein Drittel (KSH 2000c: 390). Der Rückgang ist in größerem Maße in familiären Landwirtschaften zu verzeichnen, da der Einsatz chemischer Dünger in Genossenschaften nach 1992 wieder anstieg: von 109 kg 1992 pro ha auf 143 kg pro ha 1995 (KSH 1996: 50).

54 Zur subjektiven Abgrenzung der einzelnen Produzentengruppen untereinander nach der moralischen Kategorie des „echten“ Bauern siehe Thelen (2001a).

Zu den Beobachtungen während der nun schon mehrfach erwähnten Sprechstunde des Agrarberaters gehörte auch die Interaktion verschiedener Produzenten untereinander. Dabei fiel auf, dass der Berater die größeren Produzenten besonders aufmerksam behandelte und zwischendurch auch auf den jeweiligen Höfen besuchte. Im Gegensatz dazu äußerten manche der kleineren Produzenten den Verdacht, schlechter informiert zu werden. Auffällig sind die schon genannten verwandtschaftlichen und freundschaftlichen Beziehungen innerhalb dieses Netzwerks. Auch haben die größeren Produzenten alle schon von verschiedenen staatlichen Unterstützungsprogrammen für Haus- und Lagerhallenbau sowie Maschinenerwerb profitiert. So wurde beispielsweise der Bau eines Wohnhauses etwas außerhalb des Dorfes, von anderen Dorfbewohnern als „Palast" beschrieben, durch ein Programm für die Entwicklung des ländlichen Tourismus unterstützt.

Um die Beobachtung zu überprüfen, ob sich die beschriebene Verteilung der Produktionsmittel auf die sozialen Beziehungen auswirkt, wurde die Netzwerkerhebung durchgeführt. Befragt wurden vier der großen Produzenten (Tamás, Gábor, Jószef und Tibor), die beiden genannten Produzenten auf der Schwelle zwischen Groß- und Mittelbauern (Péter und István) sowie drei kleinere landwirtschaftliche Unternehmer. Iván und Csaba sowie der ebenfalls bereits aufgeführte Pál wirtschaften jeweils auf kleineren Flächen von 15, 18 und 22 ha.

Für die Auswertung wurden in Tabelle 5 die Antworten aus dem Fragebogen verarbeitet, die keine Tagelöhner, Familienmitglieder oder Institutionen enthielten. Es handelt sich um die Antworten auf die Frage nach Hilfe bei Fehlen von landwirtschaftlichen Maschinen (Frage 2), nach Hilfe bei kleineren Arbeiten (Frage 3), nach Ratschlag bei größeren Entscheidungen, wie dem Kauf einer landwirtschaftlichen Maschine (Frage 5), nach Hilfe mit der Wirtschaft bei Krankheit (Frage 6) und sonstigen sozialen Kontakten (Frage 8).

In den Zeilen der Tabelle ist eingetragen, wie oft die betreffende Person als Antwort auf eine der Fragen genannt wurde. So nannte z. B. Gábor bei drei Fragen Tibor. Umgekehrt nannte auch Tibor Gábor zweimal. Es ist aus der Tabelle ersichtlich, dass sich die Gruppe der Großbauern häufig gegenseitig nennt. Während sich die Péter und István., die auf der Schwelle zwischen Mittelbauern und Großbauern stehen, noch am Rande der Gruppe bewegen, fallen die kleineren Privatbauern (Pál, Iván und Csaba) aus dieser Kooperation heraus. Sie fragen zwar um Rat und Hilfe, werden aber umgekehrt nicht gebraucht und gaben z. T. auch an, für die erhaltenen Hilfeleistungen zu bezahlen.

Tabelle 5: Kooperationsnetzwerk neuer landwirtschaftlicher Produzenten in Mesterszállás

Name	Tibor	Tamás	Gábor	József	Péter	István	Pál	Iván	Csaba
Tibor	0	2	2	0	0	0	0	0	0
Tamás	0	0	2	0	0	0	0	0	0
Gábor	3	3	0	0	0	0	0	0	0
József	0	1	1	0	0	0	0	0	0
Péter	1	2	1	1	0	0	0	0	0
István	0	1	0	0	0	0	0	0	0
Pál	0	1	1	0	0	0	0	0	1
Iván	0	0	1	0	0	0	0	0	0
Csaba	0	0	0	0	0	0	0	0	0

Die Erhebung bestätigte die Beobachtung, dass die größeren Unternehmer auf der Basis von Tausch miteinander kooperieren. Sie bilden ein Netzwerk, das sich von den anderen Produzentengruppen abhebt. Fehlt ihnen ein technisches Gerät, können sie es von einem der anderen unentgeltlich ausleihen. Diese Austauschbeziehungen wurden im Interview häufig als „Freundschaft" klassifiziert. Auf die Nachfrage nach der Dauer dieser Beziehungen wurde häufig geantwortet, dass sie neu sind, d. h. sich erst nach Privatisierung entwickelt haben.

Die beschriebenen Austauschbeziehungen gelten nur innerhalb der Gruppe der neuen Großbauern. Mit den neuen Mittelbauern, die ebenfalls aus der vorsozialistischen Elite wohlhabender Bauern stammen, wird nicht in gleicher Weise kooperiert. Dagegen ist der Sohn des Bürgermeisters trotz seiner „mangelhaften Herkunft" in dieses Netzwerk einbezogen. Es zeigt sich also, dass ehemalige Klassenzugehörigkeit nicht entscheidend ist für Kooperation. Die sozialen Beziehungen sind daher kein Abbild der vorsozialistischen Vergangenheit, vielmehr entscheiden heutiger Erfolg und Rationalität über das Handeln.

Dass diese Austauschnetzwerke sich alle auf sozial gleichrangigem Niveau bewegen, bildet eine gewisse historische Diskontinuität, denn in vorsozialistischen Zeiten bestanden mehr Austauschbeziehungen zwischen ökonomisch unterschiedlichen Haushalten. Heute sind die großen Unternehmer nur in sehr geringem Maße auf fremde Arbeitsleistungen angewiesen. Zwar beschäftigen sie regelmäßige Hilfskräfte, aber die meisten Arbeiten werden maschinell und größere manuelle Erntearbeiten durch auswärtige „Arbeitsbrigaden" erledigt.

4.2 Kisiratos im Postsozialismus

Kisiratos (rum. Dorobanţi)[55] ist ein Dorf im Nordwesten Rumäniens im Bezirk (judeţ) Arad (siehe Karte 3). Das Dorf liegt wie Mesterszállás am Ende einer Stichstraße. Von der Distrikthauptstadt Arad ist es etwa 25 km entfernt, von der Hauptstadt Bukarest ca. 600 km Das ist fast doppelt so weit entfernt wie Budapest, die Hauptstadt Ungarns, die einige Bewohner im Gegensatz zu Bukarest schon mal gesehen haben. Verwaltungstechnisch gehört Kisiratos seit 1967 zu Curtici, einer Kleinstadt, an der man auf dem Weg nach Kisiratos vorbeikommt.

Karte 3: Lage von Kisiratos in Rumänien

55 Für viele Siedlungen in der Region existieren sowohl ungarische wie rumänische als auch deutsche Namen. Vor allem nach 1925 setzten in den neuen Gebieten behördliche Namensänderungen ein, und ab 1938 wurde die Verwendung anderssprachiger Ortsnamen bei Briefen verboten (Wagner 1977: 30). Im vorliegenden Fall wurde Kisiratos nicht durch Lautabwandlung „rumänisiert", vielmehr bezeichnet Dorobanţi einen niedrigen militärischen Rang. Heute gibt es wieder ein zweisprachiges Ortsschild. Da die Bevölkerung sich überwiegend als ungarisch bezeichnet, wird im Folgenden der ungarische Name verwendet. Im Ort selber sind heute beide Bezeichnungen gebräuchlich.

Die Straße nach Kisiratos kreuzt dort eine Bahntrasse (auf der Karte durch Doppellinie gekennzeichnet), die bisher verhindert hat, dass man die Wasserleitung bis nach Kisiratos verlängert. Trinkwasser wird daher von den Brunnen geholt, die sich entlang der Hauptstraße des Dorfes, in die die Landstraße mündet, befinden. Diese Hauptstraße ist etwa zwei Kilometer lang. Hier befinden sich die größten Häuser und die meisten Geschäfte. Viele der Gebäude sind typische ungarische Bauernhäuser mit hintereinander gebauten Zimmern und langer Veranda, die mit der Schmalseite und ein bis zwei Fenstern an die Straßenseite grenzen. Einige verzierte Metalltore zeugen von früherem Reichtum, sowie ähnlich wie in Mesterszállás einige wenige Kopien städtischen Gründerzeitstils. Dazwischen stehen viele Häuser in der auch für Mesterszállás typischen „sozialistischen Viereckbauweise". Die Häuser der neueren Parallelstraßen sind, ebenso wie die dortigen Gärten, häufig kleiner.

Am Anfang und Ende der Hauptstraße befinden sich aufgestützte Wassertanks, an denen Isoliermaterial in Fetzen herabhängt. Es sind die Tanks der heißen Thermalquelle, mit denen auch die Treibhäuser der LPG beheizt und das Freibad im Ort versorgt werden. Um denjenigen am Ende der Straße scharen sich manchmal Frauen und Kinder zum Wasserholen und Wäschewaschen. Hier am Dorfende befinden sich auch einige der kleinsten und armseligsten Häuser von Kisiratos. Früher wohnten hier ungarische Tagelöhner, heute meist Roma.

Ungefähr in der Mitte des Dorfes steht die katholische Kirche, umgeben von Pfarrhaus, Kulturhaus, Post, Polizeistation, Büro des örtlichen Bauernkreises, Schule, Kindergarten, staatlichen Lebensmittelgeschäft sowie einem Café. Bei einem weiteren Umschauen lassen sich im Ort drei weitere private Lebensmittelgeschäfte sowie ein genossenschaftseigener Laden finden. Außerdem existieren fünf weitere Café-Kneipen[56], eine genossenschaftseigene Bäckerei, ein Fahrradgeschäft, ein Betrieb zur Aufbereitung von Gummireifen sowie eine private Mühle mit Bäckerei. Die Genossenschaft, deren Hauptgebäude ebenfalls an der Hauptstraße liegt, betreibt zusätzlich noch einen Eisenwarenladen und eine Sifo-

56 Die Ad-hoc-Gründung solcher kleiner improvisierten Cafés ist eine typische postsozialistische Erscheinung im ländlichen Rumänien. Groza interpretiert sie als Übernahme städtischer Lebensformen, seiner Meinung nach entspringen sie einem Bedürfnis nach Kommunikation: «La floration de ces improvisations (der Cafe-bars, Anm. der Verf.), audelá de leur effet d'entrainement économoique et de leur spécilfique commercial critiquable, répond avant tout chose à une demande culturelle: le besoin de communication et d'affirmation de certaines attidudes qui tranchent avec le consevatorisme paysan. Égalité sociale des sexes et des âges, ouverture aux informations venues d'ailleurs, défoulement face aux difficultés quotidienne.» (1999: 17–18)

nerie.[57] Es gibt zwei weitere private Sifonerien im Ort sowie einen Frisör und ein kleines Hotel.

Auf Initiative des örtlichen Arztes, der Mitbegründer des Malteser-Hilfsdienstes im Distrikt von Arad ist, wurde ein Heim für Gehbehinderte aufgebaut, das von seiner Frau geleitet wird. Eine private irische Initiative („Romanian Connection") beschäftigt sich zusätzlich mit dem Aufbau eines Kinderheims im Ort. Die Ansiedlung dieser Hilfsprojekte ist u. a. auf die relativ gute Lage und Infrastruktur in dieser Gegend Rumäniens zurückzuführen. Da Kisiratos nicht zu den extrem armen Regionen Rumäniens zählt, zeitigen diese Initiativen teilweise auch fragwürdige Ergebnisse. So ließ die irische Initiative Spielzeug im Ort verteilen, was notwendigerweise zu Verteilungskonflikten führte, während der Malteser-Hilfsdienst Tagelöhnerarbeiten nicht in Geld, sondern aus deutschen Hilfslieferungen bezahlt. Für solche Dienste wurden beispielsweise Waschmittel, Haferflocken und H-Milch verteilt. Bei dem Waschmittel wussten die Empfänger z. T. nicht, um was es sich genau handelt, und die Gebrauchsanweisung auf niederländisch war ihnen unverständlich. Auch die Ausgabe von Haferflocken war nicht an die einheimischen Essgewohnheiten angepasst. Eine ältere Frau zeigte mir die Packung, die sie als Lohn bekommen hatte, und erzählte, wie sie versucht habe, diese zu essen. Sie hatten ihr nicht besonders gut geschmeckt und außerdem zu Blähungen geführt, so dass sie sie schließlich an ihr Schwein verfütterte. Ein anderes Mal bekam sie H-Milch, so dass sie dann keine Milch mehr bei ihren Nachbarn kaufte. Andererseits hat der Malteser-Hilfsdienst auch Aufgaben übernommen, die durch die postsozialistische Entwicklung sonst gänzlich entfallen würden. So hat die LPG im Sozialismus eine Werkskantine unterhalten, die auch den Kindergarten und mittellose Rentner mitversorgte. Seitdem die Küche wegen Unrentabilität und neuen Hygienevorschriften geschlossen wurde, übernimmt diese Aufgaben der Malteser-Hilfsdienst. Zusätzlich werden neben den gehbehinderten Menschen seit dem Jahr 2000 auch Rentner aufgenommen, die sich nicht mehr selbst versorgen können. Diese müssen ihren Besitz auf den Malteser-Hilfsdienst überschreiben, der mittlerweile größter Hausbesitzer und wahrscheinlich auch Landbesitzer in Kisiratos ist. Daher halten sich im Dorf Gerüchte, dass nicht nur Selbstlosigkeit die Auswahl der Aufgenommenen bestimmt.

57 Hier wird Wasser mit Kohlensäure versetzt.

Privatisierung und wirtschaftliche Entwicklung

Ähnlich wie der politische Systemwechsel wurde auch die Privatisierung des Bodens in Kisiratos z. T. als unsicher erlebt. Man erzählt, die LPG-Führung habe sich geweigert, das Land freizugeben, so dass erst eine Unterschriftensammlung im Dorf den Prozess in Gang brachte. Die Bevölkerung war im Hinblick auf die rechtliche Lage, die Stabilität des Wandels und die Personen an der Macht verunsichert. Diese Unsicherheit findet u. a. Ausdruck in der lokalen Erinnerung an die Vermessung des Bodens, der in Privateigentum überführt werden sollte. Der Agraringenieur aus Arad sei nicht gekommen, heißt es, weil er *„wegen der Ereignisse in Moskau"* (die Rede ist vom Putschversuch) gefürchtet habe, es sei nicht mehr nötig.

Auf lokaler Ebene der LPG wurden die ehemals leitenden Persönlichkeiten ebenso wie im lokalpolitischen Bereich (siehe unten) nur kurz verunsichert, und heute setzt sich die Führungsebene wieder aus Familien zusammen, die Anfang der 1950er Jahre an die Macht kamen. Es haben sich regelrechte „Dynastien alter Kader" gebildet. Ein Beispiel ist Jószef, der 1989 Leiter der LPG war.[58]

Die Dynastie alter Kader

Jószef stammt aus einer armen Tagelöhnerfamilie. Sein Vater hatte in der Reform von 1945 Land bekommen, aber auch davon konnte sich die Familie nicht ernähren, so dass sie früh in die Genossenschaft eintrat. Jószef verfügt über keine landwirtschaftliche Ausbildung, wurde aber Sekretär der Kommunistischen Jugend und absolvierte nach seiner Soldatenzeit einen Buchhalterkurs. Nachdem der erste Leiter der LPG 1981 in Rente ging, übernahm er bis zur Revolution 1989 dessen Amt. Dann wurde er bis zu seiner eigenen Rente Leiter des genossenschaftseigenen Gemischtwarenladens. Inzwischen ist seine Schwiegertochter die Hauptbuchhalterin der neuen Gesellschaft, während er als Rentner weiterhin gute Beziehungen zu dem Betrieb pflegt. Privat betreibt die Familie nebenher noch intensiven Gemüseanbau in Foliengewächshäusern.

Ähnlich verließ auch der leitende Agraringenieur die Kooperative Anfang der 1990er Jahre nur vorübergehend für eine Stelle in der örtlichen staatlichen Maschinenstation. Der Leiter dieser Station war wiederum ein Neffe eines als Geheimdienstspitzel angesehenen Mannes. Nach zwei Jahren kehrte der Agraringenieur auf seinen alten Posten in der nun reformierten Genossenschaft zu-

58 Zusammengestellt nach Informationen aus einem Gespräch am 20.4.2000 sowie verschiedenen Gesprächen mit der Schwiegertochter.

rück. Der Onkel des heutigen Leiters der Agrodor war in der Zeit der Kollektivierung und Kulakenverfolgung Ratsleiter in Kisiratos. Leiter der (wieder genossenschaftlichen) Gewächshausproduktion in Kisiratos ist ein Sohn des ersten LPG-Leiters (siehe Kapitel 6).

Trotz der Unsicherheiten hinsichtlich der politischen Lage wurde die Landverteilung in Kisiratos, im landesweiten Vergleich gesehen, relativ zügig durchgeführt. Dazu hat u. a. die Existenz von Katastern beigetragen, die im übrigen Rumänien nicht überall vorhanden waren. Nach den bitteren Erfahrungen mit der LPG (siehe Kapitel 6) entschloss sich ein großer Teil der neuen Landeigentümer in Kisiratos, ihr Land (mit insgesamt ca. 800 ha, ca. ein Drittel der Gesamtfläche) in anderer Form zu bewirtschaften. Ein guter Teil derer versuchte in Anlehnung an das historische Modell eine neue „TÓZ", d. h. eine Genossenschaft mit niedrigem Integrationsgrad (siehe Kapitel 5), zu gründen. Dieser Versuch scheiterte binnen zweier Jahre. Die damaligen Mitglieder müssen heute ihr Land meist notgedrungen selbst bewirtschaften. Einen Teil hat die reformierte alte Genossenschaft wieder übernommen.

Ähnlich wie für Mesterszállás beschrieben, liegen bei denjenigen, die von Anfang an ihr Land in der Genossenschaft belassen wollten, auch weiterhin kollektive Besitz- und Nutzungsverhältnisse vor. Bei Austritt werden andere als in der Besitzurkunde vorgesehene Parzellen ausgemessen. Dass dies in der Zukunft, z. B. bei einem Konkurs der Gesellschaft, zu Schwierigkeiten führen dürfte, wird von manchen durchaus gesehen. Der leitende Agraringenieur der LPG antwortete auf eine Frage diesbezüglich: *„Irgendwann kommt sowieso ein neues Gesetz, dann wird alles übertragen"* (TB 22. 11. 2000). Das Vertrauen in die Beständigkeit von Gesetzen bezüglich des Eigentums ist, so wie es sich in dem Zitat ausdrückt, nicht besonders groß.

Die alte Genossenschaft wurde als eine Art Aktiengesellschaft (részvény társaság) 1991 unter dem Namen AGRODOR neugegründet. Aktiengesellschaft bedeutet in diesem Fall keine Abkehr vom genossenschaftlichen Prinzip, des „ein Mitglied – eine Stimme", aber die Gewinnbeteiligung wird nach Anteilen berechnet. Diese Gewinnbeteiligung lohnt sich für Anteilseigner mit mehreren hundert Anteilen, wie sie zu Beginn der Unternehmensgründung auch gekauft werden konnten. Ein als Mitgliedsland eingebrachter Hektar Land zählt dabei als fünf Anteile. Für einen Anteil wurden im Jahr 1999 1,8 Kilo Weizen, 1,6 Kilo Gerste, 2,34 Kilo Hafer, 9 Kilo Mais und 5500 Lei ausgezahlt. Das ist sehr wenig, gemessen daran, dass man mit dem Verkauf des Ertrages für einen Hektar

Weizen im selben Jahr einen Gewinn von über 1,5 Mio. Lei machen konnte.[59] Daher wählen die meisten Mitglieder den Weg der privaten Produktion in Kooperation mit der Gesellschaft. Die Mitglieder bestimmen zu Beginn des Produktionszyklus, was sie in welchen Mengen anbauen wollen, und zahlen dann für die anfallenden „schweren" Arbeiten (pflügen, säen, evtl. Ernte) ein. Entweder sie ernten, wie im Falle von Hackfrüchten, selbst, oder sie bekommen die Ernte, die sie selbst vermarkten oder über die Gesellschaft verkaufen lassen können.

Die Gesellschaft wirtschaftet heute auf 1302 ha, allerdings unter prekären Bedingungen. Immerhin verfügen sie (noch) über den alleinigen Nutzungsvertrag der heißen Quelle, und das damit betriebene Freibad stellt eine wichtige Einnahmequelle dar.[60] Außerdem gingen 1990 die ehemals verstaatlichten Gewächshäuser (siehe Kapitel 6) zurück an die LPG, exportiert wird aber im Gegensatz zu sozialistischen Zeiten nicht mehr. Auch der Absatz auf dem Binnenmarkt ist zunehmend unsicher, deshalb ist die Produktpalette heute vielseitiger: Gurken, Salat, Tomaten, Blumen etc. Insgesamt sind bisher von 120 dort arbeitenden Personen 35 entlassen worden. Der Viehbestand der LPG (ca. 1500 Schweine, 500 Kühe, 100 Pferde und 30 000 Hühner) wurde Anfang der 1990er Jahre unter den Mitgliedern verteilt. So konnte z. B. für fünf bei der Kollektivierung eingebrachte Pferde eines aus der Genossenschaft geholt werden. Das meiste Vieh ist geschlachtet oder, wie im Falle der Pferde, verkauft worden. Die Gesellschaft hat 800 Mitglieder und beschäftigt 140 Festangestellte und ca. zehn Gelegenheitsarbeiter. Obwohl viele Bewohner zur Arbeit vor allem in die Bezirkshauptstadt Arad pendeln, stellt die Landwirtschaft weiterhin eine wichtige Einkommensquelle dar.[61]

Foto 3 zeigt die Eingangssituation der Genossenschaft in Kisiratos, die hinter dem Tor sichtbaren Ställe stehen heute leer und werden nur selten partiell als Getreidespeicher genutzt. Rechts vom Eingang ist das Pförtnerhäuschen während links ein Teil des Verwaltungsgebäudes sichtbar ist. Dieses Haus gehörte früher einem der Großbauern, die Anfang der 1950er Jahre als „Kulaken" enteignet wurden (zur Kollektivierung in Kisiratos siehe Kapitel 6).

---

59 1000 Lei entsprachen 1999 etwa 1 DM.

60 Es gab Versuche ausländischer Investoren, die Rechte zur Nutzung des Wassers zu bekommen, aber die Gesellschaft versucht (bisher erfolgreich), aus nahe liegenden Gründen, die Nutzung weiterhin allein zu beanspruchen.

61 Von der aktiven Bevölkerung (773 Personen) arbeitet über die Hälfte in der Landwirtschaft (486 Personen, 206 davon Frauen). 117 Personen führt die Statistik als Industriearbeiter an (CNS 1994).

Foto 3: Eingangssituation der Genossenschaft in Kisiratos

Zu den wirtschaftlichen Neuerungen im Postsozialismus zählt eine Näherei einer italienischen Firma. Hier gibt es einige Arbeitsplätze für weibliche Dorfbewohner. Allerdings erinnert die in einem dunklen Schuppen untergebrachte Werkstatt an die Arbeitsbedingungen des Frühkapitalismus. Bis 2001 will man in einen helleren, größeren Raum umgezogen sein. In dem entsprechenden Raum befand sich 1999 noch ein Bekleidungsgeschäft, das von einer jungen Frau betrieben wurde, die auch eines der örtlichen Lebensmittelgeschäfte führt. Viel Hoffnung wird in den Aufbau einer etwa vier Kilometer von Kisiratos entfernten Freihandelszone gesteckt. Als weitere Einnahmequelle für den Ort lockt das Thermal-Freibad erste Touristen auch aus dem Ausland (meist ausgewanderte Deutsche) an. Insgesamt weist Kisiratos im postsozialistischen Kontext eine wirtschaftlich dynamischere Entwicklung als Mesterszállás auf.

Politisches und soziales Leben

Im Vergleich zu Ungarn war der Systemwechsel in Rumänien, wie eingangs dargelegt, plötzlicher und gewaltvoller. Selbst in einem kleinen Ort wie Kisiratos wurden bei immerhin fünf oder sechs Personen, die man allgemein als Spitzel des Geheimdiensts einschätzte, Hauswände mit schwarzer Farbe beschmiert. In der LPG wurden die Ceauşescu-Portraits abgenommen und z. T. verbrannt.

Das politische Leben im Dorf ist seitdem geprägt von der Partei der ethnischen Ungarn in Rumänien (RMDSZ)[62], die eine der stabilsten politischen Kräfte im postsozialistischen Transformationsprozess Rumäniens darstellt. Die ethnische Identifizierung scheint z. T. auch mögliche Konflikte aus sozialistischer Zeit zu überdecken, so dass sich ähnlich wie in der lokalen Kooperative einige Personen aus der früheren sozialistischen Elite wieder repräsenative Funktionen haben. So ist beispielsweise der zweite Sohn des ersten Kooperativenchefs (siehe oben) heute regionaler Abgeordneter des RMDSZ. Der Sohn eines weiteren Gründungmitglieds der LPG ist heute „inoffizieller" Bürgermeister von Kisiratos, d. h., er ist stellvertretender Bürgermeister der Stadt Curtici und kam als Kandidat der „Ungarn-Partei" mit den Stimmen aus Kisiratos in dieses Amt.[63] Zuvor war er Sportlehrer und Direktor der Schule in Kisiratos. An diesen Amtsträgern und ihrem sozialen Hintergrund lässt sich, ähnlich wie bei der Leitung der örtlichen Genossenschaft ersehen, dass in Kisiratos in den 1950er Jahren ein dauerhafter Machtwechsel stattgefunden hat (siehe auch Kapitel 6).

Eng mit dem RMDSZ verbunden ist die ungarische Bauernvereinigung.[64] Sie vertreibt eine Zeitschrift, und es existiert im Ort eine Ortsgruppe, benannt nach dem Vorbild des historischen „gazdakör" (Bauernkreis). Da es in Rumänien keine staatlichen Agrarberater wie in Ungarn gibt, informieren sich viele der neuen selbständigen Produzenten über gesetzliche und technische Neuheiten durch diese Zeitung und/oder haben an Informationsabenden sowie Schulungen des Kreises teilgenommen. Im Jahr 2000 konnte die Ortsgruppe auch einen Wettbewerb um staatlich verbilligtes Saatgut aus Ungarn gewinnen. Diese ethnische Vereinigung sowie die Verbindung nach Ungarn stellen gegenüber anderen Regionen Rumäniens einen Vorteil für die lokale Landwirtschaft dar. Karte 4 stellt die Lage von Kisiratos im Zusammenhang mit Curtici und den beiden

62 RMDSZ = Romániai Magyar Demokrata Szövetség (Rumänisch-Ungarische Demokratische Vereinigung, manchmal in den Medien auch „Ungarnpartei" genannt), gegründet am 21.12.1989 in Cluj.

63 Mit fast 2000 Einwohnern stellt Kisiratos ungefähr ein Drittel der gesamten Einwohnerschaft von Curtici, das 1968 u.a. durch die Eingemeindung von Kisiratos Stadtstatus erhielt. Daher reichen die Stimmen aus, um den Vizebürgermeister zu stellen. Das Wahlverhalten in Kisiratos ist beinah geschlossen ethnisch bestimmt, d.h., es zählt zu den Hochburgen des RMDSZ in dieser Gegend.

64 Romániai Magyar Gazdák Egyesülete (Rumänisch-Ungarische Bauern-Vereinigung).

anderen 1968 eingemeindeten Dörfern dar. Tendenziell fühlt man sich in Kisiratos durch die Eingemeindung benachteiligt, was z. B. mit Entscheidungen wie der erwähnten, bisher aus Kostengründen abgelehnten Verlegung einer Wasserleitung begründet wird.

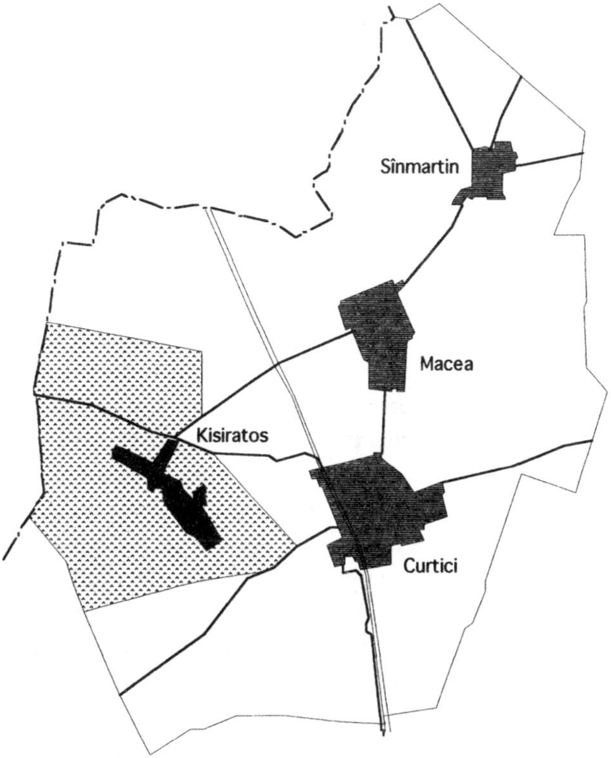

Karte 4: Lage von Kisiratos im Verwaltungsbezirk Curtici

Anders als in Mesterszállás sitzen in Kisiratos in den frühen Abendstunden viele, vor allem ältere Frauen zu einem Plausch auf den Bänken vor ihren Häusern. Ansonsten nimmt auch hier das Fernsehen einen großen Raum in der Freizeitgestaltung ein. Fast alle Häuser sind mit Antennen ausgestattet, mit denen der Empfang der ungarischen staatlichen und privaten Sender möglich ist. An den Samstagabenden ist die im Hotel betriebene Disco eine Möglichkeit für die Jugendlichen; diese wurde sogar Anfang der 1990er Jahre teilweise von jungen Leuten aus der Distrikthauptstadt Arad besucht.

In einigen Aspekten des religiösen Lebens ist Kisiratos „traditioneller" als Mesterszállás. So sind die Messen der katholischen Kirche in Kisiratos besser besucht als diejenigen in Mesterszállás. Auch die Rosenkranzgruppen, von denen es 1997 wieder 19 gab, sind präsenter (siehe Kapitel 5). Die Zeit, bevor die Messe beginnt, ist angefüllt von dem monotonen Singsang der Gebete ihrer Mitglieder. Auch das Brauchtum um religiöse Feste, beispielsweise das Kalken und Streichen der Häuser zur „richtigen" Zeit vor Ostern oder die Vorbereitungen und Durchführung des Kirchweihfestes sowie von Beerdigungen sind aufwendiger als in Mesterszállás.

4.2.1 Neue landwirtschaftliche Produzenten

Die Privatisierung führte in Kisiratos, ähnlich wie in Mesterszállás, zu einem neuen Muster landwirtschaftlicher Produzenten (siehe Karte 5). Neben dem reformierten Großbetrieb entstanden verschiedene Kategorien kleinerer Betriebe. Nach Angaben des Vizebürgermeisters gibt es in Kisiratos heute 300 selbständige Bauern, von denen 107 Flächen zwischen 0,5 und 2 ha bewirtschaften. 131 der privaten Landwirte bebauen zwischen 2 und 5 ha, 53 zwischen 5 und 10 ha, und auf mehr als 10 ha wirtschaften neun Bauern. Zusätzlich existieren drei sog. „familiäre Zusammenschlüsse" (asociaţie familiare).[65] Karte 5 zeigt die Verteilung der landwirtschaftlichen Nutzfläche zwischen der Agrodor (Nachfolgeorganisation der LPG), den privaten Bauern sowie dem verbliebenen Staatsgut.

Parallel zur Darstellung typischer Familiengeschichten in Mesterszállás werden nun einige Produzenten aus Kisiratos vorgestellt. Auch hier wurde versucht, das gesamte Spektrum der postsozialistischen Produzentengruppen zu erfassen. Dabei lassen sich entscheidende Unterschiede in den Mustern sozialer Mobilität herausfiltern. Die drei erfolgreichsten Familienbetriebe wirtschaften auf ca. 50 bis 100 ha. Unter ihnen gibt es im Unterschied zu Mesterszállás keinen mit einer Abstammung aus großbäuerlicher Familie. Sie entstanden vielmehr vor einem zwergbäuerlichen bis landproletarischen familiären Hintergrund. Da der Vergleich dem Kontrast dient, sind die Beispiele kürzer gehalten. Wie im vorigen Teil werden bestimmte Aspekte, wie Landreformen, Enteignungen etc. in späteren Kapiteln erneut aufgegriffen.

---

65 Diese Familienzusammenschlüsse sind vom Gesetz nur lose definiert und in ihren Ausprägungen entsprechend vielfältig. Sie setzen sich häufig auch aus nicht verwandtschaftlich verbundenen Personen zusammen.

Karte 5: Überblick der Aufteilung der Flächen nach Nutzern in Kisiratos[66]

Neue Großbauern

Das erste Beispiel stellt, parallel zu Mesterszállás, eine „Erfolgsstory" eines postsozialistischen landwirtschaftlichen Unternehmers dar. Im Unterschied zu den meisten der überdurchschnittlich erfolgreichen Landwirte in Mesterszállás stammt dieser allerdings nicht aus einer ehemals wohlhabenden Bauernfamilie. Er hatte auch im Gegensatz zu den heute erfolgreichen Unternehmern in Mesterszállás keine leitende Funktion in der örtlichen LPG von Kisiartos, allerdings wird ihm eine „sozialistische" Karriere im Geheimdienst unterstellt.[67]

66 Erstellt auf Grundlage einer Karte von 1980 und Angaben des leitenden Agronomen der Agrodor.

67 Gespräche u. a. am 17.8.1999, 18.9.1999, mit Schwiegervater am 20.4.2000.

Vom Kleinbauern zum Großbauern, 1

Elek und seine Frau stammen beide aus kleinbäuerlichen Familien mit wenigen Hektar eigenem Land. Als gelernter Möbeltischler arbeitete er zunächst zehn Jahre in der Distrikthauptstadt Arad. 1979 kehrte er ins Dorf zurück, wo er in der Dorfgaststätte arbeitete, die er seit 1995 als Pächter übernommen hat.[68] Aufgrund dieser Position als Kneipier und anderen „Verdachtsmomenten“, wie etwa seinen Freundschaften zu Personen aus dem Polizeidienst, geht man im Dorf davon aus, dass er im Sozialismus dem Geheimdienst zugearbeitet hat. Seine Frau stammt auch aus Kisiratos und ist ausgebildete Erzieherin, hat aber, bevor sie in den Betrieb ihres Mannes einstieg, in der Verwaltung der LPG gearbeitet.

1991 war Elek Mitglied der lokalen Landkommission und gründete mit mehreren Teilhabern eine landwirtschaftliche Gesellschaft. Diese existierte nur auf dem Papier, ermöglichte dem Zusammenschluss aber, die Eigentumsanteile der Mitglieder aus der alten LPG in Form von Maschinen etc. zu bekommen.

1992 begann er zunächst auf 8 ha zu wirtschaften, kaufte dann noch 44 ha dazu und pachtete ungefähr weitere 40 ha, so dass er heute auf fast 100 ha wirtschaftet. Er ist mit Maschinen gut ausgerüstet. Einen großen Teil der landwirtschaftlichen Arbeiten besorgen seine Frau und Gelegenheitsarbeiter aus dem Dorf, während er sich auch weiterhin um die Führung der Gaststätte kümmert.

Ähnlich wie in diesem Beispiel weist auch die Familiengeschichte des zweitgrößten landwirtschaftlichen Unternehmers in Kisiratos einen sozialen Aufstieg aus dem unteren bäuerlichen Milieu auf. Ferenc und seine Frau stammen aus kleinbäuerlichem Milieu, und Ferenc war im Sozialismus Leiter einer staatlichen Traktorenstation, während seine Frau mehrfach ausgezeichnete „sozialistische Arbeiterin“ in der LPG war. Neben der sozialen Mobilität zeigen diese Beispiele, dass es auch in Kisiratos soziale Kontinuität vom Sozialismus zum Postsozialismus gibt. Für die Gründung eines erfolgreichen landwirtschaftlichen Unternehmens war aber anderes soziales Kapital als in Mesterszállás erforderlich. Während dort die Stellung in der Führung der LPG entscheidend war, war es in Kisiratos die staatliche Traktorenstation und die Beziehung zum Geheimdienst (siehe auch Kapitel 7).

68 Vor dem zweiten Weltkrieg gehörte die Kneipe einem Juden, über dessen Schicksal im Dorf nichts bekannt ist. Es ist zu vermuten, dass er wie viele andere den ungarischen Holocaust nicht überlebt hat (s. a. FN 137).

Vom Fleischer zum Großbauern

Ferenc' Vater war Fleischer; er verfügte nicht über eigenes Land. Ferenc selbst besuchte sieben Jahre lang die Grundschule, gefolgt von einer abgebrochenen Mittelschule und der Militärzeit. Danach arbeitete er ungelernt neun Jahre bis 1979 in der Genossenschaft. In dieser Zeit heiratete er seine jetzige Frau, die aus einer der ärmsten Familien des Dorfes stammt. Ihre Mutter hatte als Tagelöhnerin für einen der reichen deutschstämmigen Bauern (siehe Kapitel 5) gearbeitet, und ihr Vater war, leicht gehbehindert, der Schweinehirt des Dorfes (einer der am wenigstens geachteten Berufe). 1980 wurde Ferenc von der Führung der LPG auf die Meisterschule geschickt. Nach Abschluss der Ausbildung wurde er 1984 Leiter einer staatlichen Maschinenstation in der nahe gelegenen Stadt Curtici. Nach der Privatisierung begann er mit der privaten Landwirtschaft. Zunächst begann er mit ca. 50 ha Land und im Jahr 2000 bewirtschaftet er beinahe 100 ha. Nur 12 ha davon sind auf seinen eigenen Namen registriert, den Rest der Fläche pachtet er.[69]

Auch bei dem drittgrößten landwirtschaftlichen Produzenten in Kisiratos wiederholt sich das Motiv der sozialen Mobilität. Beide Zweige der Familie stammen aus kleinbäuerlichen Verhältnissen. Sie nahmen im Sozialismus keine führende Stellung ein.

Vom Kleinbauern zum Großbauern 2

Die Familie bewirtschaftet ca. 50 ha, von denen nur 5 ha der Besitz der Eltern waren. Die restlichen 45 ha pachten sie für 30 % des Ertrages von vier Personen in 15 Teilen. Daneben halten sie vier Kühe und sieben Mastschweine. Anfänglich mussten sie noch viele Arbeiten mit den drei Pferden verrichten, heute ist der Anbau nach Anschaffung eines Traktors und eines Mähdreschers weit gehend maschinisiert. Begonnen haben sie mit der Landwirtschaft 1991, als der Mann als ehemaliger Lagerarbeiter arbeitslos wurde.

Neue Mittelbauern

Die Gruppe der neuen Mittelbauern ist in Kisiratos in ihrer sozialen Zusammensetzung heterogen. Während sich diese Gruppe in Mesterszállás ausschließlich aus Angehörigen der ehemaligen Großbauern zusammensetzt, finden sich in Kisiratos Angehörige ehemaliger Kleinbauern neben ehemaligen Großbauern.

---

69 Zusammengestellt nach Informationen aus einem Interview am 11. 8. 1999 sowie verschiedenen informellen Gesprächen sowie Teilnahme an einer Fahrt in die nahegelegenen Berge, um eine alte Maschine (szelector) zu kaufen (13. 8. 1999), Erntearbeiten etc.

Der viertgrößte landwirtschaftliche Unternehmer in Kisiratos, dessen Betrieb ähnlich derjenigen von Péter und István in Mesterszállás einen Übergang zwischen neuen Großbauern und neuen Mittelbauern bildet, ist Zsolt. Auch er sowie seine Frau stammen aus kleinbäuerlichen Familien.[70]

Vom Kleinbauern zum Mittelbauern, 1

Zsolt ist mit Mitte zwanzig der jüngste landwirtschaftliche Unternehmer in Kisiratos. Er wirtschaftet auf 10 eigenen und ca. 20 gepachteten Hektar Land. Im Jahr 2000 kaufte er noch einmal 1,5 ha dazu und bearbeitet nun insgesamt ca. 35 ha. Mittlerweile verfügt er auch über einen eigenen Maschinenpark. 2000 begann er mit dem Aufbau eines für die Unterbringung der Maschinen geeigneten Unterstandes. Er ist gelernter Agraringenieur und seine Frau Lehrerin. Beide haben einen kleinbäuerlichen familiären Hintergrund und haben nach der Privatisierung das Land beider Familien zusammengelegt. Sein Schwiegervater setzte sich Anfang der 1990er Jahre sehr für die Privatisierung und den Aufbau der zweiten Genossenschaft, die dann scheiterte, ein. 2000 war Zsolt Vorsitzender des örtlichen Bauernkreises.

Neben rein landwirtschaftlichen Unternehmern setzt sich die Gruppe der „neuen Mittelbauern" in Kisiratos vor allem aus Nebenerwerbsbauern zusammen. Schon im ersten Beispiel des „größten landwirtschaftlichen Unternehmers" Elek war ein Aspekt auffällig: obwohl hier eine recht ansehnlicher Fläche von ca. 100 ha bearbeitet wird, bleibt die Gaststätte als zweite Einnahmequelle bestehen. Solche „Mischstrategien" sind typisch in dem von Unsicherheit geprägten postsozialistischen Umfeld von Kisiratos. Auch die meisten der anderen neuen Unternehmer im Dorf betreiben nebenher eine Landwirtschaft mittlerer Größenordnung. Im Gegensatz zu den obigen Beispielen ist der Beitrag der Landwirtschaft am Gesamtvolumen des Familieneinkommens zwar kleiner, aber immerhin gehören diese Betriebe damit schon zum lokalen „Mittelfeld" an landwirtschaftlichen Betrieben. Das nächste Beispiel stellt einen Betrieb mit einer solchen „Mischstrategie" vor. Auch diese Familie war vor der Aufnahme des eigenen Betriebes, ähnlich wie der neue Großbauer Elek, nicht „vom Fach", d. h., sie haben weder in der Landwirtschaft gearbeitet, noch verfügen sie über eine entsprechende berufliche Ausbildung.[71]

---

70 Zusammengestellt nach Informationen aus Gesprächen am 9. 4. 2000, 10. 4. 2000 und 19.11.2000)

71 Zusammengestellt nach Informationen aus Gesprächen am 9.8.1999 und 13.11.2000.

Vom Kleinbauern zum Mittelbauern, 2

Auch diese Familie stammt in beiden Zweigen aus kleinbäuerlichen Verhältnissen. Kálmán ist Automechaniker und wurde 1990 arbeitslos. Danach betrieb er bis Anfang 1999 eine kleine Autowerkstatt am Haus. Seit 1997 arbeiten er und seine Frau Márta sowie deren Bruder und Schwägerin am Aufbau einer Mühle. 1999 stand der Rohbau, und im Jahr 2000 nach Überwindung etlicher Probleme mit der Einfuhr deutscher Maschinen startete das Unternehmen. Täglich werden 20 Tonnen Getreide verarbeitet, gleichzeitig wurde die Bäckerei in Betrieb genommen. Insgesamt beschäftigt der Betrieb elf Personen.

Zusätzlich betreiben sie auf 10 ha eine Landwirtschaft. Nur 4 ha davon sind geerbtes Eigentum. Die Familie des Vaters von Márta hatte 3 ha und die Familie ihrer Mutter 1 ha. Den Rest haben das Ehepaar dazu gekauft. Sie planen trotz des hohen Arbeitsaufwandes für die Mühle, auch diesen Zweig ihres Betriebes weiter auszubauen und mehr Land und Tiere zu kaufen. In Ansätzen erwägen sie den Aufbau möglichst ununterbrochener Produktionsketten, durch Anbau eigenen Getreides und evtl. Verbrauch der Mühlenabfälle für eine anzuschließende Geflügelzucht. Größere Erfahrungen in der Landwirtschaft hatten sie bis dahin nicht, denn Márta ist Buchhalterin, ihr Bruder hat früher im Fernwärmewerk in Arad gearbeitet, nur seine Frau kann als Laborantin ihre berufliche Erfahrung für die Qualitätskontrolle in der Mühle einbringen.

Wie bei den Beispielen oben bereits angeführt, ist diese Gruppe „neuer Mittelbauern“ vielschichtiger als in Mesterszállás. Viele Personen aus ehemals niedrigeren Schichten ländlichen Sozialgefüges betreiben Landwirtschaft in dieser Größenordnung. Darunter sind ehemalige Kader (z. B. Józef aus der „Dynastie alter Kader“ oben) genauso wie jüngere Produzenten, wie das Beispiel von Zsolt zeigte. Letzteres ist ein weiterer Unterschied zu Mesterszállás. Während es zwar auch dort zwei junge Familien gibt, die von der Landwirtschaft leben (die Familien von Tibor und Jószef), so doch eher in der Größenordnung der Unternehmer auf über 100 ha. In Kisiratos leben junge Familien z. T. gänzlich von der Bewirtschaftung kleinerer Flächen, die in Mesterszállás einen Nebenerwerb darstellen. Unten wird eine weitere junge Familie beschrieben, die hauptsächlich von der Landwirtschaft lebt.[72]

Vom Kleinbauern zum Mittelbauern, 3

Máté und Anikó wirtschaften ebenfalls auf 10 ha. 2 ha 30 Are haben sie gekauft, den Rest von zwei Personen gepachtet. Beide Eltern waren in vorsozialistischer

72 Zusammengestellt nach Gesprächen u. a. am 25.8.1999 und 5.11.2000.

Zeit arm. Die Eltern der Frau erhielten bei der Privatisierung für ihre 30 Jahre Arbeitszeit in der LPG vier Kuhkälber. Eines haben sie selber behalten und jeder ihrer drei Töchter je eines geschenkt. Das war das Startkapital in die eigene Landwirtschaft. Ihr Mann hatte zuvor als Schweißer in der Traktorenstation gearbeitet. Mit deren Konkurs wurde er 1998 arbeitslos, und seitdem leben sie von der Landwirtschaft sowie seiner gelegentlichen Arbeit in Ungarn. In den Zeiten seiner Abwesenheit kümmert sich die Frau um die landwirtschaftlichen Angelegenheiten.

Da im vorangegangenen Abschnitt die Beispiele aus Mesterszállás die Kontinuität vorsozialistischer Elite betonten, soll hier auch ein Beispiel einer alten „Kulakenfamilie“ aus Kisiratos, die heute wieder in der Landwirtschaft aktiv ist, vorgestellt werden. Sie zählt allerdings nicht zu den „neuen Großbauern“, sondern ist in der Kategorie „neuer Mittelbauern“ anzusiedeln. Diese Kategorie teilen sie im Gegensatz zu den „neuen Mittelbauern“ in Mesterszállás, wie aus den obigen Beispielen ersichtlich, mit vielen ehemals armen Familien.[73]

Vom Großbauern zum Mittelbauern, 1

Die Familie von Sándor war unter den ersten, die sich im 19 Jh. in Kisiratos niederließen (siehe Kapitel 5). Sein Urgroßvater war an der Landvermessung für die damaligen Siedler beteiligt. Sein Vater erbte bei sieben Geschwistern nicht mehr viel Boden (7 ha), besaß aber einige moderne Maschinen. Anfang der 1950er Jahre wurde er daher zum „Klassenfeind“ erklärt, kam für 1,5 Jahre in ein Arbeitslager und verlor seinen Besitz an die LPG.

Sándor wurde Automechaniker und heiratete die Tochter einer armen Familie. Ihr Sohn und ihre Tochter haben keine landwirtschaftliche Ausbildung. Sándor wohnt in Arad, pendelt aber seit der Privatisierung nach Kisiratos und bebaut dort als Rentner 10 ha Boden. In Kooperation mit seinem Nachbarn, der aus einer agrarproletarischen Familie stammt, besitzt er u. a. zwei Traktoren und einen Mähdrescher.

Ähnlich wie neue Mittelbauern kleinbäuerlicher Herkunft, gibt es auch einen Sohn eines ehemaligen Großbauern, der eine Mischstrategie verfolgt. János bewirtschaftet ähnlich wie Sándor als Sohn ehemaliger Großbauern heute neben seiner Rente ca. 10 ha Land. Gleichzeitig betreibt sein Sohn, der im Sozialismus

73 Zusammengestellt nach Informationen aus Gesprächen am 8. 4. 2000, 10. 4. 2000 und 11.11.2000.

nicht in der Landwirtschaft tätig war, eine eigene Landwirtschaft neben dem anderen, saisonalen Geschäft der Speiseeisherstellung.[74]

Vom Großbauern zum Mittelbauern, 2

János ist der Sohn eines ehemaligen „Kulaken". Sein Vater bewirtschaftete 116 kh und verfügte über landwirtschaftliche Maschinen (Traktor und Mähdrescher). Er kam auf die „Kulakenliste", wurde aber nicht enteignet (siehe Kapitel 5).

1991 trat János aus der Genossenschaft aus und in die neu gegründete Gesellschaft ein. Noch im selben Jahr trat er auf Anraten seines Schwagers wieder aus und bewirtschaftet seitdem seine 10 ha selbst. Für seine beiden Söhne hat er ebenfalls jeweils ca. 10 ha gekauft. Einer der beiden belässt den Boden zur Bewirtschaftung in der Agrodor, während der andere 3 ha selbst bebaut. Zusätzlich hält er 80 Schweine und betreibt nebenher eine Speiseeisherstellung. Da er mit seiner Frau (Erzieherin) in Arad wohnt, wo er bis zur Revolution Lagerarbeiter in einer Waggonfabrik war, kümmern sich während ihrer Abwesenheit zwei Gelegenheitsarbeiter um die Tiere. Das Paar möchte, sobald ihr Haus auf dem Nachbargrundstück des Vaters fertig ist, wieder ins Dorf ziehen.

Die Beispiele belegen für Kisiratos insgesamt eine geringere Kontinuität sozialer Ungleichheit als in Mesterszállás. Vormals arme Bauern treten im Postsozialismus als neue Großbauern auf, während wenige ehemalige Großbauern unter den neuen Mittelbauern sind. Deren Kinder haben keine landwirtschaftliche Ausbildung und besetzten auch keine wichtigen Positionen in der sozialistischen Landwirtschaft von Kisiratos. Im Gegensatz dazu zeigt sich in der Genossenschaft und anderen wichtigen Ämtern der dörflichen Hierarchie eine sozialistische Kontinuität. Die „Dynastie alter Kader" unter den oben aufgeführten Beispielen deutet darauf ebenso hin, wie die Kontinuitäten in leitenden politischen und ökonomischen Ämtern, wie sie im einleitenden ethnographischen Teil aufgeführt wurden (siehe auch Kapitel 6). Insgesamt zeigt sich an der Zusammensetzung postsozialistischer landwirtschaftlicher Produzenten und anderer Akteure, dass in Kisiratos ein Bruch mit der vorsozialistischen Hierarchie stattgefunden hat, dessen Hintergründe in den nächsten Kapiteln näher erläutert werden sollen.[75]

---

74 Zusammengestellt nach Informationen aus Gesprächen am 21. 8. 1999, 19. 11. 2000 und 20.11.2000.

75 Es soll an dieser Stelle nicht behauptet werden, es gäbe gar keine soziale Reproduktion in Kisiratos. So sind beispielsweise die Kinder ehemaliger reicher Bauern Ärzte geworden,

Analog zu Mesterszállás wurde auch für Kisiratos ein Schema der typischen Entwicklungspfade sozialer Mobilität erstellt. In Abbildung 2 stellt Entwicklungspfad a die ehemaligen Großbauern dar, die durch die Anfangszeit des Sozialismus in der Hierarchie abstiegen und heute höchstens als neue Mittelbauern in Erscheinung treten (János, Sándor). Die Entwicklungspfade b und c hingegen geben die Entwicklungslinie der heute größten landwirtschaftlichen Unternehmer, die alle einem kleinbäuerlichen und agrarproletarischen Milieu entstammen, wieder (Elek, Ferenc). Tendenziell deutet b die Entwicklungslinie früher Kader (József) an, während c eher unter den heutigen Mischstrategen anzutreffen ist, die keine besondere Karriere bzw. diese nicht zu einem frühen Zeitpunkt im Sozialismus machten (Kálmán).

Abbildung 2: Schema typischer Entwicklungspfade sozialer Mobilität in Kisiratos

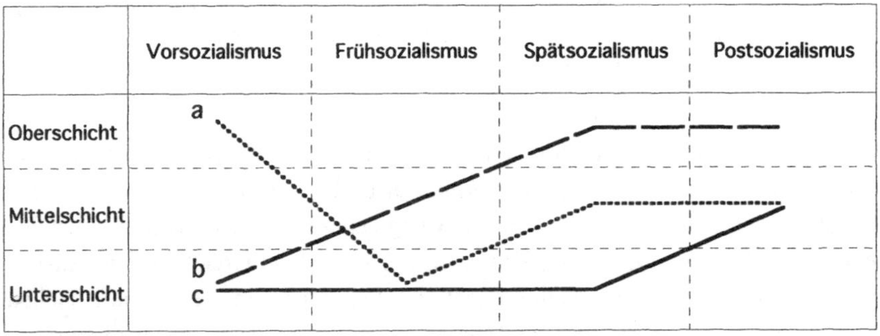

Legende:
a: Entwicklungspfad: Vom Großbauern zum Mittelbauern
b: Entwicklungspfad: Vom Kleinbauern zum Großbauern
c: Entwicklungspfad: Vom Kleinbauern zum Mittelbauern

4.2.2 Produktions- und Kooperationsformen

Insgesamt sind die bewirtschafteten Flächen der selbständigen Bauern in Kisiratos kleiner als diejenigen in Mesterszállás. Allerdings haben auch in Kisiratos die größten Produzenten ihre Flächen in den letzten Jahren stetig vergrößert, und

aber die meisten haben das Dorf verlassen oder machten keine Karriere in der Landwirtschaft, und keiner kam als landwirtschaftlicher Unternehmer zurück.

bei einem möglichen Konkurs der Genossenschaft könnte es ähnlich wie in Mesterszállás zu einem weiteren Schub an neuen Pachtflächen kommen. Die technische Ausstattung der neuen Großbauern ähnelt derjenigen der größeren Produzenten in Mesterszállás. Sie verfügen über mit Traktoren und Mähdreschern über ihren eigenen Maschinenpark. Ähnlich wie in Mesterszállás bauen sie hauptsächlich Getreide an. Im Gegensatz zu Mesterszállás halten sie aber auch alle Vieh, wie z. B. Ferenc mit neun Kühen, ein Stierkalb, zwei Mastsauen und ca. 15 bis 20 Mastschweinen. Vor 1990 hatte er kein Vieh, aber die Kühe sind heute notwendig als Düngerlieferanten und für das Milchgeschäft.

Die neuen Mittelbauern bewirtschaften zwischen 10 und 50 ha Boden, meist allerdings um die 10 ha. In dieser Gruppe finden sich Nebenerwerbsbauern mit unterschiedlichem sozialen Hintergrund, wie z. B. Sándor, der Sohn eines Großbauern, und Kálmán, der Mischstratege aus kleinstbäuerlichem Milieu. Wie schon erwähnt, sind solche Mischstrategien typisch. Die meisten neuen Unternehmer, die den Aufbau ihres Betriebes mit einem „zweiten Standbein" in der Landwirtschaft verbinden, stammen aus dem kleinbäuerlichen Milieu. Zur Illustration wird hier neben den schon genannten Mischstrategen zusätzlich der „Hotelier" eingeführt. Auch er stammt aus kleinbäuerlichen Verhältnissen und hatte in sozialistischen Zeiten keine Verbindung zur Landwirtschaft.[76]

Der Hotelier

Mátyás und seine Frau waren im Sozialismus in der staatlichen Handelskooperative beschäftigt. Im April 1990 gründete er die erste Kneipe (Rózsa Bar) in Kisiratos. Diese lief anfänglich sehr gut, denn es war die erste in der ganzen Umgebung. Dann folgte 1990 die Eröffnung des Hotels mit neun Zimmern und Discobetrieb an den Samstagen. Schließlich eröffnete er 1993 eine zweite Rósza Bar im Ort. Daneben betreibt er eine private Landwirtschaft auf 13 ha. 7 ha sind geerbt, und weitere 6 ha hat er gekauft.

Anders als in Mesterszállás wird Kooperation in Kisiratos weniger durch alte oder neue ökonomische Unterschiede bestimmt, vielmehr kooperieren als Nachbarn heute ehemals reiche und arme Familien. So kooperiert heute z. B. Sándor, dessen Vater als „Klassenfeind" enteignet wurde, mit seinem Nachbarn, der aus einer armen Familie stammt. Tabelle 6 stellt die Merkmale der sozialen Herkunft sowie wirtschaftlichen Orientierung im Kontrast zu Mesterszállás dar. Foto 4 zeigt den Großbauern Ferenc mit seiner Frau und einem Nachbarn auf dem Feld.

76 Zusammengestellt nach einem Gespräch am 16.11.2000.

Tabelle 6: Postsozialistische Produzenten in Kisiratos (Überblick)

Größenordnung der Betriebe (heute)	**familiärer Hintergrund**	**Stellung im Sozialismus**	**wirtschaftliche Orientierung**
Großbauern (ca. 50–100 ha)	Kleinbauern	außerhalb der Landwirtschaft oder in staatlicher Maschinenstation tätig	Getreideanbau mit Viehhaltung
Mittelbauern (ca. 10–50 ha)	Klein- und Großbauern	einfache LPG-Mitglieder oder Traktoristen in Maschinenstation oder außerhalb der Landwirtschaft tätig	Getreideanbau mit Viehhaltung, oft als Ergänzung zu anderen selbstständigen Einkünften
Nebenerwerbsbauern u. Kleinstproduzenten (ca. 0,5–10 ha)	landlose und Klein- sowie Großbauern	einfache LPG-Mitglieder	Fleisch und Milch bzw. Milchprodukte als Ergänzung zu anderen Einkünften

Foto 4: Der zweitgrößte Produzent in Kisiratos

4.3 Zusammenfassung: Historische Kontinuität sozialer Gruppen (Mesterszállás) und Bruch mit der vorsozialistischen Hierarchie (Kisiratos)

Im Vergleich der postsozialistischen landwirtschaftlichen Produzentengruppen ergab sich ein deutlicher Unterschied zwischen den beiden Untersuchungsdörfern hinsichtlich der Reproduktion sozialer Ungleichheit. Während es in Mesterszállás auffiel, dass sich die vorsozialistische Elite im postsozialistischen Kontext wieder als wichtiger Akteur einfindet, wurde in Kisiratos ein Bruch mit der vorsozialistischen Hierarchie festgestellt.

Häufig, wie etwa in Szelényis (1989) Studie zu den „sozialistischen Unternehmern" Ungarns, wird ein Reproduktionserfolg bäuerlicher Elite auf kulturelles Kapital zurückgeführt. Aber gerade die typischen „sozialistischen Unternehmer" im Sinne Szelényis, die in den 1980er Jahren schon ausschließlich von selbständigen Tätigkeiten in der Landwirtschaft lebten, gehören im postsozialistischen Mesterszállás zu den Verlierern. Sie konnten ihre unternehmerische Erfahrung nicht ausbauen.

In der Beschreibung der Reproduktion vorsozialistischer Elite in Mesterszállás wird auch darauf hingewiesen, dass diese nicht vollkommen ist, d. h., nur Teile der vorsozialistischen Elite können im postsozialistischen Kontext erfolgreiche landwirtschaftliche Unternehmen gründen. Ihr Erfolg scheint entscheidend von einer führenden Position während des Sozialismus abhängig gewesen zu sein. Zusätzlich konnte durch die Netzwerkerhebung gezeigt werden, dass unter den neuen ökonomischen Bedingungen die alte Klassenzugehörigkeit weniger wichtig ist als die neue soziale Stellung. Dennoch bleibt der Unterschied zu Kisiratos auffällig. Erfolgreiche Unternehmer in der postsozialistischen Landwirtschaft von Kisiratos stammen aus kleinbäuerlichen Familien, und Vertreter der vorsozialistischen Elite sind nach der Privatisierung nicht auffällig erfolgreich. Die Ursache der Reproduktion kann also nicht in einer „kulturell" determinierten Gruppenkohäsion liegen, vielmehr müssen andere Faktoren diese Entwicklung begünstigt haben.

In den folgenden Kapiteln wird den Gründen für diese unterschiedlichen Entwicklungen nachgegangen. Zunächst soll dabei „in Vorbeugung" kulturalistischer Deutungen der Unterschiede als in „jahrhundertealten Traditionen" von Eigentum, Arbeitsethik oder religiöser Normen begründet, auf die vorsozialistische Geschichte der Untersuchungsdörfer eingegangen werden. Daraufhin werden die nähere Vergangenheit, die jeweiligen „sozialistischen Pfade" und die postsozialistischen Bedingungen beschrieben. Es wird argumentiert, dass die soziale Kontinuität in Mesterszállás schon mit der Kollektivierung einsetzte und sich über verschiedene Mechanismen im Sozialismus fortsetzte, so dass sich die Söhne ehemaliger Großbauern zum Zeitpunkt des politischen Wandels in einflussreichen Genossenschafts- und Parteiposten befanden. Es waren diese Positionen, die das notwendige soziale Kapital für einen Start in das landwirtschaftliche Unternehmen lieferten und nicht ein „unternehmerischer Geist“ früherer Großbauern. Im letzten Kapitel geht es schließlich um die postsozialistischen Bedingungen, die diese Kontinuitäten weiter förderten. Die einzelnen Punkte werden im Vergleich zur Situation in Kisiratos kontrastierend dargestellt, und im letzten Teil wird darauf eingegangen, warum die bisher vorgestellten Akteure überwiegend Männer im fortgeschrittenen Alter sind.

5. Dorfentwicklung und Landwirtschaft vor der Kollektivierung

Nach dem vorangegangenen Einblick in die postsozialistische Situation werden in diesem Kapitel einige der historischen Voraussetzungen für die spätere Entwicklung geklärt. Der Beginn bei der Siedlungsgeschichte mag auf den ersten Blick etwas ausholend erscheinen, erklärt sich aber daraus, dass kulturalistischen Erklärungsversuchen der im vorangegangenen Kapitel aufgezeigten Befunde vorgebeugt werden soll. Die Besiedlungsgeschichte der Untersuchungsorte ist zudem eng mit der Entwicklung des Privateigentums an Boden verknüpft.

Der Übergang von Boden in Privatbesitz der Bauern begann in Ungarn mit der Revolution von 1848. Damals gehörten sowohl Mesterszállás wie auch Kisiratos zum Habsburger Reich. Trotzdem entwickelte sich die „Landfrage" zum größten sozialen Problem des 19. Jh. bis Mitte des 20. Jh. Die Armut der ländlichen Bevölkerung führte zu der Forderung nach einer Bodenreform, die dann sowohl in Ungarn als auch in Rumänien, wo es ähnliche Probleme gab, in den 1920er Jahren auf die politische Tagesordnung rückte. Die großen Probleme wurden allerdings in beiden Ländern nicht gelöst. Dieses Versagen der Reformen beeinflusste u. a. die spätere Intensität der Bodenreform von 1945 und die Geschwindigkeit der Industrialisierung, die seit Anfang des Jahrhunderts als Lösung für die Problematik der ländlichen Armut gesehen wurde.

Diese Entwicklung soll im Folgenden mit Blick auf die Untersuchungorte umrissen werden. Die historische Entwicklung, in der Phasen bäuerlicher Prosperität äußerst kurz waren, verdeutlicht die Brisanz der Privatisierung für den postsozialistischen Kontext. Zum Teil fließt hier Material aus den während der Feldforschung geführten biographischen Interviews ein. An diesen zeigt sich, dass die Verteilung des Bodens nie „natürlich" gegeben, sondern immer zwischen verschiedenen sozialen Gruppen umkämpft war. Im Licht dieser Vergangenheit müssen die in der Einleitung angesprochenen postsozialistischen Forderungen nach einer „Rückkehr" zu vorsozialistischen Verhältnissen idealistisch überhöht erscheinen. Bei der Suche nach einer „wahren" Vergangenheit spielten die historischen Landreformen eine nicht unwesentliche Rolle hinsichtlich des

„richtigen“ Weges in die neue postsozialistische private Landwirtschaft. In Ungarn war es, wie schon erwähnt, vornehmlich die „Unabhängige Partei der kleinen Landwirte“ (FKGP), die in den 1990er Jahren eine Rückkehr zum Zustand nach der Reform von 1945 forderte. Aber auch in den Debatten im rumänischen Parlament über die Form der Restitution wurde das Gesetz von 1945 als letzte legitime Bodenreform akzeptiert (Cartwright 2001: 45).

Die Darstellung der historischen Entwicklung der Untersuchungsorte wird im letzten Abschnitt durch eine kurze Beschreibung der Sozialbeziehungen ergänzt. Das Bodeneigentum war zentraler Aspekt der dörflichen und familiären Hierarchie. Vor diesem Hintergrund werden die Veränderungen, die mit der nachfolgenden Kollektivierung einhergingen, deutlich, und gleichzeitig lässt sich die Wirkung der nachfolgenden postsozialistischen Entwicklung interpretieren.

5.1 Besiedlung der Tiefebene und Einführung des Privateigentums an Boden

Ende des 17. Jh., nach dem Sieg über die osmanischen Truppen, war die ungarische Tiefebene in weiten Teilen entvölkert. Viele Dörfer waren verlassen, denn die Bewohner hatten sich in den Schutz größerer Siedlungen zurückgezogen (Lettrich 1969: 151). Diese Situation beeinflusste die nachfolgende Entwicklung der Landwirtschaft durch zwei neue Siedlungsformen: Im 18. Jh. entstanden zum einen Streusiedlungen, und zum anderen wurden Dörfer gezielt angelegt.

Die beiden Untersuchungsdörfer spiegeln die unterschiedliche Entwicklung dieser beiden Siedlungsformen wider. Während Mesterszállás als Einzelgehöft-Siedlung entstand, ist Kisiratos ein angelegtes Dorf. Die Siedler beider Dörfer wirtschafteten Anfang des 19 Jh. noch nicht auf „eigenem“ Boden, sondern verfügten über langfristige Nutzungsrechte. Der Übergang zum Privateigentum war mit der offiziellen Abschaffung der Leibeigenschaft (1848) verbunden und fand daher in beiden Untersuchungsdörfern im etwa gleichen Zeitraum statt. Landesweit zog sich der Prozess der Verwirklichung über Jahrzehnte dahin, und es ergaben sich viele ungelöste Fragen. Selbst bei Durchführung der Verordnungen änderte sich die Situation für weite Teile der Bevölkerung kaum, oder sie verschlechterte sich sogar. In der Folge blieb durch die Existenz von Verträgen und

Arbeitsdiensten weiterhin ein feudales System bestehen. Zudem erhielten Landlose und Knechte gar kein Land.[77]

Mit dem Übergang des Bodens in das Privateigentum der Bauern setzte ein weiteres Problem ein: die Zersplitterung des Grundbesitzes, die die Entwicklung der Landwirtschaft bis nach dem Zweiten Weltkrieg erheblich belasten sollte. Während der bäuerliche Besitz immer kleiner wurde, musste der niedere und mittlere Adel wegen hoher Schulden und ausländischer Konkurrenz seine Besitzungen häufig verkaufen. Nutznießer waren aber nicht die Bauern, sondern der Hochadel. Die Landkonzentration war erheblich: 0,2 % der Bevölkerung gehörten mehr als 32 % der Gesamtfläche, während über 50 % aller Grundbesitzer nur Flächen unter 5 kh besaßen (Janos 1982: 85).[78]

Im Zuge der Neuverteilung des Bodens wurden 1853 Grundbücher in Ungarn eingeführt. Bei erneuten Vermessungen in den Jahren 1875 und 1883 wurde dann auch der Reinertrag nach Angaben der Bauern registriert. Dieser Nettoertrag wurde in „aranykorona" (Goldkronen, im Folgenden abgekürzt mit Ak) umgerechnet und diente als Basis der Besteuerung (Schneider 2000: 39). Diese Form der Bodenbewertung spielte sowohl in der sozialistischen Kollektivierung als auch in der postsozialistischen Privatisierung eine Rolle.

5.1.1 Die Streusiedlung Mesterszállás

Mesterszállás liegt in der ungarischen Tiefebene und umfasst heute ein Areal von ca. 4000 ha mit wechselnder Bodenqualität, die im Durchschnitt bei 18,73 Goldkronen liegt.[79] Das Gebiet gehörte zu den oben erwähnten Gegenden Ungarns, die infolge der militärischen Auseinandersetzungen nicht mehr besiedelt waren. Es wurde zunächst von der entfernten Stadt Debrecen als Weide genutzt. Wie der heutige Name des Verwaltungsbezirks (Jász-Nagykun-Szolnok) andeutet, befindet sich Mesterszállás in der Nagykunság. Es handelt sich um eine der Regionen, die in früherer Zeit durch Besiedlung durch die sog. „Jázygen" und „Kumanen" bestimmte Autonomierechte erworben hatten. Obwohl die betref-

77 Einen Überblick über die Problematik und verschiedene Interessen in diesem Prozess bietet Für (1965). Gyimesi (1965) beschreibt die Situation in den geplanten Ansiedlungen.

78 Die Situation im damaligen Rumänien (noch ohne das Gebiet des Untersuchungsortes) gestaltete sich ähnlich: 0,1 % der Bevölkerung besaßen 38 % der Gesamtfläche (Berend 1985:148/149).

79 Das bedeutet eine insgesamt mittlere Qualität, wobei sich Flächen unterschiedlicher Güte über das Gelände verteilen.

fenden Gruppen längst verschwunden bzw. in der ungarischen Bevölkerung aufgegangen waren, konnten sich die Regionen Sonderregelungen erhalten. Anfang des 18. Jh. verkaufte die Nagykunság ihr *ius armorum* an das Haus Habsburg. Dadurch bekamen diese ehemals freien Gebiete zum ersten Mal einen Grundherren, in diesem Fall zunächst die militärische Vereinigung der *Német Lovagrend*. Diese trat die Rechte wiederum an das Pester Invalidenhaus ab. Seit 1719 pachtete dann Kunszentmárton das etwa 25 km entfernt liegende Gebiet als Weide. Kunszentmárton hatte sich zu einer der für Ungarn infolge der langen Kriegszeiten charakteristischen landwirtschaftlichen Städte, entwickelt, d. h., Landwirtschaft wurde von der Stadt und nicht vom Dorf aus betrieben. Ab 1745, in der Zeit der Redemption, konnten die ehemals abgetretenen Rechte von der Krone zurückerworben, „abgelöst" werden. In diesen Fällen übernahm die Kommune die Rechte von der Grundbesitzverwaltung (Lettrich 1969: 152). So verwaltete auch in Kunszentmárton der Stadtrat das Gebiet von Mesterszállás, indem er jedes Jahr Anbauzeit, Anbaufrüchte etc. bestimmte. Um eine ständige Besiedlung und damit eine individuelle Aneignung des Bodens zu verhindern, wurde das Land regelmäßig unter denen, die durch anteiliges Bezahlen der „Ablöse" Rechte über das Land erworben hatten, neu verteilt. Bedingt durch die Enge in der Stadt, den steigenden Bevölkerungsdruck und die Entfernung zu den Feldern (ca. 25 km) versuchten trotzdem immer wieder Personen in der Mesterszálláser *puszta* feste Häuser zu bauen. In älterem Archivmaterial finden sich einige solcher Fälle, aber zunächst war der Einfluss des Stadtrats noch groß genug, eine solche illegale Besiedlung längerfristig zu verhindern.[80]

Schließlich bewirkte jedoch die Revolution von 1848 auch in Mesterszállás einen Übergang zum Privateigentum an Boden. Nachdem die Situation in den so genannten freien Provinzen zunächst offen geblieben war, wurde diese nachträglich geregelt. Ab 1853 wurden die anteiligen Nutzungsrechte aus der Zeit der Redemption aus der städtischen Verwaltung in volles, erbliches Privateigentum an einem bestimmten Stück Land überführt. Nach 1853 erlaubte die Gemeinde Kunszentmárton dann auch den vorher illegalen Bau ständig bewohnter Höfe auf dem Gebiet des nun vermessenen Landes.

Bis 1870 hatten sich nur wenige Pioniere auf dem Gebiet von Mesterszállás niedergelassen. Ein großer Teil des Areals war noch Überschwemmungsgebiet und wurde nur zur extensiven Tierhaltung genutzt. In den zehn Jahren von 1880 bis 1890 stieg die Bevölkerung dann sprunghaft an. Immer mehr, vor allem junge Familien verließen Kunszentmárton und bauten ständig bewohnte Wirt-

80 Zu diesem Teil der Geschichte siehe Dósa und Szabó (1936) sowie Bellon (1995).

schaftshöfe auf ihrem Stück Land in Mesterszállás. So entstand eine typische Streusiedlung. Bis Ende des 19. Jh. wurde das gesamte Gebiet von über 300 ständig bewohnten Einzelgehöften, den so genannten *tanyas*, besiedelt.[81] Foto 5 zeigt ein Wirtschaftsgebäude einer ehemaligen *tanya*, die heute aufgrund des Zuzugs in den Dorfkern am Rande der Siedlung liegt. Der Schweinestall gehört zum Hof einer ehemaligen Großbauernfamilie, von deren Reichtum u. a. die Buchsbaumhecken und das Kunsthandwerk im Garten zeugen. Im Hintergrund hat man einen Blick auf die Ebene.

Foto 5: Wirtschaftsgebäude eines ehemaligen Einzelgehöfts

In den ersten Jahrzehnten war genug Land für die Neuansiedler vorhanden, denn durch Modernisierungsmaßnahmen wie die Flurbereinigung von 1853 und die späteren Flussregulierungen des Körös Ende des Jahrhunderts wurde mehr Land

81 Zu den bekanntesten volkskundlichen Darstellungen des ungarischen Einsiedlerhofs der Tiefebene gehört Györffy (1983: 293–328 [1937]). Als agrarsoziologischer Klassiker hat Erdei die *tanya* und auch das Leben der Streusiedlungen beschrieben (1942: 132–33). Zur Ortsgeschichte von Mesterszállás siehe Barna (1995) und Barna und Gulyás (1997).

urbar gemacht und das Gebiet immer attraktiver.[82] Während auf einer Karte von 1820 noch etwa die Hälfte des Gebiets als Weide gekennzeichnet ist, lässt sich auf einer Karte von 1881 nur noch erkennen, dass nur der südliche Teil von Mesterszállás noch nicht in Flurstreifen unterteilt war.[83] Diese Entwicklung lässt sich auch aus den Angaben zur Landnutzung ablesen. In den Jahren 1852 bis 1879 verdoppelte sich die als Feld genutzte Fläche von 1746 kh auf 4311 kh (Szabó 1995: 38).

Um die Jahrhundertwende setzten sich in der Landwirtschaft Ungarns intensivere Methoden der Viehhaltung durch, was sich u. a. im Rückgang der als Weide genutzten Fläche in Mesterszállás spiegelt. In den Jahren 1879 bis 1935 sank die als Weide genutzte Fläche von 1486 kh auf 591 kh (Szabó 1995: 38). Insgesamt wuchs die Bevölkerung aufgrund der Zuwanderung und der neuen Techniken kontinuierlich bis 1910. Wahrscheinlich infolge des Ersten Weltkrieges und verschiedener Krankheiten[84] nahm die Bevölkerung dann zum ersten Mal bis 1920 ab. In der Zwischenkriegszeit bis 1941 ergab sich dann ein mäßiger, „natürlicher" Bevölkerungszuwachs. Die Einwanderung und die Besiedlung waren abgeschlossen. Tabelle 7 fasst die Bevölkerungsentwicklung von Mesterszállás bis zum Zweiten Weltkrieg zusammen.

Tabelle 7: Bevölkerungsentwicklung in Mesterszállás bis zum Zweiten Weltkrieg (KSH 1980)

Jahr	**1870**	**1880**	**1890**	**1900**	**1910**	**1920**	**1930**	**1941**
Einwohner	183	957	1528	1660	1741	1610	1620	1719

Als Beispiele für den Beginn der Besiedlung des heutigen Mesterszállás werden nachfolgend zwei typische Familiengeschichten dargestellt. In beiden Beispielen wanderte der „Stammvater" aus einer anderen „freien Provinz" nach Kunszentmárton zu. In der Folge erwarben seine Nachkommen dann in der zweiten Hälfte des 19. Jh. Boden in Mesterszállás, wo sie jeweils einen der typischen Einzelhöfe aufbauten.[85]

---

82 Für Angaben zur Flussregulierung in dieser Gegend von 1855 an und den weiteren Arbeiten am Damm in den Jahren 1881 bis 1887 und 1891 bis 1895 siehe Dóka (1997).

83 Karten im Bezirksarchiv: Jász-Nagykun-Szolnok-Levéltár T 98, Jász-Nagykun-Szolnok Levéltár K 32.

84 Vor allem TBC war eine häufige Krankheit, die zu dieser Zeit in weiten Teilen Europas auch die „ungarische Krankheit" genannt wurde.

85 Zusammengestellt nach der jeweiligen Familienchronik, siehe Quellenverzeichnis.

Die Ansiedlung der Familie Benke in Mesterszállás

1853 erwarb Ferenc Benke (geb. 1803) ca. 60 kh (ca. 36 ha) auf dem noch als Wiede genutzten Gebiet von Mesterszállás. Ein Jahr später, im Herbst 1854, wurde der Boden das erste Mal von seinem Sohn und einem Knecht gepflügt und eingesät. Wiederum ein Jahr später, 1855, starb Ferenc und hinterließ eine Witwe mit zwei Kindern. In den folgenden drei Jahren bestellte sein Sohn, der damals 15-jährige Ferenc jun., mit Hilfe von zwei Knechten das Land in Mesterszállás. Von der Saat bis zur Ernte lebten sie dort, den Winter verbrachten sie in Kunszentmárton. Nach seinem 18. Geburtstag zog Ferenc dann 1858 ganz nach Mesterszállás. Drei Jahre später heiratete er und baute für die Familie ein neues Haus.

Die Ansiedlung der Familie Szabó in Mesterszállás

Das erste bekannte Familienmitglied János wurde 1721 in Kunhegyes geboren. Aus unbekannten Gründen zog dieser um 1770 nach Kunszentmárton, wo er 1809 im Alter von 88 Jahren starb. Bis zum Jahr 1850 ist über den Familienbesitz nichts bekannt, aber die Familie ist unter denjenigen, die zur Redemption beitrugen, aufgeführt. Sein Urenkel Mátyás (geb. 1836) zog in den 1850er/60er Jahren nach Mesterszállás. Er tauschte seine ca. 50 kh in Kunszentmárton gegen die entsprechende Menge auf Mesterszálláser Gebiet. Hier wurde auch die erste *tanya* der Familie gebaut.

Aus den verstreuten Höfen entstanden zwei Zentren, das „Oberdorf" und das „Unterdorf". In beiden gab es eine Schule und andere Institutionen, wie Kirche, bzw. Gebetsraum, Vereine und eigene Feiern. Lange Zeit blieb der „untere Teil" (alsó rész) bedeutender, aber mit der Unabhängigkeit von Kunszentmárton, die die Siedlung nach mehreren Versuchen 1897 erhielt, wurde der obere Teil zum administrativen Zentrum.[86] In den 20er Jahren des letzten Jahrhunderts begannen dann wohlhabendere Bauern dort Häuser in einem neuen „bürgerlichen" Stil zu bauen. Diese hatten nicht mehr die langen, mit Veranda versehene Form des ungarischen Bauernhauses, sondern waren Stadthäusern ähnlich. Anstelle der Lehmziegel wurde nun mit Fundament und Ziegeln gebaut. Außer diesen reichen Familien lebten noch einige arme landlose Familien direkt im Dorfkern. 90 % der Bevölkerung wohnten 1920 jedoch im sog. „Außengebiet", d. h. auf *tanyas*. Diese Situation änderte sich bis zum Ende des Zweiten Weltkrieges kaum. Für eine solche Streusiedlung entwickelte sich in Mesterszállás trotz der relative großen Entfernung zur nächstgelegenen Stadt ein, wie der Agrarsozio-

86 Zu den Bemühungen um die Unabhängigkeit von Kunszentmárton siehe Gulyás (1997) und Csetényiné (1997).

loge Erdei (1976: 236) in seinen Studien in den 1930er Jahren befand, „außergewöhnlich hohes kulturelles Niveau.“

Die Verteilung des Landbesitzes in Mesterszállás zeichnete sich in dieser Zeit durch kleinen bis mittleren Landbesitz aus. 1910 besaßen 88 Familien unter 10 kh (ca. 6 ha) und 181 Familien über 10 kh Die Statistik verzeichnet nur einen Landbesitzer über 100 kh (ca. 60 ha) (Szabó und Szabó 1980: 602). Das wirtschaftliche Leben der Bevölkerung blieb weiterhin durch die Landwirtschaft bestimmt. 1949 waren nur 38 Personen in der Industrie beschäftigt, weitere 13 in Transport und Handel (Gulyás 1995: 107). Dies änderte sich in den folgenden Jahrzehnten, wie im folgenden Kapitel dargestellt wird, nur wenig.

Politisches und soziales Leben

Das politische Geschehen war um die zehn reichsten Bauern, die als *virilista* den lokalen Rat bildeten, zentriert (Gulyás 1995: 95). Sie besetzten die wichtigsten Posten des Schultheiß und des Notars. So wurde nach der Unabhängigkeit von Kunszentmárton beispielsweise der oben erwähnte Ferenc Benke 1897 zunächst „zweiter Richter“ und kurz darauf Schultheiß. Später kam der Bauernkreis (gazdakör), in dem sich donnerstags nach dem Markt hauptsächlich die Groß- und Mittelbauern trafen, dazu. Einflussreichste Partei wurde Anfang des 20 Jh. die Unabhängige Kleinbauernpartei, die im Gegensatz zu ihrem Namen vor allem die Interessen der Mittelbauern vertrat.

Der überwiegende Teil der Siedler in Mesterszállás war römisch-katholisch, und so blieb der Katholizismus in vorsozialistischen Zeiten wichtiges Merkmal des sozialen Lebens in Mesterszállás.[87] Fast die gesamte weibliche Bevölkerung war in Rosenkranzgruppen organisiert. Diese Gruppen hatten je einen Leiter/eine Leiterin und 15 Mitglieder. Man traf sich zu regelmäßigen Gebeten, bei denen reihum Bilder vom Leidensweg Christi getauscht wurden. Die Gruppenmitglieder hatten auch eigene Bestattungsrituale.[88] Jugendliche waren in der Katholi-

87 1854 waren von den ersten 177 Einwohnern 164 römisch-katholisch (Palugyay 1854: 224). Auch in der Folgezeit blieb die Bevölkerung zum weit überwiegenden Teil katholisch. In der Volkszählung von 1941 wurden von den damals 1800 Einwohnern 1670 als römisch-katholisch geführt. Daneben waren zwei Personen griechisch-katholisch, 117 reformiert, sechs evangelisch, zwei jüdisch und zwei nicht näher spezifiziert andersgläubig (KSH 1982: 270–271).

88 1935 existierten nach Aufzeichnungen des Pastors 48 Rosenkranzgruppen mit insgesamt 720 überwiegend weiblichen Mitgliedern in Mesterszállás. Bei insgesamt ca. 1600 Einwohnern bedeutet das, dass fast die gesamte weibliche Einwohnerschaft auch in einer

schen Jugend organisiert, und Mesterszállás hatte in dieser Zeit einen engagierten jungen Kantor, der auch eine Theatergruppe organisierte. Die katholische Kirche betrieb außerdem die Schule im Ort.

5.1.2 Die geplante Siedlung Kisiratos

Ebenso wie Mesterszállás liegt auch Kisiratos geographisch gesehen in der Großen Tiefebene, die vorübergehend entvölkert war. Das Gebiet umfasst 2391 ha von wechselnder Qualität.[89] Insgesamt ist die Geschichte von Kisiratos leider nicht so gut dokumentiert wie diejenige von Mesterszállás, und auch die Gegend insgesamt stellt einen eher blinden Fleck ethnographischer Darstellungen dar: Ungarische Ethnographen interessieren sich eher für „typische" ungarische Dörfer Siebenbürgens, deutsche Wissenschaftler hingegen für „typisch" deutsche Dörfer des Banats, und für Ethnographen rumänischer Siedlungen bietet sich auch kein Feld. Auch ausländische Ethnologen während des Sozialismus wandten sich eher „typisch" rumänischen oder siebenbürgischen Siedlungen zu (z. B. Cole 1976, Kideckel 1993, Verdery 1983). Es gibt daher nur wenige Anhaltspunkte zur Situation der Region Crişana in der Literatur. Einzig eine volkskundliche Sammlung von Geschichten (Kovács 1958) stammt aus Kisiratos, aber auch diese enthält nur wenige Hinweise auf die Geschichte.[90]

Wie im Kapitel zur Methodik erwähnt, wurde für den Vergleich ein Dorf mit möglichst ähnlichen Strukturmerkmalen gesucht. In wichtigen Merkmalen, wie ethnische, religiöse Zugehörigkeit und geographische Lage, ist dies gelungen. Die Besiedlung von Kisiratos begann wie diejenige von Mesterszállás im Laufe des 19. Jahrhunderts. Damals gehörte die Gegend noch zum Habsburgerreich

---

solchen Gruppe organisiert war. Zusätzlich gab es 1936 eine „Mesterszálláser Herz-Jesu-Vereinigung" (Mesterszállási Jézus Szive Szövetség) mit 17 Gruppen und 639 Mitgliedern (nach Historia Domus).

89 Ein Vergleichswert der Bodenqualität zu Mesterszállás anhand der Goldkronen liegt leider nicht vor. Eine ältere Quelle vermerkt lediglich „Ak am Ort vorhanden" (Jeztulfalussy 1900, Übers. d. Verf.). Nach Augenschein ist die Qualität zumindest in einigen Teilen höher.

90 Diese Vermutung hinsichtlich fehlenden Materials zu der Region wurde durch den Rumänien-Historiker Hitchins bestätigt (persönliche Kommunikation Juni 2001). Ich möchte daher an dieser Stelle nochmals Dr. Kovách (Arad) für die Hinweise auf verstreute Archivmaterialien danken.

und blickt somit bis zum Ende des Ersten Weltkriegs auf denselben nationalen historischen Hintergrund zurück (siehe Karte 6).

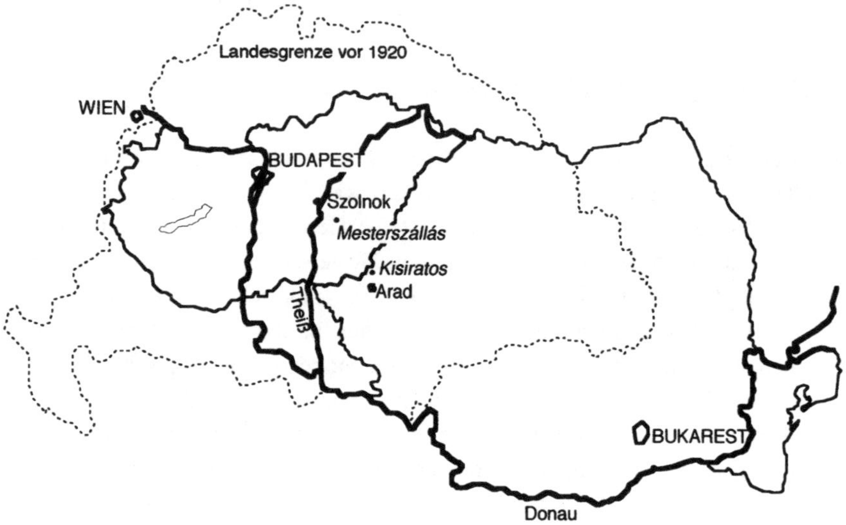

Karte 6: Ungarn und Rumänien mit Grenze von vor 1920

Kisiratos gehörte im Gegensatz zu Mesterszállás nicht zu den Autonomiegebieten, vielmehr ließ sich nach Rückzug der osmanischen Truppen kein Eigentümer des Gebiets ausmachen, so dass die Verwaltung zunächst an die Agrarkammer fiel. Diese initiierte die zweite charakteristische Form der Ansiedlung in der ungarischen Tiefebene, die geplante Ansiedlung von Bauern.

So begann die Besiedlung von Kisiratos seit 1819 mit der Ansiedlung von Tabakbauern aus der Gegend der südungarischen Stadt Szeged und nordungarischen Gebieten.[91] Als offizielles Gründungsjahr gilt 1828. Damals lebten 125 Personen in Kisiratos, das zu dieser Zeit zum ungarischen Komitat Csanád ge-

91 Zwischen 1810 und 1850 wurden in verschiedenen Komitaten solche Dörfer speziell zum Tabakanbau angelegt. Die Ansiedlung war Teil eines Modernisierungsprojekts des Staates, der auch den Tabakhandel monopolisiert hatte. Für den Anbau arbeitsintensiver Pflanzen wie Tabak war die Fronarbeit mit Leibeigenen nicht geeignet. Es war günstiger, auf Siedler zurückzugreifen, die sich ihre Arbeit selbst einteilen konnten. Die Verträge beliefen sich auf einen Zeitraum von 6 bis 32 Jahren, in denen ein Teil der Fläche zum Tabakanbau genutzt werden musste (Gyimesi 1965).

hörte.[92] Im selben Jahr verkaufte die Kammer das Land, wahrscheinlich an die bei Fényes[93] (1839 Bd. 4: 151) erwähnte Familie Szalbeck. György Szalbeck war erst Anfang des 18. Jh. geadelt worden und erbte das Salzunternehmen seines Vaters. Der Hauptsitz der Familie war in einem anderen Ort, und wahrscheinlich hat sein Sohn György den Besitz in Kisiratos geerbt. Dieser starb 1861 „nach langer geistiger Krankheit“ (Nagy 1863: 18, Übers. d. Verf.), und vermutlich hat sich seine Witwe weiter um den Besitz gekümmert, denn im Dorf erzählt man von einer „adligen Witwe“, die die Verträge geschlossen hat bzw. das Land ausmessen ließ.[94]

Ähnlich wie Mesterszállás ist Kisiratos also ein „junges“ Dorf. Die Besiedlung erfolgte nicht als Streusiedlung, vielmehr wurde das Dorf entlang einer langen Straße angelegt. Die Neuansiedler erhielten je einen „numerus“: einen Hausplatz und ca. 8 ha Boden[95]. Auch in Kisiratos ging dieser Boden ab 1853 in Privatbesitz über. Der Übergang scheint für eine Häuslersiedlung relativ zügig vorangekommen zu sein, wozu evtl. der erwähnte frühe Tod des Großgrundbesitzers beigetragen hat. 1897 werden in der „Landwirtschaftlichen Statistik“ 3467 kh der genutzten Fläche von insgesamt 3836 kh als in Eigentum befindlich

92 Angaben nach Archivmaterial: Országos Levéltár Budapest, Dep. Regnicolaris, 1828-as összeirás: und Országos Levéltár, Budapest, Archivum palatinale: Landeconskription 1828.

93 Fényes gilt als Begründer der ungarischen Statistik und hat umfangreiche Darstellungen ungarischer Siedlungen geschrieben.

94 Dieser Teil der Geschichte Kisiratos ist letztlich ungesichert, denn die Familie Szalbeck (oder je nach Quelle: Szalpek, Salbek) taucht nicht weiter auf, ebenso existiert im heutigen Kisiratos kein Herrensitz, wie ihn Fényes beschreibt. Da es sich nur um eine „kleine“ adlige Familie handelte, birgt auch das Nationalarchiv in Budapest, das viele schriftliche Nachlässe adliger Familien beherbergt, keine weiteren Quellen. Zur Konfusion bezüglich der Ortsgeschichte trägt bei, dass es verschiedene Siedlungen mit dem Namen Iratos in der Gegend gibt. In einer Monographie des Komitats Arad heißt es z. B. verwirrenderweise: „Iratos, heute Forray-Nagy-Iratos, jetzt auch in Arad, (...), Nagy-Iratos der Familie Jaksicsok im Komitat Csanád (...) 1517 trotzdem wieder Arad. Das alte Nagy-Iratos und Dombiratos im Komitat Csanád, – Belső-Iratos dagegen liegt in Arad, und das wird normalerweise Iratos genannt (heute das Csanáder Domb- und Kisiratos, das Arader aber Nagy- und Almás-Iratos)“ (Márki, 1892: 204, Übers. d. Verf.). Die Beschreibung bezieht sich noch auf die Zeit vor der Neubesiedlung, die Zuordnung bleibt trotzdem verwirrend. Almásiratos und Forray-Nagy-Iratos gibt es heute nicht mehr, allerdings noch den Nachbarort Nagyiratos/Iratosu.

95 = 21 *kishold*. Die Bodenverteilung wurde durch die Verwendung verschiedener Einheiten kompliziert. Neben dem Kastraljoch (katasztrális hold), existierten das kleine Joch (kishold), das ungarische Joch (maygar hold) sowie verschiedene kleinere Einheiten (öl).

registriert, während nur 295 kh als verpachtet vermerkt sind. Mit dem Übergang zum Privateigentum an Boden wuchs auch in Kisiratos, ähnlich wie in Mesterszállás, die Bevölkerung in den folgenden Jahrzehnten rasant an. Nach Abschluss der Besiedlung erfolgt dann bis zum Zweiten Weltkrieg nur noch ein mäßiger Zuwachs. Die unten stehende Tabelle 8 fasst die Bevölkerungsentwicklung zusammen.

Tabelle 8: Bevölkerungsentwicklung in Kisiratos bis zum Zweiten Weltkrieg (KSH 1881, 1897, 1900 und Institutul Central de Statisticâ 1938, 1944)

Jahr	**1828**	**1869**	**1881**	**1890**	**1900**	**1910**	**1930**	**1941**
Einwohner	125	1988	1870	2174	2372	2210	2452	2451

Infolge der Bodenprivatisierung entwickelte sich auch in Kisiratos eine sozial differenzierte bäuerliche Gesellschaft. 1910 stellte sich die örtliche Besitzstruktur ähnlich wie in Mesterszállás dar: Unter 10 kh (ca. 6 ha) besaßen 48 Familien, 110 Familien wirtschafteten auf 10 bis 100 kh (ca. 60 ha). Zwei Personen besaßen mehr als 100 kh Und als Pächter galten sechs Personen (Magyar Statisztikai Közlemények, 42 kötet: 340, 606, 842). Insgesamt war der nicht aufgeführte Anteil des landlosen Agrarproletariats in Kisiratos aufgrund der unterschiedlichen Siedlungsgeschichte möglicherweise höher als im Vergleichsort Mesterszállás. Die bessere Bodenqualität, die eine Spezialisierung auf intensiven Pflanzenanbau möglich machte, könnte geringeren Landbesitz z. T. ausgeglichen haben.

Am nördlichen Rand des Gebiets befanden sich etwa sieben Höfe von Bauern deutscher Abstammung aus einer Nachbargemeinde. Diese *tanyas* waren nicht wie in Mesterszállás Hauptwohnsitz der Besitzer und wurden daher auch nicht als zum Dorf gehörig gesehen. Allerdings arbeiteten einige der ärmeren Dorfbewohner als Tagelöhner dort. Einige der größeren ungarischen Bauern bauten ebenfalls *tanyas*, aber sie behielten ihren Hauptwohnsitz im Dorfkern bei. Ähnlich wie in Mesterszállás setzte sich in Kisiratos unter diesen wohlhabenden Bauern in der ersten Hälfte des 20 Jh. eine am städtischen bürgerlichen Stil orientierte Hausform durch. Diese Häuser entstanden entlang der Hauptstraße, an der die ersten Siedler Grundstücke erhalten hatten. Neue Siedler oder verarmende Familien bauten Häuser am Dorfrand oder an den parallel zur Hauptstraße entstandenen neuen Straßen, auf wesentlich kleineren Grundstücken.

Die angesiedelte Bevölkerung bezeichnete sich in ihrer ethnischen Zugehörigkeit und Sprachgebrauch zum weitaus überwiegenden Teil als Ungarn römisch-katholischer Religionszugehörigkeit. In der Volkszählung von 1881 gaben von 1870 Bewohnern 1676 als Nationalität „ungarisch" an; 23 bezeichneten sich als „deutsch", 2 als „serbisch" und 34 als Roma (oláh). Römisch-katholischer Religionszugehörigkeit waren 1746, weitere 38 griechisch-orthodox, 10 lutherisch und 35 reformiert. Diese ethnische und religiöse Zusammensetzung änderte sich im Laufe des Jahrhunderts nur wenig, so dass es auch in diesen Merkmalen eine weit gehende Übereinstimmung mit der Vergleichsgemeinde Mesterszállás gibt.[96] Die katholische Kirche bestimmte auch in Kisiratos einen großen Teil des sozialen Lebens. Ähnlich wie in Mesterszállás war ein großer Teil des Bevölkerung, vor allem der Frauen, bis zum Sozialismus in Rosenkranz-Gruppen organisiert.[97]

5.2 Landwirtschaft und Bodenreform vor dem Sozialismus

Die beschriebenen Entwicklungen in dem halben Jahrhundert vor dem Ersten Weltkrieg mit der Abschaffung der Leibeigenschaft und der Einführung neuer Pflanzen und Anbaumethoden waren Teil der Transformation der Landwirtschaft in Richtung eines modernen, osteuropäischen Kapitalismus. Die Produktivität erhöhte sich während dieser Phase um das Zwei- bis Dreifache, allerdings vorwiegend mit alter, von Hand betriebener Technologie.[98] Kunstdünger wurde in Ungarn erst kurz vor Beginn des Krieges eingeführt. Solche Modernisierungstendenzen konnten sich allerdings nur in wenigen Gegenden, so etwa um die agrarischen Marktstädte der Tiefebene, auch in bäuerlichen Wirtschaften durchsetzen. Der Pflanzenbau insgesamt wurde von Getreidemonokultur dominiert, deren Produktion ein wichtiges Exportgut darstellte.[99] Ungarn exportierte etwa

96 Die neuesten statistischen Erhebungen geben für Religion und Nationalität in Kisiratos Folgendes an: Nationalität: Ungarn: 1781, Rumänen: 58, Zigeuner: 10, Deutsch: 1. Der Anteil der Roma ist nach Augenschein deutlich höher, diese geben wahrscheinlich in der Selbstzuschreibung die sozial höher stehende Minderheit Ungarisch an. Zur Religionszugehörigkeit: Römisch-katholisch: 1774, Orthodox: 51, Reformiert: 12, Griechisch-katholisch: 1, Evangelisch: 2, Andere: 1 (CNS 1994).

97 Laut Historia Domus existierten noch 1957 35 Gruppen im Ort.

98 Am Anfang des 20. Jh. gab es in Ungarn ca. 20 000 Dampfdreschmaschinen, in Rumänien 4600 (Berend 1985: 149).

99 In Rumänien wurden 90 % der Anbaufläche für Getreideanbau genutzt. In der Zwischenkriegszeit gab es Reformversuche gegen diese Monokulturen, die u. a. für den schlechten Ernährungs- und Gesundheitszustand der ländlichen Bevölkerung verantwortlich gemacht werden (Hitchins 1994: 170).

ein Drittel der gesamten Produktion, Rumänien sogar etwa die Hälfte. Trotz dieses Umfangs des Getreideexports stellte Viehwirtschaft den wichtigsten Anteil der Exportgüter dar.[100]

Insgesamt erwies sich die Entwicklung, die mit der Einführung des privaten Bodeneigentums begonnen hatte, für die Bauern nur partiell als Befreiung. Die wachsende Bevölkerung, wie sie auch die Statistik für Mesterszállás und Kisiratos belegt, führte in Zusammenhang mit Kapitalmangel der Bauernwirtschaften zu einer steigenden ländlichen Armut. Der Erste Weltkrieg bedeutete einen großen Rückschlag für die im Vergleich zu Westeuropa immer noch rückständige Landwirtschaft der Region. So fiel beispielsweise die Getreideproduktion in Ungarn in den Jahren 1913 bis 1918 um etwa die Hälfte, während Rumänien 30 % seiner Maschinen und einen noch größeren Anteil seines Nutzviehs verlor. Dies stellte nicht nur ein landwirtschaftliches Problem dar, sondern betraf auch direkt die gesamte Ökonomie. Die Exporte sanken so rapide, dass die Einnahmen nicht reichten, um die zerstörte Landwirtschaft wiederaufzubauen (Berend 1985: 151–152). Die Situation der Landwirtschaft wurde erschwert durch die ernsten sozialen Probleme der Landlosen und Armen. Diese hatten sich während des Krieges verstärkt und z. T. auch zu einem Erstarken der Bauernparteien geführt. Gleichzeitig übte die Russische Revolution einen großen ideologischen Einfluss aus. In dieser Situation wurde die Umverteilung von Boden zum zentralen Thema der Nachkriegszeit, und die Umsetzung blieb über Jahrzehnte eine wichtige politische Frage. Es zeigte sich jedoch, dass weder ohne substantielle Reform (Ungarn) noch mit der weitest gehenden Reform dieser Zeit (Rumänien) das Problem gelöst werden konnte.

Mesterszállás

In der beschriebenen Entstehungsphase von Mesterszállás hatte es zunächst noch Land im „Überfluss" gegeben, und immer neue Landflächen waren durch die Flussregulierung und andere Maßnahmen erschlossen worden. Doch Ende des 19. Jh. war das Gebiet vollständig besiedelt, und die „Nachzügler" konnten nur noch kleinere und schlechtere Flächen im Süden erwerben. Zusätzlich machten sich die Folgen der ansteigenden Bevölkerung und Realerbteilung bemerkbar. Manche Familien verarmten aufgrund dessen innerhalb einer Generation. In der Familie Benke, deren Ansiedlungsgeschichte oben beschrieben wurde, und die

100 In Ungarn und Rumänien kamen auf 1000 Einwohner 300–400 Rinder und 100–300 Schweine (Berend 1985: 150).

„reich“ auf 60 kh (ca. 36 ha) zu wirtschaften anfing, erbten die sechs Söhne nur noch jeweils 10 kh (ca. 6 ha). Eine Fläche von 10 kh gilt als die Grenze, ab der eine Familie noch vom Hof allein leben konnte. In der Familienchronik wird berichtet, dass bereits die „Gründereltern“ darüber nachdachten, dass ihre Söhne mit jeweils 10 kh bereits auf der Schwelle zur Armut stünden (Benke 1998: 11).

Auf nationaler Ebene gewann 1920 die Kleinbauernpartei, die für eine Landreform eintrat, die ersten Nachkriegswahlen. Der Einfluss der Aristokratie und der Großgrundbesitzer war jedoch groß genug, um eine effektive Landreform zu verhindern. Mit einer angestrebten Verteilung von 6 % der landwirtschaftlich genutzten Fläche wurde in Ungarn die moderateste Bodenreform in ganz Osteuropa eingeführt.[101] Die Fläche des Großgrundbesitzes schrumpfte nur um 10 % und von dem enteigneten Land erhielten 400 000 Familien kleine Stücke (im Durchschnitt nur 1 ha). Damit verblieben die meisten der durch die Reform Begünstigten in einem halbproletarischen Zustand. Am Ende wurde die bäuerliche Ökonomie kaum gestärkt und der Großgrundbesitz kaum angetastet (Berend 1985: 160). Zusätzlich war das System der Kompensation extrem konservativ. Der Staat sprang im Unterschied zu Rumänien nicht ein, und die Bauern zahlten in der Regel 30–40 % mehr als den Marktpreis für das Land. Viele der neuen Farmen wurden daher bereits in den 1930er Jahren zwangsversteigert. Insgesamt blieben auch die neuen Bauern extrem arm und Ungarn ein Land der Großgrundbesitzes. Nach der politischen Konsolidierung des Horthy-Regimes wurde die Frage der Bodenreform fallen gelassen, und es wurden keine weiteren Schritte unternommen. Dementsprechend war die Enttäuschung der ländlichen Bevölkerung groß, und der so genannte Landhunger blieb (Berend 1985: 160).

Auch in Mesterszállás blieb der Einfluss der Landreform gering. 43 Personen erhielten insgesamt 13 kh (ca. 7,8 ha) im Dorfkern zugeteilt (Szabó und Szabó 1980: 602). Im Durchschnitt umfassten diese Grundstücke 0,3 kh zum Hausbau; damit änderte sich an der grundsätzlichen Verteilung des Grundbesitzes nichts. Mit dem Aufschwung der allgemeinen Situation Mitte der 1920er Jahre (siehe unten) schafften es einige Familien in Mesterszállás, ihre Betriebe zu modernisieren. Kredite waren damals über die halbstaatliche „Hangya-“ (Ameise-) Genossenschaft auch in Mesterszállás erhältlich. Insgesamt wurden bis 1937 zwölf Traktoren (der Marken Austin, Cormick, Fordson und Hoffherr) und fünf Mäh-

101 Einen Überblick über die Landreformen Osteuropas im Vergleich vermittelt Berend (1985).

drescher in Mesterszállás eingeführt, die bei der Ernte reihum eingesetzt wurden (Országos Mezőgazdásági Címtár 1937: 404–610, Szabó 1995: 39).[102]

Wirtschaftliche Situation Ungarns in der Zwischenkriegszeit

Ungarn hatte durch den Krieg und den nachfolgenden Vertrag von Trianon etwa ein Drittel seines Territoriums verloren. Die wirtschaftliche Situation wurde durch den Verlust der wichtigsten Vorkriegs-Industrieproduktionen und die Hälfte des Exportmarktes in Österreich und der Tschechoslowakei verschlimmert. Insgesamt ging der intraregionale Warenverkehr im gesamten Osteuropa stark zurück (Berend 1985: 163). Mitte der 1920er Jahre erholte sich die Situation etwas, und bis zum Ende des Jahrzehnts kam es zu einer kurzfristigen Blüte in der Landwirtschaft der Region.

1928 deuteten erste Zeichen auf die Krise, die sich dann ab 1929 entfalten sollte. Die wirtschaftliche Depression in den industrialisierten Ländern weitete sich auf die agrarischen Länder Osteuropas aus. Die Fleisch- und Getreidepreise gingen auf den Inlandsmärkten um ca. die Hälfte zurück und verblieben auf diesem Niveau bis zur Mitte der 1930er Jahre. Das Exportvolumen sank in Ungarn um 27 %, und bei gleichzeitig sinkenden Preisen auf dem Weltmarkt waren die Einbußen bei den Einnahmen aus den Exporten noch größer (60 %). Viele Bauern gingen bankrott, als ihre Einkommen um 35,8 % sanken. Die Lage traf die armen Bauern, die ihre Produkte nach der Ernte sofort verkaufen mussten, besonders hart. Insolvente Bauernmassen, steigende Anzahl von Zwangsversteigerungen, Hunger und eine noch nicht dagewesene Armut waren zu Lebensbedingungen weiter Teile der Bevölkerung geworden. Die Ansätze zur Modernisierung der Landwirtschaft stagnierten, und es wurden praktisch keine neuen Investitionen mehr getätigt. Die Zahl der Traktoren und Dreschmaschinen mit Verbrennungsmotor stagnierte. Ebenso fiel der Kunstdüngerverbrauch wieder unter den Durchschnitt von 1913. Nicht nur wurden keine neuen Maschinen gekauft, vielmehr wurden auch die schon vorhandenen nur zum Teil genutzt, weil menschliche Arbeitkraft billiger war (Berend 1985: 171–175). Der Zusammenbruch der Landwirtschaft barg in Ländern, in denen die Einnahmen aus den agrarischen Ex-porten von überragender Bedeutungen gewesen waren, Gefahren für die gesamte Gesellschaft:

102 Mit der Ausweitung des Bankwesens nahmen Bauern verstärkt Kredite auf, die allerdings nur z. T. Modernisierungsmaßnahmen dienten. 1929 wurden zwei Drittel aller Kredite von Bauern aufgenommen, von diesen wurde ca. der zwanzigste Teil in neue Technologien investiert (Berend 1985: 164). Das wichtigste Zeichen der Modernisierung und des Aufschwungs war das Auftauchen des Traktors in der ungarischen Landwirtschaft. In den Jahren 1925 bis 1928 stieg deren Zahl von 1189 auf 6000 (Berend 1985: 166). Teilweise wurden die alten Dampf-Dreschmaschinen durch neue Maschinen mit Verbrennungsmotor ersetzt. Auch der Verbrauch von Kunstdünger stieg verglichen mit dem Vorkriegslevel um 20 % (Berend 1985: 166).

"The instant threat of complete economic collapse and social explosion was just around the corner." (Berend 1985: 176)

Um die Situation abzumildern, griff der Staat ein. Das Ziel war in erster Linie, den Kollaps von Tausenden kleiner Höfe zu verhindern sowie den gefährlichen Rückgang der Produktion aufzuhalten. Die wichtigsten Maßnahmen waren die Schuldenübernahme durch den Staat und die Marktmonopolisierung (Berend 1985: 177). Ungarn unternahm die ersten Schritte in diese Richtung 1930 und weitete sie 1934 aus. Der Staat begann durch das Medium der halbstaatlichen Kooperativen zu monopolisieren.[103] Am Vorabend des Zweiten Weltkrieges wurden 80 bis 85 % des Außenhandels durch diese Kanäle abgewickelt.[104]

Insgesamt blieb die Situation der Landwirtschaft in der ersten Hälfte des 20. Jahrhunderts in einer latenten Depression. Durch das Steigen der Weltproduktion an Getreide und die Stagnation der Konsumption konnten die agrarischen Exportländer ihre Einnahmen nicht wesentlich steigern. Die Situation auf dem Land wurde durch eine massive ländliche Arbeitslosigkeit bestimmt, die durch die Ansätze der Industrialisierung nicht aufgefangen werden konnte. Die Lösungsansätze in dieser Situation blieben weiteres Senken des Lohnniveaus auf Seiten der Großgrundbesitzer und Selbstausbeutung auf Seiten der bäuerlichen Betriebe. Armut und Hunger waren weit verbreitet (Berend 1986: 186).

Die Krise der 1930er Jahre (siehe oben) warf in Mesterszállás besonders die „Modernisierer", diejenigen, die sich in der kurzen Blüte der 1920er Jahre Maschinen zugelegt hatten, zurück. Herr Szellelki schildert, wie sein Vater durch den Kauf eines Traktors in die finanzielle Krise kam, als der Weizenpreis fiel[105]:

> „Einen Traktor haben sie gekauft, die Partner sprangen ab, also hat er [sein Vater] übernommen. Sehr schwer war die Situation auch damals, am Ende der 20er, Anfang der 30er Jahre. 1926 kam der *Pengő* [neue Währung], bis dahin war es die Krone, es entwickelte sich die Krise, der Zentnerpreis für Weizen fiel von 30 *Pengő* auf 6 *Pengő*. Mein Vater hat den Traktor für 16 000 *Pengő* gekauft, und so haben die Händler damals das Geschäft geknüpft, immer nach dem jeweiligen Weizenpreis. Sehr hart musste man damals arbeiten, um auf den Füßen zu stehen. Die Maschinen haben damals sehr viele Menschen kaputtgemacht." (2.9.1999)

103 Die so genannte Hangya-Genossenschaft gehörte zu 70 % dem Staat, und die FuTura AG zu 100 % (Berend 1985: 179).

104 Diese Schritte waren alle eng verbunden mit dem Handelsabkommen mit Deutschland (Berend 1985: 179).

105 Tatsächlich ist sein Vater unter den zwölf Mesterszálláser Traktorenbesitzern, die die nationale Statistik 1937 mit dem Besitz eines Hoffherr-Traktors verzeichnet (Országos Mezőgazdasági Cimtár 1937: 404–610).

Ein anderer älterer Informant erinnert sich, dass sein Vater von einem derjenigen Bauern, die durch den Traktorenkauf in die finanzielle Krise geraten waren, 46 kh Land (ca. 27 ha) kaufte (I, Nr. 96, 75 Jahre). Einige dieser Betriebe kamen auch in Mesterszállás unter sog. „staatlichen Schutz". Dieser „staatliche Schutz" gehörte zu den Maßnahmen, die man in Ungarn aufgrund der Krise traf (siehe Einschub). Die Regierung erklärte bestimmte Kategorien von Gütern als „gesetzlich geschützt". Konkret bedeutete das die Einführung eines Moratoriums für die Zwangsversteigerung und eine teilweise Übernahme der Schulden durch den Staat. Einige der größten Bauernwirtschaften in Mesterszállás befanden sich unter den solcherart geschützten Betrieben, so dass einige Mitglieder ehemals ärmeren Familien bis heute sagen, dass *„denen die Kollektivierung gerade recht kam"* (TB 10. 3. 2000). Die ärmeren Bauern traf die Krise natürlich auch. Márton erinnert sich noch an die Krise. Er war ca. zehn Jahre alt, als die Bauern ihren Weizen nicht verkaufen konnten und statt Geld ein Stück Papier bekamen:

> „Ich habe lange genug im Kapitalismus gelebt, bis ich 32 war, ich kann mich noch daran erinnern." (TB 3.5.1999)

Kisiratos

Durch den Vertrag von Trianon wurde Kisiratos nach 1918 Rumänien zugeschlagen (siehe Karte 6).[106] Bis heute kursieren Erzählungen im Dorf über die „Franzosen", die dort die Grenze vermaßen. Die Staatszugehörigkeit änderte sich noch einmal kurzfristig während des Zweiten Weltkriegs. Man erinnert sich im Dorf noch, damals die ungarischen Soldaten mit Blumen empfangen zu haben. Einige Bewohner kämpften auch in der ungarischen Armee und kehrten erst nach einer Amnestie zurück in den Heimatort, der dann wieder in Rumänien lag.

In der ersten Hälfte des 20. Jh. führten auch in Kisiratos der Anstieg der Bevölkerung und die Realerbteilung zu sozialen Problemen und „Landhunger". Diese Probleme, die in ganz Rumänien ähnlich wie in Ungarn verbreitet waren, führten neben der Angst vor einer sozialen Revolution, wie sie sich in Russland, Deutschland, Bulgarien und Ungarn ereignete, zu der weit reichendsten aller Nachkriegsreformen in Osteuropa (Roberts 1969: 31).

---

106 Rumänien gewann infolge des Krieges Siebenbürgen (inklusive Crişana, wo Kisiratos liegt, Maramureş und des südlichen Banats) von Ungarn, Bessarabien von Russland, Süddobrogea von Bulgarien und Teile der Bukowina von Österreich. Die Fläche Rumäniens erhöhte sich von 137 900 km² (1915) auf 294 000 km² (1919), die Bevölkerung von 7 625 000 (1913) auf 15 500 000 (1919) (Roberts 1969:31).

Die Reform begann im Dezember 1918 und wurde im Juli 1921 ausgeweitet. Insgesamt wurden zwei Drittel der großen Ländereien enteignet, so dass der Großgrundbesitz fast verschwand. Die Bauern mussten zwar Kompensation zahlen, allerdings half dabei der Staat. 20 % des Wertes musste der Empfänger sofort zahlen, 35 % zahlte der Staat, und die übrigen 45 % sollten über einen Zeitraum von 20 Jahren gezahlt werden. Trotz dieser vergleichsweise moderaten Regelung wurden viele der neuen Eigentümer bald zu Schuldnern des Staates (Berend 1985: 156).

In der konkreten Umsetzung entwarfen die Provinzregierungen Einzelregelungen. In Siebenbürgen (hierunter fiel Kisiratos) war das Verfahren gleichzeitig komplizierter und mit mehr Ausnahmen behaftet als in den anderen Regionen. Konkret wurden enteignet: Ländereien von Ausländern, Ländereien bestimmter privater und öffentlicher Institutionen, Ländereien, die für mehr als zwölf aufeinanderfolgende Jahre verpachtet worden waren, und Ländereien über 500 kh. Dabei konnten bis zu 200 kh enteignet werden in Fällen, in denen mehr berechtigte Ansprüche bestanden; in Einzelfällen konnte die Grenze auch unter 200 kh gesetzt werden. Bauern mit einem Besitz über 5 kh sollten erst Land zugewiesen bekommen, wenn andere Ansprüche erfüllt waren. Offiziell sind durch die Reform 1 664 000 ha Land in Siebenbürgen enteignet worden (Roberts 1969: 38).[107]

Da es 1920 keinen wirklichen Großgrundbesitz in Kisiratos gab, profitierten ähnlich wie in Mesterszállás nur wenige Familien von der Reform.[108] Einige erhielten Land auf dem Territorium der Nachbargemeinde Nagyiratos. Die sozialen Probleme konnten nicht gelöst werden.

Aber auch im gesamten Staatsgebiet war der Erfolg der Reform zweifelhaft. Die Durchführung verlief schleppend; und, obwohl sie bis 1929/30 beendet sein sollte, galten 1940 immer noch 3900 Ländereien als nicht verteilt. Nur die Verteilung von Land allein konnte angesichts der Zahlenverhältnisse auch nicht

107 Diese Reform war während der gesamten Zwischenkriegszeit ein Streitpunkt zwischen den Regierungen Ungarns und Rumäniens. Ungarns Vorwurf an Rumänien lautete dabei, dass die ungarische Minderheit benachteiligt würde, während die Verteidiger der Reform meinten, der überproportionale Anteil der ungarischen Betroffenen läge an der historischen Besitzverteilung. In Siebenbürgen machte der Anteil der ungarischen Aristokratie an Besitz über 500 ha 90 % aus (Cartwright 2001: 32).

108 Im Stadtarchiv von Curtici liegt Material für Kisiratos erst ab 1926 vor, konkrete Angaben über die Landreform von 1921 fanden sich dort nicht. Der stellvertretende Bürgermeister sagte, dass bei der Eingemeindung und Überführung der Akten 1968 von Kisiratos nach Curtici Akten durch den damaligen Sekretär privat angeeignet worden seien, der diese dann bei Bedarf an einzelne Dorfbewohner z. B. für die Klärung von Rentenansprüche verkauft habe (TB 23.11.2000).

erfolgreich sein. Eine weitere Verteilung hätte, wie Roberts auf der Grundlage des Zensus von 1941 errechnete, die Situation auch bei einer Enteignung allen Grundbesitzes über 100 ha nicht entscheidend verbessert. Die durchschnittliche Größe aller Kleinstbesitzungen hätte sich um 0,7 ha, d. h. von 2,0 ha auf 2,7 ha erhöht. Bei einer Enteignung und Verteilung allen Grundbesitzes über 50 ha hätte sich eine Steigerung um weitere 0,2 ha auf insgesamt 2,9 ha ergeben (Roberts 1969: 53–54). Diese Berechnung ermöglicht einen Blick auf die Folgen der Bodenreform von 1945. Aufgrund der Zahlenverhältnisse war auch diese nicht geeignet, die Probleme der Landwirtschaft längerfristig zu lösen. Ähnlich wie in Ungarn hielt auch die Fragmentierung des Landes an: Im Durchschnitt aller Ländereien besaß ein Bauer 4,5 ha in fünf Teilen, die im Durchschnitt 4 bis 7 km entfernt voneinander lagen (Roberts 1969: 58).

Wirtschaftliche Situation Rumäniens in der Zwischenkriegszeit

---

Trotz des Zugewinns an Land und Menschen nach dem Krieg blieb auch in Rumänien die Situation der ländlichen Bevölkerung und die Modernisierung der Landwirtschaft in der Zwischenkriegszeit eine ungelöste Aufgabe. In den Jahren 1920–28 verdoppelte sich zwar die Getreideproduktion, allerdings wurde die Produktivität als solche kaum oder gar nicht gesteigert (Berend 1985: 167).

Wie schon für Ungarn geschildert, kam es auch in Rumänien Anfang der 1930er Jahre zur Agrarkrise. Das Exportvolumen sank noch dramatischer als in Ungarn um 45 %, und die Einbußen aus dem Export betrugen wegen der sinkenden Preise sogar 72 %. Die Einnahmen der Bauern sanken um 57,6 %. Infolge der Krise kam es dann auch zu ähnlichen Maßnahmen wie in Ungarn. Die Schulden der Bauern wurden teilweise erlassen (auch hier übernahm der Staat die Rückzahlung des erlassenen Teils) und der Zinssatz wurde auf 3 % festgelegt. Eine staatliche Handelsorganisation wurde in Rumänien 1930 eingeführt und ein Jahr später deren Kompetenzen erweitert. Aufkauf und Export von landwirtschaftlichen Produkten wurden zentralisiert. 1933 wurden Mindestpreise eingeführt, und ab 1935 subventionierte die Regierung Getreide, Wolle und andere Produkte. Diese Politik hatte in Verbindung mit den schlechten Ernten der Jahre 1934 und 1936 in Amerika und Australien den Erfolg, die Krise der frühen 1930er Jahre aufzufangen. Weitere Einflussfaktoren waren das deutsche Engagement in der Region („Großraumwirtschaft") und bald auch die Vorbereitung auf den Krieg (Berend 1985: 178–81).

Die Krise der Landwirtschaft (siehe oben) war in Rumänien noch deutlicher als in Ungarn, wobei der frühere ungarische Teil, zu dem Kisiratos gehört, nicht so betroffen war wie der Rest des Landes (Roberts 1969: 44). Eine Schwierigkeit in

Rumänien war beispielsweise das wenig ausgebaute Kreditwesen. Allerdings befand sich in Kisiratos, wie auch andere ehemals auf ungarischem Gebiet liegende Siedlungen, in der Position, dass es eine „Hangya“-Genossenschaft gab, die Kredite ausgab. So konnten sich in Kisiratos bestimmte Modernisierungsmaßnahmen der bäuerlichen Landwirtschaft durchsetzen. Es wurden Traktoren und Mähdrescher verschiedener Bauart von den reicheren Bauern angeschafft. Während man im Allgemeinen für Rumänien eine weniger technisch entwickelte Landwirtschaft als in Ungarn annimmt, stimmt dies eher für die Gebiete des rumänischen Kernlandes, in denen Traktoren und Stahlpflüge noch völlig fehlen.

Die Bodenreform von 1945

Da die zeitgenössischen Kommentatoren die Krise der Landwirtschaft hauptsächlich auf die Besitzstruktur zurückführten, herrschte unter den Parteien Einigkeit über die Notwendigkeit einer Bodenreform. Sowohl in Ungarn als auch in Rumänien wurden 1945 neue Landreformen beschlossen. Auch sie konnten das Problem der ländlichen Armut nicht lösen. Manche Kommentatoren gehen davon aus, dass dies von den bereits beteiligten kommunistischen Parteien so beabsichtigt war, um eine weit reichendere Änderung vorzubereiten. Tatsache bleibt jedoch, dass es auch keine wesentlich anderen Konzepte für einen Umgang mit der Problematik der Landfrage gab. In diesen radikaleren Nachkriegsreformen erhielten dann auch in den beiden Untersuchungsorten größere Teile der ärmeren Schichten Boden.

Mesterszállás

In Ungarn wurde mit der Verordnung 1945/600, die am 17. März 1945 bekannt gegeben wurde, die Obergrenze privaten Grundbesitzes auf 100 kh (ca. 45 ha) festgelegt. Bäuerlicher Besitz, sofern er vom Besitzer selbst bearbeitet wurde, durfte bis 200 kh bestehen bleiben. Weitere Ausnahmen galten für Teilnehmer am antifaschistischen Befreiungskampf. Private Güter über 1000 kh wurden entschädigungslos enteignet. Besitz unter 1000 kh und kirchliche Güter auf 100 kh reduziert (Schneider 2000: 172). Dies bedeutete die erste substantielle Reform der Besitzstruktur in Ungarn. Rund 30 % des gesamten kultivierten Boden wurden verteilt. Insgesamt 642 000 Menschen, vornehmlich aus den Schichten der landwirtschaftlichen Arbeiter, des Gesindes und der Klein- sowie Kleinstbauern erhielten im Zuge der Reformen Land. Allerdings erhielten sie oft nur Flächen unter einem halben Hektar (Laczka 1996: 118).

In Mesterszállás erhielten 101 Familien durch die Reform Land (Horváth und Csabai 1969: 15). Die unten stehende Tabelle 9 zeigt die Veränderung in der Besitzstruktur zwischen 1941 und 1949, die zum größten Teil auf die Reform zurückzuführen ist. Die Zahlen geben die Anzahl der Besitzungen in der jeweiligen Größenordnung an.

Tabelle 9: Landbesitz in Mesterszállás vor der Kollektivierung (KSH 1941, 1949)

Jahr	**0–5 kh**	**5–10 kh**	**10–20 kh**	**20–50 kh**	**50– kh**
1941	73	59	103	103	15
1949	119	100	136	106	8

Aus der Tabelle wird ersichtlich, dass 1949 noch rund ein Viertel der Bevölkerung von Mesterszállás unter 5 kh (ca. 3 ha) Land besaß. Die Anzahl dieser kleinsten Landbesitzer hat von 1941 bis 1949 deutlich zugenommen und verdeutlicht somit den verbreiteten Effekt der Bodenreform von 1945. Sie vergrößerte die Anzahl nicht lebensfähiger Betriebe. Viele derjenigen, die nun Land zwischen 1 und 3 kh bekamen, waren vor der Reform noch ärmer gewesen, oft gänzlich ohne Bodenbesitz. Trotzdem konnten sie von einer Fläche unter 5 kh (ca. 3 ha) nicht leben, d. h., dieser Teil der Bevölkerung musste den überwiegenden Teil seiner Arbeitszeit nutzen, um entweder als Tagelöhner bei reicheren Bauern zu arbeiten oder auch durch Pachten von Land dazuzuverdienen. Teile der Familie haben oft auch das ganze Jahr anderweitig gearbeitet. Von den Familien, die in Mesterszállás durch die Reform 1945 Land erhielten, waren bereits drei Jahre später elf Familien erneut als in großen Schwierigkeiten amtlich registriert (Horváth und Csabai 1969: 15).

Auch die Anzahl der Betrieb in der Größenordnung von 5 bis 10 ha Boden vergrößerte sich von 59 auf 100 Betriebe. Ein weiteres Viertel der Bevölkerung konnten ihren Lebensunterhalt also ebenfalls nur teilweise durch Landbesitz und selbständige Arbeit verdienen. Auch sie waren auf Nebenverdienste durch Tagelöhnerarbeit angewiesen. Schließlich besaßen 136 Familien die Möglichkeit, überwiegend von ihrem Landbesitz zu leben, weitere 106 Familien konnten dies gut; und acht können als Großbauern bezeichnet werden. Sie brauchten zu der Bewirtschaftung ihres Landbesitzes fremde Arbeitskraft, die sie leicht in den ärmeren Schichten der Dorfgesellschaft finden konnten.

Trotz der Reform blieben landesweit noch etwa 200 000 Anspruchsberechtigte ohne Land, d. h., auch nach der Reform gab es, wie zu erwarten war, noch einen beträchtlichen Teil an Landlosen (Schneider 2000: 173). Ohne Maschinen und ohne Aussicht auf Kredit meisterten aber auch die neuen Landeigentümer oftmals ihre Lage kaum. Zusätzlich erschwert wurde die Landwirtschaft nach dem Krieg durch das Fehlen von Zugtieren bzw. deren schlechten Zustand.[109] Frau Szabó, die aus der Familie Benke stammt, deren Ansiedlungsgeschichte oben aufgeführt wurde, erinnert sich an die Pferde, mit denen sie nach dem Krieg arbeiteten:

> „Na, wir hatten zwei Pferde und einen Wagen. Das waren schon solche russischen Pferde, die sind hiergeblieben, also solche waren das. Weil, nicht wahr, es gab welche, die machten es so, dass sie die jungen Pferde versteckten in so einem Futterspeicher; als die Eintreibung (hadjár) zu Ende war, kamen die schönen jungen Pferde hervor. Aber wo, nicht wahr, der Platz kleiner war [wie bei uns], von uns haben sie sie genommen. Drei Pferde hatten wir, und eins, das mussten wir abgeben, als noch die deutsche Herrschaft war, dann blieben zwei, die haben die Russen mitgenommen, stattdessen haben sie zwei gut verbrauchte Kriegspferde, die Armen, hier gelassen. Die hat dann der Bauer aufgepäppelt." (21.3.2000)

Kisiratos

In Rumänien setzte die Reform vom 23. März 1945 den Trend der vorherigen Reform fort. Es wurden fast 1,5 Millionen Hektar von Großgrundbesitzern und Bauern deutscher Herkunft enteignet. Nach offizieller Statistik wurden mehr als 1 Million Hektar an 918 000 Bauern verteilt. Es entstanden ca. 500 000 neue Höfe, und ca. 400 000 Kleinstbesitzungen wurden aufgestockt (Montias 1967: 89). Im Durchschnitt erhielten die Begünstigten 1,3 ha (Ionescu 1964: 111).

Für Kisiratos liegen leider keine Zahlen zur konkreten Landverteilung vor, allerdings ist sicher, dass Teile der Bevölkerung Land erhielten. Im Dorf erinnert man, dass der Besitz der Familie Schneider verteilt wurde. Während der Reform wurden auch Baugrundstücke am Dorfrand an arme Familien verteilt. Den damals neu entstandenen Dorfteil nennt man bis heute „Groza-Siedlung" (Grozatelep), benannt nach dem damaligen Ministerpräsidenten.

---

109 Ungarn hatte infolge des Krieges 65 % seines Viehbestandes und 70 bis 80 % seines Maschinenparks verloren (Schneider 2000: 174).

5.3 Vorsozialistische Sozial- und Wirtschaftsbeziehungen

Um in den späteren Kapiteln nachvollziehen zu können, wie im postsozialistischen Kontext Bodeneigentum als vorsozialistisches Element erneut zum Differenzierungskriterium wird, soll an dieser Stelle die Bedeutung des Landbesitzes für die vorsozialistische dörfliche Sozialstruktur dargestellt werden. Zentrales Element dieser Wohlstands- und Prestigekategorien war Landbesitz. Die vorsozialistische ungarische Dorfgesellschaft wird als extrem reich an Kategorien für Wohlstandsunterschiede beschrieben:

> "Pre-War rural Hungary was overloaded with, rather that deficient in, categorizations in terms of class, stratum, wealth, religion and locality of origin." (Vasary 1987: 277)

Auf dieser Grundlage wird verständlich, welche immensen Auswirkungen die Kollektivierung auf die dörfliche Gesellschaft hatte. Gleichermaßen war das Bodeneigentum auch bestimmend für die innerfamiliären Beziehungen. Daher wird, um in den folgenden Kapitel aufzeigen zu können, wie die sozialistischen und postsozialistischen Eigentumsverhältnisse auch die familiären Beziehungen verändern, hier auf Arbeitsteilung und Machtbeziehungen innerhalb der bäuerlichen Familie eingegangen.

Die Darstellung beruht in weiten Teilen auf den biographischen Interviews, die in Mesterszállás geführt wurden, und dem autobiographischen Bericht von Katalin Seres, die, 1922 geboren, in Mesterszállás aufwuchs (Seres 2000). Ergänzt werden die Angaben auf Grundlage der Gespräche in Kisiratos und der bekannten Studie von Hofer und Fél (1969 und 1972) in dem Dorf Átány sowie der Studie von Bell (1984) in Kislapos. Da diese ethnographischen Studien die Verhältnisse im vorsozialistischen Ungarn sehr gut beschreiben, wird hier keine umfassende Beschreibung angestrebt, vielmehr sollen nur Elemente rekonstruiert werden, die für das Thema der Arbeit und die folgenden Kapitel wichtig sind. In Ergänzung der oben erwähnten Fallstudien werden Besonderheiten der lokalen Entwicklung, die z. T. durch die Siedlungsform bedingt sind, angesprochen.

Es wird davon ausgegangen, dass die Verhältnisse auch für Kisiratos zutreffen, dessen Geschichte sich im selben geographischen Raum und anfänglich im selben nationalen Rahmen vollzog. Zudem werden die Ideale und Muster innerfamiliärer Sozialbeziehungen der rumänischen bäuerlichen Gesellschaft ähnlich beschrieben (Verdery 1983: 245–256, Kligman 1988: 31–61, Harsányi 1993:

39–40)[110], so dass von dieser Seite wenig neuer Einfluss kam, zumal auch keine nennenswerte rumänische Zuwanderung ins Dorf erfolgte.

5.3.1 Bodeneigentum und ländliche Sozialstruktur

Nachdem das Gebiet von Mesterszállás vollständig besiedelt war, bildete sich eine sozial differenzierte Gesellschaft heraus. Tendenziell waren die ersten Siedler, wie die oben aufgeführten Familien Szabó und Benke, unter den Wohlhabenderen, denn sie hatten gesiedelt, als noch genügend Boden vorhanden war und hatten tendenziell qualitativ bessere Flächen im Norden des Gebiets bekommen, die auch durch Überschwemmungen und Binnenwasser weniger betroffen waren als die südlicheren Gebiete.

Die Fortsetzungen der beiden Familiengeschichten Benke und Szabó verdeutlichen exemplarisch die Arbeitsteilung und Vererbungstrategien der neuen Siedler. Ferenc hatte 1861 geheiratet und gehörte mit seiner Frau zu der ersten Generation, die sich fest in Mesterszállás niederließ.

Fortsetzung: Familiengeschichte Benke

Nach der Heirat bekam das Ehepaar elf Kinder, von denen sieben bis zum Erwachsenenalter überlebten. Sie beschäftigten drei Knechte sowie einen Jungen zum Schweinehüten und ein Mädchen für die Hausarbeit. Mit zunehmendem Lebensalter der eigenen Kinder wurden die Arbeitskräfte bis auf das Hausmädchen langsam abgebaut. Die drei ältesten Brüder heirateten gemeinsam 1887. Der älteste Bruder lebte mit seiner Frau im Haupthaus, die beiden jüngeren zunächst mit ihren Frauen in den an den Stall angebauten Zimmern. Um 1900 hatte die Familie drei neu *tanyas* für die bereits verheirateten Söhne gebaut, und jeder bekam seinen Erbteil von jeweils 10 kh (ca. 6 ha).

Die Bearbeitung der 60 kh Boden konnte die Familie zunächst nur mit außerfamiliären Arbeitskräften bewältigen, später halfen die Kinder mit. Frau Szabó, Urenkelin aus der Familie Benke, beschreibt im biographischen Interview die Arbeitsorganisation in der vorsozialistischen Landwirtschaft ihrer Familie:

---

110 In manchen Teilen war die Geschlechterdifferenz in der traditionellen rumänischen Familie noch ausgeprägter als im ungarischen Dörfern. Cernea (1978) berichtet, dass Frauen hinter ihren Männern gingen und in Gesprächen auf der Straße nicht mitsprachen. Solche Praktiken wurden in Kisiratos nicht berichtet, so dass das ungarische Modell der Tiefebene als wahrscheinlich zutreffend anzunehmen ist.

„Die Familien kamen zusammen. Weil es gab welche, wo Arbeitskraft war, und welche, wo Land war. Als wir noch klein waren und Hilfe noch nötiger war, da kam oft aus Öcsöd die Hilfe, erwachsene Knechte hat man sie genannt. Die bekamen eine so hohe Bezahlung, dass sie das ganze Jahr versorgt waren; Schuhe, Kleider, wem ein Stall war, auch noch ein Ferkel. Für den Sommer kam auch ein kleiner Hirte (kispásztor), am Ende des Schuljahrs. Nur am Wochenende gingen sie nach Hause. Die Entfernung war noch keine Sorge, sie gingen zu Fuß, wenn ein Wagen kam, haben sie sie mitgenommen. Später gab es schon Fahrräder. Später konnte unsere Familie schon alle Arbeit [allein] erledigen. Mutter kochte, backte, zur Erntezeit brachten sie im Korb das Mittagessen. Bei uns gab es weder Traktor noch Mähdrescher, so sind sie der Reihe nach gegangen." (21.3.2000)

Im Zitat von Frau Szabó drücken sich verschiedene Elemente des bäuerlichen Lebens und der sozialen Hierarchie aus. Sie beschreibt aus der Sicht einer großbäuerlichen Familien die Arbeitsorganisation. Ihr Vater besaß 30 bis 40 kh (ca. 20 ha) Land und pachtete noch weitere Flächen. Sie konnten von der Produktion ihres Hofs leben, ohne dass Teile der Familie anderswo arbeiten mussten. Höfe mit mehr als 10 bis 15 ha Grundbesitz konnten die Arbeit schon nicht mehr allein bewältigen, sondern hatten ständig angestellte und saisonale Arbeitskräfte, wie sie es beschreibt. Dazu gehörten die ständig auf dem Hof lebenden Knechte und Kinder, die zum Schweinehüten angestellt wurden. Betriebe mit solchen außerfamiliären Arbeitskräften galten später nicht mehr als Bauernwirtschaften, sondern als kapitalistische Betriebe. Es ist allerdings zu vermerken, dass selbst solche Familien nicht wirklich reich waren. So lebten z. B. auch solch „großbäuerlichen" Familien, wie Frau Szabó sie beschreibt, eher beengt. Die Volkszählung von 1869 zeigt, dass meist mehrere Generationen in einem Zimmer leben mussten. Von den 101 damals gezählten Haushalten bestanden alle bis auf eine *tanya* aus einem Zimmer mit Küche und häufig einer Speisekammer (Jász-Nagykun-Szolnok Meygei Levéltár; Kunszentmárton 286: Mesterszállás 1869). Im Durchschnitt betrug die damalige Familiengröße 5,7 Personen (berechnet nach Volkszählung von 1869). Die im Haushalt lebenden fremden Arbeitskräfte mussten im Stall schlafen.

Die Anstellung eines Knechtes war, wie das Zitat zeigt, auch abhängig vom Familienzyklus. Als die Kinder noch klein waren und die Familie nicht genug Arbeitskraft zusammenbrachte, wurde ein Knecht angestellt. Später, als die Kinder größer wurden, konnte auf eine solche „Hilfe" verzichtet werden. Gleichzeitig drückt sich im Zitat auch aus, dass man aus Sicht der wohlhabenden Bauern solchen ständigen und saisonalen Arbeitskräften „mehr als genug bezahlte". Ähnlich drückt es Herr Szellelki aus, der über die vier Knechte seiner Familie, die auf der *tanya* lebten, sagt:

„Diese Leute lebten bequem, weil sie hatten fürs Feuer, fürs Brot und für die Füße genug." (2. 9. 1999)

Solche Höfe wohlhabender Bauern, die von der eigenen Produktion leben konnten, stellten nur eine Minderheit der vorsozialistischen ländlichen Gesellschaft in Ungarn. Trotzdem galten diese in der Zeit vor der Kollektivierung als das Ideal aller (Fél und Hofer 1972: 481).

Von der anderen Seite der sozialen Hierarchie stellte sich dieses Verhältnis anders dar. Die Erinnerungen derjenigen, die z. B. als Kinder auf einem fremden Hof leben und arbeiten mussten, hört man nur selten. Auf Nachfragen werden dann aber doch Erfahrungen - wie geschlagen, beschimpft oder bei der Essensvergabe benachteiligt worden zu sein - erzählt.[111] Wenige drücken ihre Erfahrungen so drastisch aus wie diese Rentnerin, die als Kind auf verschiedenen Höfen wohlhabender Bauern in Mesterszállás arbeitete: *„Früher haben wir für die stinkenden Kulaken gehackt"* (I, Nr. 105, 13. 10. 2000, 67 Jahre). Mit dem aus dem Substantiv *„kulák"* gebildeten Adjektiv *„kulákos"* bezeichnete eine andere Frau einen ehemaligen Großbauern, der *„auf die Armen herabgesehen"* habe (TB 16. 8. 2000).

Manche solcher armen Familien wurden nicht zur Mesterszálláser Bevölkerung gezählt, weil sie nur saisonal als Bedienstete auf dem Hof reicherer Bauern lebten. Einige der Knechte lebten aber auch ständig dort, während die Besitzer in einem weiteren Haus im Dorfkern lebten. Häufig gehörten die Knechte, wie im Beispiel der Familiengeschichte von András (die „erfolglos Innovativen", siehe Kapitel 4), der reformierten Kirche an, während die Bauern katholisch waren. Diese waren dann noch zusätzlich zum fehlenden Landbesitz benachteiligt, weil ihre Kinder z. B. die katholische Schule im Dorf nicht besuchen durften.

Die beiden nachfolgenden Fotos zeigen Angehörige unterschiedlicher bäuerlicher Schichten. Das ersten Foto zeigt einen Agraproletarier, der der erste Leiter der ersten LPG in Mesterszállás wurde (siehe Kapitel 6). Das zweite Foto zeigt ein großbäuerliches Ehepaar vor der Veranda ihrer *tanya*. Die Familie stand Anfang der 1950er Jahre auf der sog. Kulakenliste, und ihr Besitz wurde während der Kollektivierung enteignet (siehe Kapitel 6). Nach Kleidung und Barttracht sind beide Fotos typisch für Vertreter der jeweiligen Schicht.

---

111 Es ist in den Sozialwissenschaften eine verbreitete Erkenntnis, dass in Essensritualen Rechte aus anderen Lebenssphären symbolisiert werden. In ihnen kommen Zugehörigkeit und Hierarchie zum Ausdruck. Sie können daher als Idiome sozialer Beziehungen analysiert werden (zusammenfassend dazu siehe: Medick und Sabean 1984: 36–39).

Foto 6: Agrarproletarier aus Mesterszállás

Trotz der soziale Unterschiede und der relativ jungen Geschichte des Dorfes wird Mesterszállás von Vertretern der ehemaligen Großbauern, die heute erfolgreiche Unternehmer sind, im Rückblick als ein unverändert einheitlich wohlhabendes Bauerndorf dargestellt. Die Existenz armer und landloser Familien wird praktisch negiert.

Foto 7: Großbäuerliches Ehepaar aus Mesterszállás

„Mesterszállás war immer ein Bauerndorf, hier gab es keine Knechte (béresek), hier hatte jeder Land. Diese Form des Wirtschaftens haben sie mit der Muttermilch aufgesogen (be van ivovdva a vérükbe)." (Tamás 27.5.1999)

So und ähnlich äußerte man sich in Mesterszállás während des Feldforschungszeitraums häufig zur Vergangenheit des Dorfes.[112] Dieses Bild wird aber auch von einheimischen Wissenschaftlern konstruiert.[113] Eine Analyse vorsozialistischer Besitzverhältnisse verdeutlicht aber, dass die soziale Wirklichkeit bis zum Zweiten Weltkrieg vielschichtiger war, als es solche Äußerungen zunächst vermuten lassen. Die historischen Akten verzeichnen durchaus landlose Knechte, diese werden jedoch aus dem kollektiven Gedächtnis gestrichen und gelten nicht als Mesterszálláser. So wurden beispielsweise 1869 in einer Volks- und Haustierzählung in damals 101 Haushalten 31 Knechte (cseléd), 16 Tagelöhnerhaushalte (napszámos), drei Pächter (béres) und vier Schweinehirten (kanász, fremde, im Haushalt lebende Kinder) gezählt (Jász-Nagykun-Szolnok Meygei Levéltár; Kunszentmárton 286, Mesterszállás 1869). Die 31 Knechte werden von einheimischen Wissenschaftlern als unwesentlich betrachtet (Gulyás 1995: 91). Es ist zu vermuten, dass diese Betonung der „bäuerlichen Vergangenheit" in Zusammenhang mit dem in der Einleitung angesprochenen nationalen Diskurs um eine erwünschte Vergangenheit begründet ist.

Die sozialen Unterschiede und Spannungen sind in Kisiratos möglicherweise offener zu Tage getreten als in der Streusiedlung Mesterszállás, wo der tägliche Kontakt aufgrund der Entfernung der Höfe voneinander nicht so intensiv war. In Kisiratos erzählte der Schwiegervater von Elek, einem der neuen Großbauern (siehe Kapitel 4) von der Herablassung der Großbauern gegenüber ärmeren Schichten. In diesen Unterschieden sieht er eine Begründung für den späteren Kommunismus. Er selbst gehörte früher zu der sozialen Gruppe der Kleinbauern. Sein Vater habe, erzählt er 4,5 khBoden besessen, und er kommentiert:

> „Das ist nicht viel gewesen, aber immerhin, denn ein Drittel des Dorfes hat keine Schuhe gehabt, und die Reichen haben sie ausgelacht und auf sie herabgesehen, und deshalb hat auch der Kommunismus seine Begründung gehabt." (TB 20. 4. 2000).

---

112 Dieses Phänomen, bäuerliche Kultur als unveränderliche Tradition zu verstehen, ist nicht unbekannt. So schildert Davis (1973: 77) beispielsweise die Wahrnehmung von Zwergwirtschaften als unveränderliches Muster süditalienischer bäuerlicher Kultur in Pisticci, trotz ihrer relativ kurzen Entstehungszeit.

113 In den 1990er Jahren sind unter Beteiligung einheimischer Volkskundler (u. a. zwei Dozenten des Instituts in Szeged und einer Volkskundlerin des Museums in Szolnok) zwei kleine Bücher über Mesterszállás erschienen, deren Autoren der Autorin gegenüber ebenfalls teilweise diese Ansicht vertraten (Barna 1995, sowie Barna und Gulyás 1997).

5.3.2 Bodeneigentum und innerfamiliäre Macht

Neben der innerdörflichen Hierarchie beeinflusste das Bodeneigentum auch in entscheidendem Maße die innerfamiliären Beziehungen. Zentrale Elemente der Macht des Familienvaters oder Hausherren waren seine Stellung als Eigentümer des Familienbesitzes, ungleiche Vererbungspraxis zwischen den Geschlechtern und patrilokale Residenz, die im Folgenden kurz umrissen werden.

Heirats- und Vererbungsstrategien

Wie die oben beispielhaft ausgeführten Familiengeschichten schon zeigten, bot sich jungen Paaren in der Besiedlungszeit von Mesterszállás zunächst die Möglichkeit, einen selbständigen Hausstand zu gründen. Wie die oben vorgestellte Familie Benke zogen sie von Kunszentmárton in die Puszta Mesterszállás und bauten ein eigenes Haus. Anfänglich kehrten alt gewordene Bauern noch in das städtische Haus als Altenteil zurück. Je mehr sich jedoch der Abstand vergrößerte und Mesterszállás eigenständig wurde, desto seltener wurde dies. Die Alten blieben auf dem Hof und wurden meist von dem jüngsten Sohn und dessen Familie versorgt, die dann nach Ableben das Haus erbten. Dieser hatte nicht unbedingt einen Vorteil, blieb er doch unter der elterlichen Aufsicht und bestellte das Land, das seine Geschwister zu gleichen Teilen nach dem Tod der Eltern erben würden. Neben diesem Idealfall gab es auch viele flexiblere innerfamiliäre Erbregelungen, die in weiten Teilen von dem Willen der Eltern, ihre Macht zu behalten und der Beziehung zu ihren Kindern abhängig waren. Gaben die Eltern ihre Macht über den Boden früher ab, konnte das Verhältnis ethnographischen Berichten zufolge auch schwierig werden, denn wenn sie nicht mehr arbeiten konnten, wurden sie zu überflüssigem Ballast (Petanovics 1987: 284f.).

Im idealen Fall einer mittleren Bauernfamilie zog ein frisch verheiratetes Paar zunächst zu den Eltern des Mannes.[114] Im Laufe der nächsten Jahre begann man, wie in der Familiengeschichte Benke geschildert, mit dem Bau einer neuen *tanya*, meist in der Nähe des elterlichen Hofes. In seltenen Fällen konnte auch eine leer stehende *tanya* gemietet werden.

114 In Ausnahmefällen konnte, wenn z. B., wie für die Familie der Schwiegermutter von Zoltán geschildert, eine männliche Arbeitskraft fehlte (Kapitel 4), auch zu der Familie der Frau gezogen werden. Um die Jahrhundertwende war es noch üblich, dass zwei oder mehr verheiratete Brüder in einem Haushalt bei den Eltern lebten, aber in den 1930er Jahren war diese Sitte schon überwiegend verschwunden (Bell 1984: 57).

Heute wird in den Erzählungen von Mesterszállás diese Vergangenheit vor allem in ehemals besitzenden Familien meist romantisiert: die Weitergabe des Familienerbes vom Vaters auf den Sohn. Nur die Familie von Tibor, dem „Aufsteiger" aus kleinbäuerlichen Verhältnissen, hat eine andere Sicht der Dinge. So erzählte beispielsweise seine Frau von dem „selbstsüchtigen" Großvater, der seinen Kindern kein Land überschrieb. Da das Zusammenleben der Generationen nicht so reibungslos funktionierte, zog ihr Vater dann mit seiner Frau in eine leer stehende *tanya* (TB 31.3.2000). Solche jungen Familien, die sich ohne Landbesitz von den Eltern trennten, konnten leicht verarmen (Bell 1984: 62). Die Versorgung der Eltern durch ihre Kinder war einerseits Bestandteil der langfristigen Versorgungsrechte, die sich aus dem Eigentum ergaben. Gleichzeitig blieben die Kinder von den Eltern abhängig. Die ältere Generation spielte also durch die Kontrolle des Bodenbesitzes eine entscheidende Rolle im Leben der jungen Generation. Sie behielten auch die Kontrolle über die finanziellen Mittel. Ein junges Paar hatte keinen Einfluss auf die Verwendung der Einnahmen aus der gemeinsamen landwirtschaftlichen Produktion (Bell 1984: 63).

Grundsätzlich wurde der Boden in Mesterszállás nach Realerbteilung weitergegeben, d. h., die Felder wurden schnell immer kleiner. Im Falle der Familie Benke z. B. überlebten sechs Söhne, die vom ursprünglichen Familienbesitz von 60 kh jeweils nur noch 10 kh erbten. Ähnlich auch in der Familie Szabó, in der allerdings nur zwei Söhne erbten.

Fortsetzung der Familiengeschichte Szabó

Der Familienbesitz von 50 kh wurde nach dem Tod von Mátyás unter seinen Söhnen Pál (geb. 1859) und Elek (geb. 1863) aufgeteilt. Elek bekam 22 kh und kaufte weitere 5 kh dazu. Später kaufte er einen weiteren angrenzenden Besitz, auf dem bereits eine *tanya* stand, die sein Sohn István (geb. 1893) erbte, während sein jüngerer Sohn Mátyás (geb. 1890) die ursprünglichen 22 kh mit Hof erbte.

In wohlhabenden Familien wie der Familie Benke versuchte man die Landteilung zu vermeiden. Im biographischen Interview berichtet die Urenkelin, dass die älteren Brüder ihres Vaters andere Berufe lernten, während ihr Vater als der jüngste Bruder den Hof übernahm:

> „Es gab gepachtete Felder, mein Vater hat von seinen älteren Brüdern gepachtet. Der eine wurde Wagner (bognár) und der andere Händler (kereskedő), so wirtschaftete mein Vater." (21. 3. 2000)

Im Falle eines frühen Ablebens des Vaters konnte auch ein älterer Sohn den Hof übernehmen:

> „Ich stamme aus einer Bauernfamilie, mein Vater war ein Bauer, sein Vater starb früh, er war der älteste Sohn, er übernahm die Wirtschaft." (Herr Szellelki 2. 9. 1999)

Im Falle reicher Familien wie dieser, die in den 1920er Jahren Häuser im heutigen Dorfkern bauten, kam es vor, dass sich die Eltern aus der landwirtschaftlichen Arbeit auf der *tanya* zurückzogen und im Dorf wohnten, während die Söhne mit den Knechten „draußen" lebten:

> „Dort wirtschaftete er [der Vater], die *tanya* war auch dort, dorthin zog das Vieh und die Maschinen. Dieses Haus hier [Ziegelhaus im Dorfkern, Ort des Interviews] gab es schon, das wurde 1926 gebaut. Bis dahin hatten wir hier gewohnt, als ich größer war, war ich allein mit dem Knecht draußen auf der *tanya*." (Herr Szellelki 2. 9. 1999)

Auffällig ist an den Zitaten auch, dass Boden offensichtlich in männlicher Linie weitergegeben wurde. Zwar bestand in Ungarn eine Gesetzgebung, die weibliche Nachkommen auch in der Vererbung von Land Männlichen gleichstellen sollte, diese wurde aber weithin nicht eingehalten oder durch familieninterne Regelungen umgangen. Solche konnten etwa im Aufkauf des weiblichen Anteils durch männliche Erben oder anderweitige Abfindungen bestehen. Auf die Frage, ob die Schwester ihres Vaters, der den elterlichen Hof übernahm, auch Land geerbt habe, antwortete Frau Szarvák:

> „Ja, aber sie haben sich irgendwie untereinander geeinigt, dass, weil mein Vater seinen Vater aushielt oder sich um ihn kümmerte, deshalb wurde die *tanya* seins, und das Land kaufte er von seiner Schwester." (16. 8. 2000)

Fél und Hofer bezeichnen in ihrer Monographie den Boden als „väterliches Gut" (1972: 19) und schreiben dazu:

> „Der Boden kommt in erster Linie jenen zu, die das Familienleben fortführen, den Namen weitertragen, das heißt: den Söhnen. Obgleich seit mehr als hundert Jahren Söhne und Töchter erbrechtlich gleichgestellt sind, empfinden das heute noch viele als ungerecht und möchten die Söhne bevorzugen." (1972: 20, Anm. 2)

Wegen der Realerbteilung war ein weiterer bestimmender Faktor für die Vererbung die Anzahl der Kinder. Das Problem der Zersplitterung wurde auch in relativ wohlhabenden Siedlungen wie Mesterszállás bald deutlich. Es wurden vor allem drei Strategien entwickelt, um der Zersplitterung entgegenzuwirken: Heirat unter Verwandten, Heiratspartnertausch zwischen zwei Familien und Geburtenkontrolle. In beiden Untersuchungsdörfern weisen reiche Familien der 1920er/1930er Jahre auffallend weniger Kinder als arme Familien auf. In vielen wohlhabenderen Bauernfamilien, die später als „Kulaken" qualifiziert werden sollten, kam es zu Einzel- oder höchstens zwei Kindern. Mit gewissem Stolz erwähnte eine ältere Dorfbewohnerin, deren Haus noch Buchsbaumhecken und Kunsthandwerk ihres Vaters zieren (siehe Foto 1) im Gespräch über die Planung ihrer Heirat als Einzelkind mit einem reichen Bauern: *„Ich war ein reiches Mädchen"* (TB 5.10.1999).

Nach Aussagen älterer Informantinnen wurde die Beschränkung der Kinderzahl durch Enthaltung, Coitus interruptus sowie später auch schon Kondome erreicht (TB 10.3.2000). Eine ältere Frau kommentierte die Praxis der Verhütung mit den Worten: *„Pflügen ist erlaubt, säen nicht"* (*Szántani szabad, de vetni nem.* TB 28.4.2000). Eine weitere Methode war die Abtreibung. Eine Informantin erinnerte sich an den früher verwendeten Ausdruck *„Sie haben das Geheimnis weggebracht" (elvitték a titok)*, und sie erwähnte ebenfalls, dass die Armen nicht genug Geld dafür gehabt hätten (TB 2.5.2000).

Im Zusammenhang mit der Geburtenbeschränkung haben sich auch neue Wertvorstellungen ausgebreitet. So wurde noch für Anfang der 1970er Jahre berichtet, dass sich eine Frau ihrer vierten Schwangerschaft so sehr schämte, dass sie sie geheim hielt. Ihre Schwiegermutter, aus reicher Bauernfamilie, die ihrerseits nur einen Sohn geboren hatte, soll gesagt haben: *„Nur faule Frauen haben viele Kinder"* (TB 12.9.2000). Die beschriebenen Strategien wurden vor allem in reicheren Familien angewandt. In den ärmeren Familien, in denen es ohnehin nicht viel zu vererben gab und man seine Arbeitskraft anderswo verkaufen musste, machte Geburtenbeschränkung wenig Sinn.

Ebenfalls dem Zusammenhalten des Besitzes diente als Heiratsstrategie die Verbindung unter Gleichen nach dem Prinzip „Acker zu Acker" (föld a földhöz). Katalin Seres (2000: 39) berichtet über die Heirat einer Tante väterlicherseits:

> „Wohlhabend, stolz heiratete sie nach Rákóczifalu, einen ebenfalls wohlhabenden, aber ein bisschen verkrüppelten Mann. Das zählte nicht, nur der Besitz."

An anderer Stelle berichtet sie über die Heirat der „schönen Ilonka", einer weiteren Verwandten ihres Vaters, um die Jahrhundertwende:

> „Auf einem der Bauernbankette, wo auch mehrere [Angehörige] der städtischen Intelligenz teilnahmen, war auch ein Arzt im Praktikum (gyakornok) aus dem städtischen Krankenhaus in Mezőtúr. Dieser verliebte sich in das schöne Mädchen, und als er sie zum Tanz winkte, zeigt der stolze Vater an, dass er für seine einzige Tochter nicht auf einen Landlosen zählte. Ja, damals bedeutete der Landbesitz alles, die Menge und die Qualität. Das Diplom zählte nicht. (...) So wurde die ‚schöne Ilonka' die Frau des Großbauern Károly Papp, weil nur er der finanziell passende Schwiegersohn war." (Seres 2000: 56)

Auch in Kisiratos heirateten weiterhin wohlhabende Familien untereinander. Magdolna, geboren 1927, war eine von (nur) zwei Töchtern aus einer der reichsten Familien. Sie heiratete 1946 mit 19 Jahren in eine andere Großbauernfamilie ein, während ihre Schwester Mária mit dem Bruder von János (siehe Beispiel in Kapitel 4) ebenfalls einen Großbauernsohn heiratete (TB 19. 4. 2000). Während die Eltern Anfang des Jahrhunderts noch über die zukünftigen Ehepartner entschieden, ließ dies in den folgenden Jahrzehnten nach. In den 1930er Jahren wurde die Wahl der Ehepartner in den meisten Fällen nicht mehr direkt von den Eltern getroffen, aber sie redeten bei der letzten Entscheidung mit.

Trotz dieses größeren Mitspracherechts, wurde es für die großbäuerlichen Familien gleichzeitig wichtiger, den „richtigen" Ehepartner für ihre Kinder zu finden. Solange der weibliche Erbteil bei reichen wie armen Bauern gering gewesen war, konnte ein Sohn reicher Bauern durchaus eine Tochter aus armer Familie heiraten. Je mehr sich die Gleichheit der Erbteilung zwischen männlichen und weiblichen Nachkommen bis zu den 1930er Jahren durchsetzte, desto wichtiger wurde es, dass auch die Frau Boden mit in die Ehe brachte.

> "In the last century–in fact, until World War I–the son of a gazda couls marry a poor girl, since all daughters, even those of wealthier families, were allotted a minimum of the inheritance." (Fél und Hofer 1972: 139–140)

Die Kontrolle über den Boden blieb daher das Kriterium für eine Heirat:

> "(...) they [their parents] still exerted considerable impact on the final choice, frequently maintaining a veto via control of the land that would later be the young couples livelihood." (Bell 1984: 62)

Auch die Ehe unter Verwandten war bis Mitte des letzten Jahrhunderts weit verbreitet. In Mesterszállás kam es nach Aussagen von Informanten häufig zu Ehen unter Cousins ersten Grades.[115] So waren beispielsweise die Eltern der 1926 geborenen Frau Tigyi Cousins und mit diesem nahen Verwandtschaftsverhältnis begründete sie auch das Sterben im Kindheitsalter von vier ihrer Geschwister (I, Nr. 7, 1. 7. 1999 und biographisches Interview am 6. 7. 1999). Eine weitere Strategie war, dass quasi im Austausch zwei Geschwister mit Geschwistern einer anderen Familie verheiratet wurden oder ein Witwer die Schwester seiner verstorbenen Frau heiratete:

115 In der Verwandtschaftsethnologie wurde eine genaue Terminologie der verschiedenen Formen solcher Verbindungen entwickelt. Im vorliegenden Fall konnte jedoch anhand der Aussagen von den Informanten kein eindeutiges Muster herausgearbeitet werden.

„Da ist noch die Familie von András Gácsi. Weil, nicht wahr, seine erste Frau starb, nicht wahr, und danach [war] die kleine Schwester die zweite“ (Frau Szabó, 21.3.2000)

Geschlechtliche und generationelle Arbeits- und Machtverteilung

Frau Szabó beschreibt die Arbeitsteilung zwischen Männern und Frauen und die Einführung der Kinder in die landwirtschaftlichen Aufgaben:

> „Als wir klein waren, gingen wir nicht in den Kindergarten. Die Frauen arbeiteten nur im Haushalt als Hausfrauen und Mütter. Das Brotbacken, das Einkochen, das Vieh war alles ihre Aufgabe. Die Kleinen waren auch eingeteilt, die Kleinsten passten auf die Gänse auf, mit einem kleinen Gänseband (szalagokkal). Die stärkeren Kinder passten auf die Schweine auf, und Kühe gab es ein bis zwei auf der jeder *tanya*.“ (21.3.2000)

Das Zitat beschreibt die Zuständigkeit der Männer für die Feldarbeit und die größeren Tiere, während die Frauen den Haushalt und das Vieh versorgten.[116] Die Geburt von Kindern des jüngeren Paares änderte die Arbeitseinteilung nur kurzfristig. Danach übernahm die junge Frau wieder ihre Arbeit, während sich die ältere um die Kinder kümmerte. Katalin Seres (2000: 99) berichtet:

> „Kati war schon wieder mehr auf dem Feld als mit ihrer kleinen Tochter. Nur zum Füttern [Stillen] ging sie herein, später fütterte die Großmutter mit einem kleinen Löffel.“

Den Kindern wurden dem Alter entsprechend Aufgaben übergeben. Im Alter von elf bis zwölf Jahren zogen die Jungen, zumindest bei wohlhabenderen Bauern, vom Haupthaus in das „Unterhaus“, meist ein Zimmer im Stallgebäude.

Die landwirtschaftlichen Aufgaben wurden durch den „Hausherrn“, den *gazda,* dirigiert. Der *gazda* traf die Entscheidungen für die gesamte Familie. Auch wenn er diese vielleicht mit seiner Frau oder seinem Sohn besprach, war sein Wort letztendlich gültig. Er behielt seine Stellung bis zu seinem Tod oder,

---

116 Wie im letzten Kapitel gesehen, wichen viele der ländlichen Familien von dieser idealen Arbeitsteilung ab, da sie nicht genug Land hatten, um sich davon ernähren zu können. Ihre Situation war daher ähnlich, aber extremer. Kinder aus ärmeren Familien mussten mehr als in reicheren Familien helfen. Im Falle der Wanderarbeiter (summás) mussten Kinder auch schon Aufgaben übernehmen, und Frauen arbeiteten in Landwirtschaft und Haushalt. Im Falle der Knechte (cseléd) war die geschlechtliche Arbeitsteilung dieselbe: Männer schlossen Verträge über Feldarbeit, Frauen kümmerten sich um das Kleinvieh und den Haushalt zu Hause und verrichteten oft die gleichen Tätigkeiten für die Frau des Arbeitgebers (Bell 1984: 57–60, Sárkány 1978: 75, Fél und Hofer 1969).

was seltener vorkam, bis zu dem Moment, in dem er seine Position an seinen Sohn weitergab. Sollten genug junge Arbeitskräfte in der Familie vorhanden sein, würde sich der *gazda* von der aktiven Arbeit mehr und mehr zurückziehen und sich vorwiegend um die „Geschäfte" kümmern. Dabei würde er seine direktive Rolle und Entscheidungskompetenz über den Rest der Familie beibehalten. Fél und Hofer (1972: 113) schildern, dass mit seiner Position die Überzeugung verbunden war, dass Männer höherwertig gegenüber den Frauen seien. Bei größerem Arbeitsaufwand wie der Ernte halfen die Frauen bei der Feldarbeit mit, und zwar zuerst die Schwiegertochter und dann die „Hausherrin", die *gazdaasszony.* Sie führte den Haushalt, d. h. kochte für die Familie und versorgte das Kleinvieh. Die Schwiegertochter (meny) stand unter ihrer Kontrolle, daher war diese Beziehung häufig gespannt. Die *meny* hatte bei Entscheidungen nicht mitzureden, selbst wenn es ihre eigene Ehe betraf. Das Stigma der Außenseiterin konnte ihr über Jahre anhaften. Obwohl die *gazdaasszony* nach und nach Verantwortung über die häuslichen Aufgaben an ihre Schwiegertochter übertrug, behielt auch sie ihre Position bis zu ihrem Tod. In weniger arbeitsintensiven Zeiten übernahmen die Frauen des Haushalts unter ihrer Direktive andere Aufgaben wie nähen, stricken und waschen (Fél und Hofer 1969: 113–137).

Das Ideal der männlichen Dominanz wurde durch zwei Faktoren verstärkt. Zum einen hatte die Patrilokalität einen Einfluss auf die geringere Macht der Frauen. Ein junges Paar lebte, wie schon geschildert, normalerweise im Haushalt der Eltern des Mannes. Selbst ihre Aussteuer kam häufig erst nach dem Tod der Schwiegermutter in Gebrauch. Zum anderen verstärkte die Vererbungspraxis die männliche Dominanz im Haushalt. Zunächst wurde der Wert der Aussteuer von dem Erbteil an Boden abgezogen. Außerdem erhielten sie ihren Erbteil an Boden erst im Falle des Ablebens eines oder beider Elternteile, so dass die ökonomische Rolle ihres Erbes über lange Zeit ohne Einfluss auf das Auskommen ihrer neuen Familie blieb (Bell 1984: 72). In Ethnographien nicht erwähnt werden Fälle, in denen die innerfamiliären Spannungen so groß wurden, dass die Schwiegertochter versuchte, die neue Familie zu verlassen. In Mesterszállás berichtete eine ältere Frau, dass sie von ihren Eltern wieder zu ihrem Ehemann zurückgeschickt wurde (TB 10.3.2000).

Die biographischen Interviews deuten darauf hin, dass die Situation der Schwiegertochter wegen der isolierten Einzelhöfe von Mesterszállás schwieriger gewesen zu sein scheint als in einem Dorfkern. Als Mädchen und junge Frauen lernten sie nur die unmittelbare Umgebung und die Nachbarn auf demselben und den angrenzenden Flurstreifen kennen. Selbst wenn sie in Familien einheirateten, die nur wenige Kilometer entfernt wohnten, waren sie nach der Heirat weit entfernt von ihren Familien und von Nachbarn umgeben, die sie nicht kannten. Ihre Familie konnten sie dann nur beim sonntäglichen Kirchgang sehen.

Insgesamt wird von Frauen das Leben auf dem Einzelgehöft als einsam und von schwerer Arbeit geprägt erinnert. Romantische Verklärungen, wie sie bei der Weitergabe des Bodens und landwirtschaftlichen Wissens vom Vater auf den Sohn in Erzählungen auftauchen, gibt es in den weiblichen Erinnerungen nicht. Frau Szaszkó, 1931 geboren, berichtet von ihrem Umzug als junge Ehefrau und Mutter mit drei Kindern von einer *tanya* auf eine andere:

> „Da wohnten wir noch auf der *tanya*. Dann auch noch auf der *tanya*, das war nicht leicht [sie weint]. Die andere *[tanya]* von der Familie meines Vaters war im zweiten Fuchs-Flurstück, diese aber im siebten, ebenfalls Fuchs-Flurstück. Soviel Flurstücke nach da war die Szaskó-*tanya*, wohin ich schließlich auch kam. Weiter war das, weil das war 2 km von meiner Mädchenzeit-*tanya*, die andere 3 km."

Auch nach dem Umzug blieb das Leben auf dem Einzelgehöft schwierig für sie, denn sie war den ganzen Tag allein und musste Kinder und Tiere verorgen:

> „Die habe ich auch aufgezogen und das Vieh auch, alles. Zum Mittagessen kam mein Mann nach Hause. Dann kam das eine Kind um eins aus der Schule, das nächste um zwei und das dritte um vier, so dass immer Kochen und Essenwarmmachen war. Na, egal, es ist vergangen, nur war es schön, war es gut." [sie weint wieder] (3.7.1999)

Auch Katalin Seres (2000: 196) beschreibt das Leben ihrer Mutter durch harte Arbeit geprägt:

> „Kein Vergnügen, nur Pflichterfüllung, kein Abschalten. Arbeit, schwere Arbeit, das weibliche Schicksal mit bitterer Anstrengung."

Neben der harten Arbeit steht im Lebensbericht von Seres (2000) die untergeordnete Stellung der Frauen (die „Bedienung des Mannes" als Aufgabe einer Ehefrau, 2000: 58) und damit zusammenhängend die häusliche Gewalt ein weiteres Thema, das in den ethnographischen Berichten nicht geschildert ist. Nach ihrer Schilderung waren die Frauen ihrer Familie in Mesterszállás häufig der Gewalt durch ihre Ehemänner ausgesetzt. Auch der Zwang zur Reproduktion geht in ihren Schilderungen von den Männern aus. Diese Schilderungen sind natürlich subjektiv, aber insgesamt kommentierten viele ältere Frauen aus Mesterszállás das Buch nach seinem Erscheinen mit den Worten: *„Ja, so war das früher.*" Die isolierte Situation der Einzelgehöfte mag auch diese Situation unterstützt haben.

5.4 Zusammenfassung: Ähnlichkeiten und Unterschiede in der Entwicklung

Die für den Vergleich gewählten Untersuchungsorte gehören, geographisch gesehen, beide zur ungarischen Tiefebene und damit zu dem Gebiet, das durch die Kriege mit dem Osmanischen Reich weithin entvölkert war. Beide Siedlungen entstanden erst nach Beendigung der kriegerischen Auseinandersetzungen, im Laufe des 19 Jh. Die Bevölkerung der beiden neu entstandenen Siedlungen ist überwiegend ungarisch und von der Religionszugehörigkeit her römisch-katholisch. Die postsozialistischen Unterschiede in der Kontinuität sozialer Gruppen lassen sich also nicht auf unterschiedliche Anbauvoraussetzungen, ethnische Zugehörigkeit oder verschiedene religiöse Überzeugungen zurückführen.

Ein Unterschied besteht in der Art der Besiedlung. Mesterszállás entstand als Streusiedlung von Kunszentmárton aus, während die Bevölkerung von Kisiratos zum Tabakanbau angesiedelt wurde. Beginnend mit der Emanzipation der Leibeigenen ging der Boden in Mesterszállás und Kisiratos in erbliches Privateigentum der Bauern über. In der Folge erlebten beide Siedlungen bis zum ersten Weltkrieg einen raschen Bevölkerungsanstieg. Mit dem Ende des Ersten Weltkriegs und der Niederlage Österreich-Ungarns musste Ungarn durch den Vertrag von Trianon Transsylvanien an Rumänien abtreten. Hier trennte sich der nationale Kontext für die Lokalgeschichte von Mesterszállás und Kisiratos. Die folgende Dorf- und Landwirtschaftsentwicklung verlief aber noch ähnlich. In beiden Dörfern machten sich die Landknappheit und die verschiedenen Konjunkturbewegungen bemerkbar. Von der Landreform der 1920er Jahren waren beide Siedlungen nur marginal betroffen, während 1945 größere Kreise der Bevölkerung durch die Reform Boden erhielten. In den 1920er Jahre gab es Anfänge einer Modernisierung, die jedoch auch zu finanziellen Krisen einiger Familien führten. Tabelle 10 fasst die wichtigsten Ähnlichkeiten und Unterschiede der beiden Dörfer noch einmal zusammen.

Tabelle 10: Vergleich wichtiger Strukturelemente von Mesterszállás und Kisiratos

Ort	**Lage**	**Besiedlung**	**Ethn.**	**Relig.**	**Kollektivierung**	**Sozialismus**
Mesterszáll. (Ungarn)	Ebene	19. Jh.	Ungarisch	Röm-kath.	Früh, vollständig	Markt-sozialismus
Kisiratos (Rumänien)	Ebene	19. Jh.	Ungarisch	Röm-kath.	Früh, vollständig	Stalinismus

Neben einer Beschreibung des historischen Hintergrundes diente das vorliegende Kapitel auch der „Ursachenforschung“ für die in Kapitel 4 geschilderten Befunde der postsozialistischen Forschung. So könnte die Siedlungsstruktur eine begrenzte Wirkung auf die unterschiedliche Entwicklung des Sozialgefüges gehabt haben. Insbesondere ist es möglich, dass die sozialen Unterschiede im festen Siedlungsgefüge Kisiratos' zu größeren sozialen Spannungen als in der Streusiedlung Mesterszállás führten. Allerdings erklären die sozialen Spannungen noch nicht das Fehlen der vorsozialistischen Elite von Kisiratos im postsozialistischen Transformationsprozess. Ein möglicher Unterschied ergibt sich auch aus der unterschiedlichen Herkunft der Siedler, dies erscheint jedoch angesichts gleicher kultureller Traditionen eher marginal. Insgesamt überwiegen die Übereinstimmungen in wichtigen Elementen, so dass davon ausgegangen werden kann, dass die Unterschiede im Postsozialismus im Wesentlichen auf Entwicklungen neueren Datums zurückzuführen sind. Eine ausreichende kulturalistische oder „traditionalistische“ Erklärung der in Kapitel 4 geschilderten unterschiedlichen sozialen Kontinuität in Bezug auf wirtschaftlichen Erfolg bestimmter Familien kann also ausgeschlossen werden. Das nächste Kapitel verfolgt daher die jüngere Geschichte der sozialistischen Umgestaltung von Mesterszállás und Kisiratos.

6. Der „sozialistische Pfad“

Nach der Bodenreform 1945 begannen die neuen sozialistischen Regierungen Ende der 1940er Jahre mit der Kollektivierung der Landwirtschaft. Die Abschaffung des Privateigentums an Boden, die damit einherging, bedrohte, wie aus den Beschreibungen des vorherigen Kapitels ersichtlich, die zentralen Aspekte der bäuerlichen Gesellschaft und Reproduktion. Sie musste daher zwangsläufig auf Widerstand treffen (siehe Kapitel 2). Aufgrund dieses Widerstands vollzog sich die Transformation der Landwirtschaft in mehreren Phasen, in denen jeweils die Anstrengungen zur Kollektivierung intensiviert bzw. lockerer gehandhabt wurden. Schließlich gelang es durch Druck, kombiniert mit Substitution langfristiger Rechte, die Kollektivierung durchzusetzen.

In der Zeit des konsolidierten Sozialismus traten nach und nach die Unterschiede zwischen den beiden Ländern immer deutlicher hervor. Während Ungarns Wirtschaft unter Kádár von Reformen geprägt war und eine Form des Marktsozialismus entwickelte, kam es in Rumänien nach anfänglichen Lockerungen in den 1960er Jahren, bedingt durch den Konflikt mit der Sowjetunion und die zeitweilige Annäherung an den Westen, in den 1970er und 1980er Jahren zu einer verstärkten Zentralisierung der Wirtschaft und des Staates insgesamt. Während in Ungarn die Stärkung der privaten Wirtschaft und der Flexibilität der Genossenschaften ein hohes Maß der Konsumbefriedigung erreichten, wurde in Rumänien der Abbau der ausländischen Schulden auf Kosten der heimischen Bevölkerung betrieben.

6.1 Die Kollektivierung der Landwirtschaft 1948–1962

Grob können für Ungarn wie für Rumänien drei Phasen der Kollektivierung unterschieden werden: die anfängliche Phase der forcierten Kollektivierung von ca. 1948–1953, dann eine Zeit der Lockerungen und schließlich die Phase der endgültigen Kollektivierung von 1958–1962. In der ersten Phase wurden in Ungarn Bauern mit einem Landbesitz ab ca. 15 ha (25 kh) und in Rumänien ab 50 ha enteignet. Diese wurden z. T. zeitweise interniert und unterlagen progressiven Zwangsabgaben an den Staat. Es war die Phase der Kulakenverfolgung. Gleichzeitig waren aber auch alle anderen landwirtschaftlichen Produzenten, d. h. auch die ersten Kollektive zu immensen Zwangsabgaben an den Staat verpflichtet. Die Produktion sank, und es herrschte steigende Nahrungsmittelknappheit. Schließlich kam es nach dem Tod Stalins 1953 zu einer Lockerung der Maßnahmen. Ende der 1950er Jahre wurde der Druck zur vollständigen Kollektivierung erneut erhöht, die 1960/62 als beendet galt. Trotz dieser Übereinstimmung in der groben Phaseneinteilung gibt es auch Unterschiede in der Entwicklung, die nachfolgend anhand der Untersuchungsorte dargestellt werden.

In beiden Dörfern nahm die Kollektivierung eine typische, den genannten Phasen entsprechende Entwicklung. 1949 bzw. 1950 wurden die ersten Genossenschaften durch Teile der agrarproletarischen Bevölkerung gegründet. Insgesamt aber verlief die Kollektivierung schleppend und traf auf den Widerstand eines großen Teils der Bevölkerung. In den verschiedenen, oben genannten Phasen kam es immer wieder zu Austritten und erneuten Eintritten in die Genossenschaften. Schließlich wurden jedoch beide Dörfer früh kollektiviert, und eine für die jeweiligen nationalen Verhältnisse erfolgreiche LPG entwickelte sich. Im Folgenden wird zunächst die Entwicklung für Mesterszállás beschrieben. Neben dem historischen Überblick geht es konkret um die Heraushebung der Bedingungen für soziale Kontinuität, die besonders deutlich in der darauf folgenden Gegenüberstellung mit Kisiratos werden.

6.1.1 Mesterszállás: Kollektivierung und soziale Kontinuität

Die drei genannten Phasen der Kollektivierung lassen sich in Mesterszállás deutlich unterscheiden. Vor allem in der dritten Phase zeigen sich die Möglichkeiten der sozialen Kontinuität für die lokale Ebene.

Die erste Phase 1948–1953

Die Besitzstruktur in Mesterszállás vor der Zeit der Kollektivierung zeichnete sich durch kleinen bis mittleren Landbesitz aus (siehe Kapitel 5, Tabelle 10). Ab 1949 wurden Bauern mit mehr als 25 kh Bodenbesitz (oder Boden im Wert von mehr als 300 Goldkronen) auf der sog. „Kulakenliste" (kulák lista) erfasst. Auf dieser Liste standen in Mesterszállás 99 Personen.[117] Das ist verhältnismäßig viel, denn bei insgesamt ca. 350 Einzelhäusern, die teilweise eng verwandtschaftlich verbunden waren, bedeutet dies, dass ca. ein Drittel aller Haushalte in Mesterszállás betroffen waren. Schikanierung und der Verlust des eigenen Bodens wurde damit für viele Menschen der heute älteren Generation zu einer prägenden Erfahrung in ihrem Leben. Frau Szabó, aus der Familie Benke, die in die ebenfalls wohlhabende Familie Szabó eingeheiratet hatte (siehe Kapitel 5), musste als junge Frau mit ihrem Mann den Hof der Schwiegereltern verlassen. Sie erzählt:

> „Wie schrecklich waren diese 50er Jahre. Sie haben diejenigen, die sie kommen ließen [aufs Amt bestellten], beschämt. Im Amt haben Frauen sie mit spitzen Absätzen zusammengeschlagen." (21.3.2000)

Die auf der Liste erfassten Bauern mussten höhere Abgaben leisten, hatten jederzeit mit Durchsuchungen, willkürlichen Pflanzanweisungen und bei Nicht-Erfüllung mit hohen Strafen bis hin zur Internierung zu rechnen. So wurde z. B. laut Protokoll der Sitzung des „Ausführenden Ausschusses" (végrehajtó bizóttság: damals wichtigstes Organ der lokalen Ebene):

> „(...) Kulake Imre Hürkecz, der seiner durch den Ministerrat beschlossenen Saat-Verpflichtung nicht nachgekommen ist, mit 1,5 Jahren Gefängnis bestraft." (24.2.1956)

Ebenso musste der Großvater mütterlicherseits des in Kapitel 4 erwähnten jüngsten postsozialistischen Großbauern (Neffe von Tamás) von 1949 bis 1952 an verschiedenen Orten Arbeitsdienste verrichten, weil er es nicht geschafft hatte den Weizen über Nacht zu säen (TB 2. 5. 1999). Herr Szellelki, Sohn eines der damals größten Landbesitzer und heute einer der beiden erwähnten älteren landwirtschaftlichen Produzenten, die in Kooperation mit der Genossenschaft über 100 ha bewirtschaften (Kapitel 4), schildert die Situation so, wie er sie damals erlebte:

117 Die „Kulakenliste" kann im Archiv in Szolnok (Jász-Nagykun-Szolnok Megyei Levéltár: Megyei Tanács VB. Pénzügyi Osztaly. Szám nélküli iratai 1950–53) eingesehen werden. Es hat möglicherweise zwei Listen gegeben, aufgrund der alten Kreiszuteilung (Tisza alsó járás) und einer ebenfalls vorhandenen handschriftlichen Liste kann man davon ausgehen, dass es sich bei der hier angeführten Liste um diejenige von 1949 handelt. In den Unterlagen von 1953 findet sich eine genaue Kopie davon. Eine weitere Auflistung des Kunszentmártoner Bezirks (auf Grundlage der damals als streng geheim eingestuften Anweisung 0046/296/1952) aus dem Jahr 1953 gibt für Mesterszállás 117 Kulaken an. Eine namentliche Liste findet sich aber nicht.

„Wenn jemand die Steuer bezahlt hatte, dann haben sie ihn immer noch nicht in Frieden gelassen, wieder und wieder kamen sie mit Steuerrückständen. Wir [die *tanya*] lagen 14 km von der Stadt weg, so haben sie uns nie gequält, nicht wie hier [im Dorf]. Weil hier war es, dass sie bei Sonnenuntergang kamen, [und sagten]: ‚wenn Du Gott kennst, dann komm säen helfen, weil in der Nacht um elf Uhr muss ich anzeigen, dass gesät ist.‘ Wer nicht gesät hatte, den quälten sie, den schlugen sie. 70- bis 80-jährige Männer ließen sie kommen [ins Amt] und beschämten sie, ließen sie auf allen Vieren gehen und traten sie in den Hintern.“ (2.9.1999)

Es muss hier angefügt werden, dass den solcherart erfassten Bauern oft gar nicht die Mittel zum Säen zur Verfügung standen, da diese schon vorher konfisziert wurden.

Parallel zum Kampf gegen die so genannten Kulaken begann man auf nationaler Ebene mit dem Aufbau des „sozialistischen Sektors“. Das Gebiet der ersten Welle der Enteignungen am nördlichen Rand von Mesterszállás diente zusammen mit dem benachbarten ehemaligen Großgrundbesitz dem Aufbau eines Staatsgutes. Da dieser Teil von Mesterszállás am weitesten von den Überschwemmungsgebieten entfernt lag, war er unter den ersten gewesen, die besiedelt worden waren (Kapitel 5). Hier existierten viele größere Bauernwirtschaften, die nun von den Familien verlassen werden mussten. Oft wurden ihre Höfe ärmeren Familien zur Nutzung überlassen und sie wurden ihrerseits bei anderen Familien, vor allem im Süden des Territoriums von Mesterszállás, einquartiert. In den 1950er Jahren tauschte das Staatsgut diesen nördlichen Zipfel mit einem anderen, zum benachbarten Mezőtúr gehörenden Staatsgut (siehe Karte 7). Dieser Teil wird erst seit der Privatisierung von der Genossenschaft bewirtschaftet (siehe Kapitel 4 und 7).

Gleichzeitig begann man auch mit dem Aufbau von Genossenschaften. Im August 1948 war mit der Verordnung Nr. 8000/1948 der rechtliche Rahmen zur Gründung landwirtschaftlicher Produktionsgenossenschaften (im weiteren: LPG) geschaffen worden.[118] Die Verordnung sah die Genossenschafts-Typen I bis III vor. Die ersten Genossenschaftsmitglieder aus Mesterszállás waren 1949 an der Gründung einer so genannte Produktionsgruppe (termelőcsoport) beteiligt. Diese entwickelte sich noch auf Flächen in Mezőhék, die die Familien durch die Landreform von 1945 erhalten hatten. Es war eine Genossenschaft von Typ I, ein loser Zusammenschluss von Bauern, deren individuelle Anbaupläne in einem gemeinsamen Plan koordiniert wurden. Der Boden war Gemeingut, aber der Viehbestand, die Maschinen und Fahrzeuge blieben im Privatbesitz der Mitglieder. Die Bezahlung erfolgte proportional zum eingebrachten Besitz.

118 Der ungarische Terminus lautet „termelőszövetkezet“, abgekürzt TSZ.

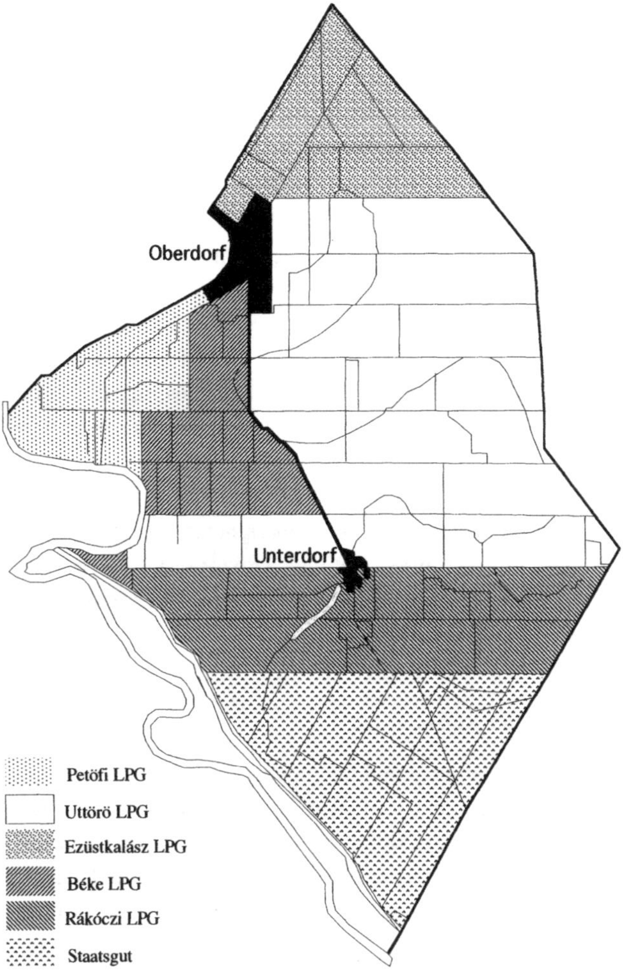

Karte 7: Verteilung der Flächen der verschiedenen LPGs Ende der 1950er Jahre[119]

Die Mesterszálláser Mitglieder in dieser „Produktionsgruppe" gründeten dann am 12. März 1950 in Mesterszállás eine Produktionsgenossenschaft von Typ III unter dem Namen „Uttörő"[120]. Die 14 männlichen Gründungsmitglieder brachten 97 kh (ca. 58,2 ha), also im Durchschnitt weniger als 5 ha ein. Zwei Jahre später

119 Erstellt nach Katasterkarte von 1992 und Aussagen verschiedener Informanten.

120 Dt.: Pionier.

hatte sich die Fläche bereits mehr als verzehnfacht, die LPG wirtschaftete nun auf 2310 kh (1386 ha).[121] In den folgenden Jahren kam es zur Gründung von zwei weiteren Genossenschaften. 1952 wurde die LPG „Béke“[122] (siehe Familiengeschichte Tamás und Zoltán in Kapitel 4) und 1955 die LPG „Rákóczi“[123] gegründet. Beide entstanden direkt als Genossenschaften von Typ III, d. h. nach sowjetischem Vorbild der Kolchose. Im diesem Typ III musste der gesamte Boden, bis auf 1 kh (ca. 0,58 ha), und der gesamte Viehbestand bis auf eine Kuh, zwei Schweine mit Ferkeln und Kleinvieh sowie die gesamte Ausrüstung in die Genossenschaft eingebracht werden. Die Genossenschaft sollte das eingebrachte Eigentum unter Abzug eines Abschlags von 15 bis 25 % bezahlen. Die Arbeitsorganisation erfolgte in Brigaden, und der Gewinnanteil der Mitglieder berechnete sich nach Abzug der Kosten der LPG nach der Arbeitsleistung, die in der Regel in Form der geleisteten Arbeitseinheiten (munkaegységek) berechnet wurde (Schneider 2000: 186–187).

Für die maschinelle Arbeit der neu gegründeten LPGs, die noch über keinerlei Maschinen verfügten, entstand mit Hilfe der enteigneten Maschinen der wohlhabenden Bauern in Mesterszállás eine staatliche Traktorenstation (im weiteren: MTS) auf dem Hof eines der enteigneten Bauern (dem Vater von István, des in Kapitel 4 erwähnten neuen Mittelbauern auf 80 ha).

Die zweite Phase 1953–55 und der Aufstand 1956

Infolge der Kollektivierungsmaßnahmen und ungünstiger Wetterlagen in den Jahren 1952/53 kam es in Ungarn zu katastrophalen Zuständen in der Nahrungsversorgung der Bevölkerung (Schneider 2000: 215). Aufgrund dieser Entwicklung und erleichtert durch den Tod Stalins änderte sich in den Jahren 1953–55 die Agrarpolitik. Imre Nagy löste Mátyás Rákosi im Amt des Ministerpräsidenten ab und entwarf ein neues Programm für die Landwirtschaft. Im Zuge des „Neuen Kurses“ wurden der Polizeiterror gegen Privatbauern und die so genannten „Kulakenlisten“ abgeschafft. Die willkürlichen Flurbereinigungsmaßnahmen wurden eingestellt und die Zwangsabgaben gesenkt. Auch die Politik gegenüber den Genossenschaften wurde liberaler. Sie konnten selbständig Produktionsver-

---

121 Angaben nach dem Protokoll der Gründungsversammlung (megalakulása ülés jegyzőkönyv) und einem Brief an den Landwirtschaftsminister von 1954 (Jász-Nagykun-Szolnok Megyei Levéltár, Tsz iratok Uttörő, vezetési ügyek 1950–72).

122 Dt.: Frieden.

123 Benannt nach einem ungarischen Freiheitshelden.

träge schließen und ihren Anbau selbst bestimmen.[124] Eine Folge dieser Maßnahmen war, dass sich bestimmte Produktionen wieder in ihre traditionellen Anbauregionen zurückverlagerten. Einen weiteren wichtigen Faktor in der Politik gegenüber den LPGs stellte das „Prinzip der Freiwilligkeit" dar. Die Zwangskollektivierung wurde eingestellt, und Genossenschaftsmitglieder konnten nach Belieben austreten. Mehr als 800 von rund 5200 Genossenschaften lösten sich bis Dezember 1954 auf. Mit der Rückkehr von Mátyás Rákosi an die Spitze der Regierung setzte dann eine erneute Kehrtwende in der Agrarpolitik ein. Die Kollektivierungsmaßnahmen einschließlich der Flurbereinigungen wurden erneut aufgenommen.

Auf der lokalen Ebene von Mesterszállás waren die unterschiedlichen politischen Strömungen auch zwischen den verschiedenen LPGs ersichtlich. Im Verlauf der Kollektivierung schlugen die Leiter der später gegründeten LPGs Béke und Rákoczi einen weicheren Kurs gegenüber den sog. Kulaken ein. Während die Uttörő-LPG zwischen 1952 und 1953 ungefähr 40 „Kulaken" aus ihrer Organisation „entfernte", hielt sich auch der Leiter der Béke nicht an Anordnungen, „Klassenfeinde" aus der Genossenschaft zu entfernen. Die Rákóczi wurde im Dorf als „Kulaken-Genossenschaft" bekannt, da ihr Leiter am meisten der ehemals wohlhabenden Bauern, denen eigentlich der Zugang versagt bleiben sollte, aufnahm. Dies ergibt sich nicht nur aus den Erzählungen im Dorf, sondern auch aus offiziellen Dokumenten. So gehörte beispielsweise Mihály Majzik 1955 zu den Gründungsmitgliedern dieser LPG. Er war 1952 aus der Uttörő ausgeschlossen worden und brachte einen Grundbesitz von 22 kh ein. Insgesamt besaßen neun der 13 Gründungsmitglieder mehr als 20 kh. Im Gegensatz zu den 74 kh der 14 Gründungsmitglieder der Uttörő brachten sie es auf insgesamt 228 kh[125] Solche Vorgänge blieben den lokalen Autoritäten nicht verborgen und so wurden die beiden LPGs auf einer Sitzung des „Ausführenden Ausschusses" nach einem Lob der Uttörő-LPG gerügt:

> „Die beiden anderen LPGs beschäftigen sich überhaupt nicht mit ihrem Aufschwung. Es sieht so aus, dass es nicht im Interesse der Béke-LPG und der Rákóczi-LPG liegt, dass unsere Siedlung so schnell wie möglich zu 95–100 % die

124 Letzteres blieb ein wichtiges Prinzip, das sich in Rumänien bis zum Ende des Sozialismus nie durchsetzen sollte. In Rumänien wurde bis 1989 zentral bestimmt, wie viel Kühe oder Pferde eine LPG halten und in welchen Proportionen Getreide angebaut werden musste.

125 Nach dem Gründungsprotokoll der LPG am 4. 8. 1955 (Jász-Nagykun-Szolnok Meygei Levéltár: Rákóczi mg tsz).

Linie des sozialistischen Sektors erreicht." (Aus der Rede des Vorsitzenden am 4.4.1956, Übers. d. Verf.)

Die Maßnahmen führten schließlich 1956 zum Aufstand in Budapest. Die Forderungen der Bauern, wie sie in Budapest veröffentlicht wurden, umfassten die Rückkehr zur Bodenreform von 1945, freien Grundstücksverkehr, Einstellung der Zwangsabgaben, Freiwilligkeit bei den Genossenschaften und Umwandlung der MTS in Ausleih- und Reparaturstationen oder deren Überführung in das Eigentum der LPGs und die Auflösung unrentabler Staatsgüter und LPGs (Schneider 2000: 217–219).

Auch in Mesterszállás hatte der Aufstand Folgen. Rückblickend sagen zwar die meisten Dorfbewohner, es sei ruhig geblieben, aber immerhin wurde Material aus dem Parteihaus, das sich im Haus eines ehemals wohlhabenden Bauern befand, zerstört. Der nicht aus Mesterszállás stammende Tierarzt, der ebenfalls in einem „Kulakenhaus" untergebracht war, wurde mit einer Schusswaffe bedroht.[126] Auf einer eilig einberufenen Dorfversammlung bildete sich ein „Revolutionsrat". Diesem gehörten mehrheitlich, soweit sich dies anhand von Interviews und Akten nachvollziehen lässt, Mitglieder aus als „Kulaken" verfolgten Familien an.[127] Ein Mitglied wurde der schon erwähnte ältere neue Produzent auf über 100 ha, während sein Onkel Leiter dieses Revolutionsrats wurde. Letzterer war schon im ersten Nachkriegsrat der Gemeinde sowie Leiter der Kleinbauernpartei im Ort gewesen. Sein Neffe erinnert sich:

> „Dann kam die 56er-Revolution. Fremde kamen, durchwühlten das Parteihaus. Ich war hier zu Hause, am Sonntag riefen sie zu einer großen Versammlung zusammen. Meinen Vater wollten sie in den Revolutionsrat wählen. Er wollte nicht, dann haben sie mich gewählt. Als Chef wählten sie den gewesenen Ratschef. Den informierten sie von oben, dass er das sein lassen soll, so wurde mein Onkel Chef." (Herr Szellelki 2.9.1999)

Dieselben Personen, wie z. B. der hier angesprochene Onkel, waren auch schon nach dem Krieg im Dorfrat gewesen. Sie hätten 1956 als Teil der vorsozialistischen Elite trotz der vorangegangenen Zeit der Verfolgung beinah ungebrochen ihre soziale Stellung im Dorf wieder einnehmen können. Nach dem Scheitern des Aufstands wurden diese Personen am 1. 1. 1957 inhaftiert, kamen kurz darauf aber wieder. Mit einer längeren Haftstrafe wurde nur der genannte Leiter be-

---

126 Beide Ereignisse wurden sowohl von Informanten berichtet als auch in einem Bericht des Vorsitzenden des „Ausführenden Ausschusses" am 18. 2. 1957 aufgeführt (Bezirksarchiv Jász-Nagykun-Szolnok Megyei Levéltár).

127 Angaben aus: Történeti Hiv. 146/k.v.-150377.384–87.

dacht, aber auch er kam nach 1,5 Jahren wieder zurück nach Mesterszállás. Die anderen Mitglieder wurden im Laufe des Jahres noch mehrmals für ein bis zwei Tage inhaftiert, danach aber nicht weiter belangt.

Gleichzeitig lösten sich mit dem Aufstand die beiden „kulakenfreundlichen" LPGs (Béke und Rákóczi) vorübergehend auf. Auch aus der „proletarischen" LPG Uttörő traten 105 Mitglieder mit 966 kh (ca. 579,6 ha) aus. Die restlichen 69 Mitglieder aus 53 Familien wirtschafteten auf 1200 kh (ca. 720 ha).[128] Noch im Dezember 1956 und Januar 1957 war der Rat damit beschäftigt, eine Landkommission zur Verteilung des Bodens ins Leben zu rufen.[129]

Mesterszállás: die letzte Phase 1957–1962

Der Aufstand in Budapest wurde niedergeschlagen, doch die Regierung hatte daraus gelernt und änderte unter János Kádár erneut die Agrarpolitik. Einige der oben genannten Forderungen der Bauern wurden in das neue Programm aufgenommen. In der Folge änderte sich die Praxis der Kollektivierung in Ungarn grundlegend. Sie blieb über weite Strecken unfreiwillig, wurde aber nicht mehr mit offener Gewalt erzwungen. Zunächst wurden die Anbaupflicht und die Zwangsabgaben aufgehoben. Stattdessen führte man ein für die Bauern günstigeres Aufkaufsystem ein. Beschlagnahmter Besitz wurde den früheren Eigentümern zurückgegeben, und bis zu einer Größe von 25 kh konnte Boden wieder gehandelt werden. Schlecht wirtschaftende LPGs konnten aufgelöst werden, und insgesamt erhielt die Landwirtschaft mehr Kredite. Die Flurbereinigungen wurden eingestellt, und von Zwangseintritten in die Genossenschaften wurde Abstand genommen. Die MTS wurden noch nicht sofort aufgelöst, konnten aber weit gehend selbständig wirtschaften. Später wurden sie in den Besitz der Genossenschaften überführt (Schneider 2000: 220).

In Mesterszállás hatten die Austritte aus den Genossenschaften keine dramatischen Auswirkungen, denn in den Monaten Oktober bis Januar ruhte die landwirtschaftliche Feldarbeit ohnehin, und im Frühjahr nahmen nach den Neugründungen von Béke und Rákóczi alle drei Genossenschaften die Arbeit wieder auf. Bei der Neugründung der Béke LPG spaltete sich diese, wahrscheinlich aufgrund von Streitigkeiten zwischen dem Leiter und seinem Hauptbuchhalter. Die

128 Nach Sitzungsprotokoll der Ratssitzung vom 27. 11. 1956 und dem Bericht des Vorsitzenden des „Ausführenden Ausschusses" am 18. 2. 1957 (Bezirksarchiv: Jász-Nagykun-Szolnok Megyei Levéltár).

129 Nach den Sitzungsprotokollen der Ratssitzung vom 20. 12. 1956 und 11. 1. 1957 (Jász-Nagykun-Szolnok Megyei Levéltár).

Béke wirtschaftete weiterhin mit 25, die neue Petőfi[130] mit 20 Mitgliedern. Von den 26 Mitgliedern der Rákóczi waren nur acht im Februar 1957 übrig geblieben, die auf 69 ha wirtschafteten. Mit Beginn des Jahres 1957 begann dann wieder die Aufnahme „neualter" Mitglieder.[131] Auf den Sitzungen des Dorfrates und des „Ausführenden Ausschusses" wurde immer wieder betont, dass das Prinzip des freiwilligen Eintritts zu wahren sei. Schließlich wirtschafteten die LPGs bereits im April mit dem Abschluss der endgültigen Landverteilung an austrittswillige Mitglieder wieder auf größeren Flächen: die Uttörő auf 1680 kh (ca. 1008 ha), die Béke auf 409 kh (ca. 245,6 ha), die Petőfi auf 263 kh (ca. 157,8 ha), und auch das Gebiet der Rákóczi hatte sich wieder auf 150 kh (ca. 90 ha) verdoppelt.

Im Laufe des Jahres entstand auf dem ehemals verstaatlichten nördlichen Gebiet die fünfte und letzte LPG (Ezüstkalász[132]). Da dieses Gebiet keine Verbindung mit dem übrigen von ihm bewirtschafteten Territorium hatte, konnte der Staatsbetrieb es nicht gut nutzen. Es war daher zur Gründung einer Genossenschaft freigegeben worden (zur Flächenverteilung siehe Karte 7).

Anfang Juli 1958 lag dann der Entwurf für die Vollkollektivierung der Landwirtschaft vor, offiziell beschlossen wurde sie vom Zentralkomitee Anfang Dezember (Schneider 2000: 224). Obwohl auch diese letzte Welle der Kollektivierungsmaßnahmen unfreiwillig blieb, verzichtete man doch auf Gewalt und den Kampf gegen die „Kulaken". Vielmehr setzten die Organisatoren bewusst bei den ehemaligen Groß- und Mittelbauern an. Ihnen wurde nun nicht nur der Beitritt in die Genossenschaften erlaubt, sondern sie wurden direkt in die Führung übernommen. So konnte hier schon eine Kontinuität einsetzen. Die Privilegien, die diese Schichten durch ihren Grundbesitz gehabt hatten, konnten sie nun in eine Position überführen, die ihnen wieder die Möglichkeit gab, den Produktionsprozess zu leiten und die Arbeitskraft anderer einzusetzen. Szelényi beschreibt die Situation wie folgt:

> „In gewissen Sinn reproduzierten sie [die Mittelbauern] innerhalb der Kolchosen die Macht- und Prestigehierarchie des Dorfes vor der Kollektivierung." (1989: 169)

Zwar setzten ab 1959 mit der letzten Welle der Kollektivierung auch die Flurbereinigungen wieder ein. Besonders „renitente Individuen" konnten sich der Kol-

---

130 Benannt nach einem ungarischen Nationaldichter.

131 Nach den Sitzungsprotokollen der Ratssitzung vom 22. 2. 1957 (Jász-Nagykun-Szolnok Megyei Levéltár).

132 Dt.: Silberähre.

lektivierung aber widersetzen, indem sie das angebotene Tauschland (csereföld) akzeptierten.[133] Das Verfahren bot somit eine gewisse Rechtssicherheit.

Damit einher ging die Umwandlung von Genossenschaften des Typs I und II in Typ III. Dies wurde weit gehend durch die Aussetzung von Krediten für die Genossenschaften sog. niederen Typs erreicht (Schneider 2000: 226). Der Erfolg dieser letzten Kollektivierungskampagne in Ungarn beruhte auch auf flankierenden Maßnahmen. Die Landwirtschaft erhielt großzügige Kredite, durch die die LPGs z. B. in der Lage waren, eintrittwilligen Privatbauern 65 bis 80 % des Werte der eingebrachten Tiere und Geräte sofort oder in einem Zeitraum von vier Jahren zu erstatten. 1959 wurde die Zahlung einer Bodenrente (járadék) gesetzlich verankert und erblich (Schneider 2000: 225). Ein weiteres wichtiges Element war die Übernahme von langfristigen Versorgungsrechten, z. B. 1958 durch die staatliche Regelung der Rente von Genossenschaftsmitgliedern. Dadurch wurde die Funktion des Privatbesitzes an Boden als lebenslange Sicherheit, so wie es in Kapitel 5 beschrieben wurde, durch ein staatliches System ersetzt. Swain betont die Bedeutung dieses Vorgehens im Gegensatz zu der bis dahin gültigen Regelung, dass LPGs vom Typ II einen nicht näher bestimmten Sozialfonds einzurichten hatten.

> "The significance of this source of income which did not depend on labour cannot be overestimated." (Swain 1985: 39)

Weiterhin wurden für LPG-Mitglieder die kostenlose ärztliche Versorgung, eine finanzielle Geburtshilfe und ein Kindergeld ab dem dritten Kind eingeführt. (Schneider 2000: 225–226). Diese Veränderungen bedeuteten insgesamt, dass Prinzipien des alten Eigentums teilweise anerkannt und damit zusammenhängende reproduktionsrelevante Rechte substituiert wurden.

In Mesterszállás vollzog sich der Übergang zur Vollkollektivierung sehr schnell und galt bereits im März 1959 als beendet. Die bestehenden LPGs waren bereits alle als Typ III organisiert, so dass sich keine Änderung in der Organisation ergab, aber die Entwicklung war dennoch rasant. Tabelle 11 verdeutlicht den Anstieg der Mitglieder und der bewirtschafteten Fläche innerhalb des Zeitraums vom 18. 2. 1959 bis zur Beendigung am 4. 3. 1959. Innerhalb von zwei Wochen stieg die Mitgliedschaft um weitere 67 Familien und 478 ha. Mesterszállás gehört damit zu den frühen „sozialistischen Dörfern", denn die Kollektivierung im gesamten Staatsgebiet Ungarns wurde erst 1962 für beendet erklärt.

---

133 Nach Szelényi (1989: 88) blieben etwa 2–3 % der Bevölkerung private Bauern.

Tabelle 11: Entwicklung von Mitgliederzahlen und Fläche unter kollektiver Bewirtschaftung in Mesterszállás (1959)[134]*.*

	18. 2. 1959		4. 3. 1959	
LPG	Familien	Fläche	Familien	Fläche
Uttörő	150	1956 kh (1174 ha)	170	2090 kh (1254 ha)
Ezüstkalász	50	780 kh (468 ha)	56	812 kh (487 ha)
Béke	36	555 kh (333 ha)	39	601 kh (361 ha)
Petőfi	24	380 kh (228 ha)	28	400 kh (240 ha)
Rákóczi	140	1291 kh (775 ha)	174	1537 kh (922 ha)

Die wichtigsten Elemente der Kursänderung in der Kollektivierung auf lokaler Ebene waren der Gewaltverzicht und der Einbezug der örtlichen Elite. So wurde z. B. 1957 Márton Kocsics im Zuge der neuen Praxis Leiter der Ezüstkalász-LPG. Sein Vater Antal stand 1949 mit dem Besitz von 47 kh (ca. 28,2 ha) noch auf der „Kulakenliste".[135] Andere ehemalige Großbauern wurden leitender Agronom oder Brigadeleiter, wie der Vater des in Kapitel 4 erwähnten István, auf dessen Grundstück vormals die MTS gegründet worden war. Auch Márton Seres, der aus einer „Kulakenfamilie" stammt, wurde 1959 Brigadeleiter. Er schildert im biographischen Interview den Hergang der Kollektivierung, so wie er sie als junger Mann nach seiner Militärzeit erlebt hat:

> „25 Hektar, das zählte als Mittelbesitz, sie haben solche Besitzer mit Zeichen gekennzeichnet, so konnten wir nicht LPG-Mitglieder werden. Sie haben uns von dem Besitz, dem Hof, auf einen anderen Hof umgesiedelt. Darauf haben wir ein Jahr gewirtschaftet, später haben sie auch das eingezogen, dann haben wir von Gelegenheitsarbeit gelebt. Sieben Jahre haben wir so gelebt, dann, als sich die Situation konsolidierte, dann ist mein lieber Vater auch und ich auch 1959 in die LPG eingetreten. Als einfacher Arbeiter habe ich angefangen, später hat sich dann die Möglichkeit eröffnet, dass ich an einer Weiterbildung teilnehmen sollte. Ich habe das landwirtschaftliche Technikum beendet und eine technische Qualifikation bekommen. Ich kam in die mittlere Führung der LPG. Ich war Brigadeleiter im Pflanzenanbau. Das Gebiet der Brigade war 2000 Hektar. 1959–1987, bis zu meiner Rente, war ich auf diesem Posten. Ich habe diese Aufgabe sehr geliebt, weil

134 Angaben nach Archivmaterial: Jász-Nagykun-Szolnok Megyei Levéltár: Földrendezés, földügyiminiszter 216/1959 szám alatt (der Landwirtschaftsminister unter der Nummer 216/1959).

135 Angaben zum Besitzstand: Jász-Nagykun-Szolnok Meygei Levéltár: Megyei Tanács VB. Pénzügyi Osztaly. Szám nélküli iratai 1950–53.

> ich dort geboren war, jedes Feld kannte ich in Mesterszállás. Ich habe mich nie nach einem anderen Beruf gesehnt." (9. 4. 1999)

Angehörige anderer sozialer Gruppen nahmen den neuerlichen Aufstieg der alten Elite durchaus wahr. Die Mutter von András aus der Familie der Gemüsegärtner (siehe Kapitel 4), deren Vater Knecht bei einem der Großbauern war, erinnert sich:

> „Mein Mann ist nie in die Partei eingetreten, aber die anderen, die größeren [Bauern], nachdem man ihnen alles weggenommen hatte, die sind dann eingetreten, natürlich erst nach einer Zeit, anfangs hat man sie ja noch nicht gelassen, und dann sind sie dort die Chefs geworden." (TB 6. 9. 1999)

Für die Agitation wurde u. a. der ehemalige „Kulák" Herr Szellelki[136] eingesetzt. Er war glaubwürdiger als fremde, proletarische Agitatoren und erzählt, dass bei ihm *„alle [die Eintrittsurkunde] unterschrieben haben"* (TB 2. 9. 1999). In mindestens zwei Fällen wurde bis zum Ende des Kommunismus weiterhin auf eigenem Land gewirtschaftet. Hier traten Vater oder Mutter ein, während jeweils der Sohn das Tauschland akzeptierte und bewirtschaftete, d. h., eine gewisse Rechtssicherheit im Verfahren war gegeben.

Obwohl die ersten Jahre der Kollektivierung sehr schwierig waren und für viele traumatische Erlebnisse bedeuten, gab es doch bestimmte Grenzen, die in Mesterszállás nicht überschritten wurden. Mit Ausnahme von zwei Pächtern verfügten diejenigen Familien, die sich auf der „Kulakenliste" von 1949 befanden, tatsächlich über mindestens 25 kh Grundbesitz. Dies mag auf den ersten Blick „normal" erscheinen, lautete so doch die Verordnung, gewinnt aber im Folgenden im Vergleich zur Liste von Kisiratos noch an Bedeutung hinsichtlich der Nachvollziehbarkeit staatlichen Handelns. Diese erste gewaltvolle Phase der Kollektivierung war zudem mit einer Länge von etwa drei Jahren relativ kurz, d. h., die dörfliche Sozialstruktur wurde nicht völlig zerstört. Mit der neuen Politik nach 1956 wurde die dörfliche Hierarchie sogar systemimmanent.

Zwei weitere Hinweise darauf, dass das örtliche Rechtsverständnis seine Gültigkeit nicht völlig verlor, bietet die Geschichte von Julianna (nicht identisch mit der oben Erwähnten). Sie ist die Tochter eines seines Grundbesitzes enteigneten Großbauern und erinnert sich, dass die Uttörő-LPG versuchte, den Stall der

136 Sein Vater verkaufte in den 1940er-Jahren sein gesamtes zerstückeltes Bodeneigentum und erwarb dafür ein schlechteres, aber zusammenhängendes Stück von 200 kh im benachbarten Mezőtúr. Er verfügte damals über einen Traktor und eine Dreschmaschine sowie eine Mühle. Da der Besitz zu Mezőtúr gehörte, wurde ihr Boden und ihre *tanya* enteignet, die Familie entging in ihrem Haus in Mesterszállás weiteren Schikanen.

Familie abzubauen, der aber offiziell gar nicht enteignet war. Nachdem sie sich in der Bezirkshauptstadt Szolnok bestätigen ließ, dass er ihr Eigentum war, mussten sie ihn dann aber wieder herrichten. Interessant ist auch ihre Antwort auf die neugierig Nachfrage:

> „Warum? Weil sie Angst hatten, weil sie wussten, dass sie kein Recht dazu hatten. Der Stall gehörte uns." (TB 27. 8. 2000)

Dies kann als Hinweis darauf gewertet werden, dass die Gültigkeit von Eigentum als Referenzrahmen im Verlauf der Kollektivierung nicht völlig an Relevanz verlor. Ein weiterer Fall ist aus den Akten des Bezirksarchivs in Szolnok zu Steuersachen entnommen:

> András Fazekas aus Mesterszállás beschwerte sich am 30. 6. 1950 beim Ausführenden Ausschuss des Bezirksrats (Megyei Tanács Végrehajtóbizottság) in Szolnok über zu hohe Abgaben, dass sich der Goldkronenwert seines Landes durch Tauschland verringert habe. Seiner Beschwerde wurde am 6. 8. 1950 stattgegeben, und seine Abgabenverpflichtungen wurden um 883 kg verringert.

Auch der Besitzer des Hauses, in dem der oben erwähnte Tierarzt einquartiert war, ein Onkel des in Kapitel 4 erwähnten jüngsten Großbauern Jószef, bekam sein Haus zurück, als sich herausstellte, dass es offiziell gar nicht enteignet worden war. Ebenso zog die Familie von István (siehe Kapitel 4), nachdem die MTS aufgelöst wurde, wieder in ihr ehemaliges Haus zurück. In der Erzählung von Julianna taucht ein weiteres Moment der Kontinuität von Rechtsvorstellungen auf. Sie erzählte, dass sie während der ersten Phase der Kollektivierung öfter die Aufgabe übernommen hatte, ihren Vater oder Bruder auf dem örtlichen Amt zu vertreten. Sie tat dies, um jene vor körperlichen Angriffen zu schützen. Andere ältere Frauen berichteten Ähnliches. Diese Schilderungen zeigen, dass selbst in der schlimmsten Phase der Verfolgung bestimmte ethische Grenzen nicht überschritten wurden. Die Bedeutung der genannten Elemente, Dauer der Phase brutaler Übergriffe, voraussagbares Verhalten des Staates, Einbezug bäuerlicher Werteordnung und Anerkennung ethischer Grenzen in der Kollektivierung, erschließt sich besonders deutlich im Vergleich zur Situation in Kisiratos.

6.1.2 Kisiratos: Kollektivierung und Gewalt

Die sozialistische Transformation der Landwirtschaft wurde in Rumänien offiziell im März 1949 beschlossen. Den Verlauf der Kollektivierung hat Kideckel (1993: 80–83) als "push and pull" charakterisiert. Die Kollektivierung „schob" die Bauern aus ihrer traditionellen Landwirtschaft, während die Industrialisierung sie aus der Landwirtschaft „zog".

In Kisiratos begann die Zeit der Kollektivierung mit der Enteignung von fünf Familien.[137] Das Prinzip der Enteignung folgte keinem nachvollziehbaren Muster. Es handelte sich wahrscheinlich um die reichsten Familien und den einzigen größeren Besitzer von Landmaschinen.[138] Möglicherweise verfügten sie über einen Grundbesitz von über 50 ha und wurden deshalb enteignet und zur Zwangsarbeit abtransportiert. Andererseits wurde beispielsweise der Vater von János, der in Kapitel 4 erwähnt wurde und über einen Besitz von ca. 70 ha verfügte, nicht enteignet. Im Ergebnis wurden also in Kisiratos weniger Menschen als in Mesterszállás direkt enteignet, allerdings erschien die Auswahl willkürlich.

Der damalige Leiter der ersten Genossenschaft sagte im Gespräch, ihm habe mal ein Jurist gesagt, dass *„die Enteignungen auch unter den gesetzlichen Bedingungen von damals nicht legal waren."* Aber man habe das Land und die Maschinen gebraucht, um die Genossenschaft aufzubauen (TB 25. 11. 2000). Auf Basis des enteigneten Besitzes wurde am 27. Juni 1950 in Kisiratos die erste Genossenschaft unter dem Namen Szabó Árpad gegründet. Die Mitgliedschaft wuchs rasch an, und Anfang der 1950er-Jahre bewirtschaftete die LPG bereits mehr als die Hälfte der Fläche des Dorfes. Im Haus eines der Enteigneten wurde das Büro eingerichtet. Dort ist es bis heute (siehe Foto 2).

Nachdem im September 1951 aufgrund des nur schleppenden Fortschritts der Kollektivierung im übrigen Rumänien die Einführung der landwirtschaftlichen

137 Zuvor bildete sich auf dem Gebiet der früheren deutschen *tanyas* ein Staatsgut. Die Besitzer wurden vermutlich vertrieben; die Bewohner in Kisiratos geben wie im Fall der „verschwundenen Juden" an, nichts über deren Verbleib zu wissen. Allerdings hat man sich wohl in einigen Fällen am in den Häusern verbliebenen Eigentum bereichert und an deren Abriss beteiligt. Der jüdische Teil der Bevölkerung ist wahrscheinlich im ungarischen Holocaust (während des Zweiten Weltkrieges gehörte das Gebiet wieder kurzfristig zu Ungarn) umgekommen (zum ungarischen Holocaust siehe Braham 1981). In Kisiratos ist von dem ehemaligen jüdischen Friedhof, der auf alten Karten noch verzeichnet ist, nichts geblieben. Der einzige Dorfbewohner mit jüdischen Vorfahren, der sich mir als solcher zu erkennen gab, meinte, die Dorfbewohner hätten die Grabsteine für die Fundamente ihrer Häuser verwendet.

138 Diese Angaben beruhen auf verschiedenen Gesprächen mit dem ersten Genossenschaftsleiter sowie der Tochter eines der Enteigneten und dem Sohn des Traktorenbesitzers. Auch andere Dorfbewohner konnten keine Angaben darüber machen, warum nun ausgerechnet diese Familien enteignet wurden.

Assoziation nach dem Vorbild der sowjetischen *toz*[139] beschlossen worden war (Montias 1967: 90, Ionescu 1964: 202), gründete sich auch in Kisiratos eine so genannte intovaşarie. Benannt wurde sie nicht nach der rumänischen Bezeichnung, sondern nach dem russischen Kürzel TÓZ.[140] Sie funktionierte ähnlich wie die LPG Typ I in Ungarn. Die Bauern behielten bei dieser Form des Zusammenschlusses den offiziellen Titel über ihr Land, sie konnten zudem entscheiden, wie viel sie in die kollektive Bewirtschaftung überführen wollten, und behielten zunächst das Recht, wieder auszutreten. Das Land sollte gemeinschaftlich mit Hilfe der staatlichen Traktorenstationen bestellt werden.[141]

Laut Agrarregister gehörten zwischen 1953 und 1955 der TÓZ in Kisiratos 138 Personen an, 218 Personen der LPG, und 151 Personen waren als Einzelbauern registriert. Verfolgt man die Eintragungen des Registers, scheint sich die Zugehörigkeit zu TÓZ oder LPG auch nach Verwandtschaft, Sympathie und Nachbarschaft gerichtet zu haben. Meist sind Personen, die nebeneinander wohnten (und häufig denselben Namen tragen, meist wahrscheinlich Brüder) derselben Organisation zugehörig gewesen.[142]

In allen drei Wirtschaftsformen waren sowohl Angehörige der Klein- und Mittelbauern wie auch der sog. Kulaken verzeichnet.[143] Tendenziell waren mehr ehemalige Kleinbauern in der LPG organisiert, während die TÓZ eher ein Sammelbecken für ehemalige Mittelbauern darstellte. Die Großbauern waren hier am wenigsten vertreten. Möglicherweise scheute man sich, sie aufzunehmen. Der Sohn eines ehemaligen „Kulaken" berichtete, dass sein Vater versuchte einzutreten, aber *„nach drei Tagen in die Kolchose gezwungen"* wurde (TB 10. 11. 2000). Tabelle 12 fasst die Angaben des Agrarregisters über die Flächen in den unter-

139 Nach Sampson steht toz für „Tavarishshestwo po obshchestvennoi obrabotki zemli" (1984: 153).

140 Diese Benennung mit dem russischen Kürzel scheint durchaus üblich gewesen zu sein. Sampson beschreibt diese Praxis auch für das von ihm untersuchte Dorf (Sampson 1984: 152).

141 Insgesamt erwies sich die Einführung der intovaşarie in Rumänien als erfolgreich. Ihre Zahl stieg in den Jahren 1952 bis 1958 stetig an. 1957 bewirtschafteten 38,5 % aller Familien 24,3 % der bewirtschafteten Fläche Rumäniens in Form einer toz, während weitere 12,8 % der Familien 17 % des Landes in LPGs bearbeiteten (Ionescu 1964: 236, 297). 58 % der Kooperativen waren in Form der intovaşarie organisiert gegenüber 42 % LPGs. Bis 1960 hatte sich dieses Verhältnis unter dem Druck der letzten Welle der Kollektivierung umgekehrt (Montias 1969: 91).

142 Auch Kideckel (1982) wies bei einer Studie zur Kollektivierung in Rumänien auf die Bedeutung von Familien- und Freundschaftsnetzwerken hin.

143 Das Agrarregister unterteilt in diese drei sog. Sozialkategorien (Categoria socială).

schiedlichen Wirtschaftsformen und die Anzahl der Personen, die als Klein- und Mittelbauern sowie als „Kulaken“eingestuft wurden, zusammen.

Tabelle 12: Einzelbauern und Mitglieder der Genossenschaften nach „Sozialkategorien“ in Kisiratos (1951–55)

Form	**Fläche**	**Mitglieder** (insgesamt)	**davon:** Kleinbauern	Mittelbauern	„Kulaken“
Einzel	602,97 ha	151	43	40	47
TÓZ	558,43 ha	138	27	87	23
LPG	1518,37 ha	218	74	75	42

Das Agrarregister von 1951–55 führte insgesamt 112 Personen als „Kulaken“ (chiabur)[144]. Die angegebenen Besitzgrößen schwanken zwischen 0,1 und 37 Hektar (Registru Agricol Comunal).[145] In diesem Register wurden auch Angaben zu Maschinenbesitz, angebauten Kulturen, Obstbäumen etc. gemacht. Trotzdem lässt sich in den seltensten Fällen anhand dessen der Grund für die Kategorisierung als „Kulák“ erkennen. Insgesamt entsprechen zwar die durchschnittlichen Hektarzahlen den Erwartungen (die Kleinbauern besaßen im Durchschnitt 1,2 ha, die Mittelbauern 4,45 ha und die sog Kulaken 9,3 ha), aber im Blick auf die Höchst- und Tiefstwerte an Grundbesitz erscheint die Kategorisierung arbiträr. Ein System in der Qualifizierung der sozialen Gruppen nach Besitzgröße lässt sich nicht erkennen.[146] Nur die Angaben zu den armen Bauern liegen relativ stabil zwischen 0,14 ha als niedrigstem Wert in allen Wirtschaftsformen und 2,9 ha als höchstem Wert. Bei den als „Mittelbauern“ und „Kulaken“ qualifizierten Personen schwankten die Hektarzahlen dagegen beträchtlich. Die niedrigste angegebene Hektarzahl ist mit 0,1 ha im Bereich der Einzelbauern für einen sog.

144 Chiabur heißt auch Bauer, wurde aber in der frühen Zeit des rumänischen Sozialismus zum Äquivalent für Kulake.

145 Es ist möglich, dass hier noch ein Teil der Haushalte fehlt, denn zwei Bände des Registers waren im Stadtarchiv Curtici und ein weiterer im Schularchiv in Kisiratos. Es fehlen allerdings in dieser Aufstellung rund 200 Haushalte. Möglicherweise wurde die Aufstellung aber auch nie beendet, denn auf der letzten Seite wurden die Angaben flüchtiger und unvollständiger.

146 Kisiratos scheint in dieser Hinsicht kein Einzelfall zu sein. Über ähnliche Fälle berichtet Cartwright (2001: 72f.).

Kulaken angegeben. Tabelle 13 wurde aus den Angaben im Agrarregister zusammengestellt und fasst die Angaben zu Hektarzahlen nach „Sozialkategorien“ der Bauern in den verschiedenen Wirtschaftsformen zusammen.

Tabelle 13: Besitzgrößen und „Sozialkategorien“ in Kisiratos (1951–1955)

Form	**Höchste Hektarzahl**			**Niedrigste Hektarzahl**		
	„Arm“	„Mittel“	„Kulák“	„Arm“	„Mittel“	„Kulák“
Einzel	2,68	6,82	37,00	0,14	0,14	0,10
TÓZ	2,62	10,21	15,16	0,91	0,38	3,57
LPG	2,9	11,3	15,85	0,14	0,54	8,4

21 der als „Kulaken“ beschriebenen Personen verfügten nur über einen Grundbesitz von weniger als fünf Hektar. Weitere 51 dieser Bauern besaßen Flächen zwischen fünf und zehn Hektar, wären also entsprechend geläufigen Kategorien als Mittelbauern anzusehen. Auch die Kategorisierung und die damit verbundenen Benachteiligungen waren, ähnlich den Enteignungen, willkürlicher als in Mesterszállás.

Insgesamt ging der Prozess der Kollektivierung in Rumänien nur langsam voran. In der zweiten Phase nach dem Tod Stalins wurden, ähnlich wie in Ungarn, Zwangslieferungen an den Staat reduziert, das Prinzip des freiwilligen Zusammenschlusses gestärkt und mehr in die Entwicklung der Landwirtschaft investiert (Montias 1967: 90–91). Die Zahl der Kollektive sank, wenn auch nicht so deutlich wie in Ungarn. Aber schon 1955, während in Ungarn noch die Kollektive aufgelöst wurden und das Land den Bauern zurückgegeben wurde, kam es in Rumänien zum Ende des „weichen Kurses“.[147] Trotzdem hielten die Kollektive 1958 nur 17,5 % der bewirtschafteten Fläche (Montias 1967: 91).

1958 startete dann zeitgleich mit der Kampagne in Ungarn die endgültige Kollektivierung Rumäniens, die 1962 für vollendet erklärt wurde.[148] Gleichzeitig wuchs ähnlich wie in Ungarn der Druck auf die *intovaşarie,* sich in Kolchosen zu transformieren. In Kisiratos ging die TÓZ unter Druck 1959 in der Szabó-Árpad-LPG auf. Diese wurde später umbenannt in Kis Dorobanţi, dann GAC Dorobanţi und schließlich CAP Dorobanţi. Im Agrarregister von 1959 fielen

147 Rumänien war von allen osteuropäischen Ländern am wenigsten durch eine Phase der Destalinisierung berührt (Ionescu 1964: 257).

148 Etwa 4 % des Landes blieben im privaten Besitz. Es handelte sich überwiegend um schwer zu bewirtschaftende Flächen in den bergigen Regionen (Montias 1969: 93).

noch sieben Personen unter die Kategorie Einzelbauer. 1961 waren diese verschwunden. Mit der Aufgabe der letzten selbständigen Bauern und der TÓZ galt Kisiratos als vollständig kollektiviert. Dieser sehr frühe Zeitpunkt der Kollektivierung hat mit Sicherheit Auswirkungen auf die Entwicklung sozialer Kontinuität in Kisiratos gehabt. Er kann u. a. als Indikator für ein gewaltvolleres Vorgehen als zu späteren Zeitpunkten gelten (v. Hirschhausen 1997: 161 ff.) und dazu beigetragen haben, dass ein umfassender Wandel der dörflichen Hierarchie stattfand. Sampson schreibt über Feldioara, ein ähnlich früh kollektiviertes Dorf:

> "Fourth, the effect of collectivization on Feldioara's political situation cannot be underestimated. In particular, it should be noted that Feldioara was one of the first villages to be collectivized (in 1950) and one of the earliest to be collectivized completely (in 1959). The consequent abuses and mistakes by Party organs in the village, 'the penalty of being the first', probably caused a higher degree of alienation between citizens and the local political institutions than in communities in which collectivization delayed." (Sampson 1984: 158)

In den lokalen Erinnerungen finden sich einige Hinweise dararuf, dass die Phase der Kollektivierung in Kisiratos gewaltvoller war als diejenige in Mesterszállás. Die Folter, über die im Zusammenhang mit der ersten Welle der Kollektivierung berichtet wird, war heftiger als das zeitlich parallele Geschehen in Mesterszállás. So erzählt beispielsweise die Tochter eines der als Erste Enteigneten, ihrem Vater sei ein Fingernagel gezogen worden, weil er kein *„Papier mit Lügen unterschreiben wollte."* Dann kam er für drei Jahre ins Gefängnis. Kurz nach seiner Rückkehr und weiteren Schikanen gegen ihn und seine Familie nahm er sich das Leben (TB 18.4.2000). Auch zwei weitere der ersten fünf, die enteignet worden waren, begingen nach ihrer Rückkehr Selbstmord. Solche Verzweiflungstaten gab es im Umfeld der Kollektivierung in Mesterszállás nicht.

Ein weiterer Unterschied zu Mesterszállás bestand darin, dass auch öffentlich (auf der Straße) und auch Frauen körperlich misshandelt wurden. Es wurde in diesem Zusammenhang berichtet, dass die Frauen von „Kulaken" an ihren Haaren in die Polizeistation oder auf der Straße gezogen wurden. Frauen und Töchter konnten also hier nicht, wie dies in Mesterszállás berichtet wurde, ihre Männer oder Väter vertreten und dadurch vor körperlichen Übergriffen schützen. Grenzen, wie für Mesterszállás z. B. in der Behandlung von Frauen beschrieben, wurden in Kisiratos nicht eingehalten.

Die Enteignungen und Misshandlungen während der Zeit der Kollektivierung wurden von ortsansässigen Ungarn durchgeführt. So sagte beispielsweise eine ältere Dame über die Geschehnisse: *„Das ist es ja: das haben Ungarn mit Ungarn gemacht, nicht Rumänen"* (TB 3.11.2000). Die Intensität kann also nicht als

Ausdruck eines ethnischen Konfliktes interpretiert werden. Die Minderheitensituation, in der sich die ungarische Bevölkerung von Kisiratos seit dem Ende des ersten Weltkrieges in Rumänien befand, könnte sich dahingehend ausgewirkt haben, dass sich die Mitglieder der Kommunistischen Partei als besonders gute „Rumänen" zeigen wollten. Andererseits hat sich der große Anteil von Ungarn und anderen Minderheiten in Crişana und anderen Landesteilen verzögernd auf die Kollektivierung ausgewirkt (Montias 1967: 93), so dass lokale Gründe wahrscheinlicher erscheinen. Eine weitere Möglichkeit der Interpretation bietet die Armut, die in Kisiratos aus historischen Gründen (siehe Kapitel 5) weiter verbreitet war als in Mesterszállás, und die evtl. durch das engere Zusammenleben in einem Dorfkern deutlicher spürbare Verachtung der reichen Bauern für die armen Dorfbewohner. In den lokalen Erinnerungen fanden sich Hinweise darauf (siehe Kapitel 5). Diese sozialen Unterschiede könnten die stärkere Neigung zur Reinterpretation als „Klassenkampf" erklären, der dann z. B. Ausdruck fand in inszenierten Ereignissen wie der auf den Straßen skandierten Parole: *„Nieder mit den Kulaken!"* (TB 20. 11. 2000). Solche öffentlichkeitswirksamen Aktionen ließen sich auch aufgrund der Siedlungsform in Einzelgehöften in Mesterszállás nicht gut durchführen und wurden auch nicht berichtet.

Ein weiterer Unterschied zu Mesterszállás ist die Zeitspanne der brutalen Phase der Kollektivierung. In Kisiratos dauerte der Terror in der Zeit der Kollektivierung bis 1959 an. Die letzten Beitrittserklärungen wurden durch Verprügeln im Rathaus und Verschleppungen mit verbundenen Augen erzwungen (TB 9. 4. 2000). Ausnahmen wurden nicht gemacht. Das soziale Klima verschlechterte sich, und schon zu diesem Zeitpunkt setzt der Zweifel ein, ob nicht einer der letzten „Starrköpfe" auch schon ein Geheimdienstspitzel war.[149]

Indem die Gewaltanwendung Grenzen überschritt, d. h. Teile der sozialen Einbettung verlor, wurde das dörfliche Wertesystem grundsätzlich in Frage gestellt. So hatte moralische Missbilligung z. B. einer öffentlichen Gewaltanwendung gegen Frauen keine eingrenzende Wirkung mehr.[150] Offensichtlich existierte hier ein deutlicher Unterschied zu der Praxis der Kollektivierung in Mesterszállás, der sich auch auf die örtliche soziale Struktur auswirkte, indem er sie nachhaltig veränderte.

---

149 Diese Vermutung bezieht sich auf den relativ schnellen Aufstieg des Betreffenden in der LPG-Hierarchie nach seinem Eintritt sowie auf die allgemein angenommene Spitzeltätigkeit seines Sohnes in der Ceauşescu-Ära. Dieser Sohn ist auch mit Elek, dem ebenfalls der Spitzeltätigkeit verdächtigten, Kneipenwirt und neuen Großbauern (Kapitel 4) befreundet.

150 Zur sozialen Einbettung der Gewalt siehe Elwert (2001).

6.2 Marktsozialismus und Stalinisierung in der Landwirtschaft

War die Entwicklung der Kollektivierung in der frühen Phase des Sozialismus in Ungarn und Rumänien noch parallel verlaufen, so gingen die Wege ab Mitte der 1960er Jahre auseinander. Die beiden Staaten entwickelten sich zu entgegengesetzten Polen des sozialistischen Systems. Ungarn setzte den bereits angefangenen Weg der Substitution der alten Eigentumsrechte mit neuen langfristigen Zugangsrechten und sozialen Ansprüchen fort. In Rumänien hingegen setzte sich nach einer Phase der Liberalisierung zu Beginn der 1960er Jahre eine „Stalinisierung" des gesamten Systems einschließlich der Landwirtschaft durch. Die Entwicklungspfade „Marktsozialismus" und „Stalinismus" beeinflussten sowohl die Entwicklung der Sozialbeziehungen während des Sozialismus als auch die postsozialistische Entwicklung.

6.2.1 Mesterszállás: Substitution von Langfristrechten und soziale Kontinuität

In Ungarn kam es schon früh, d. h. fast zeitgleich mit Abschluss der Kollektivierung zu einer „Aufweichung" sozialistischer Planwirtschaft. Erste Diskussionen und Reformen um eine Modifizierung des übernommenen sowjetischen Modells fanden bereits in den Jahren 1953–64 statt. So wurde z. B. im Rahmen der sog. „Kleinwarenproduktion" privates Eigentum schon 1960 wieder zugelassen.[151] Endgültig verließ Ungarn aber seit der Kádár-Periode (1965–88) mit dem sog. „Neuen Wirtschaftsmechanismus" das Standardmodell zentraler Planwirtschaft und folgte einem Wirtschaftskonzept, das häufig als Marktsozialismus bezeichnet wurde. Seitdem begann eine zunehmende Legalisierung von privater Wirtschaft und Eigentum sowie einer Vermischung des staatlichen und des privaten Sektors. Im Bereich der Landwirtschaft entstanden und vergrößerten sich seit Mitte der 1960er sog. Nebenerwerbslandwirtschaften (Berend 1990, Haarland und Niessen 1996: 12 und Böröcz 1993).

Die Entwicklung der Genossenschaft/en in Mesterszállás war für den Verlauf des Reformprozesses in Ungarn typisch. Zunächst kam es zu dem in dieser Zeit üblichen Modernisierungs- und Konzentrationsprozess, dann aber auch zu einem an die Reformen gekoppelten wirtschaftlichen Aufstieg der LPG und ihrer Mit-

151 Ausführlich beschreibt Berend (1990) den Prozess der ungarischen Wirtschaftsreformen.

glieder. Im Folgenden werden daher kurz die Modernisierungstendenzen des Dorfes umrissen und dann auf die Entwicklung der genossenschaftlichen Landwirtschaft eingegangen. Im Anschluss soll der Einfluss des Umbruches in der sozialistischen Hierarchie der LPG und der lokalen Heiratspräferenzen auf die Kontinuität sozialer Ungleichheit in Mesterszállás dargestellt werden.

Entwicklung des Dorfes

Mit dem Aufschwung der sozialistischen Marktwirtschaft verbesserte sich die wirtschaftliche Situation der Bevölkerung in Mesterszállás erheblich, was sich u. a. an der Wohnsituation ablesen lässt. Von 1960 bis 1969 entstanden im heutigen Dorfkern 99 neue Häuser (KSH 1970). Der „Bauboom" ging einher mit dem Abbau der Einzelgehöfte. 1970 lebte nur noch ein Fünftel der Dorfbevölkerung (309 Personen) auf *tanyas* (KSH 1970: 26). Diese waren ziemlich gleichmäßig über die verschiedenen Flurstreifen (dűlő) verteilt. In den nächsten zehn Jahren ging dieser Anteil weiter drastisch zurück, und 1980 lebten noch 155 Personen auf dem sog. Außengebiet von Mesterszállás (KSH 1985). Dieser Rückgang der *tanya*-Bevölkerung ist einerseits Ausdruck der staatlichen Politik, diese als soziales Problem definierte Siedlungsform zu überwinden[152], andererseits aber auch Ausdruck für den gestiegenen Lebensstandard. Das Leben im Dorf war bequemer: Läden, Arbeitsplatz, Schule, Kindergarten und medizinische Versorgung leichter erreichbar. Vor allem im Winter durch den Schnee, aber auch im Frühjahr und Sommer waren die Einzelgehöfte schwer zu erreichen bzw. war es mühsam, sie zu verlassen. Nur wenige hatten Zugang zu Elektrizität. Frau Szarvák, deren Familie unter den Letzten war, die ins Dorf zogen, beschreibt den Unterschied zwischen dem Leben im Dorf und auf der *tanya* im biographischen Interview:

> „Na, ganz anders, sagen wir, bequemer, oder ... Na uns ... vielleicht konnten wir auch deshalb bleiben [auf der *tanya*], weil wir Strom hatten. Also es gab Fernsehen, Waschmaschine, alles. Na, sagen wir, die Wäsche wurde so gelöst, dass wir so ein Kesselhaus hatten, im großen Kessel haben wir Wasser warm gemacht und dann so eingefüllt. Also keine Handwäsche, weil so was gab's selbst da nicht. Na, aber hier ist es noch bequemer, hier ist der Laden, der Gehweg, kein Matsch. Weil dort [auf der *tanya*] musste man einen Kilometer gehen, na wir kamen raus, weil neben der Straße war gutes Gras, aber es war trotzdem schlechter. Weil die Kinder

152 Heute werden die Reste des Unterdorfes als soziales Problem gesehen. Nur noch sieben Häuser sind bewohnt, und die Problemfelder bestehen aus Arbeitslosigkeit, Alkoholismus, alleinstehende alte Leute sowie Familien mit vielen Kindern.

mussten früh zum Bus, [und] dann gab es vielleicht, dass der Bus nicht runterkommen konnte, weil er von der Straße gerutscht war, weil auch das kam vor. Da waren die Straßen noch enger, dann hat man sie breiter gemacht, ja." (16. 8. 2000)

Frau Szaszkó beschreibt den Umzug nach der schweren einsamen Arbeit auf dem Einzelgehöft als „Flucht" ins Dorf:

> „68–69 wurde dieses Haus gebaut [im Dorf], da war es so, nicht wahr, dass die Leute fast von den *tanyas* ins Dorf geflüchtet sind. So wurde Mesterszállás groß, denn, nicht wahr, vorher gab es hier nur ein, zwei Häuser." (3. 7. 1999)

und auf Nachfrage erläutert sie:

> „Es hatte keinen Sinn auf der *tanya.* Da ist der Hof auch geschlossen, warum sind wir da, wenn es nicht möglich ist, Vieh zu halten? So dachten sie, dass es hier [im Dorf] besser wird. Auch die Kinder gingen von hier [der *tanya*] zur Schule. Im dicken Matsch, immer in Gummistiefeln, mussten die Kinder gehen, das war nicht so schön." (3. 7. 1999)

Auch die Ausstattung der Häuser im Dorf weist auf eine Modernisierung hin. Über die Hälfte der Wohneinheiten (231) verfügte über zwei Zimmer, und es gab insgesamt 84 Badezimmer. Die sechs Häuser, die zwei bis drei Wohneinheiten aufwiesen, dürften die gemeindeeigenen Häuser sein, in denen Staatsangestellte (z. B. Lehrer) oder Bedürftige untergebracht waren. Es handelte sich zumeist um ehemals von wohlhabenden Bauern enteignete Häuser, aber auch um eigens von der Dorfverwaltung gebaute Häuser.[153] Auf 100 Zimmer kamen 150 Bewohner, d. h., insgesamt hatte sich die Wohnsituation entscheidend entspannt. Auch die Ausstattung der Häuser mit Strom, Gas und Wasser verbesserte sich. 1980 verfügten die meisten Wohnungen über Strom (354 Wohneinheiten) und viele über Gas (303) und über die Hälfte über fließendes Wasser in der Wohnung (210) oder auf dem eigenen Gelände (weitere 114)[154].

Diese günstigere Wohnsituation und der Rückgang der Bevölkerung auf den Einzelgehöften hängt auch mit dem Rückgang der Bevölkerung zusammen. Seit dem Krieg hatte die Bevölkerung kontinuierlich abgenommen. Da es in Mesterszállás kaum Arbeitsplätze außerhalb der Landwirtschaft gab, wanderten junge ausgebildete Arbeitskräfte ab. Tabelle 14 fasst die Bevölkerungsentwicklung in diesem Zeitraum zusammen.

153 1970 befanden sich in Mesterszállás 36 Häuser in Staatsbesitz (KSH 1970).

154 1970 hatten erst 261 Wohnungen Stromanschluss, 201 verfügten über Gas und 79 über fließendes Wasser in der Wohnung (KSH 1970).

Tabelle 14: Bevölkerungsentwicklung in Mesterszállás im Sozialismus (KSH 1970, 1980)

Jahr	**1949**	**1960**	**1970**	**1980**	**2000**
Einwohner	1685	1590	1345	1116	859

Besonders deutlich wird diese Abnahme zwischen 1960 und 1980. Von 1960 bis 1969 hatte der natürliche Bevölkerungszuwachs noch 22 Personen betragen, aber diese Zahl wurde durch die Abwanderung von 276 Personen bei weitem übertroffen (KSH 1970: 460–461). Im nächsten Jahrzehnt wurde die Zahl der Todesfälle nur noch knapp durch die Anzahl der Geburten ausgeglichen, und die Abwanderung bis 1980 betrug 190 Personen (KSH 1980: 258).[155]

Die Reformen hatten insgesamt, auch wenn sich ab Mitte der 1980er Jahre bereits die Krise anbahnte, zu bescheidenem Wohlstand in Mesterszállás geführt, und die Konsumbedürfnisse der Bevölkerung wurden weit gehend abgedeckt. Die stabilen Zugangsrechte und neuen sozialen Ansprüche substituierten erfolgreich die alten Eigentumsrechte.

Entwicklung der genossenschaftlichen Landwirtschaft in Mesterszállás

Am 1. 1. 1960, kaum ein Jahr nach der Vollkollektivierung, schlossen sich die fünf LPGs (Uttörő, Béke, Rákóczi, Petőfi und Ezüstkalász) in Mesterszállás zur Uttörő-LPG zusammen. 14 Jahre später wiederum schloss man sich mit der benachbarten Táncsics-LPG aus Mezőhék zusammen, die ihrerseits aus dem Zusammenschluss mehrerer Genossenschaften hervorgegangen war. Der Agrarbetrieb umfasste damit 1974 die Flächen der drei Dörfer Mesterszállás, Mezőhék und Rákócziújfalu (über 10 000 Hektar).[156] Abbildung 3 zeigt diesen Konzentrationsprozess in Form eines Stammbaums. Aufgeführt sind alle zwölf kleinen Genossenschaften, aus denen sich der spätere Großbetrieb zusammensetzte. Es ist ersichtlich, dass die erste Konzentrationswelle auch in den anderen Orten bereits mit dem Ende der Kollektivierung einsetzte und dann in den 1970er Jahren der Zusammenschluss aller drei Dörfer erfolgte.

155 Dieser Trend der Bevölkerungsabnahme hat sich bis in die heutige Zeit fortgesetzt. Die Altersstruktur der 859 Bewohner im Jahr 2000 zeichnet sich daher durch Überalterung aus, während die Geburtenrate inzwischen sehr niedrig ist und von der Anzahl der Todesfälle bei weitem übertroffen wird.

156 Zur Geschichte der LPG siehe Archivmaterial (Jász-Nagykun-Szolnok Meygei Levéltár: Tsz iratok Uttörő) und Marinka (1989).

Abbildung 3: LPG-Stammbaum

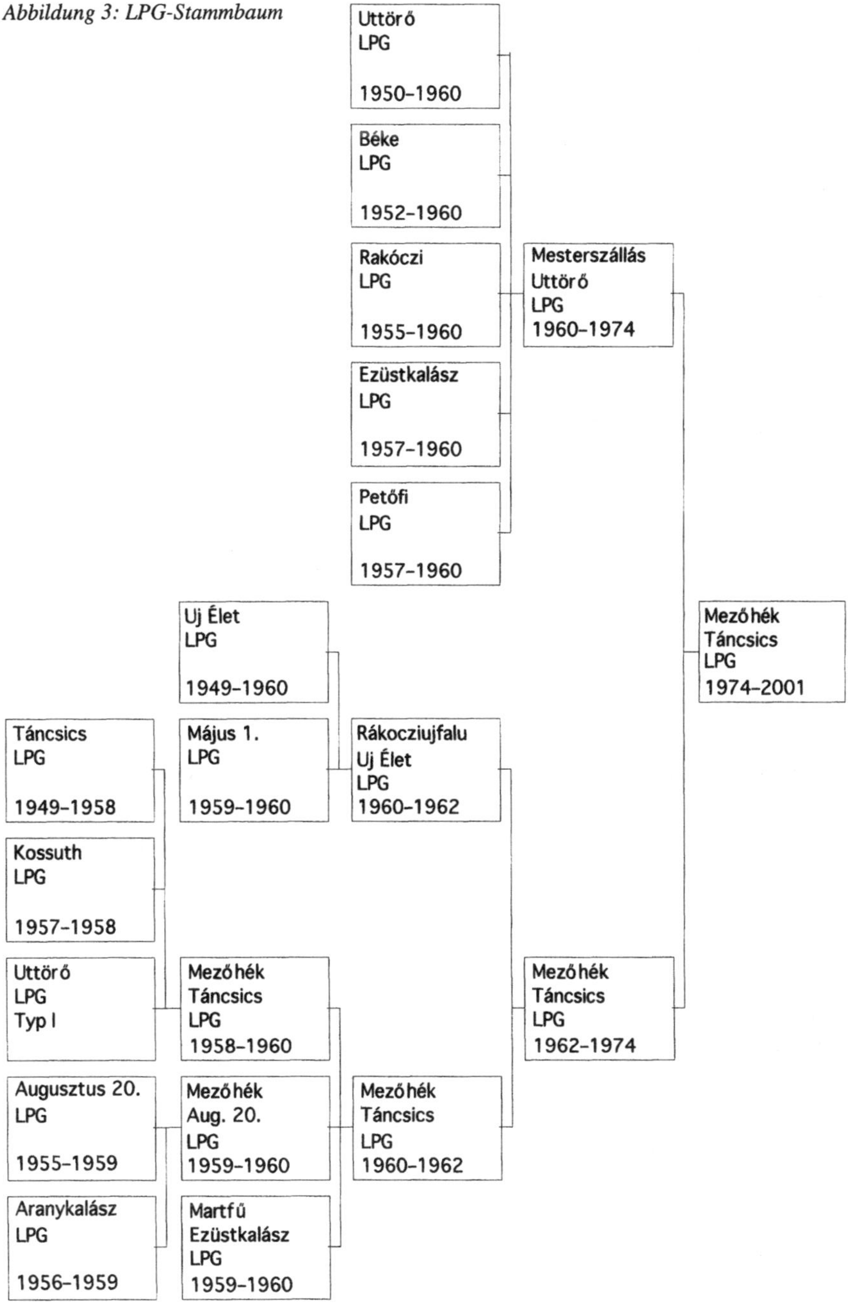

Die Genossenschaft hatte sich während dieser Zeit zum größten Arbeitgeber in Mesterszállás entwickelt, und die Landwirtschaft stellte während der gesamten Zeit des Sozialismus den weitaus überwiegenden Anteil der Arbeitsplätze für die Bevölkerung. 1970 erzielten 78,7 % der aktiven und 91,6 % der inaktiven Bevölkerung aus Mesterszállás ihr Einkommen aus der Landwirtschaft. In absoluten Zahlen waren dies von insgesamt 495 aktiv Beschäftigten 362, die von der Landwirtschaft lebten (KSH 1970: 553/554). Die Situation änderte sich bis 1980 wenig. Von den 537 aktiv Beschäftigten arbeiteten auch noch 1980 über die Hälfte (373 Personen) in der Landwirtschaft. Der Rest verteilte sich auf Industrie, Baugewerbe, Handel, Wasserwirtschaft und Transport (KSH 1980: 634–635). Die Bedeutung der staatlichen Landwirtschaft war dabei verschwindend gering. 1970 arbeiteten nur 19 der 362 aktiv Beschäftigten auf dem Staatsgut, während 327 in der LPG arbeiteten. Neun Personen wurden als „andere Landwirtschaft“ gezählt; es handelt sich um den Anteil der privaten Bauern.

Im Zuge der Reformen in der Organisation landwirtschaftlicher Produktion wurde die auf dem Hof der Familie von István befindliche staatliche Maschinenstation (siehe Kapitel 4) aufgelöst und die Maschinen von der Genossenschaft aufgekauft. Diese Umstrukturierung, die auch zu den ersten landesweiten Maßnahmen in Ungarn gehörte, erwies sich als sehr viel funktionaler als die frühere Arbeitsteilung und steigerte so auch die Akzeptanz in der Bevölkerung. Gleichzeitig wurde der seit 1958 beschrittene Weg der Substitution der an Bodeneigentum geknüpften Langfristrechte fortgeführt. In diesem Sinne wurden 1967 das Rentensystem sowie das System der sozialen Sicherung weiter ausgebaut.

Ein weiterer wichtiger Schritt war die 1966 beschlossene Einführung garantierter Löhne in der genossenschaftlichen Landwirtschaft. Die frühere Bezahlung nach Arbeitseinheiten überwiegend in Naturalien wurde langsam durch Zahlung von regelmäßigen und damit planbaren Monatslöhnen abgelöst. In Mesterszállás dauerte es allerdings noch bis 1974, bis man endgültig auf jegliche Berechnung von Arbeitseinheiten verzichtete und begann, feste Monatslöhne auszuzahlen (Marinka 1989: 118). Die Arbeitseinheiten hatten keine klare Verbindung zwischen Anstrengung und Ergebnis aufgewiesen, so dass dieses System die Motivation erheblich hatte sinken lassen (Swain 1985: 42–44). Zusätzlich hatte dieses System die Macht derjenigen, die die unterschiedlich bewerteten Arbeiten zuteilten, gefestigt. Nach Einführung fester Bezahlung wurden alle Mitglieder auf einem Beschäftigungsniveau gleich bezahlt. Dies schränkte die Macht der Brigadeleiter, die in der Zuteilung unterschiedlich bewerteter Arbeiten lag, und damit die Möglichkeit einer Einteilung/Bezahlung nach sozialer Herkunft ein.

Nachdem den Genossenschaften in Ungarn mehr Freiheiten in den wirtschaftlichen Entscheidungen überlassen wurden (Berend 1990: 93–107), begann man auch in Mesterszállás mit dem Aufbau weiterverarbeitender Betriebe. 1977 beschloss man zusammen mit vier anderen Großbetrieben den Anbau von Gewürzpaprika auf insgesamt 505 ha. Im selben Jahr begann man von Seiten der Táncsics-LPG mit dem Aufbau einer Gemüsetrockenanlage für die Verarbeitung dieser Paprika. Mit dieser Entscheidung wurden zwei Ziele verfolgt. Zum einen wollte man überflüssige Transportkosten vermeiden und zum anderen in den lukrativen Export der getrockneten Paprika einsteigen. In die gleiche Richtung zielte der Aufbau der „Limusin-Produktion" auf dem Gelände von Mesterszállás. Man wollte die verlustmachende Milchproduktion langsam zurückschrauben und auf Fleischproduktion umsteigen (Marinka 1989: 148). Es war die Zeit, in der, wie die Dorfbewohner noch heute sagen, die LPG „blühte" (virágzott).

HAUSWIRTSCHAFTEN IN UNGARN

Im Verlauf der Reformen wurde der Bereich der sog. Haus- oder Hilfswirtschaften (háztáji) stark erweitert. Prinzipiell stand zwar jedem Mitglied weiterhin nur ein Hektar Land zu; es wurden jedoch neue gewinnträchtigere Pflanzen (Gemüse- und Gewürzpflanzen) in den Bereich eingeführt und das System des „share-cropping" aus dem Schatten der Duldung in den Bereich der akzeptierten „sozialistischen" Formen gehoben.

Die „schweren" Arbeiten (pflügen, säen, spritzen, bewässern) wurden von der Genossenschaft übernommen, während die „leichten" Arbeiten (Unkraut hacken und ernten) privat verrichtet wurden. Die Ernte konnte privat verbraucht oder an die LPG verkauft werden. Statt des „traditionellen" bäuerlichen Prinzips „Von allem ein bisschen" spezialisierten sich viele Produzenten in dieser Zeit auf ein bestimmtes Segment. So entstanden die „sozialistischen Unternehmer" mit mehreren hundert Mastschweinen oder einem Ausstoß von mehreren zehntausend Hühnern pro Jahr. Im Unterschied zu den anderen sozialistischen Ländern, in denen häusliche Hilfswirtschaften ebenfalls erheblich zum Haushaltseinkommen beitrugen, waren in Ungarn die Genossenschaften in den Prozess aktiv involviert und organisierten diese Aktivitäten in weiten Teilen mit. Diese weiter gehenden Reformen des Wirtschaftslebens Ende der 1960er Jahre führten zwar unter den Kosten einer erheblichen Erhöhung der Arbeitszeit durch die Nebenerwerbslandwirtschaften doch auch zu bescheidenem Wohlstand. (Swain 1985, Szelényi 1989, Laki 1997)

Durch den Aufbau der Gemüsetrockenanlage wurde Gewürzpaprika in Mesterszállás zum Hauptprodukt der privaten *háztáji*-Produktion (siehe Einschub). Dies markierte den endgültigen Übergang von der „traditionellen" Erweiterung des Haushaltseinkommens bei Verkauf der „überflüssigen", nicht für den Eigenkonsum benötigten privaten Produktion zu einer reinen Marktproduktion. Die Paprika wurde fast ausschließlich zum Verkauf produziert. Aber auch in der Hybridmaisproduktion sowie der Geflügel- und Schweinezucht kam es z. T. zu privaten Produktionen, die von ihrem Volumen her die vorherige häusliche Hilfswirtschaft bei weitem übertrafen. Diese Produktion war nun mehr als eine Ergänzung zum offiziellen Einkommen, sie konnte dieses vielmehr verdoppeln. Vor allem junge Familien konnten so den Hausbau finanzieren, wobei z. T. der Gewinn aus einer Jahresproduktion ausreichte.

1980 entstand in Mesterszállás die Idee der „ersten genossenschaftseigenen Bierbrauerei Ungarns". Die Realisation des Projektes zog sich allerdings in die Länge, und so startete die Produktion von Gold-Fassl-Lizenzbier (aranyhordó) erst am 30. Juni 1986. Neben der Genossenschaft gab es auch noch andere Anteilseigner. Der Bau der Brauerei und die Aufnahme der Produktion fiel mit der immer deutlicher werdenden Krise der ungarischen Wirtschaft zusammen. Die Entscheidung, in den 1980er Jahren mit dem Aufbau der Brauerei zu beginnen, wird daher z. T. als der „Anfang vom Ende" der wirtschaftlichen Prosperität der Genossenschaft beurteilt. Die aufgenommenen Kredite waren sehr hoch, und zudem kam es 1987–1989 zu polizeilichen Durchsuchungen und anschließend zu einem Prozess wegen Veruntreuung von Geldern durch einige Mitglieder der Führung. 1988 mussten wegen finanzieller Engpässe Genossenschaftsanteile an die Bank und eine andere Bierfabrik verkauft werden (Marinka 1989).

Die Position der Eigentumsrechte war in diesem Zeitraum zweischneidig. Auf der einen Seite wurde weiterhin „still" Land verstaatlicht, indem es zu geringen Kompensationen von den Genossenschaften übernommen wurde[157], auf der anderen Seite kam es mit dem Fortschreiten der Reformen zu einem vorsichtigen Zulassen verschiedener neuer Zugangsrechte zu Boden. Eine weitere Ausdehnung der Zugangsrechte zu Land zeigt sich in der Veräußerung von Obstgärten, die seit 1982 in zwei Phasen von der Genossenschaft in Mesterszállás

157 So mussten etwa Erben verstorbener Mitglieder ihr Land zu geringen Preisen an die LPG verkaufen, und z. T. noch nicht schriftlich belegte Enteignungen der 1950er Jahre wurden nun bürokratisch nachgeholt. Ungarn wies zum Zeitpunkt der Transformation einen der höchsten Anteile staatlichen Besitzes an Boden auf.

gekauft werden konnten.[158] Sie sind bis heute Eigentum der damaligen Käufer. Entscheidend ist, dass sich die Zugangsrechte zu Boden in dieser Zeit vergrößerten und stabil blieben. Private Produktion wurde dabei vom Staat gefördert. Eine Akkumulation von Boden, die die gesetzlichen Normen nicht zu weit überschritt, wurde im Allgemeinen von den Behörden nicht geahndet (Szelényi 1989: 119, Sozan 1983: 130). Zusätzlich konnten ab Mitte der 1980er Jahre auch schon Privatpersonen begrenzt Landmaschinen wie z. B. kleine Traktoren zum Bearbeiten privater Felder erwerben. Der juristische Eigentumstitel verlor dabei an Relevanz. Hann schreibt über die Situation in den 1970er Jahren:

> "Formal title to land still lay for the most part with the villagers, but this was an irrelevance. They accepted that their socialist cooperative was the dominant local economic institution, with the power to allocate land as its leaders saw fit. But as long as it de facto guaranteed villagers as much land as they wanted to farm and supported them in their production activities, with guaranteed prices for agricultural produce, most villagers were reasonable content with their lot. The great majority were much more prosperous than their parents and grandparents had been, and the diminuition of their formal private property rights was seldom raised as issue, except by a few embittered members of the well-to-do peasantry." (Hann 1998: 17–18, Heraushebung im Text)

Personeller Umbruch und soziale Kontinuität

Parallel zu den Veränderungen der wirtschaftlichen Ausrichtung fand auch ein Umbruch in Personal und Arbeitsorganisation in den Genossenschaften statt. Junge Experten von den Universitäten übernahmen ab Ende der 1960er Jahre, Anfang der 1970er Jahre Führungspositionen in den Genossenschaften und lösten so die Elite alter Bauern ab.[159] Der ehemalige Buchhalter der Táncsics notiert in seiner Chronik stolz, dass 1977 21 junge Ingenieure mit abgeschlossenem Universitätsstudium und 17 Absolventen von Fachhochschulen „nun die Produktion leiteten" (Marinka 1989: 151).

Schon die oben beschriebene Aufnahme der ehemals reichen und mittleren Bauern in den Prozess der Kollektivierung war ein wichtiges Element der sozia-

158 Zunächst waren langjährige Nutzungsverträge (über 50 Jahre) mit Mitgliedern abgeschlossen worden, die dann in Kaufverträge überführt wurden.

159 Dieser Übergang wurde auch als Teil eines Klassenkampfes interpretiert, in dem die Intelligenz zur eigentlichen Führungsmacht wurde (Szelényi und Konrád 1978). Für soziologische und ethnologische Beschreibungen dieses Prozesses siehe Juhász (1983), Hann (1983: 82 f.) und Sárkány (1983: 51 f.).

len Kontinuität in Mesterszállás gewesen. Dieser Prozess wurde in der neuen Phase des Generationenumbruchs weiter gestärkt. Anders als in Kisiratos (siehe Kapitel 4) „verschwanden" ehemalige kommunistische Kader der Anfangszeit bzw. fielen ihre Familien in die Position vorsozialistischer Zeiten zurück. Ein Beispiel ist die in Kapitel 4 eingeführte Familie von Zoltán. Sowohl er als auch sein Schwiegervater hatten einflussreiche Posten (Ratsmitglied bzw. LPG-Leiter) in der frühen Phase des Sozialismus inne. Nach dem Ausscheiden seines Schwiegervaters aus der LPG stieg Zoltán nicht in die Führungsebene auf und zählt heute wieder zu den Kleinproduzenten in Mesterszállás. Auch seine Kinder nehmen keine einflussreichen Positionen ein. Auch andere Beispiele früher Kader zeigen, dass sich die anfängliche kommunistische Elite nicht auf der Dorfebene reproduziert hat. So z. B. die Familie der ersten (und bisher einzigen) Ratsleiterin in Mesterszállás, deren Mann Parteisekretär war und die nach diesem kurzfristigen Aufstieg heute wieder zu den Kleinstproduzenten zählt.[160]

Die erste sozialistische Ratsleiterin

Herr Molnár wurde 1913 in Békesszentandrás geboren und kam als Knecht (béres) nach Mesterszállás. Hier lernte er Piroska kennen und heiratete sie. Während er 1950 als Parteisekretär zu den Gründungsmitgliedern der Uttörő-LPG zählte, wurde seine Frau, die ebenfalls aus armer Familie stammte, im selben Jahr erste und einzige weibliche Ratsleiterin von Mesterszállás. In dieser Zeit leitete sie die erste Welle der Enteignungen und Hausdurchsuchungen.

1956 wurde ihr Sohn István geboren, der heute als einziges von vier Kindern noch in Mesterszállás lebt. Er arbeitet als Traktorist in der LPG, seine Frau als Buchhalterin. Sein Sohn wird ebenfalls Traktorist, während seine Tochter, ohne Fachausbildung, arbeitslos ist. Durch die Privatisierung haben sie jeweils 30 Goldkronen Land als Mitgliedsland bekommen. Diese ca. 4,5 ha bewirtschaften sie seit 1999 selbst. Heute ist die Familie wieder unter den Kleinstproduzenten.

Auch der Lebensweg des nächsten Ratsleiters, der das Amt 1952 von Frau Molnár übernahm, deutet nicht auf langfristige soziale Mobilität hin. Auch er hatte das Amt nur für ein Jahr inne und war dann für den Rest seines Erwerbslebens einfacher Arbeiter in der LPG.[161]

---

160 Zusammengestellt nach Interview Nr. 112 sowie Historia Domus und Archivmaterial.

161 Zusammengestellt nach Interview Nr. 78, Gespräch am 4 5. 2000, Archivmaterial und anderen informellen Gesprächen.

Der zweite sozialistische Ratsleiter

Herr Kiss wurde 1926 in eine landlose Gutsarbeiterfamilie geboren. Er lebte mit seiner Familie als Kind in den elenden Zuständen, die damals in den für das Proletariat gebauten Langhäusern mit mehreren Familien auf engstem Raum herrschten. Schon als Kind musste er auf dem Gut arbeiten. Er schlief im Stall, während der Sohn des *gazda* in einem Bett schlief. Rückblickend kommentierte er: *„Ich bin im verfluchten Kapitalismus aufgewachsen, ich weiß, was das heißt. Ich habe sie immer gehasst, die Reichen."* (TB 4.5.2000)

1951 wurde Herr Kiss mit 25 Jahren Ratsleiter in Mesterszállás und war in dieser Zeit verantwortlich für die Verfolgung der wohlhabenden Bauern. Er soll sie geschlagen und an den Bärten gezogen haben. Schließlich legte er aber 1952 sein Amt nieder und arbeitete den Rest seines Erwerbslebens als einfacher Arbeiter in der Schweineproduktion der LPG. Er heiratete die Tochter eines Tagelöhners und lebt bis heute im Ort. Ihre Tochter wohnt heute in Kunszentmárton, d. h., sie ist für die lokale Hierarchie nicht mehr relevant.

Ebensowenig wie diese beiden Beispiele weist die Geschichte des Parteisekretärs und Schwiegersohns des Leiters der „proletarischen" Uttörő-LPG auf eine anhaltende Aufwärtsmobilität hin.[162]

Der Parteisekretär

Anfang der 1950er Jahre erhielt die Familie Kovách die *tanya* eines enteigneten Bauern in Mesterszállás als Wohnung zugewiesen. Der Sohn Gyula heiratete 1955 die Tochter des Leiters der ersten LPG in Mesterszállás (siehe Foto 6). Nach seinem Dienst als Soldat trat er 1956 der Uttörő-LPG unter Leitung seines Schwiegervaters bei und wurde bald darauf Parteisekretär. Nach dem Zusammenschluss mit der Táncsics wurde er nur noch stellvertretender Parteisekretär. Heute ist er Rentner, und seine beiden Söhne arbeiten im Ausland. Nach dem politischen Wandel ließ er seine Tochter, die ehemals enteigneten Möbel einer Großbauernfamilie, die sich noch im Haus seines Schwiegervaters befanden, an die ursprünglichen Eigentümer zurückgeben. Er sowie seine Kinder haben keine führenden Positionen im Dorf inne und sind finanziell nicht besonders gut gestellt, so dass Gyula sogar seinen Hobbygarten verkaufen möchte.

Foto 8 zeigt Gyula noch in der Eigenschaft als Parteisekretär Ende der 1950er Jahre in der Pose eines Gutsherren bei der „Überwachung der Produktion" auf den Feldern der LPG.

---

162 Zusammengestellt nach Informationen aus Gesprächen am 18. 8. 2000 und 22. 8. 2000 (TB).

Foto 8: Der Parteiskretär „überwacht die Produktion“

Als letztes Beispiel frühsozialistischer Kader soll Herr Barna angeführt werden. Er kam Ende der 1950er Jahre nach Mesterszállás und wurde zunächst Ratsleiter sowie später Leiter der *Uttörő*-LPG. Er war in Mesterszállás der letzte Kader, der ohne Erfahrung in der Landwirtschaft zu haben, in ein solches Amt berufen wurde. Obwohl er bis zu seiner Rente dort blieb, nimmt auch seine Familie keine gehobene Stellung in der postsozialistischen Hierarchie ein. Er starb nach langer Krankheit während des Forschungszeitraums. An seiner nicht-kirchlichen Beerdigung nahmen, obwohl das sonst üblich ist, keine offiziellen Gesandten der LPG oder des Bürgermeisteramtes teil. Dieses Fernbleiben drückt die Missachtung der verschiedener Seiten aus.[163]

Der auswärtige Kader

1935 wurde Herr Barna als zehntes Kind einer armen Familie in Öcsöd, einem Nachbarort von Mesterszállás, geboren. Sein Vater war Schmied. 1958 kam er als Ratsleiter nach Mesterszállás. Im Amt lernte er seine spätere Frau kennen, die auch aus einer armen Familie stammte. Ihre Mutter war Halbwaise und ihr Vater Vollwaise gewesen. Mit 17 Jahren hatte sie angefangen, im örtlichen Bürgermeisteramt zu arbeiten.

163 Zusammengestellt aus Gesprächen am 18.2.2000 und 7.3.2000 und Archivmaterial.

1965 wurde Herr Barna Leiter der Uttörő-LPG. Nach deren Vereinigung mit der benachbarten Táncsics-LPG bekam er nur noch einen Stellvertreterposten mit geringen Handlungskompetenzen.

1983 wurde er pensioniert und lebte bis zum Sommer 2000 in einem kleinen Haus in Mesterszállás. Beide Kinder zogen aus Mesterszállás weg, d. h., auch sie sind nicht mehr in der dörflichen Hierarchie präsent. Zu seinem Begräbnis erschienen weder, wie dies sonst beim Ableben ehemaliger Funktionsträger üblich ist, offizielle Gesandte der LPG noch solche des Bürgermeisteramtes.

Während die frühen Kader wieder auf der sozialen Hierarchie abstiegen, stiegen junge Fachleute, die aus den Universitäten kamen, in die Führungsebene der Genossenschaften auf. Ein Teil dieser Agraringeneure und Tierärzte waren Fremde im Dorf und bildeten bald ihre eigene soziale Gruppe der sozialistischen Elite. Der andere Teil waren Söhne von Familien aus Mesterszállás, die nach dem Studium zurückkehrten. Diese einheimischen Führungskräfte der LPG setzten sich ausschließlich aus Abkömmlingen ehemals wohlhabender Bauernfamilien zusammen. Die Beispiele von Dezső und Gábor waren schon in Kapitel 4 erwähnt worden. Ihr Familienhintergrund war dabei offensichtlich kein Exklusionskriterium für die Schullaufbahn und Positionsbekleidung mehr. Dezső und Gábor waren nicht die einzigen Söhne oder Enkel von Mittel- und Großbauern, die in dieser Zeit eine leitende Funktion übernahmen. Auch der Vater des Leiters der Maschinenwerkstätten (und Nachfolger im Amt des Parteisekretärs in Mesterszállás nach dem Vater von Gábor) war vor der Kollektivierung Großbauer. Ein weiteres Beispiel ist der ehemalige Produktionsleiter der LPG für Mesterszállás. Er stammt aus einer großbäuerlichen Familie eines Nachbarortes, die im Frühsozialismus als „kulák“ eingeordnet wurde. Auch er zählt heute zu den „neuen Reichen“ in Mesterszállás. Attila gehört zwar nicht zu den großflächigen landwirtschaftlichen Unternehmern, konnte aber ähnlich früh in der Transformation auf das Familienerbe zurückgegreifen und betreibt eine erfolgreiche Nebenerwerbslandwirtschaft intensiver Gemüsepflanzen.[164]

Vom Großbauer in die sozialistische Elite

Attila ist ein Enkel ehemaliger Großbauern eines Nachbarortes. Er kam ähnlich wie der Bruder von Tamás nach seinem Studium als Agraringeneur in die LPG

164 Angaben nach Interview Nr. 38 und Nr. 65, verschiedenen informellen Gesprächen sowie Archivmaterial.

nach Mesterszállás. Dort wurde er Mitglied der Führung und Gebietsleiter bis Mitte der 1990er Jahre.

In Mesterszállás heiratete er Orsolya, die aus einer der reichsten Familie im Ort stammt. Auch ihr Großvater wurde im frühen Sozialismus als „Kulake" qualifiziert und enteignet. Er war Chef der örtlichen Parteigruppe der Kleinbauernpartei gewesen und 1956 Leiter des Revolutionären Rates in Mesterszállás (siehe Kapitel 5).

Die jungen Führungskräfte waren zu Anfang ihrer Karriere häufig noch nicht Parteimitglieder, d. h., die Mitgliedschaft war nicht mehr Voraussetzung für die Anstellung.[165] In ihrem Aufstieg in die Führungspositionen zeigt sich auch, dass der Zugang zu formalen Bildungseinrichtungen auch ehemaligen „Kulaken" wieder offen stand. In Mesterszállás existiert zwar, wenn auch selten, der Verdacht, dass der Zugang zu höherer Bildung wegen der familiären Herkunft versagt wurde (siehe das Beispiel von Pál in Kapitel 4), aber nicht durch eine lokale Instanz, sondern die jeweilige weiterführende Schule verweigerte die Aufnahme des Betreffenden. Diese Machtverschiebung von der dörflichen Instanz hin zu einem bürokratischen Vorgehen wirkte so als Garant für mehr Rechtssicherheit und erleichterte die soziale Reproduktion.

Kontinuität in Heirats- und Erbstrategien

Die Resistenz der dörflichen Hierarchie gegen die Änderung der Eigentumsrechte, die schon im neuerlichen Aufstieg der alten Elite sowie den Geschichten der frühen Kader deutlich wurde, zeigt sich auch in den Heirats- und Erbstrategien. Deutlich ist dies z. T. in den Fallbeispielen neuer Großbauern in Kapitel 4 geworden. Sowohl Tamás als auch Gábor haben Töchter ehemaliger Großbauern geheiratet. Auch der oben angeführte Attila heiratete in derselben Schicht.

Im Kapitel 5 wurde dargestellt, dass in der vorsozialistischen dörflichen Gesellschaft die Heirat im selben Milieu angestrebt wurde. Zwar war im Sozialismus Bodenbesitz als Mittel sozialer Unterscheidung mit der Kollektivierung verschwunden, dennoch wusste man noch, wer reich und wer arm gewesen war, und diese Unterschiede konnten in bescheidenem Umfang reproduziert werden. Deutlich wird dies auch in den unzähligen lokalen Geschichten, darüber, wer wen aufgrund von Besitzunterschieden nicht heiraten durfte. Diese enden kei-

165 Auch in anderen ungarischen LPGs war die Parteizugehörigkeit keine unbedingte Notwendigkeit für die Übernahme einer Führungsposition. So berichtet Hann für die LPG in Tázlár, dass die Leiter keine Parteimitglieder waren (Hann 1996: 39).

neswegs mit der Kollektivierung in den 1960er Jahren, sondern finden sich vielmehr bis weit in die 1980er Jahre.

Pápay (1989) hat in einer Fallstudie über die soziale Hierarchie und Heiratspräferenzen in einem Dorf Mitte der 1980er Jahre überzeugend beschrieben, wie sich vorsozialistische Unterschiede nach „Rang“ (rang) in der Wahrnehmung erhalten hatten und auf die Heiratspräferenzen auswirkten. Ein ähnlicher Eindruck drängt sich für Mesterszállás auf. Der Ausdruck *rang* wird nicht verwendet, aber vorsozialistische Besitzverhältnisse hatten dennoch einen deutlichen Einfluss auf die innerdörfliche Bewertung von Personen hinsichtlich ihrer Eignung als Heiratskandidaten. Zwar sagt man im Allgemeinen, arrangierte Ehen gebe es nicht mehr (wobei der Zeitpunkt, ab dem das so sei, unterschiedlich angegeben wird) und sei im Zweifelsfall in der eigenen Familie ohnehin nie Sitte gewesen, andererseits gibt es viele Konflikte um Ehen auch jüngeren Datums, die in Begriffen wie *„die Familie passt nicht zu uns“* ausgedrückt werden. Meist stimmt diese Aussage mit unterschiedlicher sozialer Herkunft überein.

Neben den lokalen Erzählungen gibt die Auswertung der Frage „Haben Sie persönlich über Entschädigungspapiere verfügt?“ einen Hinweis auf die Heiratspräferenzen. Entschädigungspapiere erhielt man, wenn man selbst oder Familienmitglieder enteignet worden waren (siehe Kapitel 7). In der Befragung konnten in 49 Haushalten Daten für beide Ehepartner erhoben werden. Dabei verfügten in 39 Fällen entweder beide oder keiner von beiden über entsprechende Ansprüche. Diese Zahlen sind natürlich auch vom Lebensalter der Befragten beeinflusst, da Jüngere erst im Falle des Ablebens der Eltern erben konnten. Trotzdem können sie als ein Anzeichen dafür gewertet werden, dass entweder beide Ehepartner aus wohlhabenden Familien stammen, die dann enteignet wurden, oder beide aus armen Familien, die heute nicht über Entschädigungsansprüche verfügen.

Dies ist insofern interessant, als dass hier offensichtlich das Prinzip „Acker zu Acker“, wie es in Kapitel 5 beschrieben wurde, trotz Unterbrechung der materiellen Weitergabe nicht gänzlich aufgehört hat zu existieren. Eine solche Strategie der Heiratspräferenzen wird nicht immer verbalisiert, vielmehr scheint das soziale Ansehen einer Familie so verinnerlicht, dass sich die „Richtigen“ treffen.[166] Erst auf direkte Nachfrage, warum z. B. aus Familien „ewiger Verlierer“,

166 Das Thema Heiratsstrategien und soziale Reproduktion wurde für ein deutsches Dorf ausführlich untersucht von Lipp (1982, insb. 449ff.). Für die dörfliche Gesellschaft im sozialistischen Ungarn stellte Sárkány (1983: 281) sogar einen steigenden Einfluss der Eltern auf die Eheschließung fest, bei der der materielle Familienhintergrund weiterhin berücksichtigt werde.

d. h. solcher, die sich immer in den niedrigeren sozialen Schichten befinden, nie jemand gesellschaftlich „nach oben“ geheiratet habe, das liege doch nicht an mangelnder Attraktivität, antwortete einer der heutigen erfolgreichen landwirtschaftlichen Unternehmer:

> „Hübsch, ja hübsch, aber was hat für einen Wert, eine X oder Y zu heiraten, das weiß man doch, wie die leben, von einen Tag auf den anderen, die denken nicht an die Zukunft.“ (I, Nr. 110, 51 Jahre, verheiratet)

Die Häufigkeit innerdörflicher Endogamie hat diesen Prozess der Auswahl an Heiratspartnern innerhalb einer sozialen Gruppe gefördert. Bis 1970 stammten noch über die Hälfte aller Ehepartner aus Mesterszállás, und selbst in den Jahren 1991–1997 lag der Anteil der innerhalb der Dorfes geschlossenen Ehen noch bei 42 % (Örsi 1997: 145). Selbst bei jüngeren Paaren stimmt meist immer noch die familiäre Herkunft überein. So heiratete der Sohn von Tibor, des Aufsteigers aus kleinbäuerlichem Niveau, auch wieder eine Tochter ehemaliger Kleinbauern. Die frühe sozialistische Elite, die fremd ins Dorf kam, heiratete in kleinstbäuerliche Familien ein (siehe oben Fallbeispiele Parteisekretär, erster Ratsleiterin und zweiter Ratsleiter). Auch in der Familie von Zoltán (siehe Kapitel 4) heiratete der Sohn die Tochter einer „eingewanderten“ kommunistischen Lehrerfamilie, die ebenfalls auf einen agrarproletarischen Hintergrund zurückblickte. Diese Familien der frühen lokalen und eingewanderten sozialistischen Elite bildeten ein Freundschaftsnetzwerk im Dorf. Die spätere sozialistischen Elite bildete ihr eigenes Netzwerk.. Diese „neue“ Elite junger Agrarfachleute heiratete nicht ins Dorf ein und führte ein vom übrigen Dorf getrenntes gesellschaftliches Leben. Überschneidungen ergaben sich allenfalls mit der alten bäuerlichen Elite, sofern diese in die sozialistische übergegangen war (wie im Fall des Leiters der Reparaturwerkstätten der LPG oder Attila, des Produktionsleiters der LPG für Mesterszállás). So konnte das örtliche Präferenzsystem für Heiratskandidaten relativ unbeschadet die verminderten Zugriffsrechte auf Land überstehen.

Interessant in diesem Zusammenhang ist, dass es auch hinsichtlich der Erbfolge eine Kontinuität lokaler Werte gibt. Im Kapitel zu den vorsozialistischen Sozialbeziehungen wurde angemerkt, dass im Allgemeinen der jüngste Sohn den elterlichen Hof übernahm. Im Falle besitzender Eltern wurde z. T. versucht, die älteren Geschwister durch Ausbildung in handwerklichen und anderen Berufen anders abzufinden. Dieses Schema hat sich in Mesterszállás bei vielen Familien erhalten. Grundsätzlich wurde eher in die Bildung älterer Geschwister investiert, während möglichst der jüngste Sohn zu Hause bzw. in der Landwirtschaft bleiben sollte. Besonders gut lässt sich dies anhand derjenigen, die heute wieder eine private Landwirtschaft betreiben, verfolgen. Bei den Geschwistern Dezső und Tamás ist es beispielsweise der ältere Bruder Dezső, der eine Hochschulausbildung erhielt. Tamás sagte im Gespräch, dass er bei der Erziehung seiner Kinder so eine Unterscheidung nicht mehr machen möchte (TB 23. 3. 2000). Offenbar fühlte er sich aufgrund der Geburtenfolge zu Unrecht in der Ausbildung benachteiligt. In der erwähnten Mittelbauernfamilie von Péter ist der ältere Sohn Lehrer, während der jüngere Agraringenieur ist. Letzterer soll einmal die väterliche Landwirtschaft übernehmen. Auch bei Gábor, einem der anderen erwähnten landwirtschaftlichen Unternehmer, findet sich dieses Verhältnis. Sein älterer Sohn ist in der Tourismusbranche tätig, während der jüngere eine landwirtschaftliche Hochschule besucht und evtl. den väterlichen Betrieb übernimmt. Ebenso ist der ältere Bruder von Csaba, eines der Kleinbauern aus der Netzwerkstudie außerhalb der Landwirtschaft tätig. Selten wird wie im Beispiel von Tamás offen gesagt, dass es sich bei diesem Schema um eine bewusste Strategie der Eltern handelt. Eine Mutter von vier Söhnen erwähnte allerdings einmal im Gespräch, dass sie gewollt habe, dass *„wenigstens der jüngste Sohn im Dorf bleibt"* (TB 6. 3. 2000). Während die andern Söhne wegzogen, wurde der jüngste Sohn Agraringenieur und arbeitete in der örtlichen LPG. Heute wohnt er mit seiner Familie im Haus neben seinen Eltern. Angesichts der Häufung von Fällen zumindest unter den selbständig in der Landwirtschaft tätigen Personen und da diese Beobachtungen „nebenher" aufgenommen wurden und nicht als Ergebnis gezielter Befragung entstanden, kann man davon ausgehen, dass es sich nicht um einen Zufall handelt, sondern eingehendere Forschung hier tiefer gehende Ergebnisse erzielen könnte.

6.2.2 Kisiratos: Permanenter Entzug von Langfristrechten und soziale Diskontinuität

Im Gegensatz zum Reformkurs in Ungarn führte in Rumänien die strikte Fortführung des stalinistischen Modells zur klassischen Mangelwirtschaft.[167] War es noch bis Anfang der 1970er Jahre zu einem langsamen, aber stetigen Anstieg der Lebensverhältnisse gekommen, so verschlechterte sich die Situation in den 1980er Jahren zunehmend. Ceauşescu plante, durch massiven Export und Einschränkung des heimischen Konsums die Staatsschulden abzubauen. Eine Ironie

167 Zur Einordnung verschiedener sozialistischer Staaten in Modelle siehe Swain (1998). Zur Analyse sozialistischer Mangelwirtschaft Kornai (1992).

der Geschichte mag es sein, dass diese Politik mit den katastrophalen Folgen für die Bevölkerung genau zu dem Zeitpunkt ihr Ziel erreicht hatte, als Ceauşescu gestürzt wurde: Rumänien war, im Gegensatz zu Ungarn mit der höchsten Auslandsverschuldung, zu Beginn des politischen Umbruchs beinahe schuldenfrei.

Parallel zur nationalen Entwicklung erlebte auch Kisiratos bis zum Anfang der 1960er Jahre eine Phase der Modernisierung. Es wurden neue Brunnen gebohrt, eine Arztpraxis und Gehsteige gebaut sowie das Dorf mit Strom versorgt. Der Pfarrer notierte 1961:

> „Das Dorf durchläuft interessante Veränderungen. Bis dahin war der Landhunger in Mode, der jetzt, durch die Umstände bedingt, entfällt. Die Menschen verschönern durch ihre Einkünfte ihre Häuser, Einrichtungen, sie kaufen Radios, Fernseher, Fahrräder und geben mehr für Kleidung aus." (Historia Domus)

Auch die erste Zeit unter Ceauşescu, in der die kurzfristige Öffnung noch anhielt, wird positiv erinnert.[168] So berichtete der örtliche Arzt von seiner Studienzeit (1965–1970) *„vor seiner [Ceauşescus'] Reise nach China"*[169], dass Abstammung nicht zählte, es keinen verbindlichen Unterricht in Marxismus-Leninismus gab und: *„Wir durften noch Jeans tragen, die Generation nach uns schon nicht mehr"* (TB 12.11.2000).

Nach diesen ersten Jahren des Aufschwungs, in denen die Ernte der LPG noch mit Musikbegleitung eingefahren wurde, zeigten sich auch in Kisiratos die Folgen des Zentralismus und der Benachteiligung der Genossenschaften (siehe Einschub unten). Ab den 1970er Jahren war dann der allgemeine Mangel spürbar. Die Modernisierung der privaten Haushalte schritt nicht mehr wesentlich voran, so dass die meisten privaten Haushalte bis heute nicht über Badezimmer oder fließendes Wasser verfügen.

168 Nach 1961 (und dem 22. Parteitag der KPdSU) löste sich die rumänische Politik schrittweise aus der sowjetischen Bevormundung. Die Uneinigkeit wurde durch die von der Sowjetunion für Rumänien vorgesehene Rolle eines Agrarlandes hervorgerufen, während die rumänische KP am Kurs der Industrialisierung festhielt. Die Loslösung ging einher mit einer vorübergehenden Öffnung nach Westen, die sich u. a. ausdrückte in vermehrtem kulturellem Austausch in Form von Büchern, Filmen, Ausstellungen, aber auch einem Anstieg ausländischer Touristen (Ionescu 1964: 343). In den folgenden Jahren orientierte sich die Politik, z. T. aus Enttäuschung über ausbleibende westliche Hilfe, jedoch an einer zunehmend nationalen Politik der Autarkie.

169 Ceauşescu reiste 1971 nach China. Nach seiner Rückkehr wurde die ideologische Kontrolle über Kultur und privates Leben wieder verstärkt. Das Bildungssystem wurde neu organisiert und die politische Indoktrination wieder betont (Nelson 1980: 120).

Im Bereich der Landwirtschaft blieb eine Bevorzugung staatlicher Wirtschaften vor Genossenschaften bestehen. Die Bezahlung in staatlichen Betrieben sowie die Renten blieben um ein Vielfaches höher. Ein Ausgleich und eine Substitution von Teilfunktionen privaten Bodenbesitzes wie in Ungarn fand also nicht statt. Gleichzeitig wurden den Genossenschaften systematisch Kapital und Entscheidungskompetenzen entzogen. Genossenschaftliche Produktionssektoren gingen ohne Kompensation in staatlichen Besitz über. Die Kollektive verfügten weder über eigene Produktionsmaschinen oder Lagerungsmöglichkeiten noch über Einheiten zur Weiterverarbeitung. Die Produktionsziele und Proportionen wurden zentral festgelegt.

Auf der formalen Ebene gehörte das Land wie in Ungarn immer noch den Mitgliedern der Genossenschaften, aber das hatte keine praktischen Konsequenzen. Die rumänischen Genossenschaften bezahlten ihren Mitgliedern keine Pacht für Nutzung des Landes.

Da viele Industrieprodukte einen für den westlichen Markt unbefriedigenden Qualitätsstandard aufwiesen, wurden verstärkt landwirtschaftliche Produkte exportiert. Diese Produkte standen daher dem einheimischen Markt nicht mehr zur Verfügung. Gleichzeitig wurde die staatliche Planung auch auf die private Produktion der ländlichen Haushalte ausgedehnt und die Importe gekürzt. Dies hatte mehrere Folgen. Zum einen wurden keine neuen Maschinen eingeführt, aber auch keine Ersatzteile mehr, so dass ältere Traktoren nicht mehr repariert werden konnten. In den Jahren 1986 bis 1989 verringerte sich die Zahl der einsatzfähigen Traktoren in Rumänien von 145 222 auf 116 653. Es fehlte aber auch Treibstoff, um funktionierende Maschinen benutzen zu können. An manchen Orten kehrte man daher Ende der 1980er Jahre zu Pferdepflügen und manuellen Erntearbeiten zurück (Cartwright 2001: 95).

Entwicklung der genossenschaftlichen Landwirtschaft in Kisiratos

Trotz der schlechten Bedingungen entwickelte sich die Genossenschaft in Kisiratos zu einer, gemessen an rumänischen Verhältnissen, erfolgreichen LPG. Dieser Erfolg lag vor allem an der Exportproduktion von Zier- und Gemüsepflanzen (vor allem Tomaten und Schnittblumen). Dadurch standen der LPG immer Geldmittel zur Verfügung, auch als viele andere Genossenschaften ihre Mitglieder nur noch in Naturalien auszahlen konnten.

Für den Anbau von arbeitsintensiven Gemüse- und Zierpflanzen baute die Genossenschaft mit Erschließung einer heißen Quelle drei Gewächshäuser (1966, 1968 und 1970). Diese gewinnbringenden Treibhäuser sowie die Geflügelzucht wurden allerdings 1978 ohne Kompensation in ein staatliches Unternehmen überführt.[170] Die Freigelände wurden allerdings weiterhin von der LPG bewirtschaftet.

Durch die heiße Quelle, die auch die Gewächshäuser beheizte, gelang es der Genossenschaft trotz der desolaten wirtschaftlichen Situation in Rumänien in den 1980er Jahren, vor allem durch „freiwillige Arbeit" ein Thermal-Freibad zu bauen.[171] Da es in Rumänien nicht wie in Ungarn üblich oder erwünscht war, dass landwirtschaftliche Kooperativen Nebenbetriebe aufbauten, stellte der Bau nach Aussage des führenden Agraringenieurs einen diplomatischen Drahtseilakt dar (TB 14.4.2000).

In Rumänien wurde das System der Arbeitseinheiten bis 1989 beibehalten. Lediglich Führungskräfte erhielten regelmäßige monatliche Zahlungen. In der Situation des Mangels wurde daher die Funktion des Brigadeleiters zu einer Gate-keeper-Position, da er entschied, welche Person in unterschiedlich bewerteten Bereichen zum Einsatz kam. Ein früherer Arbeiter aus der LPG erzählte, dass man, wenn man höher bewertete Arbeiten bekommen wollte, abends dem Brigadeleiter in der Kneipe etwas spendieren musste: *„Da ging die Korruption schon los"* (TB 16.4.2000).[172] Im Verlauf der zunehmenden Krise wurden zudem die Arbeitsnormen immer weiter heraufgesetzt, so dass sich schließlich mit der Arbeit in den Genossenschaften kaum noch etwas verdienen ließ. Daher kam es auch in der LPG von Kisiratos, wie in anderen rumänischen landwirtschaftlichen Betrieben, zu einem chronischen Arbeitskräftemangel, denn immer mehr Arbeitskräfte pendelten in die Stadt, vor allem in das etwa 30 km entfernte Arad, zur Arbeit in der Industrie, wo man mehr verdiente.[173] Anfänglich hatten laut leitendem Agraringenieur in der LPG über 1300 Personen gearbeitet, in den

---

170 Formell blieb das Land Eigentum der LPG bzw. deren Mitglieder, wurde aber vom Staat genutzt. Die Genossenschaft erhielt eine Gewinnbeteiligung. Im Allgemeinen opponierten die Mitglieder gegen solche Maßnahmen nicht, denn als Staatsangestellte war ihr Einkommen weit höher als in der Genossenschaft. Von einem legalen und ökonomischen Standpunkt aus gesehen, wurden die Genossenschaften schlicht enteignet und der einkommensträchtigsten Produktionssektoren beraubt.

171 In Rumänien wurde es in den 1980er Jahren üblich, dass man neben der 6-Tage-Woche auch noch an den Sonntagen zu sog. „freiwilliger Arbeit" herangezogen wurde.

172 In der Situation des Mangels entspann sich um viele „Verteiler-Positionen" ein Netz an Beziehungen, in denen man versuchte, sich die Gunst durch „Geschenke" und ähnliche spendable Gesten zu sichern. Cole (1984: 165–166) beschreibt Ähnliches für den Leiter einer lokalen Gasflaschen-Station. Zur schwierigen Position des Brigadeleiters zwischen Mitgliedern und Leitung siehe Kideckel (1976: 271).

173 Zum Vergleich siehe Sampson (1984: 155).

1970er Jahren nur noch rund 400 (TB 22. 11. 2000). Viele Familien beließen nur wegen des Zugangs zur Haushaltsparzelle, die in den Zeiten der Lebensmittelrationierung überlebensnotwendig war, noch ein Mitglied in der Genossenschaft.

Im Gegensatz zur Ausdehnung der privaten landwirtschaftlichen Produktion in Ungarn waren die Haushaltsparzellen in Rumänien sehr klein. Jedem Genossenschaftsmitglied standen für die private Hauswirtschaft nur 15 Are (0,15 ha) zu. Diese Bestimmung führte dazu, dass in Kisiratos manchen Familien, vor allem in den 1980er Jahren, sogar noch die Nutzung des zum Haus gehörenden Gartens beschnitten wurde.[174] Da es keine anderen Zugangsrechte zu Land gab, änderte sich hier die Funktion des Hausgartens erheblich. Während in Mesterszállás Mais als Tierfutter in Kooperation mit der LPG angebaut wurde und der Garten rund ums Haus für Obst, Gemüse und Zierpflanzen zur Verfügung stand, mussten in Kisiratos Obstbäume der Produktion von Mais als Tierfutter weichen. Eine weitere Entwicklung der Privatwirtschaft war nicht möglich oder lohnend wegen der 1984 eingeführten Zwangslieferungen an den Staat zu niedrigen Preisen. Vor allem in der Tierproduktion lagen diese Preise z. T. unter den Produktionskosten. Diese Politik minderte zum einen den ökonomischen Wert der Hauhaltsparzelle und verminderte gleichzeitig das Lebensmittelangebot auf dem privaten Markt (Ronnas 1989: 554). In der Konsequenz hieß das, dass die neuen Rechte, die eine Substitution der Eigentumsrechte vorsozialistischer Zeiten dargestellt hatten, nämlich die Grundversorgung mit Lebensmitteln und der Zugang zu einer Haushaltsparzelle, sich für alle Mitglieder einer Genossenschaft als instabil und unvorhersehbar erwiesen.

Ende der 1980er Jahre wurde der allgemeine Mangel so groß, dass Polizisten auf den Feldern der LPG saßen, um die Kartoffeln zu bewachen und mitgebrachte Taschen zu kontrollieren (TB 17. 11. 2000). Gleichzeitig wurden selbst auf den Dörfern Lebensmittel rationiert. So standen Mitte der 1980er Jahre jeder Person in Kisiratos pro Woche zwei Brote zu (TB 16. 4. 2000). Man versuchte die Zwangslieferungen an den Staat durch vorgetäuschte Notschlachtungen, die der Tierarzt bestätigen musste, zu vermeiden. Direkter Protest konnte sich in dieser Zeit nicht äußern, aber zur Instabilität des Systems hat die Unzufriedenheit sicherlich beigetragen. Noch in einem Brief von 10. Juni 2001 äußert die Frau von Sándor, einer der neuen Mittelbauern (siehe Kapitel 4), in einer Beschreibung ihrer derzeitigen Arbeit und ihres Tierbestandes (5 Schweine, 27 Hühner, 90 Küken, 5 Gänse und 30 Enten) die Vermutung:

---

174 Die Größe der Hausgärten in Kisiratos betrug bei den ursprünglich vermessenen Grundstücken entlang der Hauptstraße 50 Are (0,5 ha).

> „Es kann sein, dass der Tierbestand unglaublich scheint, und wenn im alten System das so möglich gewesen wäre zu produzieren und zu verkaufen, dann wäre der Kommunismus doch nicht zusammengebrochen."

Noch immer erscheint ihr die Freiheit, die eigene Produktion selbst zu bestimmen, unglaublich. Es wird deutlich, dass unter den früheren Bedingungen Investitionen in den landwirtschaftlichen Sektor, sei es privat oder kollektiv, nicht als sinnvoll erscheinen konnten. Dies ist möglicherweise ein weiterer Grund dafür, dass sich die vorsozialistische Elite nicht erneut auf dem Gebiet der Landwirtschaft engagierte.

Während in Mesterszállás in Bezug auf die LPG der 1970er/1980er Jahre immer wieder betont wird, wie gut diese „lief", dass sie „blühte", sind die Erinnerungen an die Zeit der Genossenschaft in Kisiratos geprägt von dem bitteren Heraufsetzen der Arbeitsnorm und den extremen Formen der Fehlplanung. So berichtet der Tierarzt, dass er Mitte der 1980er Jahre eingesperrt werden sollte, weil *„ich mich weigerte, Kuhskelette weiter zu melken"* (TB 10. 11. 2000). Die Genossenschaft hatte kein Futter mehr, weil sie alles abliefern musste und der Verkauf des Milchviehs untersagt war. In diesem Jahr, berichtet der Tierarzt weiter, seien 100 Kälber verhungert. Gleichzeitig hielten sie trotz Verbot zwei Stiere zur Zeugung weiterer Kälber *„im Bunker"*, einem unterirdischen Raum auf dem LPG-Gelände. Diese durften von den Kontrolleuren nicht entdeckt werden, denn es sollte nur noch *„modern"*, d. h. künstlich besamt werden, aber dazu fehlte die Ausstattung (TB 23. 11. 2000).

Aber auch die Überwachung in anderen Teilen der nationalen Wirtschaft und des gesellschaftlichen Lebens wurde immer irrationaler. Frau Koncz, heute mit ihrem Mann selbständige Gemüsebauern, arbeitete Mitte der 1980er Jahre im Bahnhofsrestaurant von Curtici. Sie erzählt, sie habe einmal im Auftrag ihres Chefs Fleisch aus einer anderen Preiskategorie als im Rezept vorgesehen verwendet (weil dieses Fleisch drohte, sonst zu verderben), als ausgerechnet die Wirtschaftspolizei (militia economica) eine Kontrolle durchführte. Sie wurde wegen der Verwendung der falschen Fleischkategorie verhört und musste später zu einem weiteren Verhör mit drei Beamten in die Distrikthauptstadt Arad. Sie glaubt, es sei ihr Glück gewesen, dass dies ihr *„erster Vorfall"* war und sie unbeschadet aus der Affäre kam (TB 20. 11. 2000).

Wesentlich erscheint, dass das sozialistische System hier als Gegner der ländlichen Produzenten auftrat und Zugeständnisse an die private Produktion immer wieder unvorhersagbaren Restriktionen unterlagen. Im Gegensatz zu Ungarn waren also diese Rechte nicht stabil, sondern ständig bedroht.

Parallel zu dieser Entwicklung blieb die Führung der LPG in Kisiratos im Gegensatz zur Führung der Táncsics-LPG in Mesterszállás landwirtschaftlich ungeschult. Es fand keine Neubewertung des landwirtschaftlichen Wissens der ehemaligen Großbauern oder ein generationeller Umbruch statt. Die Parteiloyalität blieb im sozialistischen Kisiratos wichtigstes Auswahlkriterium für die Stellenbesetzung.[175]

Während in Mesterszállás diejenigen, die Anfang der 1950er Jahre an die Macht gelangten, diesen Statusgewinn nicht festigen konnten, sind die Mitglieder der „frühen Kader" in Kisiratos weiterhin in Führungspositionen. Ihre Kinder sind nicht wie in Mesterszállás weggegangen oder wieder auf ihren vormaligen Platz in der Dorfhierarchie herabgestiegen. In Kapitel 4 wurde der Lebensweg von Jószef skizziert, der als junger Mann aus armer Familie in die Kommunistische Partei eintrat, später Hauptbuchhalter der LPG und dann deren Chef bis 1989 wurde. Seine Schwiegertochter ist die derzeitige Hauptbuchhalterin der reformierten LPG. Eine ähnliche „sozialistische Dynastie" stellt die Familie seines Vorgängers im Amt des Genossenschaftsleiters dar.[176]

> Der LPG-Gründer
>
> Herr Nagy stammt aus sehr armer Familie. Früh trat er in die KP ein und wurde erster Chef der Genossenschaft in Kisiratos. Er blieb auf diesem Posten bis zu seiner Pensionierung 1981. Im Zuge der Privatisierung erhielt er 10 ha Boden, angeblich durch eine Erbschaft.
>
> Seine beiden Söhne wurden Agraringenieure. Einer ist seit 1970 (und bis heute) Leiter der Gewächshausproduktion in der Genossenschaft in Kisiratos. Der andere Sohn ist leitender Agraringenieur eines Betriebes in Curtici.

Gleichzeitig blieb der Zugang zu Bildung länger als in Mesterszállás an die örtliche Instanz gebunden, d. h., Schulbildung konnte längere Zeit aufgrund von Herkunft versagt werden, weil dafür ein Papier vom Ratschef bzw. eine Freistellung der Arbeitskraft durch den LPG-Leiter nötig war. Bildung konnte so wegen familiärer Herkunft auf der lokalen Ebene verweigert werden. Es existiert eine lokale Erinnerung an einen jungen Mann, Sohn eines *kulák*, der an den

175 Es blieb in Rumänien auch anderenorts übliche Praxis, dass Posten nicht nach fachlicher, sondern politischer Qualifikation vergeben wurden (Sampson 1984: 156–157).

176 Zusammengestellt nach Gesprächen am 20. 8. 1999, 23. 8. 1999 und 25. 11. 2000.

Folgen von Schlägen starb, weil er versucht hatte, sich ein solches Dokument illegal zu beschaffen. Auch Magdolna, Tochter eines der im vorigen Kapitel enteigneten Bauern in Kisiratos und Ehefrau eines ebenfalls „Kulaken" bezeichneten Bauern, berichtete, dass immer wieder versucht wurde, die Weiterbildung ihre Sohnes zu verhindern, indem vom örtlichen Amt aus Informationen über seine Herkunft an den jeweiligen Schulleiter versandt wurden (TB 18. 4. 2000). Wichtig ist hier, dass die wahrgenommene Dimension der Rechtsunsicherheit das Maß der angenommenen Benachteiligung aufgrund von Abstammung in Mesterszállás bei weitem überschreitet.

Dasselbe gilt für drakonische Strafen, die in Kisiratos nicht nur über ehemals Besitzende verhängt wurden. So wurde ein ehemaliger Agrarproletarier zu 16 Jahren Haft (umgewandelt in acht Jahre Zwangsarbeit im Bergbau) verurteilt, weil er, im Auftrag des Leiter der Kooperative, Stromkabel für das Dorf „organisierte" (TB 11. 11. 2000). Wieder andere lokale Erinnerungen handeln von Personen, die ganz „verschwanden" und nicht mehr wiederkamen, sowie von der Leiche eines Totgeprügelten auf einem Heuwagen und von Todesfällen durch Folter auf der nahe gelegenen Grenzstation (TB 19. 11. 2000). Der Alltag in Kisiratos während des Sozialismus war somit anders als in Mesterszállás durch das totalitäre Regime und Angst vor Bespitzelung bestimmt.

Der Bruch mit der vorsozialistischen Hierarchie in Kisiratos hat sich möglicherweise auch auf andere Ebenen des dörflichen Wertesystems ausgewirkt. So scheint es häufiger als in Mesterszállás zu Heiraten über vorsozialistische Klassengrenzen hinweg gekommen zu sein. So hat beispielsweise Sándor, als Sohn eines „Klassenfeindes" (siehe Kapitel 4) die Tochter eines armen Bauern geheiratet. So wie Sándor haben auch andere Heiraten über die ehemaligen Klassengrenzen hinweg stattgefunden. Umgekehrt stammt Mátyás, der heute als selbständiger Bauer 11,5 ha bewirtschaftet, aus einer landlosen Familie. Die Eltern seiner Frau hingegen waren unter den vier Großbauern, die als erste enteignet wurden. Das Land, das die Familie heute bewirtschaftet, ist daher fast ausschließlich das Erbe der Frau (TB 15. 4. 2000). Dies kann als weiteres Zeichen dafür gewertet werden, dass die vorsozialistische Dorfstruktur sich durch den gesellschaftlichen Wandel in Kisiratos mehr verändert hat als in Mesterszállás. In Mesterszállás, wo die vorsozialistische Elite teilweise in die sozialistische Elite überging und wo Investitionen in die Landwirtschaft sinnvoll waren, konnten sich im Gegensatz zu Kisiratos Standesgrenzen auch auf anderen Ebenen reproduzieren.

6.3 Zusammenfassung: Kontinuität und Diskontinuität im Sozialismus

Die beiden untersuchten Dörfer liegen beide in der Ebene und weisen daher sehr ähnliche natürliche Bedingungen für die Landwirtschaft auf. Die Lage begünstigt großflächigen, maschinisierten Anbau. Diese Gegebenheiten haben die vollständige Kollektivierung der Orte unterstützt. Beide gelten als früh kollektiviert und bauten, im jeweiligen nationalen Rahmen, erfolgreiche Genossenschaften auf. Die Landwirtschaft blieb auch während des Sozialismus in beiden Dörfern wichtige Einnahmequelle der Bevölkerung.

Trotz dieser Ähnlichkeiten zeichnen sich die Lokalgeschichten doch durch entscheidende Unterschiede in der Praxis der Kollektivierung aus. Die Phase der Gewalt war in Mesterszállás kürzer als in Kisiratos. Sie dauerte etwa drei Jahre von 1950–1953. Die weitere Kollektivierung blieb unfreiwillig, wurde jedoch nicht mehr mit physischer Gewalt erzwungen. Selbst in den gewalttätigen Phasen blieb die Anwendung in gewissen Grenzen sozial eingebettet. So fanden keine Übergriffe in der Öffentlichkeit und auf Frauen statt. In Kisiratos dagegen dauerte die Anwendung von Gewalt bis zum Ende des Kollektivierungsprozesses, also etwa zehn Jahre an. Neben dem deutlich längeren Zeitraum, in dem es zum Einsatz willkürlicher Gewalt kam, überschritten die Methoden dabei deutlicher als in Mesterszállás die Grenzen der lokalen Moralvorstellungen.

Die Kategorisierung als „Kulák" erfolgte in Mesterszállás aufgrund eines Bodenbesitzes von mehr als 25 kh. Diese Regelung ließ in Einzelfällen Spielräume willkürlicher Bewertung auf lokaler Ebene offen, aber die Kategorisierung in Kisiratos folgte überhaupt keinem nachvollziehbarem Muster. Gleichzeitig konnte man sich in Mesterszállás wie an Beispielen geschildert wurde auch während der Kollektivierung auf geschriebenes Recht berufen.

Im Zuge der letzten Phase der Kollektivierung setzte die Politik in Mesterszállás eindeutig bei der lokalen Elite an, die in Führungsämter der neuen Genossenschaften einbezogen wurde. Auf diese Weise konnte man sich ihr soziales Kapital zu Nutze machen. Gleichzeitig wurde, in gewissen Grenzen, die dörfliche Hierarchie reproduziert. Im Unterschied dazu wurde in Kisiratos die ehemalige bäuerliche Elite nicht in den Prozess der Kollektivierung miteinbezogen, vielmehr hielten bis zum Ende des Sozialismus vor allem ehemals arme bäuerliche Familien die führenden Stellungen in der LPG. Diese Unterschiede in der Praxis der Kollektivierung sind für die soziale Reproduktion und für den Faktor Recht als Referenz entscheidend. Die staatliche Praxis in Mesterszállás wurde verlässlich und bezog sich auf die bäuerliche Werteordnung. Demgegenüber steht die brutale Zerschlagung dörflicher Strukturen in Kisiratos, wo es entsprechend zu einer geringeren sozialen Kontinuität kommt. Gewalt erweist sich als wirksames Mittel, soziale Reproduktion langfristig aufzuheben.[177]

Diese durch die lokale Praxis der Kollektivierung eingeleiteten Unterschiede setzen sich in der weiteren Entwicklung im konsolidierten Sozialismus fort. Die nationale Wirtschaftspolitik in Ungarn war durch marktsozialistische Reformen und in Rumänien durch rigiden Zentralismus charakterisiert. Im Zuge der Reformen in Ungarn erhielten die Genossenschaften weit gehende Befugnisse über ihre ökonomischen Entscheidungen, und die private Produktion der ländlichen Haushalte wurde gefördert. Ungarn behielt auch den Kurs der Substitution vorsozialistischer Rechte bei. Die langfristigen sozialen Ansprüche wurden ausgedehnt, während sich in Rumänien eine „Stalinisierung" der Landwirtschaft vollzog, in der alle langfristigen Zugangsrechte unsicher waren. In Rumänien hatten die Kollektive geringen Einfluss auf ihre ökonomische Lage, und die private Produktion wurde ebenfalls streng überwacht. In der Konsequenz verbesserten sich in Mesterszállás die Lebensumstände für die Bevölkerung erheblich, während die Situation in Kisiratos durch den Mangel geprägt war. Die Bevölkerung von Mesterszállás erlebte den Sozialismus als verlässliches System, das langfristige Zugangsrechte zu Land und assoziierte Rechte (Absatzmöglichkeiten und feste Preise) garantierte, während die Bauern in Kisiratos ständig mit der Beschneidung des Zugriffs auf die private Produktion rechnen mussten.

Die unterschiedliche Entwicklung führte dazu, dass sich die private Investition in die Landwirtschaft in Mesterszállás lohnte, während größere Investitionen und der Verbleib in der Landwirtschaft in Kisiratos keine Perspektive bot. Dies ist ein weiterer Faktor dafür, dass die vorsozialistische Elite in Mesterszállás auch in Bildung der Söhne im Agrarbereich investierte, während die ehemalige Elite aus Kisiratos dies nicht tat. Diese Faktoren haben möglicherweise auch das Überdauern anderer Elemente der vorsozialistischen Werteordnung, wie etwa die Heiratsstrategien, beeinflusst.

---

177 Hinweise auf einen Einfluss der Kollektivierungspraxis für den postsozialistischen Kontext ergeben sich auch aus der Studie der Geografin v. Hirschhausen. Sie hat u. a. einen mit Kisiratos vergleichbaren ungarisch-rumänischen Ort für ihren Vergleich unterschiedlicher Wege der Privatisierung untersucht. Hier ergeben sich auch im Gegensatz zu anderen Schilderungen direkter Restitution in Rumänien deutliche Parallelen. Die geographische Lage in der Ebene bedeutete in Rumänien im Allgemeinen eine frühere und, damit verbunden, gewaltsamere Kollektivierung. Der Weg in die kollektive Landwirtschaft scheint eine bisher in der Literatur neben dem nationalen Kontext vernachlässigte Rolle zu spielen.

Die im Vergleich aufgeführten Punkte zeigen sehr deutlich, dass soziale Kontinuität bzw. Diskontinuität durch kulturalistische Erklärungsmuster nicht zufrieden stellend zu deuten sind. Für eine Reproduktion sozialer Beziehungen sind bestimmte gesellschaftliche Voraussetzungen notwendig, die hier anhand der beiden Lokalgeschichten hervorgehoben wurden. Außerdem zeigt sich hier auch die Bedeutung der sozialwissenschaftlichen Mikroanalyse, denn diese Entwicklungen können nicht aus einer makroökonomischen Perspektive analysiert werden.

Die Kollektivierungspraxis und staatliche Willkür in der sozialistischen Landwirtschaft sind zwar wichtige Voraussetzungen, reichen jedoch m. E. noch nicht aus, um die großen postsozialistischen Unterschiede in der Entwicklung der Produzenten zu begründen. Der beschriebene Prozess wurde vielmehr durch die postsozialistische Legislatur und deren lokale Umsetzung weitergeführt. Die Umstrukturierung der gesamten Wirtschaft hat zu einer weiteren Akzentuierung der unterschiedlichen Entwicklung beigetragen. Die folgenden Kapitel untersuchen diese Faktoren hinsichtlich ihrer Wirkung auf die sozialen Beziehungen.

7. Verfahren und Akteure der postsozialistischen Privatisierung

Die in Kapitel 4 beschriebenen Folgen der postsozialistische Privatisierung auf die Besitzverteilung in Mesterszállás wird nicht von allen sozialen Gruppen positiv beurteilt. Insbesondere die damit verbundene „Wiederkehr" der alten Elite wird, wie das folgende Zitat zeigt, kritisch beurteilt:

> „Die alten Kulaken kommen zurück (...) Meine Eltern hatten nur wenig Land, weil sie arme Bauern waren. Eins ist sicher, dieses System (rendszer) hilft den reichen Leuten." (I, Nr. 40, 18.7.2000, Witwe, Angestellte, 52 Jahre)

Solche Dorfbewohner, die aus ehemals armen Bauernfamilien stammen, sehen sich im Postsozialismus benachteiligt. In den folgenden Abschnitten sollen Faktoren herausgearbeitet werden, die im postsozialistischen Umfeld zu der historischen Kontinuität sozialer Gruppen in Mesterszállás beigetragen haben. Der anschließende kontrastive Vergleich zu der Situation in Kisiratos, in der sich keine vergleichbare Kontinuität findet, unterstreicht die Relevanz dieser Zusammenhänge.

Einer der entscheidenden Faktoren, die die jeweilige Kontinuität beeinflusst haben, ist die Gesetzeslage, auf deren Grundlage die Privatisierung durchgeführt wurde. In Ungarn bevorzugten die Gesetze in höherem Maße ererbten Besitz, als dies in Rumänien der Fall war. Die vorsozialistische Elite der enteigneten Bauern befand sich daher in Mesterszállás bei der Akkumulation ökonomischen Kapitals im Vorteil.[178]

Andererseits spielen auch lokale Hierarchien in der konkreten Umsetzuung der Gesetze eine Rolle. In beiden Dörfern wich die lokale Praxis in für die unterschiedliche Kontinuität sozialer Ungleichheit charakteristischen Punkten vom Gesetzestext ab. Im Gegensatz zur vorsozialistischen Elite in Kisiratos war die vorsozialistische Elite in Mesterszállás in der Position und willens, ihren Vorteil zu nutzen.

---

178 Zu Kapitalsorten und der Reproduktion dörflicher Eliten siehe Thelen (2001b und c).

Als letzter Einflussfaktor soll auf den Verlust sozialistischer Rechte für die Reproduktion sozialer Unterschiede eingegangen werden. Ein wichtiger Punkt ist der Verlust von nicht-eigentumsgebundenen Zugangsrechten zu Boden und landwirtschaftlichen Maschinen. Im Umfeld der wirtschaftlichen Krise akzentuierte dies die Exklusion ehemals armer Bauern in Mesterszállás.

7.1 Vorteile ehemals wohlhabender Bauern in Mesterszállás

> „Erst hatten wir Land, Pferde und Wagen; dann haben sie uns das Land, die Pferde und die Wagen weggenommen; jetzt haben sie uns das Land wiedergegeben; jetzt haben wir Land, aber keine Pferde und Wagen." (I, Nr. 24, 7. 7. 1999, Invalidenrentner, 58 Jahre)

Das Zitat eines heutigen Kleinstproduzenten weist auf zwei wichtige Elemente in der postsozialistischen Privatisierung hin: Boden und geeignete Geräte zu seiner Bearbeitung. Im Folgenden werden zunächst die gesetzlichen Grundlagen der Privatisierung dieser landwirtschaftliche Produktionsmittel und ihre Implikationen für die Reproduktion sozialer Ungleichheit beschrieben.

7.1.1 Rechtliche Vorteile für ehemals enteignetes Eigentum

In den Jahren 1991 und 1992 wurden in Ungarn die wichtigsten Gesetze zur Privatisierung und Entschädigung sowie der Transformation von Genossenschaftseigentum erlassen.[179] Damit waren die Grundlagen für eine private Landwirtschaft gelegt. Das ungarische Verfahren der Bodenverteilung ist dabei im Vergleich mit anderen Transformationsländern als „partiell, indirekt und einheitlich" bezeichnet worden (Swain 2000: 6). Diese Einschätzung bezieht sich darauf, dass Entschädigungspapiere einheitlich für die partielle Wiedergutmachung verschiedener im Sozialismus erlittener Verluste ausgegeben wurden. Gleichzeitig wollte man durch die Ausgabe von Entschädigungspapieren eine direkte Restitution, d. h. eine Rückgabe des vorsozialistischen Besitzes, vermeiden. Für ehemals enteigneten Grundbesitz legte das Gesetz 25 von 1991 die Aus-

179 Chronologisch zusammengestellt sind alle Gesetze, Regierungsverordnungen und Gerichtsbeschlüsse, die sich mit Entschädigung und Privatisierung von Kollektiveigentum befassten, in Petri (1998).

gabe eines Entschädigungspapiers in Höhe von 1000 Forint pro enteigneter (oder nur geringfügig entschädigter) Goldkrone (Ak) fest.[180] Diese Gutscheine konnten sowohl in staatliche Renten, den Kauf von Konsumgütern als auch in Landversteigerungen eingesetzt werden. Swain (2000: 7) argumentiert, dass daher in diesem Verfahren frühere Besitzgrenzen irrelevant waren. In der vorliegenden Fallstudie konnte diese Einschätzung nicht bestätigt werden. Auf der lokalen Ebene spielten vorsozialistische Grenzen eine Rolle, wie im Folgenden gezeigt wird.

Das gleiche Gesetz, das ausdrücklich keine Restitution der historischen Eigentumsverhältnisse beabsichtigte, räumte aber den ehemaligen Einzelgehöftbesitzern Vorkaufsrecht für das um das ehemalige Haus liegende Gelände ein. Der Passus zu den *tanyas* eröffnet schon eine Möglichkeit zu einer relativen Restitution vorsozialistischer Besitzverteilung. Bedeutsamer noch war die gesetzliche Festlegung des Mindestwerts einer Ak auf 500 Forint. Durch diese Bestimmung konnte der Wert des zu ersteigernden Bodens verdoppelt werden: Pro enteigneter Goldkrone erhielt man ein Papier im Wert von 1000 Forint, konnte dafür aber Boden im Wert von zwei Goldkronen „ersteigern".

Neben diesem so genannten Entschädigungsland (kárpótlásföld) konnten zwei weitere Arten des Anspruchs auf Boden geltend gemacht werden. Dies war zum einen das so genannte Mitgliedsland (tagiföld), das bei der Kollektivierung durch „freiwilligen" Eintritt in die LPG eingebracht worden war. Dies wurde im Verhältnis 1:1 ausgegeben. Hier bestand weder die Möglichkeit zur Wertsteigerung noch zur räumlichen Restitution. Zum anderen wurde als letzte Kategorie Boden, das so genannte Teilhaberland (részaranyföld), vermessen. „Teilhaberland" erhielten alle Mitglieder und Angestellten der LPG, die nicht über andere Ansprüche auf Boden verfügten. Es handelt sich dabei um kleine Flächen zwischen 1und 3 ha im Wert von 20 bis 30 Goldkronen.[181] Es wurde ebenso wie das Mitgliedsland von einer Kommission in der LPG zugeteilt (nevesités), d. h., auf die Lage konnte kein Einfluss ausgeübt werden. Das Gesetz privilegierte so das „Entschädigungsland", und das Verfahren der Privatisierung war mitnichten einheitlich, sondern begünstigte ehemals wohlhabende Bauern.

Um die Entstehung eines neuen Großgrundbesitzes zu verhindern, wurde mit demselben Gesetz auch eine Degressionsformel eingebracht. Für Entschädi-

180 Siehe auch FN 43, zu den Enteignungen Kapitel 6.

181 Diese Verfahren ist nicht einzigartig, wie Swain (2000:7) schreibt, denn auch in Rumänien wurde, nach Verteilung des früher enteigneten Landes, der Rest unter den landlosen Genossenschaftsmitgliedern verteilt.

gungsansprüche über 200 000 Forint wurde der Wert sukzessive vermindert. Gleichzeitig wurde aber das „Hintertürchen“ belassen, als agrarische Unternehmer von dieser Regelung ausgenommen zu werden. Im landesweiten Durchschnitt erhielten die neuen Grundbesitzer nur kleine Flächen, die überwiegend an die Nachfolgeorganisationen der LPGs verpachtet wurden (siehe Einschub).

ERGEBNISSE DER ENTSCHÄDIGUNG UND BODENPRIVATISIERUNG IN UNGARN IM ÜBERBLICK

Heute gibt es ca. 1,5 Millionen Landbesitzer in Ungarn, die im nationalen Durchschnitt 4,4 ha erhielten. Im Komitat Jász-Nagykun-Szolnok (wo Mesterszállás liegt) beträgt der Durchschnitt 6 ha. Landesweit besitzen 44,2 % der neuen Eigentümer unter 5 ha Boden, 14,3 % bis zu 10 ha, 18,9 % bis zu 30 ha, 7,1 % bis zu 50 ha und 15,5 % mehr als 50 ha. 40 % dieses Landes wird verpachtet. 1993 waren ca. 30 000 private Bauern landesweit registriert. 1994 wurden 30 % des Landes, das vorher durch LPGs bewirtschaftet wurde, von privaten Produzenten oder deren Organisationen bearbeitet. Zwischen 1992 und 1995 waren erste Trends zur Landkonzentration und zu größeren Betriebseinheiten zu beobachten. (Burgerné 1996, Kovách 1997, Csite und Kovách 2000: 18)

Nach 1992 konnte im Falle ehemals armer Bauern der als „Teilhaberland“ erhaltene Boden nicht mehr zur eigenen Bewirtschaftung aus der LPG herausgenommen werden. Zu diesem Zeitpunkt hatte aber die Auflösung der LPGs noch gar nicht stattgefunden, d. h., die spätere Situation nach den Genossenschaftsgesetzen von 1993 war noch nicht absehbar. Nominell blieb der Eigentumsanspruch erhalten, aber die neuen Eigentümer hatten keinen Zugang. Gleichzeitig wurde durch die Gesetze der Anspruch der Mitglieder auf einen Arbeitsplatz aufgehoben, und die Genossenschaften entließen etwa die Hälfte ihrer Arbeitskräfte. Mit den gleichen Gesetzen entfiel auch der Anspruch auf eine Haushaltsparzelle. Insgesamt verlor etwa die Hälfte der Genossenschaftsmitglieder ihr Recht auf Zugang zu Boden und gleichzeitig den Arbeitsplatz. Die Agrarsoziologen Harcsa, Kovách und Szelényi (1998: 232) sprechen in diesem Zusammenhang von „Enteignung durch das Gesetz“:

> "Thus, in a short time, a great portion of Hungary's population was dispossessed of its land by legislation, a scenario that recalls the 'enclosure movement' and its dire results."

7.1.2 Lokale Akteure und Praxis der Privatisierung

Der geschilderte theoretische Vorteil für ehemals enteignete Groß- und Mittelbauern hätte sich nicht zwangsläufig in einer tatsächlichen Kontinuität sozialer Ungleichheit fortsetzen müssen, wenn die lokalen Akteure nicht in der Lage gewesen wären, diesen Vorteil umzusetzen. Daher werden nun die Akteure und das lokale Verfahren der Landverteilung in Mesterszállás in den Blick genommen.

Das Gesetz zur Privatisierung sah auf lokaler Ebene Ausschüsse (érdékegyeztet-forum) vor, die sich mit der Aufteilung des Bodens, der sich in kollektiver Bearbeitung befand, befassen sollten. Ihnen mussten Vertreter der Gemeindeverwaltung, der Genossenschaft, der Entschädigungsberechtigten und der Mitgliedsbodenberechtigten angehören. Unabhängige Sachverständige konnten von allen Seiten benannt werden, hatten aber kein Stimmrecht.

Für den Erwerb von Landmaschinen als zweitem wichtigen Produktionsmittel in der Landwirtschaft war das Gesetz von 1992 zur Transformation der Genossenschaften entscheidend. Der Vermögensanteil der Mitglieder wurde z. T. aufgrund von Arbeitsjahren, z. T. aufgrund von Einkommensunterschieden berechnet. Je nach Form der Privatisierung der Genossenschaft in eine Nachfolger-Genossenschaft oder Aktiengesellschaft konnten die Eigentumsanteile der Mitglieder die Form handelbarer Geschäftsanteile (üzletrész) oder „Eigentumsscheine" (vagyonjegy) annehmen. Die *vagyonjegy* stellen den Anteil am gemeinsamen Vermögen der Genossenschaft dar. Die Umwandlung in bewegliches Eigentum bei Austritt wurde von den LPGs unterschiedlich gehandhabt. In den meisten Fällen konnten sich potentielle neue Privatbauern ihren Anteil nach Abzug eines Schuldenanteils in Form von Sachwerten, wie Maschinen(-teile) auszahlen lassen (Kovács 1998b: 174). Diese Umwandlung war nur in einem begrenzten Zeitraum möglich, und viele potenzielle Familienunternehmen „verpassten" diese Chance. Für eine Realisierung dieser Möglichkeit waren Informationen durch ein gutes soziales Netzwerk von enormer Bedeutung (siehe unten).

Nach Abschluss der Privatisierung bestand die beinahe einzige Möglichkeit zum günstigen Erwerb von Landmaschinen in der Bewerbung um Hilfen aus staatlichen Förderprogrammen, die man über die Vermittlung des Agrarberaters (in Mesterszállás: der Bruder des neuen Großbauers Tamás, siehe Kapitel 4) einreichen konnte.

Entschädigung und Landverteilung in Mesterszállás

Entsprechend der oben aufgeführten Gesetze und diversen Nachbesserungen wurden in der Táncsics-LPG und im Dorf die verschiedenen Ausschüsse gebildet, die sich mit der konkreten Land- und Besitzverteilung befassen sollten.

Auf der Mitgliederversammlung vom 8. 9. 1992 wurde offiziell der Übergang der in Bewirtschaftung der Genossenschaft befindlichen 10 617 ha in Privateigentum entschieden. Dabei wurde festgehalten, dass in Mesterszállás weit mehr Entschädigungsansprüche vorhanden waren als in den benachbarten Dörfern Mezöhék und Rákócziújfalu. Diese waren vor dem Sozialismus auf Großgrundbesitz entstanden, und die dortige Bevölkerung verfügte daher nicht über so viele Ansprüche auf Entschädigung. Daher sollten dort noch Flächen für die Entschädigungsansprüche aus Mesterszállás bereitgestellt werden.

Nach der Benennung der auszugebenden Flächen fanden auf dem Gebiet von Mesterszállás drei große Versteigerungen statt. Karte 8 zeigt die jeweiligen Flächen, die dabei verteilt wurden. Die restlichen Flächen wurden als Mitgliedsland bzw. Teilhaberland privatisiert. Diese letztgenannten Flächen liegen unter großen Bewässerungsanlagen, und daher hatte die Genossenschaft ein Interessse, diese weiter selbst zu bewirtschaften. Die Flächen Mitgliedsland waren so klein, dass nicht damit zu rechnen war, dass die neuen Eigentümer sie in private Bewirtschaftung überführen wollte, zumal sich diese dann an den Kosten der Investition hätte beteiligen müssen. Die Flächen im Süden des Gebiets gehörten zu dem ehemals staatlichen Betrieb. Den dortigen neuen Eigentümern wurde ein gutes Pachtangebot gemacht, so dass diese geschlossen ihre Flächen der Bewirtschaftung durch die Genossenschaft überließen.

Für die konkrete Durchführung der Verteilung des Bodens aus Entschädigungsansprüchen wurde auch in Mesterszállás das oben genannte *érdékegyeztetforum* gebildet. Interessanterweise gehörten diesem Ausschuss nur Personen an, die mit Ausnahme des Gesandten von der LPG nach der Privatisierung erfolgreiche neue Großbauern wurden und die, wie dies schon in Kapitel 4 dargestellt wurde, überwiegend ehemals großbäuerlichen Familien angehörten. Sie verfügten also zum Zeitpunkt des politischen Wandels über Ressourccen, die es ihnen ermöglichten, einflussreiche Positionen in der Privatisierung einzunehmen und dort ihre Interessen wahrzunehmen.

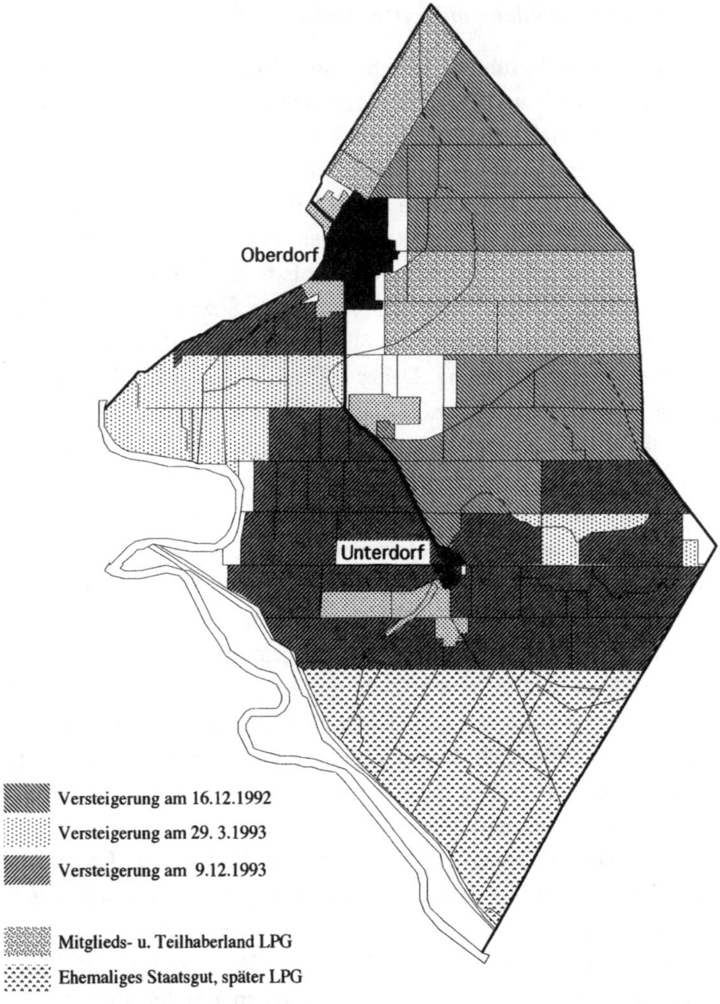

Karte 8: Flächen von Entschädigungsland und Mitglieds- bzw. Teilhaberland

Im Gegensatz zu dem im Gesetz vorgesehen „marktfreundlichen" Verfahren der Landauktion fand die konkrete Landverteilung in Mesterszállás auf Grundlage von Absprachen statt.[182] Vor den festgelegten Terminen der Versteigerungen

182 Genaue Daten zum Verlauf der Auktionen fehlen, aber ungarische Agrarsoziologen schätzen, dass ca. 70 % aller Fälle abgesprochen waren (Harcsa, Kovách und Szelényi

trafen sich diejenigen, die an dem ausgeschriebenen Stück Interesse hatten, und sprachen sich ab. Wenn dann die Agraringenieure aus der Stadt zur öffentlichen Versteigerung anreisten, waren nur drei bis sechs Anwesende bei der Auktion tatsächlich aktiv. Diese waren durch die anderen Teilnehmer bevollmächtigt worden und in der Hauptsache Söhne ehemaliger Großbauern. Diese Gruppe ist fast deckungsgleich mit den Mitgliedern der oben genannten Landkommission (érdékegyeztet-forum). So waren sowohl Tamás und die beiden neuen großen Mittelbauern István und Péter als auch Tibor der „Aufsteiger" (siehe Kapitel 4) in diesem Gremium und später an den Versteigerungen beteiligt.

Tabelle 15: Bevollmächtigungen in Landversteigerungen in Mesterszállás

Vollmacht / **Datum**	**Tibor**	**Dezső**	**Péter**	**István**	**H.**	**T.**	**G.**	**F.**
16. 12. 92	0	0	9	10	4	11	0	0
29. 3. 93	31	6	0	8	0	0	0	0
9. 12. 93	0	17	0	30	1	22	1	12

Tabelle 15 fasst die Ergebnisse der Auszählung der Vollmachten aus den LPG-Unterlagen zusammen. Die Zahlen geben die Anzahl der jeweiligen Vollmachten auf den Versteigerungen wieder. Neben den schon genannten Groß- und Mittelbauern waren auch Gábor sowie der Schwiegervater von Attila (H.) beteiligt. Zusätzlich vertreten ist auch Herr T., der stellvertretende Bürgermeister und ehemalige Parteisekretär von Mesterszállás. Er ist ebenfalls der Sohn eines früheren Großbauern. Außerdem aktiv war (als einziger bisher noch nicht erwähnt) Herr F., der auch aus einer früheren Großbauernfamilie stammt. Hier traten also Vertreter der vorsozialistischen Elite im Moment der Transformation wieder als soziale Akteure in Erscheinung.[183]

1998: 224, siehe auch: Burgerné 1996: 411). Swain (1996) beschreibt in einer Fallstudie den Hergang einer „richtigen" Versteigerung.

183 Einen Hinweis darauf, dass möglicherweise auch in anderen Siedlungen die Ausschüsse von Söhnen und Enkeln ehemaliger Großbauern dominiert wurden, liefert die Fallstudie von Kovács und Váradi (1995: 186) zu Nagykőrös. In den Kommissionen stammten bis auf wenige Ausnahmen die Beteiligten aus Familien ehemaliger Großbauern, diese wurden dann in den folgenden Jahren landwirtschaftliche Unternehmer. Auch in dem von

Für viele der Kleinbauern wurde die Entschädigung so zu einer Enttäuschung. Ein Informant beschrieb den Gang der Auktion so: *„Wir saßen da wie Schafe."* (TB 6. 7. 1999). Ein anderer sagte: *„Wir saßen nur da, umsonst haben wir dagesessen, wir konnten nichts [machen]"* (I, Nr. 37, 18. 7. 1999), und wieder ein anderer:

> „Ich weiß es noch wie gestern, ich bin dahin gekommen, und dann hat es geheißen: ‚so, das hier ist unseres, das dort ist von Gábor, und das hier ist eures.'" (I, Nr. 75, 19. 10. 1999)

Diese Enttäuschungen über die Praxis der Entschädigung und Landverteilung kamen auch in der Fragebogenerhebung zum Ausdruck. So sehen sich die kleineren Produzenten insgessamt als weniger erfolgreich in der Umsetzung ihrer persönlichen Pläne bei den Versteigerungen. Tabelle 16 veranschaulicht die diesbezüglichen Antworten aus der Stichprobe. Sieben von zehn derjenigen, die heute mehr als 15 Hektar bewirtschaften, beurteilen ihren Plan bei der Versteigerung als erfolgreich. Die übrigen drei sehen ihre Teilnahme als zumindest teilweise erfolgreich an. Bei den kleineren Produzenten dagegen, die an der Versteigerung teilnahmen, sehen sich nur sieben von 20 als erfolgreich an.

Tabelle 16: Die unterschiedlichen Produzentengruppen und die Bewertung des eigenen Erfolgs in der Landauktion

Eigene Bewirtschaftung (auch gepachtet)	**War der Plan erfolgreich?**			
	ja	nein	teilweise	gesamt
Bis 1 ha	2	3	0	5
1 bis 5 ha	2	1	4	7
5 bis 15 ha	3	3	2	8
15 bis 100 ha	3	0	2	5
über 100 ha	4	0	1	5
gesamt	14	7	9	30

Frage: War Ihr Plan erfolgreich?

Hann untersuchten Dorf Tázlár stammten die Mitglieder der örtlichen Landkommission aus mittelbäuerlichen Familien (1996: 37).

Privatisierung und vorsozialistische Besitzgrenzen

Neben der „Wiederkehr" der alten Elite scheint ein zweiter Aspekt von Kontinuität im lokalen Prozess der postsozialistischen Privatisierung ungebrochen zu sein: die „Liebe zum eigenen Boden". Viele der Anspruchsberechtigten wollten ihr ursprüngliches Stück Land zurück. In Gesprächen über den Verlauf der Absprachen war die vorsozialistische Raumordnung das Hauptargument. Auf die Frage, wie man ohne größere Konflikte zu einer Einigung habe kommen können, antwortet einer der Verantwortlichen:

> „... da gab es keine Konflikte. Ich kannte doch alle, wenn jemand gekommen ist, habe ich gesagt, ‚schau mal, mein kleiner Bruder (öccsém): ich kenne dich und deine Familie: Ihr hattet hier noch nie Land, also warte, bis dort unten versteigert wird.'" (TB 21.9.2000, Vater war wohlhabender Bauer, er selbst ehemaliger Parteisekretär und heute Vizebürgermeister)

Dieses Argument und damit der Bezug zur vorsozialistischen Raumordnung besaß so große Überzeugungskraft, dass sich andere Interessenten zurückzogen.[184] Auch in der Fragebogenerhebung findet sich diese Wertvorstellung. So gaben z. B. 17 von 31 Männern rückblickend an, dass die Nähe zum vorsozialistischen Besitz ihr wichtigster Gesichtspunkt bei der Landauktion gewesen sei (siehe Tabelle 22, Kapitel 8). Eine Restitution war in reiner Form unmöglich, aber viele der Beteiligten bekamen doch ihr Land oder einen Teil ungefähr dort, wo es vor der Kollektivierung gewesen war. Es wurde versucht, die Angaben anhand der Katasterkarten von 1881, 1905 und 1994 zu vergleichen. In vielen Teilen gibt es schon keinerlei namentliche Übereinstimmungen zwischen den Jahren 1881 und 1905, aber an anderen Stellen lässt sich Familienbesitz auf allen drei Karten fast unverändert bis heute verfolgen. Karte 9 zeigt ein Beispiel eines Feldes aus dem Besitz der Familie von Tamás und Jószef. Das Stück Land, das in der Auktion „zurückersteigert" werden konnte, liegt neben dem Gelände der ehemaligen *tanya* ihrer Groß-, bzw. Urgroßeltern (auf der Karte eingezeichnet als schwarzes Viereck). In dem Gebäude befand sich in den 1950er Jahren der Sitz der Béke-LPG (siehe Kapitel 6). Die eingezeichnete Fläche wird heute von Jószef dem jüngsten Großbauern (Neffe von Tamás und Dezső, siehe Kapitel 4), bewirtschaftet.

184 Auch in anderen Fallstudien finden sich Hinweise darauf, dass die vorsozialistische Raumordnung ein Prinzip der lokalen Praxis gewesen ist. Szabó erwähnt z. B. in ihrer Einzelfallstudie einer Familie, dass diese ein bestimmtes Stück Boden nicht bekam, weil der frühere Besitzer es für sich beanspruchte (Szabó 1998: 210).

Karte 9: Beispiel Kontinuität von Familienbesitz 1881 und 1993

Die Vorstellung der Kontinuität von Eigentum, das unverbrüchlich an bestimmte Familien gebunden ist, drückt sich auch in der häufig geäußerten Ablehnung gegenüber dem von Tibor praktizierten Aufkaufen von Entschädigungspapieren aus. Dieser Aufkauf der „rechtmäßigen" Ansprüche anderer sowie der folgende Aufstieg in die Gruppe der neuen Großbauern wird missbilligend zur Kenntnis genommen. Diese Ablehnung einer Vorstellung von „Land als Ware", das beliebig ge- und verkauft werden kann, kam auch in der Stichprobe zum Ausdruck. In den Fragebögen bezeichneten 77 von 136 Befragten die Käuflichkeit der Entschädigungspapiere als größtes Problem der Bodenprivatisierung. 79 der Befragten waren der Meinung, es wäre besser gewesen, das vorsozialistische Eigentum zurückzugeben.

Die in diesen Äußerungen gezeigte Unzufriedenheit mit dem Verfahren ist aber nur zum Teil Ausdruck der Verbundenheit mit dem eigenen Boden. Gleichzeitig drückt sich hier auch eine Ablehnung der konkreten Auswirkungen der Landverteilung als Ausgangspunkt einer neuen sozialen Ungleichheit aus, die als ungerecht empfunden wird. Diejenigen, die die Absprachen und die folgende Verteilung maßgeblich durchführten, gehören heute, wie bereits beschrieben, zu der Gruppe der neuen Großbauern und damit gleichzeitig überwiegend zur Gruppe der ehemals wohlhabenden Bauern. Sie verfügten sowohl über das Interesse als auch die strategische Macht, ihre persönlichen Wünsche der Verteilung durchzusetzen.

Neben der gewünschten Lage wurde durch die vorherigen Absprachen auch erreicht, dass aller Boden zum Mindestpreis von 500 Forint verteilt wurde. Das bedeutet, alle Teilnehmenden verdoppelten ihren Bodenbesitz. Ehemals wohlhabende Familien nutzten vielfach auch das „Hintertürchen" der Selbständigkeit als Unternehmer, so dass die gesetzlich vorgesehene Degression ihrer Ansprüche auf Entschädigung nicht eintrat. Ein Familienmitglied, meist Vater oder Mutter, trat als Rentner aus der LPG aus, gründete offiziell ein eigenes landwirtschaftliches Unternehmen, während die Angehörigen ihre Arbeitsplätze in der Genossenschaft behielten. Gleichzeitig verfügten die älteren Familienmitglieder aufgrund ihres Erbes und der langen Arbeitszeit in der LPG über die meisten Besitzanteile am Vermögen der LPG.

Die Verdopplung des Eigentums bei Entschädigung und die Rückgabe in der Nähe des vorsozialistischen Grundbesitzes wird nicht von allen sozialen Gruppen positiv beurteilt.

> „Ich bin sauer darauf, weil der [mein] Flurstreifen Entschädigungsland war. Das Verdoppeln hätte nicht erlaubt sein dürfen und nicht von dem Gebiet, was anderen gehört hat." (I, Nr. 97, 23. 9. 2000, weiblich, geschieden, 58 Jahre)

Diese ehemals ärmeren Bauern fühlen sich benachteiligt, weil auch der „freiwillige" Eintritt in die Genossenschaft Anfang der 1950er Jahre als Zwang angesehen wurde. Steuern und Zwangsabgaben waren hoch, und Agitatoren kamen in jedes Haus, so dass die Bauern das Gefühl hatten, der Kollektivierung nicht ausweichen zu können. Im Postsozialismus fühlen sie sich, indem sie weniger Land bekommen als die frühere wohlhabende Bauernschaft, zu Unrecht bestraft.

Besitzverteilung der LPG

Neben einem ausreichenden Bodenbesitz ist, wie eingangs bereits erwähnt, die Aneignung entsprechender Maschinen eine weitere Voraussatzung für den Erfolg in der postsozialistischen Landwirtschaft. Landwirtschaftliche Maschinen konnten anfänglich häufig durch Austritt aus den Genossenschaften erworben werden, da dann die Eigentumsanteile am Vermögen der Genossenschaft berechnet und in Sachwerten ausgezahlt wurden. In diesem Verfahren waren in

Mesterszállás wiederum die früheren Großbauern und späteren neuen Unternehmer im Vorteil.

Das Vermögen der Táncsics-LPG belief sich laut Protokoll der Mitgliederversammlung vom 8. 9. 1992 auf 881 875 000 Forint, die unter 2600 Mitgliedern verteilt wurden. Laut Protokoll der Mitgliederversammlung vom 13. März 1992 wurde für jede eingebrachte Ak Land 1000 Forint berechnet, für jedes Jahr Arbeit in der LPG 5000 Forint und 2500 Forint für Mitglieder, die nicht selbst gearbeitet hatten (z. B. Witwen). In Mesterszállás wurde der Anteil von Schulden am Besitz der Genossenschaft von dem Eigentumsanteil abgezogen. Nach diesem Abzug erhielten die Austrittswilligen ihren Anteil in Form von Sachwerten.

Der Austritt von Mitgliedern aus der LPG wurde auf der Mitgliederversammlung vom 1. 10. 1992 öffentlich gemacht. In der gespannten Atmosphäre Anfang der 1990er Jahre wurde dies für die Betroffenen ein unangenehmes Erlebnis. Sie mussten in der ersten Reihe sitzen und aufstehen. Angeblich wurden sie sowohl vom Podium (LPG-Führung) als auch von den anwesenden Mitgliedern beschimpft.[185] Von den über 1000 Mitgliedern traten in dieser Situation nur 38, davon sieben Personen aus Mesterszállás, aus. Trotz der beschriebenen Inszenierung des Austritts als für die Betroffenen peinlich, hatten die Austrittswilligen aus Mesterszállás nicht nur meist einen großbäuerlichen Familienhintergrund, sondern auch überwiegend enge Beziehungen zur Führungsebene. Im Normalfall traten Vater oder Mutter aus, da sie wegen ihrer langen Arbeitszeit über die meisten Ansprüche gegenüber der LPG verfügten und zudem ihre Kinder so ihren Arbeitsplatz behalten konnten, während sie selbst Rente bezogen.

So trat in der Familie von Tamás (siehe Kapitel 4) offiziell nur der Vater als Unternehmer auf. Beide Söhne blieben zunächst in der LPG. Dezső (sen.) trat damit zu einer sehr günstigen Zeit aus der LPG aus, denn er bekam für seine Eigentumsanteile am Vermögen der LPG die ersten Maschinen, mit denen das Familienunternehmen startete. Tamás, der jüngere Sohn, verfügte durch seine Tätigkeit in den Werkstätten der LPG über hilfreiche Kenntnisse über die zur Verfügung stehenden Maschinen. Später trat Dezső (jun.) aus der Genossenschaft aus und wurde Landwirtschaftsberater in Mesterszállás. Tamás übernahm zwar nach dem Tod des Vaters das Unternehmen, arbeitete jedoch noch bis zur Einleitung des Konkursverfahrens Mitte des Jahres 2000 weiter in der Genossen-

185 Es wurde mehrfach berichtet, dass zu Beginn der 1990er Jahre viele die neuen Privatbauern für die schlechte wirtschaftliche Situation der LPG verantwortlich machten. Zum Zeitpunkt der Forschung mochten sich nur noch wenige in dieser Richtung äußern.

schaft. Dies gab ihm die Möglichkeit, seine Landwirtschaft weiterhin als Nebenerwerb steuerlich günstiger zu führen und die privaten Maschinen am Arbeitsplatz zu reparieren. Danach erhielt er noch einige Zeit Arbeitslosengeld, bevor er endgültig offiziell als Unternehmer auftreten musste.

Ebenso trat der Schwiegervater von Attila (siehe Kapitel 6) aus der Genossenschaft aus. Er verfügte aufgrund seines Erbes über den größten einzelnen Vermögensanteil unter den Austrittswilligen. Die Stellung seines Schwiegersohns in der Führung ermöglichte in den ersten Jahren nach der Privatisierung die Nutzung LPG-eigener Maschinen auf dem privat genutzten Land. Im Hinblick auf den Austritt aus der LPG verfuhren auch die Familie des „neuen Mittelbauern“ Péter (siehe Kapitel 4) ähnlich. Da in diesem Fall der Vater schon verstorben war, trat die Mutter aus der LPG aus, und offiziell trat die Schwester von Péter als Unternehmerin auf. Gleichzeitig leitete inoffiziell Péter, zunächst noch neben seinem offiziellen Arbeitsplatz, das neue Unternehmen. Im Fall des zweiten „neuen Mittelbauern“ auf der Schwelle zum Großbauern, István (siehe Kapitel 4), war der Vater auch schon verstorben. Er selbst war zu diesem Zeitpunkt in einer mittleren Führungsposition in der LPG und trat ebenfalls mit seinem Erbanteil aus großbäuerlicher Familie aus.

Andere Familien trafen in dieser Phase durchaus Fehlentscheidungen. Wenn sie noch nicht austraten, verpassten sie den günstigen Zeitpunkt, und in der Folge verloren ihre Anteile am Vermögen der LPG an Wert. Andere, ohne Verbindungen zur Führung, konnten z. T. ihre Ansprüche nicht so effektiv investieren und bekamen qualitativ minderwertigere Maschinen oder Futtermittel. Oder in Fällen nichtbesitzender Familien war der eigene Vermögensanteil nur sehr klein bzw. war die familiäre Strategie nicht so geschickt wie in den Fällen der „neu-alten“ Großbauern. So verlor z. B. András aus der Familie der „erfolglos Innovativen“ (siehe Kapitel 4) seinen Arbeitsplatz, und die familiäre Landwirtschaft ist nicht sonderlich erfolgreich. Ebenso wie er, versuchte noch ein weiterer jüngerer Mann zum diesem relativ frühen Zeitpunkt den Schritt in die selbständige Landwirtschaft. Er stammt ebenfalls aus einer land- und besitzarmen Familie und erhielt daher nur den geringsten Anteil an Besitzanteilen von allen Austrittswilligen (laut Protokoll der LPG). Auch er versucht auf kleiner Fläche mit dem intensiven Anbau von Obst (vor allem Bio-Äpfeln) seinen Betrieb aufzubauen, gehört aber damit wie András eher zu den Verlierern in der postsozialistischen Landwirtschaft.

Für diejenigen, die Anfang der 1990er Jahre in der Genossenschaft Mitglied blieben, verloren Eigentumsanteile an der LPG durch die schlechte wirtschaftliche Lage im Laufe der 1990er Jahre an Wert. Seitdem die Schulden das Vermögen der Genossenschaft überschreiten und der Konkurs eingeleitet wurde, sind sie wertlos. Die Mitglieder haben somit ihre neuen Eigentumsrechte vollständig verloren. Für viele ist dieser Wertverlust unverständlich, und sie fühlen sich daher um ein Vermögen von häufig ein bis zwei Millionen Forint betrogen.

Um ökonomisches Kapital in Form von Produktionsmitteln (Boden und Maschinen) zu erhalten, war in der Transformation das soziale Kapital in Form von Beziehungen zu entscheidenden Institutionen (hier: LPG-Führungskreise und örtliche Gemeindeverwaltung) entscheidend. Häufig zirkulierten nur dort adäquate Informationen und waren Einflussmöglichkeiten auf den Prozess der Privatisierung gegeben. So entschied beispielsweise die Landkommission der LPG über Lage und Zeitpunkt der Versteigerung von Entschädigungsland. Neben der leitenden Stellung in der LPG konnte auch im Bürgermeisteramt auf entscheidende Informationen zugegriffen werden. Tibor, der „Aufsteiger" und Bürgermeister, beschrieb einmal den Wert von Informationen:

> „Jetzt ist es gut für mich, dass ich der Bürgermeister hier bin, nicht wegen der Bezahlung, die ist in Ordnung – aber davon lege ich nichts auf den Familientisch –, sondern wegen der Information. Die bringt das Geld. Deshalb lohnt es sich für mich, hier zu sein." (29.3.1999)

Seit Beendigung der Privatisierung ist vor allem die Stellung als Landwirtschaftsberater eine Schlüsselstellung in der Ressourcenverteilung. In der eingangs beschriebenen Sprechstunde werden Informationen ausgetauscht und Anträge gestellt. Eine gute Kenntnis der Subventionspolitik und Regierungsprogramme ist heute für den wirtschaftlichen Erfolg notwendig. Dies wird auch häufig von den eher „traditionell" wirtschaftenden älteren Bauern beklagt:

> „Es wäre besser, wenn man von seiner Arbeit leben könnte, nur das geht nicht." (TB 8.7.1999, selbständiger Bauer in einer Diskussion während der Sprechstunde)

Ein anderer älterer Produzent sagte einmal:

> „Früher ist das einfacher gewesen, da hat man etwas angebaut und vielleicht mal einen *Pengő* mehr gekriegt, wegen guter Qualität, aber heute braucht ja jeder seinen eigenen Buchhalter, wegen der ganzen Anträge." (TB 2.9.1999)

Das Amt des landwirtschaftlichen Dorfberaters hat Dezső, der Bruder von Tamás (siehe Kapitel 4), inne. Er kann so u. a. seinen Bruder schnell informieren sowie dessen Anträge auch bearbeiten und weiterleiten. Alle anderen Landwirte sind von Dezső abhängig, und dies stellt einen Anreiz zur Kooperation dar. Die heute größten Bauern, die bis auf den „Aufsteiger" Tibor, den Bürgermeister, alle mit Dezső befreundet oder verwandt sind, haben sich alle erfolgreich um staatliche Kredite zum Maschinenkauf und Hausbau beworben. Die kleineren Produzenten hingegen vermuten hinter diesem Erfolg Vetternwirtschaft und ungleiche Informationsverteilung durch ihren Berater. Die Auseinandersetzung zwischen den unterschiedlichen Produzentengruppen um solche Ressourcen wird in moralischen Kategorien des „echten Bauern“ verhandelt. Während sich alle Produzentengruppen als „Bauern“ (paraszt) bezeichnen, werden bestimmte Eigenschaften (Gewinnstreben) oder Lebenswege (Mitgliedschaft in der sozialistischen Partei) als „unbäuerlich“ bewertet.[186]

7.1.3 Verlust von Langfristrechten im Postsozialismus

Mit der Privatisierung geht der Verlust anderer für die Reproduktion der heutigen dörflichen Gesellschaft verbundener relevanter Rechte einher. Besonders wichtig sind in diesem Zusammenhang der Zugang zu Boden und landwirtschaftlichen Maschinen sowie geregelte Absatzmöglichkeiten und das Recht auf bezahlte Arbeit.

Im Sozialismus wurde allen Bürgern das Recht auf bezahlte Arbeit garantiert. LPGs mussten für ihre Mitglieder einen Arbeitsplatz schaffen. Mit den neuen Genossenschaftsgesetzen wurde nicht nur das Vermögen privatisiert, Anfang 1993 wurde auch das Recht auf einen Arbeitsplatz für Mitglieder der Genossenschaft aufgehoben (siehe oben). In der Folge wurden viele Beschäftigte entlassen, und die ländliche Arbeitslosigkeit stieg sprunghaft an.[187] Durch diese Vorgänge verloren mehr Menschen Zugang zu Land und Produktionsgeräten als in der Zeit der Kollektivierung (Kovách und Csite 2000: 29).

Diese Arbeitslosigkeit hat zwei gegenläufige Trends zur Folge. Durch den Wegfall der früheren Möglichkeiten wenden sich viele Familien gezwungenermaßen von der Marktproduktion ab und produzieren heute mehr für den Eigen-

---

186 Zu den Abgrenzungskategorien findet sich eine ausführlichere Darstellung in Thelen (2001b).

187 Von 1992 bis 1993 sank der Anteil der Beschäftigten in den Genossenschaften von 204 297 auf 139 246 (KSH 1996: 27). Der Anteil der Beschäftigten in der Landwirtschaft insgesamt sank von 17,1 % 1990 auf 7,2 % 1998, in absoluten Zahlen: von 818 000 auf 261 000 (Kovách und Csite 2000: 15). Von der ländlichen Bevölkerung, die bis 1994 arbeitslos wurde, hat nur ein geringer Teil (auch im Vergleich mit anderen Transformationsstaaten) den Wiedereinstieg in ein Beschäftigungsverhältnis auf demselben Level geschafft. Über 55 % wurden inaktiv (Hausfrauen, Früh- und Invalidenrente) oder erreichten nur ein niedrigeres Beschäftigungsniveau (Andor, Kuczi und Swain 1996: 120–121).

bedarf.[188] Vor allem in benachteiligten Regionen änderte sich die Bedeutung der privaten Landwirtschaft vom Nebenerwerb zur Haupteinnahmequelle. Auch dies kann ähnlich den schon erwähnten neuen Strategien der Kleinbauern (siehe Kapitel 4) als Hinweis darauf gewertet werden, dass die Privatisierung nicht nur eine „Modernisierung", sondern auch eine Wiederaufnahme „bäuerlicher" Produktionsmuster bedingt:

> "The post-1990 privatisation has brought not only the renewal of entrepreneurial activity, but also that of the forms of peasant type of cultivation and enterprise by necessity." (Kovách 1997: 31)

Auch in Mesterszállás fällt mit der Auflösung der Genossenschaft die Möglichkeit der privaten Produktion ohne eigenen Grundbesitz in Form der *háztáji* für viele Kleinproduzenten weg, denn private Firmen bieten diese Möglichkeit selten. Ohne diese Kooperation können kleine Produzenten ihre Flächen nicht bewirtschaften. Deshalb trifft diese Regelung besonders Haushalte, die nicht über genügend ererbten Besitz verfügen, um eine eigene Landwirtschaft zu betreiben. Der Nachteil der nichtlandbesitzenden Gruppen wird also im Laufe der Transformation größer. Während sie zu Beginn der 1990er Jahre ihre private Produktion noch ohne eigenen Landbesitz ausbauen konnten (siehe Kapitel 4), bricht diese Möglichkeit mittlerweile fast ganz weg.

Manche sind auch wegen Arbeitslosigkeit nicht mehr in der Lage, die nötigen Investitionen zu tätigen, und fallen gänzlich aus der Gruppe der landwirtschaftlichen Produzenten heraus.[189] Während man früher problemlos in die Produktion ein- und aus ihr aussteigen konnte, ist eine Aufgabe der Produktion heute vielfach endgültig. Durch den Konkurs der LPG machten sich im Forschungszeitraum viele Dorfbewohner Sorgen, dass es zu einem weiteren Verlust von Arbeitsplätzen kommen würde. In einer Diskussion in seiner Sprechstunde um die Zukunft der LPG nach deren Verkauf an mögliche Investoren sagte der Agrarberater:

---

188 In einer vergleichenden Studie ländlicher Gemeinden stieg in Ungarn insgesamt der Anteil von Familien, die in landwirtschaftliche Produktion involviert sind, zwischen 1994 und 1996, aber größtenteils nur für den Eigenverbrauch (von 37,7 % auf 51,9 %), während der Anteil derjenigen, die regelmäßig oder manchmal für den Verkauf produzieren, sank (von 44,3 % auf 29,7 %) (Andor, Kuczi und Swain 1996: 116–117).

189 In einer Studie waren ein Viertel der ländlichen Arbeitslosen nicht fähig, auch nur einen Bruchteil ihres Konsums selbst zu produzieren. Obwohl sie in vielen Fällen noch über geeignete Möglichkeiten wie etwa einen Schweinestall verfügen, können sie sich im Frühjahr den Ankauf der Ferkel oder später den Zukauf von Futtermitteln nicht mehr leisten (Laki 1997).

> „Und das Privateigentum bedeutet das: Halte ich mir die Knechte oder nicht, wenn nicht, dann schicke ich [sie] nach Hause.“ (TB 8.7.1999)

Hinzu kommt der Wegfall von Rechten der sicheren Vermarktung. Während des Sozialismus gab es genossenschaftliche und staatlich garantierte Vermarktungswege mit sicherer Bezahlung. Die Produzenten konnten planen, welchen Gewinn sie beispielsweise mit der Schweinemast machen würden. Im Postsozialismus führen Veränderungen in der Vermarktungsstruktur zur Unvorhersehbarkeit des wirtschaftlichen Handelns. Der Wegfall der Planungssicherheit ist eine der häufigsten Klagen der postsozialistischen Produzenten in Mesterszállás:

> „Wir können nicht mehr planen wie früher, als wir wussten, für soundso viele Schweine bekomme ich soundso viel Geld.“ (TB 25.7.1999)

Zwar hatten die teilweise liberalisierten Preise infolge der Reformen in Ungarn schon vor 1989 zu Schwankungen geführt, auf die die Produzenten jedoch reagieren konnten. Der postsozialistische Preisverfall für agrarische Produkte und die zusätzlichen Absatzschwierigkeiten sind jedoch größer. Im ersten Halbjahr 1999 verfiel der Schweinepreis so rapide, dass sich die Regierung zum Eingreifen genötigt sah und im März einen Mindestpreis (193 Forint pro Kilo, ca. 1,60 DM) für die Kleinproduzenten festlegte. Dieser sollte zum ersten Juni in Kraft treten. Viele der kleineren Produzenten hielten daraufhin ihre Mastschweine bis zum ersten Juni zurück. Ab diesem Datum weigerten sich die Schlachthöfe schlicht, Schweine aus dieser privaten Produktion zu kaufen. Das hatte im Sommer für viele Bauern, deren Mastschweine schon das benötigte Gewicht hatten bzw. darüber lagen, immense Auswirkungen, denn sie mussten die Tiere weiter füttern. Der Mindestpreis musste schließlich zurückgenommen und mit einem Notprogramm der Schweinebestand nach und nach abgebaut werden. Solche Probleme hatte es im Sozialismus nicht gegeben. Der folgende Gesprächsausschnitt stammt aus einer der Sprechstunden des Agrarberaters. Die Mindestpreisverordnung war bereits bekannt gegeben, aber die Krise noch nicht auf ihrem Höhepunkt. Imre ist ein älterer Bauer, der seit der Privatisierung zusammen mit seinem Sohn ca. 7 ha bewirtschaftet. Der Agrarberater hatte gerade den Versammelten einen kleinen Vortrag über die neue Verordnung gehalten.

> Imre: „Aber wer garantiert mir die Abnahme?“
>
> Dezső: „Niemand, das war im Sozialismus so, verstehst du? Das ist der Kapitalismus: Bevor man produziert, muss man einen Markt finden – woher, das weiß ich auch nicht.“

(kurze Pause)

Imre: „Aber wenn ich jetzt das Ganze sein lasse – wovon kann man leben?"

(TB 24.4.1999)

Im Postsozialismus mussten alle neuen Produzentengruppen die Erfahrung von Vermarktungsschwierigkeiten machen. Diese Schwierigkeiten liegen z. T. im, schon in Kapitel 4 erwähnten, Wegfall von Märkten im Osten bei gleichzeitiger Protektionspolitik der EU begründet. Gleichzeitig wurde versäumt, neben der Privatisierung auch die Lebensmittelindustrie umzustrukturieren (Juhász und Mohácsi 1994: 622). Dadurch gingen viele Vermarktungsmöglichkeiten für Kleinproduzenten in der verarbeitenden Industrie verloren. Zusätzlich gibt es neue, im Sozialismus unbekannte Erfahrungen, wie die verzögerte Bezahlung oder der betrügerische Bankrott. In Mesterszállás sind die Milchproduzenten in den Jahren 1999 bis 2000 stets einer verzögerten Bezahlung durch den milchverarbeitenden Betrieb ausgesetzt gewesen. Sie erhielten die Bezahlung für bereits gelieferte Milch meistens zwei bis drei Monate nach Lieferung, was wiederum vor allem kapitalschwache Kleinstproduzenten traf. Schlimmer noch war im Jahr 2000 der Bankrott eines Schweinefleisch verarbeitenden Betriebes in Szolnok. Obwohl der Konkurs bereits abzusehen war, wurden dennoch weiterhin Schweine in der Umgebung aufgekauft. Nach der Konkursanmeldung konnten dann diese Lieferungen nicht mehr bezahlt werden. In verschiedenen Zeitungen und anderen Medien wurde darüber berichtet, denn die ausstehenden Zahlungen umfassten Millionen. Solche Erfahrungen führen auch bei größeren Produzenten dazu, die mangelnde Sicherheit des neuen Systems negativ zu beurteilen. So sagte beispielsweise Gábor, einer der neuen Großbauern:

> „Früher [im Sozialismus], da waren die Gesetze schwarz auf weiß, aber heute ..."
> (TB 9.3.2000)

Auch die in Kooperation der Mitglieder mit der Genossenschaft (háztáji) produzierte Paprika und Petersilie des Jahres 1998 konnte aufgrund von Absatzschwierigkeiten und nachfolgendem Konkurs der Genossenschaft in Mesterszállás nicht oder nur teilweise ausgezahlt werden. Für viele Kleinstproduzenten in Mesterszállás und Umgebung hatten diese Vorfälle regelrecht ruinöse Folgen. So planten beispielsweise Lajos und seine Frau (Kapitel 4), die Hochzeit ihrer Tochter aus den Einkünften von *Háztáji*-Paprika- und Petersilienanbau nachträglich zu finanzieren. 1998 investierten sie ca. 400 000 Forint in den Anbau (einschließlich der Bezahlung von Tagelöhnern für die Erntearbeiten) und bekamen 2000 nur einen Bruchteil (80 000 Forint) der bereits unter Konkursverwaltung stehenden LPG ausgezahlt (TB 13.8.2000/30.8.2000).

Aufgrund dieser Erfahrungen versuchten 1999 viele der Kleinstproduzenten ihre Ernte auf dem freien Markt zu verkaufen. Aber sie machten wegen des niedrigen Marktpreises und der gleichzeitig gestiegenen Kosten auch in diesem Jahr einen Verlust. Für einige bedeutenden diese Versuche erste Erfahrungen mit dem Handel auf dem Markt. Andere mussten sich erst gegen das Ernteverbot der Genossenschaft behaupten und machten die Erfahrung, dass dieses eigenmächtige Verhalten von anderen Dorfbewohner *„die kein eigenes Auto haben"*, um die Ernte zum Markt zu fahren, kritisiert wurde. Zur Illustration dieser Erfahrungen der Paprikaernte und -vermarktung 1999 wurden Tagebuchnotizen zusammengefasst:

Ein kleines Tagebuch der Paprika-Vermarktung in Mesterszállás 1999

In den letzten Augustwochen 1999 warten alle *Háztáji*-Produzenten von Paprika in Mesterszállás auf die Erlaubnis der LPG zur Ernte. Schließlich beginnen Zoltán (jun.) und seine Frau (siehe Kapitel 4) „illegal" mit der Ernte.

Auch die Produzenten mit eigenem Land beginnen mit der Ernte. Nachdem die LPG-eigene Trockenanlage, der größte Aufkäufer früherer Jahre, die Ernte vom letzten Jahr nicht ausbezahlt hat, versuchen beide Produzentengruppen, ihre Ernte auf Wochenmärkten gewinnbringend abzusetzen.

Donnerstag, 2.9.1999

Während Zoltán und Ildikó als Erste auf dem LPG-Land beginnen zu ernten, kommt der „Vermögenswächter" (vagyonőr) der LPG aufs Feld und streitet wegen des eigenmächtigen Erntebeginns mit ihnen. Sie argumentieren: *„Wird Sárika [die Chefin] etwa unsere Kinder einkleiden?"* und: *„Schließlich klauen wir nicht, wir ernten nur, was uns gehört."*

Freitag, 3.9.1999 (Nachmittag)

Das Ehepaar konnte die gesamte Ernte vom Vortag für 90 Forint pro Kilo auf dem Markt im nahe gelegenen Szarvas verkaufen. In den nächsten Tagen beginnen immer mehr Familien mit der Ernte. Die LPG schreitet nicht mehr ein, und schließlich wird in der folgenden Woche die Ernte offiziell erlaubt.

Sonntag, 5.9.1999 (16–19 Uhr)

Auch Jószef, der jüngste der „neuen Großbauern", beginnt mit der Paprikaernte. Es ist das erste Mal, dass auch er versuchen will, einen Teil auf dem Wochenmarkt selbst zu verkaufen. Er und seine Frau sind unsicher, wie viel sie ernten sollen und welchen Kilopreis man wohl dieses Jahr erzielen kann. Sie einigen sich auf elf Säcke, die sie versuchen wollen, am Dienstag zu verkaufen.

Montag, 6.9.1999 (13.30–15.30 Uhr)

Jószef erntet mit seiner Frau [und der Ethnologin] weitere zehn Säcke Paprika. Der Rest der Ernte soll von einer angeheuerten Pflückerbrigade geerntet und bei einem Großhändler abgesetzt werden. Zwischendurch kommt eine Nachbarin vorbei und erzählt, dass die LPG dieses Jahr nur 65 Forint pro Kilo zahle. Daher möchte auch sie dieses Jahr anderswo verkaufen. Sie heuert die Ethnologin als Tagelöhnerin für ihre Ernte an.

Dienstag, 7.9.1999 (10.00–20.00)

Ildikó, die Frau von Zoltán (jun.) setzt (zusammen mit der Ethnologin) die Ernte fort. Nach Dienstschluss, gegen 17.00 Uhr, stößt ihr Mann dazu, und die Arbeit wird bis ca. 19.00 fortgesetzt und klingt dann mit einem kurzen Kneipenbesuch aus. In der Kneipe erkundigen sich andere Anwesende nach ihrem Verkauf und dem erzielten Preis vom Freitag. Ildikó erzählt, eine Frau habe sich am Morgen im Laden bei ihr über diejenigen beschwert die schon mit dem Pflücken beginnen, *„weil andere, die kein Auto haben, nicht einfach so auf den Markt fahren können."*

Mittwoch, 8.9.1999 (4.30–11.30 Uhr)

Zoltán (jun.) und seine Frau haben sich entschlossen, einen weiteren Markt auszuprobieren. Um 4.30 fahren sie los und kommen gegen 5.30 an. Es stellt sich heraus, dass der Markt erst um 7.00 beginnt. In der Zwischenzeit kommen die anderen Paprikahändler vorbei und erkundigen sich nach dem Preis. Auch Zoltán und Ildikó machen daraufhin die Runde und schicken dann zur Sicherheit die Ethnologin auch noch mal, Erkundigungen einzuziehen. Insgesamt läuft das Geschäft schleppend, und nur drei Säcke können insgesamt verkauft werden. Die Gespräche am Vormittag drehen sich um die möglichen Gründe: *„Die Saison fängt gerade erst an, da warten die Leute noch, dass es billiger wird"* und: *„Vielleicht ist es hier in der Gegend auch nicht so Brauch."*

Freitag, 10.9.1999 (4.30–12.30 Uhr)

Es ist wieder Markt in Szarvas. Außer den Ehepaaren Zoltán und Ildikó sowie Jószef mit seiner Frau sind noch zwei andere Familien aus Mesterszállás zum Paprikaverkauf gekommen. Jószef ist mit seiner Frau erst zum zweiten Mal auf einem Markt, beim ersten Mal haben sie einen Freund mitgenommen. *„Dieses Mal,"* sagt seine Frau, *„trauen wir uns schon selber zu handeln."*

Alle verkaufen etwa die Hälfte ihrer Paprika zu Preisen zwischen 85 und 110 Forint pro Kilo. Insgesamt waren die Ergebnisse für alle nur mäßig, und Zoltán (jun.) wird den Rest ihrer Ernte mahlen lassen und dann in dieser Form versuchen zu verkaufen, während Jószef seine restliche Paprika von Tagelöhnern ernten lässt und dann an einen Großhändler verkauft.

Die großen Familienunternehmen haben zwar ähnliche Probleme wie die Kleinbauern, können diese aber z. T. durch ihre Kenntnisse und Verbindungen besser bewältigen. So kann Dezső viele Absatzprobleme seines Bruders Tamás sowie befreundeter Großbauern durch sein aus sozialistischen Zeiten stammendes persönliches Netzwerk erfolgreich lösen. Neben den Absatzproblemen können die größeren Unternehmer sich auch leichter gegen nicht gerechtfertigt niedrige Aufkaufpreise wehren. So hat Gábor (siehe Kapitel 4) es geschafft, sich durch ein Gegengutachten, das die Qualität seines Weizens bestätigte, gegen das Herabsetzen des Aufkaufpreises seiner Produktion zu wehren. Mangelnde Qualität ist eine häufig genannte Begründung der aufkaufenden Firmen, um weniger als im Vertrag vorgesehen zu zahlen. Kleine Produzenten können sich gegen eine ungerechte Bewertung nicht wehren, da sie fachlich nicht geschult sind, über zu wenige Informationen über die rechtliche Situation oder/und zu wenig finanzielle Rücklagen verfügen, um ein solches Gutachten anfertigen zu lassen. Zudem fehlt es ihnen an Lagerungsmöglichkeiten für die Überbrückung. Sie sind darauf angewiesen, ihre Produktion möglichst schnell zu verkaufen. Die größeren Unternehmer arbeiten alle an besseren Lagermöglichkeiten, um dieser Praxis des „Preisedrückens" nicht mehr ausgeliefert zu sein. Auch im Bereich der tierischen Produkte, die nur einen geringen Teil ihrer Produktion ausmachen, können sie verzögerte Bezahlung und Ausbleiben besser überbrücken. Durch den Verlust der an die private Produktion im Sozialismus assoziierten Rechte des sicheren Absatzes und der gesicherten Bezahlung wird der Nachteil der Kleinstproduzenten im Postsozialismus immer offensichtlicher. Die Unzufriedenheit der kleinen Produzenten drückt ein älterer Einzelgehöftbewohner aus, der seit Anfang der 1990er Jahre ca. 10 ha bewirtschaftet:

„Damals, da haben sie den Kulaken alles weggenommen, heute nehmen sie auch den kleinen Bauern alles weg." (TB 3.3.2000)

Der Verlust weiterer Rechte, wie etwa kostenlose Gesundheitsversorgung und organisierte Freizeitvergnügen, akzentuieren die Erfahrung der als nachlassend empfundenen Lebensqualität, da sie nicht aus neuen finanziellen Quellen kompensiert werden können. Zoltán (jun.) fasste den Übergang vom Sozialismus und seinen Möglichkeiten zur persönlichen Bereicherung in der Genossenschaft und den Gewinnen aus dem privaten Anbau zu den engeren Möglichkeiten im Kapitalismus einmal scherzhaft so zusammen:

„Es ist nicht erlaubt zu klauen, es ist nicht erlaubt selbständig zu arbeiten (maszekolni), also womit kann man dann [das Einkommen] ergänzen? [Früher] gab es immer Möglichkeiten, dass man ergänzen konnte." (TB 24.10.2000)

7.2 Egalitäre Praxis in Kisiratos

Im Gegensatz zu Ungarn, wo die postsozialistische Gesetzgebung der Privatisierung in Verbindung mit der lokalen Praxis Unterschiede zwischen ehemals Reichen und Armen gefördert hat, war die Gesetzgebung und die lokale Umsetzung in Rumänien egalitärer. Die wichtigste Grundlage für die Privatisierung der Landwirtschaft in Rumänien war das Gesetz 18 von 1991. Alle Eintritte in die Kollektive wurden als erzwungen betrachtet, und die Rückgabe war in der Charakterisierung Swains (2000: 7) im Gegensatz zu Ungarn „voll, direkt und spezifisch". Es gab keinen Unterschied zwischen Entschädigungsland und Mitgliedsland: Boden wurde im Verhältnis 1:1 an die ehemaligen Besitzer zurückgegeben. In der Feststellung dieser ursprünglichen Besitzer gab es je nach Aktenlage verschiedentlich Probleme, insgesamt jedoch war das Verfahren damit im Gegensatz zum ungarischen Vorteil für das Entschädigungsland egalitär. Diese Egalität wurde durch weitere Bestimmungen noch verstärkt. So beschränkte das Gesetz die Rückgabe auf 10 ha pro Haushalt. Diejenigen, die vor der Kollektivierung mehr Land besessen hatten, konnten einen Landbesitz in den alten Dimensionen daher nicht mehr realisieren. Auch im Falle zweier erbberechtigter Ehepartner oder erwachsener Kinder im Haushalt konnten nicht mehr als 10 ha zurückgefordert werden. In Ungarn dagegen bezogen sich die gesetzlichen Bestimmungen der Privatisierung auf Individuen und nicht auf Haushalte. Außerdem wurde die Fläche nicht grundsätzlich beschränkt, sondern es trat lediglich eine Minderung großer Entschädigungsansprüche ein, die zudem bei Registrierung als landwirtschaftlicher Unternehmer umgangen werden konnte. Der Einfluss ererbten Kapitals auf den Aufbau eines erfolgreichen landwirtschaftlichen Unternehmens war also in Ungarn weit größer als in Rumänien.

7.2.1 Lokale Akteure und Praxis der Privatsierung

Der Trend zur Egalität in der Privatisierung wurde in Kisiratos durch die lokale Verteilungspraxis verstärkt. Im Gegensatz zur Charakterisierung von Swain (2000: 7), die aufgrund der gesetzlichen Rahmenbedingungen die Restitution innerhalb der historischen Grenzen behauptet, nahm die konkrete Form der Bodenverteilung in Kisiratos weniger die Gestalt einer Rückgabe innerhalb historischer Besitzgrenzen an als in Mesterszállás.

Landverteilung in Kisiratos

Im Gegensatz zu Mesterszállás spielte die vorsozialistische Raumordnung im Landverteilungsprozess von Kisiratos keine Rolle. Stattdessen wurden Lose gezogen und das Land völlig neu vermessen. Auffallenderweise fand sich selbst auf beharrliches Nachfragen keine andere Version des Geschehens und auch keine Klage darüber. Wohl wurde Korruption unter den leitenden Beschäftigten der LPG im Verteilungsprozess vermutet, aber niemand beklagte, dass er sein ursprüngliches Land nicht habe wiederbekommen können. Dieses Ergebnis ist vor allem für Rumänien überraschend, denn dort wurde auch über spontane direkte Restitutionen berichtet.[190]

Konkret hat jeder Anwärter, der seinen Boden selbst bewirtschaften wollte, seinen Anteil in drei Qualitätskategorien bekommen. Als Berechnungsgrundlage galten also nicht die vorsozialistischen Qualitätskategorien, wie in Ungarn, sondern die absolute Fläche. Dabei waren vorsozialistische Unterschiede in der Bodenqualität irrelevant, d. h., auch in dieser Hinsicht galt ein egalitäres Verteilungsprinzip. Die Reihenfolge wurde durch das Los bestimmt. In manchen Fällen taten sich Nachbarn oder Anrainer einer Straße zusammen, um Land zu-

190 Solche spontanen Restitutionen wurden z. T. durch das Gesetz im Nachhinein legalisiert. Allerdings kam es zu diesen Vorgängen hauptsächlich in bergigen Regionen Rumäniens, in denen die Kollektivierung später stattfand und nicht dominierend war (v. Hirschhausen 1997).

sammenhängend auf „ihrer“ Seite des Dorfes zu bekommen. Hier ist, ähnlich wie bei der Kooperation in der postsozialistischen privaten Landwirtschaft, kein Schema ehemaliger oder neuer Klassenzugehörigkeit zu erkennen. Der Rest des Bodens wurde unter nichtbesitzenden Genossenschaftsmitgliedern verteilt (pro Kopf 0,5 ha).[191]

Auf der lokalen Ebene in Kisiratos war für die erfolgreiche Aneignung im Prozess der Privatisierung weniger das vorsozialistische ökonomische Kapital als das sozialistische soziale Kapital entscheidend. So besitzt z. B. der ehemalige erste Leiter der LPG in Kisiratos (siehe Kapitel 6) heute die in der Privatisierung erlaubte Höchstmenge von 10 ha Boden, obwohl er aus einer agrarproletarischen Familie stammt. Die lokale Bevölkerung vermutet, dass er und andere in leitenden Positionen mehr Land erhalten haben, als ihre Familien ursprünglich eingebracht haben.

Besitzverteilung der LPG

Für die Privatisierung genossenschaftlichen Eigentums in Form von Sachwerten waren nur juristische Personen zugelassen. Landwirtschaftliche Akteure, insbesondere familiäre Zusammenschlüsse (asociaţie familiare), waren durch das Gesetz nur nebulös definiert. Vielen solcher Akteure ist es in Unkenntnis der Rechtslage nicht gelungen, weitere Ansprüche auf Eigentum aus der LPG geltend zu machen. In Kisiratos hatte sich eine Gruppe zwecks Gründung einer neuen Genossenschaft (im Sinne der alten TÓZ, siehe Kapitel 6) abgespalten, die keine Eigentumsanteile am Vermögen der alten LPG erhalten hat. Sie hatten ihren Antrag auf Eintrag als juristische Person zu spät gestellt. Dies lag auch daran, dass die Beteiligten Angst vor einer solchen Form der „Verrechtlichung“ hatten, denn sie fürchteten, wie es der Schwiegervater von Zsolt, dem „jungen Mittelbauern“ (siehe Kapitel 4), einmal ausdrückte: es würde *„dann wieder so kommen wie früher“* (TB 19. 11. 2000). Diese Aussage bezieht sich auf die erzwungene Umwandlung der Genossenschaft mit niedrigem Integrationsgrad in die sog. höhere Form einer Kolchose nach sowjetischem Vorbild (siehe Kapitel 6).

191 Ein neues Gesetz ermöglicht nun, Ansprüche auf bis zu 50 ha geltend zu machen, allerdings ist die Umsetzung fraglich, da der Boden überwiegend schon privatisiert ist. Im Jahr 2000 berichteten Informanten aus Kisiratos, sie hätten ihre Papiere sofort eingereicht, aber seitdem nichts mehr gehört.

Die Vermögensanteile wurden aufgrund der im Sozialismus erarbeiteten Arbeitseinheiten (siehe Kapitel 6) berechnet. Diese Praxis stand nicht im Einklang mit der gesetzlichen Verfügung, die eine Verteilung nach eingebrachtem Vermögen vorsah. Die lokal durchgeführte Praxis begünstigte die sozialistische Führungselite der LPG, die daher heute in der Regel größere Ansprüche auf Eigentumsanteile in der neuen AG hat. Während also in Mesterszállás vorsozialistischer, in die Genossenschaft eingebrachter Besitz und früher Austritt aus der LPG für die Entwicklung der eigenen Landwirtschaft günstig waren, war in Kisiratos vorsozialistischer Besitz weniger wichtig, und ein früher Austritt konnte sich ohne entsprechende juristische Gründung eines landwirtschaftlichen Unternehmens ungünstig auswirken.

Für die Aneignung der zweiten wichtigen Produktionsmittel in der Landwirtschaft waren in Rumänien die Genossenschaften, da sie kaum über Maschinen verfügten, weniger als die staatlichen Maschinenstationen geeignet (siehe Kapitel 6). Die meisten der heutigen Traktorenbesitzer in Kisiratos haben früher in einer Traktorenstation gearbeitet. Ferenc, der zweitgrößte landwirtschaftliche Unternehmer in Kisiratos (siehe Kapitel 4), war der Leiter der Maschinenstation in Curtici. Teile seines heutigen Maschinenparks konnte er durch sein soziales Netzwerk preiswert erstehen. Er wusste im Voraus, welche Maschinen auf Auktionen angeboten werden würden, und aktivierte dann seine Beziehungen, damit diese nicht öffentlich gezeigt würden, so dass er als einziger auf der Versteigerung den Wert der betreffenden Maschine einschätzen und daher preiswert kaufen konnte (TB 12.8.1999).

7.2.2 Verlust von Langfristrechten im Postsozialismus

Der Zusammenhang von Privatisierung und Verlust von Langfristrechten ist auch in Kisiratos auffällig. Der Verlust des Rechts auf einen bezahlten Arbeitsplatz wirkt sich für die ländliche Bevölkerung besonders deutlich aus. Beinahe gleichzeitig mit der Privatisierung des Bodens setzte die Reduzierung der „überflüssigen" Arbeitskräfte in der Industrie ein. Davon besonders betroffen waren Pendler und Städter, die Ansprüche auf Boden geerbt hatten. Sie wurden als Erste entlassen, denn Personen, die über Grundbesitz verfügen, gelten in Rumänien nicht als arbeitslos: Für ihre Lebensgrundlage ist ja gesorgt. Sie haben daher auch keine Ansprüche auf staatliche Unterstützung (Swain und Vincze 1998).

Da viele Dorfbewohner in Kisiratos durch die Privatisierung Land erhielten, zählen sie also nicht als Arbeitslose. Viele ehemalige Industriearbeiter müssen daher versuchen, sich mit einer Form der privaten landwirtschaftlichen Produktion über Wasser zu halten. Verschärft wird dieses Problem der unfreiwilligen Beschäftigung mit der Landwirtschaft durch den Wegfall der Transportmöglichkeiten zum Arbeitsplatz. Da nur noch wenige Firmen die durch das Pendeln entstehenden Kosten übernehmen, überschreiten diese den durch den Arbeitsplatz erreichbaren Verdienst, so dass auch dadurch manche Familien auf die private Landwirtschaft zurückgeworfen werden. Ein junger privater Bauer erzählte, dass er deswegen seinen Arbeitsplatz in Curtici aufgegeben habe und nun den Boden seiner Eltern und seines Onkels bebaue. Der öffentliche Busverkehr in Kisiratos wurde zudem 2000 gänzlich eingestellt. Seitdem übernimmt ein privater Busunternehmer täglich eine Fahrt frühmorgens nach Arad und am Nachmittag wieder zurück. Den nutzen die noch in der dortigen Industrie Beschäftigten. In das administrative Zentrum Curtici gibt es inzwischen gar keine Verbindung mehr.[192]

Ähnliche Probleme wie in Mesterszállás ergeben sich auch hinsichtlich des Verlustes sicherer Absatzmöglichkeiten. In Rumänien blieb das staatliche Aufkaufsystem von quasi Monopolfirmen wie ROMCEREAL länger als in Ungarn bestehen, aber seit diese staatlichen Aufkäufer fehlen, beklagen sich auch in Kisiratos viele Produzenten über fehlende Zahlungsmoral und Vertragsbrüche privater Firmen. Die nahe gelegene Zuckerfabrik, heute ein französisches Unternehmen, schloss 1998 Verträge über die Lieferung von Zuckerrüben. Für 100 kg Rüben sollten 5 kg Zucker gezahlt werden. Am Ende des Jahres wurden nur 4,5 kg ausgezahlt und 1999 nur noch Verträge über 3,5 kg angeboten. In sozialistischen Zeiten dagegen wurden 7 kg Zucker für 100 kg Zuckerrüben gezahlt.

Auswirkungen von ähnlichem Ausmaß, wie der betrügerische Bankrott des fleischverarbeitenden Betriebes in Szolnok für die privaten Schweinemäster in Mesterszállás hatte, hatte der Vertragsbruch der Prod-Bio-Rom, ein Fall, über den ebenfalls in diversen Medien berichtet wurde (Adevărul 27. 7. 2000 und 22. 8. 2000, Observator 30. 8. 2000, und im Radio Timişoara). Die Firma mit Sitz in Bukarest hatte pro Kilo Biotomaten 0,5 DM geboten und dann nicht aufgekauft. Die Produzenten berichteten von dem mühevollen Anbau, der auch zumindest einmal von einem Deutschen kontrolliert wurde. Die Lieferung nach Deutschland scheiterte wahrscheinlich zumindest teilweise an der fehlenden Infrastruktur und Planung. Es fehlten Kühl-LKWs, die die Tomaten hätten unbeschadet

192 Mit dem Problem des Abbaus des öffentlichen Personennahverkehrs und des dadurch gestörten Pendelns zwischen Stadt und Land beschäftigt sich eingehend v. Hirschhausen (1998).

transportieren können, die angekündigten Kisten mit Bio-Label sowie die Aufkäufer kamen nicht. Zum Zeitpunkt der Forschung liefen noch Verfahren, die Firma selber war telefonisch nicht mehr zu erreichen. Laut Adevărul vom 17. 7. 2000 waren in Curtici rund 90 Familien betroffen. Nach eigenen Recherchen waren von diesen ungefähr zwölf aus Kisiratos. Nachdem die Aufkäufer nicht kamen, aber laut Vertrag der Verkauf an andere untersagt war, blieben viele der Produzenten auf ihren Tomaten buchstäblich sitzen. Einige versuchten sie daraufhin auf Wochenmärkten zu verkaufen oder mindestens teilweise zu Tomatensaft für den privaten Verbrauch zu verarbeiten.

Es wurde bereits mehrfach auf die unterschiedliche historische Kontinuität sozialer Gruppen in den beiden Untersuchungsdörfern hingewiesen. Diese Unterschiede zeigen sich auch in der postsozialistischen Verbalisierung des Konflikts zwischen vorsozialistischer und sozialistischer Elite. Anders als in Mesterszállás drücken diese Episoden immer noch Verachtung für Menschen mit so genannter „Kulakenabstammung“ aus. Magdolna, eine ältere Witwe, deren Vater als Großbauer enteignet und gefoltert worden war und daraufhin Selbstmord beging (siehe Kapitel 6), berichtet über ein Gespräch mit dem heutigen Vize-Bürgermeister, der aus einer agrarproletarischen Familie stammt. Sie hatte gerade ihre Papiere zur Landrückgabe eingereicht, als sie ihn auf der Straße getroffen habe:

> „Er sagte zu mir: ‚Na, Tante Magdús, jetzt kannst du zurückgehen in den Stall, die Kühe melken und dann auf den Markt.‘ Da habe ich zu ihm gesagt: ‚Davon habe ich immer gelebt, von der Arbeit meiner Hände …‘“ (TB 19.4.2000, 73 Jahre)

Sie hat seine Worte als herablassend und als Anspielung darauf interpretiert, dass sie als Tochter eines Großbauern im Sozialismus nur einfache Arbeiterin in der LPG war. In Mesterszállás gehen solche verbalen Anspielungen eher von der vorsozialistischen Elite aus, die nun nach dem Systemwechsel die ehemaligen Funktionäre der frühen sozialistischen Periode, wie etwa den Ratschef von 1952 (siehe Kapitel 6), an diese Zeit erinnert: *„Na, Onkel János, hast du gerade Zeit, dann komm doch vorbei zum Speicherausfegen“*, so wird er ironisch daran erinnert, dass er nicht länger die Macht hat, Hausdurchsuchungen bei so genannten Kulaken anzuordnen.

7.3 Zusammenfassung: Vorteil ehemals reicher Bauern versus egalitäre Verteilungspraxis

Durch die Möglichkeit zur Verdopplung des Wertes ehemals enteigneten Bodens schuf die Gesetzgebung der Privatisierung in Ungarn einen Vorteil für ehemals wohlhabende Bauernschichten. Anhand der Beschreibung des lokalen Prozesses wurde deutlich, dass Angehörige der vorsozialistischen Elite ihren relativen Vorteil aber nur nutzen konnten, wenn sie in geeigneten Positionen waren, um über genügend soziales Kapital in Form von Beziehungen und Information zu verfügen. Positionen, die solches Kapital zur Verfügung stellten, waren in erster Linie führende Stellungen in der Genossenschaft und der Gemeindeverwaltung. Mitglieder der vorsozialistischen Elite, die keine vorteilhafte Position während des Sozialismus besetzten, konnten ihren Vorteil nur z. T. nutzen. Kulturelles Kapital hat nur beschränkten Einfluss in Form modernen landwirtschaftlichen Wissens.[193] Bei gleichzeitiger Wiedereinführung des ererbten vorsozialistischen ökonomischen Kapitals kamen solche Familien zu mehr relevantem Kapital, die über eine verwandtschaftliche Beziehung zu ehemals enteigneten „Kulaken" verfügen. Nach einer Übergangsphase von Verfolgung und Ausgrenzung haben diese oft den Weg der Investition in kulturelles Kapital, d. h. Schulbildung, eingeschlagen. Fand diese im Agrarbereich statt, sind die Söhne häufig in die landwirtschaftliche Produktion des Dorfes zurückgekehrt (Kapitel 6). Hier sind sie meist mindestens in die mittleren Führungsebenen aufgestiegen und haben zur Zeit der „Wende" auf gut ausgebaute Netzwerke, also auf akkumuliertes soziales Kapital, zurückgegriffen.

Im Gegensatz dazu förderte die Gesetzgebung in Rumänien eine egalitäre Verteilungspraxis. Zwar wurde ebenfalls aufgrund ererbter Ansprüche Land zugeteilt, aber die Gleichbehandlung von „freiwilligen" Mitgliedern der LPG und Enteigneten sowie die Beschränkung auf 10 ha beschränkten der Vorteil ehemals wohlhabenden Bauern. In Kisiratos war die vorsozialistische Elite offensichtlich auch nicht in einer Position, um in den lokalen Prozess eingreifen zu können. Die Verteilungspraxis der Anteile am sonstigen Eigentum der LPG begünstigte wiederum die sozialistische Elite, die sich vor allem aus ehemals unteren Schichten der vorsozialistischen bäuerlichen Gesellschaft zusammensetzte. Heute

193 Dieses konnte durchaus „nachgeholt werden" werden, wie das Beispiel des „Aufsteigers" zeigt. So verfügten zum Zeitpunkt des Einstiegs in die Familienlandwirtschaft weder der Bürgermeister noch sein Sohn über eine Fachausbildung. Letzterer hat dies inzwischen durch ein Teilzeitstudium nachgeholt.

haben auch Angehörige dieser Schichten einen Bodenbesitz von 10 ha, was darauf schließen lässt, dass sie ihr soziales Kapital in Eigentum umwandeln konnten.

Neben der Quantität neuer Ansprüche wurde ein weiteres Element historischer Kontinuität in diesem Kapitel angesprochen. Anhand des Beispiels von Mesterszállás in Ungarn wurde gezeigt, dass sich auf der lokalen Ebene vorsozialistische Wertigkeiten durchsetzen können, auch wenn dies vom gesetzlichen Rahmen nicht vorgesehen ist. Im Fall dieses Dorfes bildete die vorsozialistische Raumordnung in Gestalt der „Liebe zum eigenen Boden" den Referenzrahmen für die lokale Landverteilung in der Privatisierung. Im Vergleich mit Kisiratos wurde deutlich, dass dieser Befund nicht selbstverständlich ist. Obwohl das rumänische Gesetz eine direkte Restitution erlaubt hätte, wurde in Kisiratos die Landverteilung durch das Los bestimmt. Dieses Verfahren stieß auf keinerlei Beschwerden der örtlichen Bevölkerung. Auch dies kann als Hinweis darauf gewertet werden, dass die Veränderungen im lokalen Wertesystem von Kisiratos, trotz desselben ethnischen und religiösen Hintergrunds, tief greifender als in Mesterszállás waren.

Im ungarischen Fall wurde durch den Einbezug der ehemaligen bäuerlichen Elite in das neue System ein Übergang ermöglicht, der auch anderen Elementen des Wertehorizonts ein Weiterbestehen ermöglichte (siehe Kapitel 6). So wurden die Vorstellungen zum Privateigentum an Boden auch während des Sozialismus nicht völlig außer Kraft gesetzt und konnten daher in der Phase der Transformation eine geteilte Rechtsvorstellung als Referenzrahmen im Institutionenwandel bilden. In Kisiratos jedoch wurde nach der gewalttätigen Kollektivierung und nachfolgenden Organisation der Landwirtschaft, in der keine Elitenreproduktion erfolgte, ein Bezug auf die vorsozialistische Raumordnung irrelevant. Die ökonomischen und sozialen Rahmenbedingungen scheinen in diesem Zusammenhang das Überleben sog. kultureller Faktoren zu bestimmen.

In der postsozialistischen Wirtschaftsstruktur wiederum haben die neuen Produzenten mit ähnlichen Schwierigkeiten insbesondere hinsichtlich der Absatzmöglichkeiten und Zahlungsmoral privater Firmen zu kämpfen. In Mesterszállás verstärkt diese Entwicklung den Trend der vorsozialistischen Kontinuität, indem die Armen immer weniger Möglichkeiten zur privaten Produktion und damit zum Ergänzen ihrer Einkünfte haben. In Kisiratos erinnert der Prozess eher an eine Re-Agrarisierung. Ehemalige Arbeiter aus der industriellen Produktion in Arad sind für ihren Lebensunterhalt erneut auf die private landwirtschaftliche Produktion angewiesen.

8. Postsozialistische Privatisierung und Familienstrukturen

Schon in der Einleitung war in Bezug auf die geschilderte Sprechstunde des Agrarberaters in Mesterszállás angemerkt worden, dass nur von älteren Männern die Rede war. Es wäre übertrieben zu behaupten, dass sich nie Frauen oder jungen Männer eingefunden hätten. Es kam jedoch nur selten vor, und wenn sie kamen, dann oft als Vertretung für ihre Männer bzw. Väter. Im Gegensatz dazu kamen die älteren Männer regelmäßig sowohl um Anträge zu stellen als auch zum Informationsaustausch. Im Folgenden wird gezeigt, dass diese größere Beteiligung als ein Ausdruck sich verändernder Familienstrukturen interpretiert werden kann. Im Gegensatz zu den älteren Männern wurden junge Männer und Frauen im Verlaufe der postsozialistischen Entwicklung zunehmend aus der landwirtschaftlichen Produktion ausgeschlossen. Dieser Prozess begann mit der Privatisierung und setzte sich durch den Verlust nichteigentumsgebunder Rechte auf Bodennutzung sowie weiterer langfristiger Rechte fort. Im Folgenden werden dieser Prozess und die damit verbundenen Rückwirkungen auf die Familienstrukturen zunächst für die Generationen- und dann die Geschlechterunterschiede analysiert. Dabei stellen die Gesetzgebung der Privatisierung, Genderkonstruktionen sowie der „sozialistische Pfad" entscheidende Einflüsse dar, deren Bedeutung im Vergleich zur Situation in Kisiratos wiederum besonders deutlich werden.

8.1 Generationen und Privatisierung

Ähnlich wie im vorangegangenen Kapitel für die ehemaligen Groß- und Mittelbauern gezeigt werden konnte, schuf das Entschädigungsgesetz in Ungarn hinsichtlich der Generationen einen Vorteil für die ältere Generation. Mit dem moralischen Anspruch der partiellen Wiedergutmachung vergangenen Unrechts kam es beinahe automatisch zu einer Betonung der Restitution in der Privatisierung der Landwirtschaft. Die noch Lebenden aus der Generation derjenigen, die die Kollektivierung miterlebt hatten und durch diesen Prozess Boden und anderen produktiven Besitz verloren hatten, sollten entschädigt werden. Das führte in der Konsequenz, wie schon dargestellt, zur einer Bevorzugung ererbten Besitzes vor anderen möglichen Verteilungsmustern. Neben dem Vorteil vormals enteigneter Familien führte dies auch dazu, dass meist Menschen der älteren Generation über Ansprüche auf Entschädigung verfügen. Ebenso verhielt es sich mit dem Mitgliedsland in der LPG: Auch über dieses verfügten nur die ehemaligen Bauern, die in die LPG eingetreten waren. Lediglich im Falle des Todes der Eltern konnte eine junge Person diese Ansprüche zum Zeitpunkt der Privatisierung schon geerbt haben und dann in einer Auktion umsetzen. Ansonsten erhielten jüngere Arbeiter oder Angestellte der LPG die in Kapitel 7 genannten 1 bis 3 ha Teilhaberland.

Als Konsequenz aus den rechtlichen Vorgaben sind viele der neuen Landbesitzer heute Rentner. Darauf ist bereits vielfach in der Transformationsliteratur unter dem Aspekt der wirtschaftlichen Effizienz bzw. Ineffizienz hingewiesen worden. Die Altersstruktur der neuen Landeigentümer wird dabei als Hindernis für die Modernisierung der Landwirtschaft interpretiert. Die Bedeutung dessen für junge Familien bzw. die Familienstruktur wurde bisher aber nicht behandelt. Im Folgenden geht es nun darum, diese Konsequenzen aufzuzeigen. Im Gegensatz zu Hann (1993: 312) wird hier argumentiert, dass die sich ergebenden Konflikte dabei auch aus der neuen rechtlichen Situation erwachsen. Die Väter treten erneut als Landbesitzer und Entscheidungsträger in den Familien in Erscheinung. Entscheidungen sind daher nicht nur ein Aushandlungsprozess, in dem die legale Grundlage nur eine Variable ist, vielmehr werden z. T. historische Sozialbeziehungen innerhalb der Familien aufgrund einer veränderten juristischen Eigentumssituation reproduziert.

Unter der jungen Generation wird hier die Altersgruppe derjenigen verstanden, die 1989 zwischen 20 und 40 Jahren alt waren. Diese sehen sich durch die Privatisierung und die Veränderungen der Gesellschaft häufig als benachteiligt. Die nachwachsende Generation weicht, da sie den erwachsenen Teil ihres Lebens bereits im neuen System erlebt hat und daher nicht die mit der Erfahrung der Exklusion unabdingbar verbundene Erfahrung vorheriger Teilhabe (siehe Kapitel 2) gemacht hat, von dieser Wahrnehmung ab. Der folgende Abschnitt stellt diese Ergebnisse detaillierter dar und anschließend wird die Situation in Kisiratos kontrastierend geschildert.

8.1.1 Exklusion der jungen Generation durch die Privatisierung in Mesterszálás

Die oben angesprochenen juristischen Grundlagen der Landprivatisierung führten auch in Mesterszállás zu Besitzunterschieden zwischen den Generationen. Dies spiegelte sich auch in der Stichprobe, deren Auswertung auf die Frage nach Bodeneigentum in Tabelle 17 zusammengefasst ist, wider. Während die Mehrheit aller Befragten (115 von 155) über eigenen Landbesitz verfügt, zeigt sich schon hier ein deutlicher Unterschied zwischen den Generationen. Von 44 der unter 40-Jährigen verfügen nur 22, also die Hälfte, überhaupt über eigenes Land. Im Gegensatz dazu besitzen 42 von 49 der über 60-Jährigen Boden. Nur sieben Personen dieser älteren Altersgruppe haben gar keinen eigenen Grundbesitz.

Tabelle 17: Bodeneigentum und Altersgruppen in Mesterszállás

Altersgruppen	**Bodeneigentum**		
	ja	nein	gesamt
unter 40 Jahre	22	22	44
40 bis 60 Jahre	51	11	62
über 60 Jahre	42	7	49
Gesamt	115	40	155

Deutlicher wird dieser Unterschied zwischen den Generationen, wenn man die Größe des Landbesitzes betrachtet. Bei vielen Flächen, die sich im Eigentum der jüngeren Generation befinden, handelt es sich lediglich um geringe Mengen, die die Betreffenden als „Teilhaberland“ in der Privatisierung durch ihre Mitgliedschaft in der LPG erhalten haben. Tabelle 18 schlüsselt daher die Antworten auf die Frage nach Größe des an die LPG verpachteten Besitzes auf. Von den oben aufgeführten 22 Befragten unter 40 Jahren mit Landbesitz verpachten 21 ihren Besitz an die LPG, was auch eine Voraussetzung für ihren Arbeitsplatz darstellt. Ihre Flächen bestehen in 17 Fällen aus weniger als 5 ha. Nur vier Personen in dieser Generation verfügen über mehr als 5 ha Boden, während in der Gruppe der über 60-Jährigen mehr als die Hälfte (21 von 39 Befragten) mehr als 5 ha besitzen. Auch in der mittleren Altergruppe verfügt die Mehrheit (32 der 48 Befragten) nur über weniger als 5 ha Bodenbesitz.

Tabelle 18: Boden in der Genossenschaft und Altersgruppen in Mesterszállás

Altersgruppen	**Boden in der Genossenschaft**				
	Unter 1 ha	**1–5 ha**	**5–15 ha**	**>15 ha**	**Gesamt**
unter 40 Jahre	8	9	2	2	21
40 bis 60 Jahre	10	22	8	8	48
über 60 Jahre	3	15	12	9	39
Gesamt	21	46	22	19	108

Frage: Wieviele Hektar Ihres Landes werden von der LPG bewirtschaftet?

Die ungleiche Verteilung zwischen den Generationen hat möglicherweise auch einen Einfluss auf die insgesamt kritischere Bewertung der Privatisierung in der Landwirtschaft durch die jüngere Generation im Gegensatz zu den älteren Dorfbewohnern. Für die Jungen hatte die Privatisierung der Landwirtschaft nicht dieselbe emotionale Bedeutung wie für die Älteren. Denjenigen, die zum Zeitpunkt des politischen Wandels 20 bis 40 Jahre alt waren, erschien die kollektive Produktionsweise normal. Sie waren im Sozialismus aufgewachsen, und die Rückkehr zum Privateigentum war für sie mit Verlusten verknüpft. Sie können zwar die Gefühle der älteren Generation verstehen, aber die Entschädigung fand in den Augen vieler auf Kosten der Jüngeren und wirtschaftlicher Effektivität statt. So sagte beispielsweise eine Sachbearbeiterin der LPG, die 1989 32 Jahre alt war, zur Entschädigung: *„Das [die Privatisierung] wurde auf dem Rücken der Jungen bezahlt.“* Und sie fügte hinzu:

> „Mir tun diese alten Onkels ja Leid, aber entschädigt werden sie auf unsere Kosten, auch wenn sie gar nicht mehr leben oder keine Landwirtschaft mehr betreiben.“ (I, Nr. 16, 4.7.1999, verheiratet, zwei Kinder)[194]

Eine andere Informantin, die zum Zeitpunkt des Systemwechsels 24 Jahre alt war, kommentierte die Entschädigung als „Dummheit“ (hülyeség) und führte aus:

> „Das war nicht gut, dass sie [das Land] weggenommen haben, aber dann war es eine Dummheit (baromfiság) das Land zurückzugeben, wenn sie es schon einmal weggenommen hatten.“ (I, Nr. 15, 5.7.1999, verheiratet, zwei Kinder)

194 Interessant ist auch der Hinweis auf die „Onkel“, für die älteren Frauen scheint die Entschädigung nach ihrer Ansicht nicht so wichtig gewesen zu sein. Auf die Teilnahme der Frauen in der Privatisierung geht der nächste Abschnitt ein.

Neben der Einschätzung, dass die Privatisierung „auf dem Rücken der Jungen" bezahlt wurde, erscheint der jüngeren Generation auch das Parzellieren in kleine private Einheiten als negativ. Eine Postangestellte, die 1989 42 Jahre alt war, meinte:

> „Man hätte überhaupt keinen entschädigen sollen. Die beste Lösung wäre gewesen, das Land nicht auseinander zu reißen." (I, Nr. 70, 12. 10. 1999, verheiratet, zwei Kinder)

Wiederum eine andere, die zur Zeit des Systemwechsels 33 Jahre alt war, führte aus:

> „Nach 45 hat man den Leuten gesagt, sie sollen in die LPG gehen, die großen Flächen sind besser, und dann hat man die ganzen Maschinen gebaut, und ich weiß nicht, warum man das nicht mal 50 bis 100 Jahre lässt." (TB, 25. 3. 1999, verheiratet, ein Kind)

Andere betonen, dass sie den Boden nur durch die politischen Veränderungen bekommen haben und gar nicht wollten. So sagt eine Informantin, die 1989 22 Jahre alt war und hier stellvertretend für viele ähnliche Äußerungen zitiert wird: *„Ich wollte das Land nicht, ich habe es bekommen"* (I, Nr. 73, 15. 10. 1999). Diese qualitative Daten lassen sich durch Ergebnisse aus der Stichprobe ergänzen. 40 der Befragten (50,6 %) unter 50 Jahren (d. h. diejenigen, die nach 1950 geboren wurden und den Hauptteil ihres Lebens im Sozialismus verlebten) antworteten auf die Frage: „War das Privateigentum an Land notwendig?" mit Nein. Dagegen beantworteten nur 26 (35,1 %) derjenigen über 50 Jahren diese Frage mit Nein.[195] Schließt man die jüngste Altersgruppe, die der 18- bis 29-Jährigen aus, die den Hauptteil ihres Erwachsenenlebens bereits im marktwirtschaftlichen System gelebt haben, steigt der Anteil der Antworten mit „Nein" auf über die Hälfte (57,6 %).

Der unterschiedliche Bezug der verschiedenen Generationen zum Boden spiegelt sich auch in den Motiven zur Aufnahme einer selbständigen Landwirtschaft. Während viele der älteren Männer ihre private Landwirtschaft auf 1 bis 5 ha fast als Hobby betreiben, als eine Art späte Selbstverwirklichung auf dem nun eigenen Land, finden sich vor allem junge Familien in der Situation wieder, „unfreiwillig" eine private Landwirtschaft zu betreiben. Dass dieser Unwillen bezüglich der privaten Landwirtschaft sich nicht auf eine grundsätzliche Ablehnung selbständiger Tätigkeit zurückführen lässt, zeigt das Beispiel von Béla. Er lebte mit seiner Familie, ähnlich wie Tibor, bereits während des Sozialismus von

195 Unter 50 Jahren: 69 gültige Antworten, über 50 Jahren: 54 gültige Antworten.

den Einkünften aus selbständiger Arbeit, nahm aber nach der Privatisierung die eigene Landwirtschaft nur notgedrungen auf:

> 1980 trat Béla aus der LPG, in der er als Fahrer arbeitete aus, um von seiner privaten Fuhrtätigkeit zu leben. Als er 1986 heiratete, lief das Geschäft gut: *„Meine Frau hat damals keinen armen Schlucker geheiratet."* (I, Nr. 75, 19.10.1999) 1988 wurde er zur Wehrübung eingezogen und hatte danach durch seine Abwesenheit wichtige Kunden verloren. Seinen Betrieb stellte er daraufhin 1989 ein und lebte in den nächsten Jahren von Auftragsarbeiten, die er mit seinem Traktor für andere Dorfbewohner erledigte. Hauptsächlich handelte es sich um Mäharbeiten für Futter. Nach der Privatisierung kauften sich seine Kunden eigene Traktoren, und seit 1995 arbeitet er deshalb gezwungenermaßen selbst als Landwirt mit 8 ha Boden und ca. 50 bis 80 Mastschweinen. Seine Frau, die zwischenzeitlich arbeitslos war, arbeitet nun vier Stunden als Putzfrau in der örtlichen Sparkasse. Er kommentiert ihre private Landwirtschaft mit den Worten: „*Wir machen es unfreiwillig.*" (I, Nr. 75, 19. 10. 1999)

Andere, die im Gegensatz zu Béla aufgrund ihres fehlenden Erbes bzw. ihres Alters keinen Zugriff auf eigenes Land haben, werden durch die postsozialistische Privatisierung und wirtschaftliche Entwicklung zunehmend abhängig vom Besitzstand und den Entscheidungen der Elterngeneration. Da die Bodenpreise heute den Mindestpreis von 500 Forint, für den das Land wie im letzten Kapitel beschrieben bei den Auktionen verteilt wurde, bei weitem übersteigt, können sich junge Familien auch kein oder kaum eigenes Land kaufen. So sind sie davon abhängig, ob ihre Eltern zu den ehemals reichen oder armen Familien gehörten. Die Tochter von András, des in Kapitel 4 vorgestellten „erfolglos innovativen" Gemüsebauern, sagt beispielsweise:

> „Das ist das Problem, dass die Jungen kein Land haben, die Alten ja, aber zusammen kann man von einem oder auch von fünf Hektar nicht leben." (TB 14.3.1999)

Für ihre Eltern reicht die eigene Produktion knapp, und die Tochter und ihr Mann helfen dort auch in besonders arbeitsintensiven Zeiten mit, aber als das junge Paar im Winter 1999/2000 durch den Konkurs der LPG seine Arbeitsplätze verlor, bot ihnen diese private Landwirtschaft der Eltern ohne eigene Flächen keine Möglichkeiten.

8.1.2 Der „sozialistische Pfad" und der Verlust von Langfristrechten im Postsozialimus

Neben dem Zugang zu Land verloren junge Familien auch andere langfristige Rechte im Postsozialismus. Während im Sozialismus Ausbildung und Arbeitsplatz (oft verbunden mit Wohnraum) garantiert waren und durch Arbeitsplatzangebote an den Partner sowie durch Kredite Hilfe bei der Gründung eines eigenen Haushalts bekamen, sind diese Dinge heute zunehmend unsicher. Die beiden folgenden Zitate drücken die Unzufriedenheit mit dieser Situation aus und betonen die Nachteile, die sich im Postsozialismus für junge *Familien* ergeben:

> „Früher [im Sozialismus] konnten die jungen Leute starten, ein Haus bauen, ein Auto kaufen, die Kinder lernen lassen und glücklich werden." (I, Nr. 40, 18. 7. 1999, 52 Jahre, Witwe)

> „Früher, also im Sozialismus, also vor dem Systemwechsel, da war das Wichtigste die Familie, siehst Du, als wir mit der Universität fertig waren, da gab es einen Arbeitsplatz, hier die Dienstwohnung, da konnten wir unsere Kinder großziehen. Jetzt, also das sehe ich in meinem Umfeld, unter den Bekannten und Freunden, kommt erst der Arbeitsplatz, dann die Wohnung, dann das Auto und dann vielleicht die Familie, die Kinder ..." (TB 14. 5. 1999, Angestellte in der LPG, verheiratet, zwei Kinder, 42 Jahre)

Die Familie war, wie in Kapitel 5 dargestellt, für die soziale und ökonomische Struktur der ländlichen Gesellschaft Ungarns vor der Kollektivierung entscheidend. Die Trennung nach Alter war neben dem Unterschied der Geschlechter dabei fundamental. Der Sozialismus brachte eine deutliche Veränderung in dieses generationelle Verhältnis. Nach der Kollektivierung hing das Überleben einer Familie nicht mehr von der Größe des Grundbesitzes ab, vielmehr kam es nun auf das Einkommen aus einem Arbeitsplatz an.

> "Collectivization removed the material basis for parental power in families where children remained home. With the loss of control over his land, the gazda lost much of his dominance in the family. He was no longer the leader of an enterprise, but at best the family's representative in the collective farm (and later not even solely that). He no longer really had the authority or the arena in which to direct his grown children at home." (Bell 1984: 196)

Neben der Entmachtung des „Hausherren" durch Entzug der meisten Verfügungsrechte über privaten Landbesitz wurde im Sozialismus auch durch Einführung neuer langfristiger Rechte die Position der jungen Generation innerhalb der Familien gestärkt. Diese verfügte durch die Mitgliedschaft in der LPG nun über eigene Ansprüche auf Boden in der an die Genossenschaft assoziierten *háztáji*-Produktion (siehe Kapitel 6). Mit steigendem Lebensstandard ergab sich für viele junge Familien auch schneller die Möglichkeit, ein Haus zu bauen und damit einen eigenen Hausstand zu gründen. Günstige Baukredite waren dabei an den Arbeitsplatz geknüpft. Die junge Generation war wirtschaftlich nicht mehr vom Eigentum der Eltern abhängig und konnte sich früher selbständig machen. Beim Hausbau und in der privaten Produktion wurde zwar meist mit den Eltern kooperiert, aber diese Kooperation war weniger existentiell notwendig als in vorsozialistischen Zeiten.

Wie in den Beispielen oben schon anklang, ist es nicht nur die Privatisierung, sondern die gleichzeitige Änderung des gesamten Wirtschaftsmechanismus, die zur Erfahrung der Exklusion führt. Viele Genossenschaften gingen in Konkurs oder wurden in andere Wirtschaftsformen überführt. Diese Vorgänge bedeuteten gleichzeitig den Wegfall der privaten Produktion in Kooperation mit der Genossenschaft, der *háztáji*-Produktion. Hier verloren junge Familien einen langfristigen Anspruch auf Boden, der ihnen im Sozialismus garantiert war und der einen großen Teil ihrer Einkünfte ausgemacht hatte. Ein 1999 noch Angestellter der LPG, der 1989 20 Jahre alt war, kommentierte die entstandene Situation im Interview: *„Die Möglichkeiten der jungen Leute auf dem Land sind enger geworden"* (I, Nr. 4, 30.6.1999).

Daneben gingen auch andere Langfristrechte wie das Recht auf Arbeit verloren. Vor allem in der Landwirtschaft folgte der Privatisierung, wie schon erwähnt, ein massiver Arbeitskräfteabbau. In Mesterszállás waren zum Zeitpunkt der Forschung 30 % der Bevölkerung im aktiven Lebensalter arbeitslos. Mit dem Konkurs der örtlichen LPG fällt für viele zusätzlich die private landwirtschaftliche Produktion weg. Ihre eigenen Flächen sind zu klein, um sie allein effektiv zu bewirtschaften. Es fehlt ihnen zudem an technischer Ausrüstung. Auch die private Schweinemast wird in vielen Fällen unmöglich, wenn die Maisproduktion aus der LPG wegfällt, denn Futter kaufen ist zu teuer. Viele junge Familien fallen daher ganz aus der landwirtschaftlichen Produktion, die einen beträchtlichen Teil ihres Einkommens darstellte, aus.

Weitere sich aus dem Arbeitsplatz ergebende Rechte im Sozialismus waren der Transport zum Arbeitsplatz und durch den Arbeitsplatz vergebene Urlaubsmöglichkeiten. Darüber, dass man nun nicht mehr in Urlaub fährt, beschweren sich vor allem jüngere Familien. So beklagte sich beispielsweise die Tochter von András, dem „erfolglosen innovativen" Gemüsebauern: *„Wir waren schon seit drei Jahren nicht mehr in Urlaub"* (TB 4.9.1999).

Es gibt mehrere mögliche Lösungen für junge Familien in dieser Situation. Eine ist die Migration. Neben der inländischen Migration versuchen viele, auch im Ausland Arbeit zu finden. 1999 scheiterten zwei Versuche von überwiegend jungen Männern aus Mesterszállás, nach Griechenland zur Olivenernte zu fahren, an der Grenze. Es gibt natürlich auch individuelle Arbeitssuchen, wie etwa der Schwiegersohn von Lajos (siehe Kapitel 4), der über mehrere Jahre hinweg zeitweise in Deutschland arbeitete.

Andere versuchen in dieser Situation mehr Boden selbst zu bewirtschaften, indem sie Land der älteren und damit besitzenden Generation von der LPG in die eigene Bearbeitung überführen. Junge Männer, wie zum Beispiel ein Automechaniker, der 1999 noch in den Werkstätten der LPG arbeitete, bitten ihre besitzenden Väter um Land. In diesem Fall wurde 1998 Boden in die eigene Bewirtschaftung übernommen, da der Sohn, durch die Zeichen des bevorstehenden Zusammenbruchs der LPG gewarnt, sich Gedanken um seine wirtschaftliche Zukunft machte. Drei Hektar verblieben als Sicherheit bis zum Konkurs in der LPG, auf den anderen 23 ha wurde, um für die erwartete Arbeitslosigkeit vorzusorgen, der eigene Betrieb aufgenommen (TB 19. 5. 1999). Auch dieser junge Familienvater betreibt, wie Béla, die eigene Landwirtschaft gezwungenermaßen, da es mit dem Wegfall anderer Möglichkeiten als der einzige Ausweg erscheint.

In anderen Fällen führen diese Fragen der Eigenbewirtschaftung und der Verfügungsgewalt über das Land zu Familienkonflikten. Neben den Besitzverhältnissen werden auch in den Entscheidungskompetenzen Teile des vorsozialistischen Verhältnisses zwischen den Generationen wiederhergestellt. So erzählt eine ältere Frau im Interview, dass ihr Sohn den Vater gebeten habe, sein Land aus der LPG herauszunehmen und ihm zur Bewirtschaftung zu überlassen. Der Vater habe dies abgelehnt, *„weil er so stark fühlte, dass es seines (az övé) ist.“* Nach seinem Tod (1995) hat sie dann den Boden dem Sohn zur Bewirtschaftung überlassen (I, Nr. 36, 17. 7. 1999). Ein weiteres Beispiel sind Zoltán (jun.) und seine Frau, deren Familienhintergrund ebenfalls in Kapitel 4 beschrieben wurde:

Die junge Generation Kleinbauern

In sozialistischen Zeiten haben Zoltán (Elektriker) und seine Frau (Erzieherin) von den Einkünften aus ihren Arbeitsplätzen gelebt. Als sie heirateten, bekamen sie zwei Arbeitsstellen in einem Kinderheim und eine Dienstwohnung. Nach ein paar Jahren hatten sie sich ein eigenes Haus gebaut. Anfang der 1990er Jahre verkauften sie dieses Haus und kehrten in den Heimatort zurück. Die Gründe für diesen Umzug waren vielfältig, allerdings spielten zwei Überlegungen eine Rolle: Man wollte sich um die älter werdenden Eltern kümmern und glaubte, einen Teil des Bodens von Zoltán (sen.) bewirtschaften zu können. Letzteres stellte sich nicht ein. Der Vater wollte seinem Sohn das Land nicht überlassen und ließ den Teil, den er nicht selbst bearbeitete, stattdessen in der genossenschaftlichen Bewirtschaftung. Zwar half der Sohn seinem Vater mit dessen Landwirtschaft, aber erst als im Jahr 2000 die Krise der Genossenschaft für alle unübersehbar wurde, einigten sich Vater und Sohn darauf, einen Hektar Paprika gemeinsam zu bewirtschaften. Dieser wurde im Laufe des Jahres zu einer Quelle ständigen Konfliktes. Im Frühjahr wollte der Sohn düngen, der Vater nicht. Dann wurde gedüngt, aber nur die Hälfte der vom Sohn für erforderlich erachteten Menge. Als schließlich das junge Paar begann, Unkraut zu jäten, befanden die Alten den Zeitpunkt verfrüht. Zwei Wochen später war dann der Boden zu trocken. Es folgte Streit auf Streit, über Menge und Zeitpunkt der Bewässerung, der Ernte, der Vermarktung. Nach all diesen Auseinandersetzungen war das Ergebnis sehr viel schlechter, als alle erwartet hatten. Der Preis für Paprika blieb unerwartet niedrig, der gesamte Arbeitseinsatz war umsonst gewesen.

In diesem Fall musste sich die junge Familie nach dem Vater richten, der den privaten Anbau Mitte der 1990er Jahre für zu risikoreich hielt. Zoltán (sen.) stammt aus der Generation, die die Kollektivierung miterlebt hat, und vertraute der neuen Ordnung nicht. Vielmehr befürchtete er, dass es wieder so werde „wie früher", als man nach kurzfristigem Austritt das Land dann doch wieder in die Genossenschaft einbringen musste (siehe Kapitel 6). Andererseits traute er aber auch seinem Sohn, der ausgebildeter Elektriker ist, die Arbeit eines Bauern nicht zu. Als er sich schließlich 1999 entschloss, den Pachtvertrag mit der LPG nicht zu verlängern, war sein Vertrauen in dessen landwirtschaftliche Fähigkeiten immer noch nicht besonders groß. Vor den oben geschilderten Auseinandersetzungen im Jahr 2000 sagte er im biographischen Interview 1999:

„(...) jetzt laufen die fünf Jahre [Pachtvertrag] aus, weil für fünf Jahre habe ich sie reingegeben, dann will ich nicht wieder verpachten."

Frage: „2002?"

„Ja. Weil, nicht wahr, die Kinder auch, wenn mein Sohn keinen Arbeitsplatz haben wird, wohin soll er arbeiten gehen? Wenn er darauf lernt zu wirtschaften. Wenn!" (25. 6. 1999)

Anschließend an das Gespräch erläuterte er bei einem gemeinsamen Mittagessen, dass sein Sohn nichts von der Landwirtschaft verstünde und nur *„damit hereinfallen"* würde, denn *„man muss den Boden kennen"* (TB 25. 6. 1999). Neben solchen Überlegungen, in denen die ältere Generation die landwirtschaftlichen Fähigkeiten der jüngeren abwägt, mögen auch andere Überlegungen eine

Rolle gespielt haben. So bedeutete die Pacht für das Land in der Genossenschaft immerhin ein festes zusätzliches Einkommen, und in den ersten Jahren hoffte man zusätzlich auch auf eine Dividende. Dass nun mit dem Konkurs der Genossenschaft auch die eine Million Forint Eigentumsanteile (vagyonjeygek) wertlos sind, ist für diese Generation schwer durchschaubar und wird als weiterer Diebstahl am Eigentum erlebt.

In anderen Fällen, wie dem von Tibor, dem „Aufsteiger" (siehe Kapitel 4), übergab der Vater seinem Sohn sein Land, bestimmt aber in erheblichem Maße die Form des Wirtschaftens mit:

> Die junge Generation in der Familie des „Aufsteigers"
>
> Tibor (jun.) arbeitete vor der Wende als selbständiger Anstreicher, seine Frau in einer Buchdruckerei. Sie kauften nach ihrer Heirat ein altes Bauernhaus in Kunszentmárton. Die Druckerei wurde geschlossen, sie arbeitslos. Gleichzeitig wurde ihr Schwiegervater durch den Aufkauf von Entschädigungspapieren unerwartet und damals noch gegen den Willen seiner Familie zum größten Landbesitzer in Mesterszállás. Heute bewirtschaftet sein Sohn den größten Teil des Bodens hauptsächlich mit spezialisiertem Getreideanbau. Das junge Ehepaar hielt keine Tiere und hatte auch nicht die Absicht, das zu tun. 1999 kaufte Tibor (sen.) zwei Ställe von der maroden LPG, und 2000 erstand er einige Kälber dazu. Anfänglich sollte diese Tierhaltung nur vorübergehend sein, aber ein Jahr später war der Bestand noch vergrößert worden. Seitdem wurde der Pflanzenanbau durch die Kälbermast ergänzt.

Die Beispiele zeigen, dass junge Familien, die im Sozialismus unabhängig von den Eltern wirtschaften konnten, nun wieder auf Kooperation mit den Eltern, meist dem Vater, angewiesen sind. In den meisten Fällen kommen diese Situationen dadurch zustande, dass die junge Generation nicht über eigenes Land verfügt und zusätzlich andere Zugriffsmöglichkeiten und Rechte in der postsozialistischen Situation entfallen. Das bedeutet, dass hier durch die Bevorzugung von ererbtem Besitz als Prinzip der Bodenprivatisierung die ältere Generation zu Bodeneigentümern wurde und bei gleichzeitiger Abschaffung anderer Rechte, wie etwa des Rechts auf bezahlte Arbeit, sich alte Machtstrukturen innerhalb der Familien durch die Eigentumsverteilung wieder durchsetzen. Daraus ergeben sich zahlreiche konflikthafte Situationen, in denen sich die Söhne meist (wieder) ihren Vätern, den Eigentümern, anpassen müssen.

8.1.3 Vergleich zu Kisiratos

Grundsätzlich war auch in Rumänien die ältere Generation durch die anfängliche Verteilung im Vorteil. Wie das vorige Kapitel zur egalitären Verteilungspraxis gezeigt hat, waren jedoch die ausgegebenen Landflächen (höchstens 10 ha) zu gering, um ein erfolgreiches Unternehmen zu gründen. Der Erfolg eines landwirtschaftlichen Unternehmens beruht daher in Kisiratos weniger als in Mesterszállás auf innerfamiliärer Kooperation. Um genügend Land für den Anfang einer selbständigen Wirtschaft zu erhalten, die über ein Mindestmaß an Produktion für den Eigenbedarf und minimalen Mengen für den Markt hinausgeht, musste in allen Fällen Land gepachtet oder gekauft werden. Die Akkumulation stand also am Anfang und ist nicht wie das neue Aufstocken der Familienbetriebe in Mesterszállás seit dem Konkurs der dortigen LPG eine Entwicklung nach Aufbau des Unternehmens.

Der in Kapitel 4 vorgestellte neue Großbauer Elek setzte z. B. im offenen Gegensatz zu seinem Schwiegervater auf die private Landwirtschaft. Während Elek Boden akkumulierte, investierte sein Schwiegervater in den Aufkauf von Anteilen an der neu zu gründenden Aktiengesellschaft. Zum Zeitpunkt der Forschung waren beide mit dem Ergebnissen ihrer Investitionen zufrieden.

Der schon für Mesterszállás besprochenen Wegfall „sozialistischer" Langfristrechte betrifft auch die Bevölkerung von Kisiratos. Auch hier beginnen immer mehr junge Dorfbewohner gezwungenermaßen mit einer eigenen Landwirtschaft. Aufgrund der insgesamt kleineren Flächen gibt es in Kisiratos einige junge Bauern, die von der Bewirtschaftung von 5 ha bis 10 ha leben. Ein solches Beispiel junger Mittelbauern wurde bereits in Kapitel 4 geschildert. Ebenso wie der dort beschriebene „Jungbauer", machte sich auch Géza, ein weiterer früherer Traktorist, mit der Landwirtschaft selbständig.[196]

Géza, ein junger Familienvater, wirtschaftet auf 5,5 ha Boden. Das Land ist teilweise auf den Namen seiner Eltern, seiner Frau und seinen eigenen Namen registriert. 1991 hatten sie es zuerst der neuen Gesellschaft übergeben, weil in der alten LPG *„nichts gut war"*. Seit 1992 bearbeitet er das Land selber und hat einen weiteren halben Hektar von einem älteren Lehrerehepaar gepachtet. Zusätzlich halten sie zwei Milchkühe und deren Kälber sowie mehrere Schweine, 60 Enten und 150 Hühner. Früher arbeitete Géza in der Traktorenstation in Kisiratos, aber seit diese

196 Zusammengestellt nach einem Gespräch am 25. 8. 1999 (TB).

geschlossen wurde, lebt die Familie von der eigenen Landwirtschaft. Zur Arbeit nach Curtici möchte er nicht pendeln, weil das weniger rentabel sei als die 5 ha.[197]

Wie in diesem Beispiel kann die Aufnahme einer eigenen Landwirtschaft durch die junge Generation durch elterlichen Bodenbesitz unterstützt werden, aber in vielen Fällen starten die jungen Kleinproduzenten auch durch Neukauf, weil die Eltern das eigene Land für den eigenen Lebensunterhalt brauchen.

Da zu einem anfänglichen Maschinenerwerb nicht wie in Mesterszállás ein hohes Lebensalter bei gleichzeitigem langem Erwerbsleben in der LPG förderlich war, sondern eine Tätigkeit in der staatlichen MTS, war die junge Generation in Kisiratos in diesem Prozess der Aneignung nicht grundsätzlich im Nachteil. Der oben genannte Géza und der in Kapitel 4 erwähnte junge Landwirt sowie einige andere frühere Angestellte der Traktorenstation erhielten ihre Maschinen, nachdem sie einige Monate keinen Lohn ausbezahlt bekommen hatten, zu „Spottpreisen", indem die Maschinen als Eisenschrott gewogen und mit den fehlenden Lohnzahlungen verrechnet wurden.

8.2 Geschlechter und Privatisierung

In der Einleitung zu dieser Arbeit wurde erwähnt, dass das Thema der Überführung des Bodens aus kollektiver Nutzung in Privateigentum eines der wichtigsten Themen des öffentlichen Diskurses der frühen 1990er Jahre war. Nachdem im letzten Abschnitt nachgewiesen wurde, dass die Bodenprivatisierung vor allem für die ältere Generation der Dorfbewohner emotional wichtig und positiv bewertet war, geht es nun um den Unterschied zwischen den Geschlechtern. Es zeigt sich, dass die Sicht einer romantisierten vorsozialistischen Wertegemeinschaft im Hinblick auf die „Rückkehr" zum Privateigentum auch im Fall der Geschlechter nicht von allen sozialen Gruppen der dörflichen Gesellschaft geteilt wird.

Obwohl in der allgemeinen Literatur zu Bodenreformen die Zugangsrechte für Frauen eine große Rolle spielen, sind sie in der Literatur zum Thema der Bodenprivatisierung in den ehemals sozialistischen Staaten kein Gegenstand der Analyse. Dies ist merkwürdig angesichts dessen, dass es in der Entwicklungszusammenarbeit schon eher ein Allgemeinplatz ist, auf die Rechte der Frauen hin-

197 Siehe auch FN 192.

zuweisen. Auch feministische Studien zur postsozialistischen Transformation konzentrieren sich auf überwiegend auf andere Themen wie die Konstruktion von Identität und Geschlechterrollen sowie Reproduktionspolitik und politische Partizipation von Frauen (Funk und Mueller 1993, Rueschemeyer 1994, Wejnert und Spencer 1996, Gal und Kligman 2000a, Gal und Kligman 2000b). Die Beiträge befassen sich vor allem mit Diskursen und der Situation städtischer Frauen, während die Privatisierung der Landwirtschaft und ländliche Frauen keinen Focus bilden. Ähnlich wird in ethnologischen Fallstudien zum Thema der postsozialistischen Privatisierung das Geschlechterverhältnis in der Debatte und Durchführung der Reform selten oder nur am Rande erwähnt.[198] Schon die, in Kapitel 2 erwähnten, sozialanthropologischen Fallstudien zur sozialistischen Landwirtschaft beschäftigten sich selten mit der Situation und der Sicht von Frauen.[199]

Es lässt sich vermuten, dass es in dieser Hinsicht einen eurozentristischen Blick gibt, der implizit annimmt, dass in einer modernen maschinisierten europäischen Landwirtschaft die Beteiligung von Frauen zu vernachlässigen ist. Möglicherweise hängt diese „Unterschlagung" auch damit zusammen, dass die Gleichberechtigung der Frau nie im Mittelpunkt des liberalen Projektes stand. Im Gegensatz dazu beinhaltete die sozialistische Umgestaltung der Gesellschaft immer ein Projekt der Gleichstellung der Frau zumindest in Hinblick auf deren Partizipation im Arbeitsbereich.[200]

Tatsächlich unterstützt die vorliegende Arbeit die dem Fehlen solcher Arbeiten möglicherweise zugrunde liegende Annahme, dass Frauen am Privatisierungsprozess nur marginal teilnahmen. Diese Randstellung ist aber, gerade im Hinblick auf den Anspruch der sozialistischen Gesellschaft nach Gleichberechtigung der Geschlechter, keineswegs selbstverständlich. Es scheint, als habe sich trotz der sozialistischen Umgestaltung der Eigentumsrechte das Identifikations-

---

198 Ausnahmen sind DeSoto und Panzig (1995) und Pine (1998). Beide Studien befassen sich nicht konkret mit der Beteiligung von Frauen am Privatisierungsprozess, thematisieren aber dessen Folgen für Frauen in ländlichen Regionen.

199 Eine Ausnahme stellt Pine (1993) dar. Die bekannteste Darstellung der Situation von ländlichen Frauen im Sozialismus, allerdings aus soziologischer Sicht, ist Bridger (1987).

200 Die „Frauenfrage" und ihre Lösung durch die Abschaffung des Privateigentums geht schon auf die Anfänge sozialistischer Theoriebildung zurück. Man ging davon aus, dass die Unterdrückung der Frau nicht durch Männer, sondern durch die kapitalistischen Sozialbeziehungen gegeben sei und sich daher in einer sozialistischen Gesellschaft „automatisch" lösen würde (Einhorn 1993: 18–19, Scott 1976: 28–45).

muster Mann – Boden, wie es in Kapitel 5 beschrieben wurde, nur wenig geändert. Neben der sozialen Hierarchie der Gruppen im Dorf und dem Generationenunterschied setzt sich also eine weitere „historische Kontinuität" hinsichtlich des Bodeneigentums durch. Im Gegensatz zu den vorher geschilderten Aspekten unterstützt das Fehlen einer juristischen Benachteiligung von Frauen scheinbar eine kulturalistische Deutung dieser „Rückkehr" zu vorsozialistischen Identifikationen. Der Vergleich der beiden Dörfer zeigt jedoch erneut, dass eine solche Interpretation die Unterschiede nicht erklären kann. Eine Rückblende auf den „sozialistischen Pfad" erscheint daher auch hier unerlässlich.

Im Folgenden wird zunächst das Fehlen der Frauen im Prozess der Privatisierung und ihr geringerer Bezug zur Landwirtschaft in Mesterszállás dargestellt. Dann erfolgt analog zu den vorangegangenen Kapiteln eine Darstellung des „sozialistischen Pfades" und zugleich eine Einbettung des Beschriebenen in den Verlust anderer sozialer Ansprüche. Der anschließende Vergleich zur Situation in Kisiratos ist aufgrund der ökonomischen Unterschiede zwischen Ungarn und Rumänien schwierig. Dabei zeigt aber gerade dieser ökonomische Unterschied, der sich auf die unterschiedliche Entwicklung der postsozialistischen Landwirtschaft auswirkt, wiederum, dass die „Rückkehr" vorsozialistischer Machtbeziehungen in den Familien nicht „natürlich" oder „kulturell" bedingt ist, sondern eine Folge spezifischer Umstände. Gleichzeitig macht die Beschreibung von Unterschieden im „sozialistischen Pfad" deutlich, wie Unterschiede auf der Ebene der Wahrnehmung des Wandels durch die Erfahrungen dieser jüngeren Vergangenheit beeinflusst werden. Die unterschiedlichen Erfahrungen der „Teilhabe", d. h. der Inklusion im Sozialismus, prägen die Erfahrung der Exklusion im Postsozialismus.

8.2.1 Exklusion von Frauen durch die Privatisierung in Mesterszállás

In den vorausgegangenen Kapiteln wurde fast ausschließlich über männliche Produzenten und deren gesellschaftlichen Hintergrund berichtet. Dies ist kein Zufall, denn eine der ersten Erfahrungen während der Feldforschung war, dass Männer die öffentliche Repräsentation der Landwirtschaft dominieren. So wurde beispielsweise bis auf wenige Ausnahmen aus Anlass von Gesprächen mit der Ethnologin über die private Landwirtschaft stets der Mann geholt. Ein weiterer Bereich öffentlicher Repräsentation ist die einleitend beschriebene Sprechstunde des Agrarberaters, die überwiegend von Männern aufgesucht wurde. Ebenso waren Männer immer bei anderen öffentlichen Veranstaltungen, wie etwa dem in unregelmäßigen Abständen abgehaltenen „Agrarforum" (eine Informationsveranstaltung, organisiert durch den Agrarberater und Mitglieder der Agrarkammer), überrepräsentiert. So nahmen beispielsweise am 17.2.2000 an einer solchen Veranstaltung ca. 45 Personen teil, unter ihnen waren fünf Frauen. Am 28.8.2000 waren von 20 Anwesenden drei Frauen. Bei zwei der dort anwesenden Frauen handelt es sich um jüngere Frauen (Anfang 30), die auch als einzige regelmäßig an den Sprechstunden des Beraters teilnehmen. Beide haben in der Transformation ihre früheren Einnahmequellen (Arbeitsplatz bzw. selbständige Produktion von Handarbeiten für den Markt) verloren und leben mit ihren Familien fast ausschließlich von der Landwirtschaft. In einem Fall handelt es sich um Erszébet, die Frau von Béla (siehe voriger Abschnitt), im anderen Fall um Eva, die zusammen mit ihrem Mann Iván schon in Kapitel 4 (Netzwerkerhebung) erwähnt wurde. Die eine Familie betreibt die größte Schweinezucht im Ort, die andere, wie schon erwähnt, eine Landwirtschaft auf 15 ha. Letztere Familie hat in den letzten zehn Jahren verschiedene Produktionszweige (Champignon-Züchtung in einer alten *tanya*, Ziegenhaltung zum Milchverkauf, Kaninchenzucht) ausprobiert und immer auf aktuelle Möglichkeiten reagiert. Zur Zeit bauen sie die Milchviehhaltung wegen der Absatzschwierigkeiten ab, und Eva wendet sich (wieder) der Kaninchenzucht zu. Diese beiden Familien widmen sich in ihrer Produktion eher „weiblich" dominierten Sparten, so dass die Frauen einen größeren Anteil haben, und diese beiden Frauen sind die einzigen Ausnahmen, indem sie häufiger mit oder ohne ihre Männer den familiären Betrieb öffentlich repräsentieren.

Im Folgenden werden einige Faktoren analysiert, die zu dieser Exklusion der Frauen in der postsozialistischen Landwirtschaft beigetragen haben.

Praxis der Privatisierung und Geschlechter

Grundsätzlich waren Frauen in Ungarn durch die postsozialistischen Gesetze zur Privatisierung den Männern gleichgestellt. Sie hatten ebenso wie Männer im Sozialismus geerbt (z. B. Mitgliedsland in der LPG), verfügten über Entschädigungsansprüche aus Enteignungen und konnten diese in Landauktionen einsetzen. Trotz dieser juristischen Gleichstellung ergab sich während der Feldforschung, aus Gesprächen (s. o.) der Eindruck, dass Frauen im Prozess der Privatisierung kaum öffentlich in Erscheinung traten. Das Studium der Akten der LPG über die Anfang der 1990er stattgefundenen Versteigerungen lieferte zusätzlich Hinweise darauf, dass Frauen schon am Prozess der Privatisierung nur wenig teilgenommen hatten, zumindest nicht als Mitglieder der Landkommission.

Nachdem die Privatisierung beendet war, fand sich dann im Zeitraum der Feldforschung keine Frau unter den neuen landwirtschaftlichen Unternehmern. Es muss betont werden, dass dies möglich wäre, auch ohne sich „eigenhändig“ auf den Traktor zu setzen, denn man kann die schwere Feldarbeit auch in Vertragsarbeit erledigen lassen, wie etwa die beiden älteren Produzenten, die in Kooperation mit der Genossenschaft über 100 ha bewirtschaften.[201]

Der aus den Gesprächen gewonnene Eindruck, dass Frauen auch an den Landversteigerungen in wenigen Fällen persönlich teilgenommen hatten, wurde durch die Antworten in der Fragebogenerhebung bestätigt. In der Stichprobe verfügten von den insgesamt 158 Befragten 63 Personen persönlich über Entschädigungspapiere, darunter 31 Frauen und 32 Männer. Obwohl also fast genauso viele Frauen wie Männer über Ansprüche verfügten, ließen die meisten Frauen (21 von 31) ihre Eigentumsansprüche durch ihre Ehemänner oder andere männliche Familienmitglieder wahrnehmen. Dagegen regelten 26 von 32 Männern ihre Angelegenheiten selbst. Die ebenfalls im Fragebogen aufgeführte Möglichkeit der Klärung der Entschädigung durch ein weibliches Familienmitglied wurde in keinem Fall genannt. Drei Frauen verkauften ihre Entschädigungspapiere. Tabelle 19 stellt die Ergebnisse im Überblick dar.

Tabelle 19: Klärung der Entschädigung von Männern und Frauen in der Privatisierung in Mesterszállás

Aussage	**Geschlecht**	
	weiblich	männlich
ich persönlich	7	26
ein männliches Familienmitglied	21	5
Ich habe die Papiere verkauft	3	1
gesamt	31	32

201 Im „Kontrolldorf“ Almáskamarás gibt es eine weibliche Unternehmerin, die aufgrund ihrer deutschen Abstammung Entschädigungsansprüche geerbt hat. Obwohl auch ihr Bruder landwirtschaftlicher Unternehmer auf ca. 100 ha ist, betreibt sie seit dem Tod ihres Mannes ihre eigene Landwirtschaft mit Hilfe der Maschinenarbeit eines anderen Unternehmers. Sie ist die einzige Frau, die ähnlich wie Männer über das Land in sentimentalen Ausdrücken wie etwa „Stolz“ beim Anblick des Getreidefeldes spricht (A, TB 22 5. 1999). Sie ist sicherlich eine Ausnahme, aber ihr Beispiel zeigt, dass es durchaus möglich ist, landwirtschaftliche Unternehmerin ohne Arbeit auf dem Traktor zu sein.

Bewertung von Bodeneigentum und Entschädigung

Im Hinblick auf diese dargestellte mangelnde Teilnahme von Frauen an den öffentlichen Gremien und im Prozess der Privatisierung stellt sich die Frage nach der Bewertung von Bodeneigentum und Entschädigung durch die Geschlechter. In Gesprächen war der Eindruck entstanden, dass Frauen im Gegensatz zu Männern die Privatisierung häufiger kritisch beurteilten. Die Analyse der Antworten im Fragebogen ergab eine weniger positive Bewertung der Entschädigung durch Frauen als durch Männer. Von den 129 gültigen Antworten verneinten 41 Frauen (45,1 %) die Frage, ob die Entschädigung ein gutes Gefühl gewesen sei, im Gegensatz zu nur 16 Männern (23,9 %), die diese Frage mit Nein beantworten. Tabelle 20 gibt das Ergebnis im Überblick wieder.

Tabelle 20: Bewertung der Entschädigung durch Männer und Frauen in Mesterszállás

Aussage	**Geschlecht**	
	weiblich	männlich
Ja	33	35
Nein	41	16
unentschlossen	1	3
gesamt	75	54

Frage: War die Entschädigung ein gutes Gefühl?

Ebenso beurteilten Frauen in der Stichprobe das „Privateigentum an Boden" seltener als „notwendig" und für ihr eigenes Leben seltener als „wichtig" als Männer. Tabelle 21 veranschaulicht diesen Unterschied in den Aussagen von Männern und Frauen hinsichtlich der Bedeutung von Bodeneigentum. 39 Frauen (42,9 %) verneinten die Frage, ob der eigene Boden wichtig für sie sei. Im Gegensatz dazu verneinten nur 12 Männer (17,9 %) diese Frage. 66 der befragten Frauen (84,6 %) verneinten ebenfalls die Formulierung „Selbstverwirklichung", in Bezug auf Boden. Diesen Begriff hatte einer der neuen Großbauern in der Beschreibung der Bedeutung seiner Landwirtschaft verwendet, und er war daher in den Fragebogen aufgenommen worden. Obwohl im bäuerlichen Milieu ein selten verwendetes Wort, stimmten immerhin 21 der befragten Männer (42,9 %) dieser Selbstbeschreibung zu.

Tabelle 21: Bedeutung des privaten Bodeneigentums für Männer und Frauen in Mesterszállás

Aussage	**Zustimmung**	**Geschlecht**	
		weiblich	männlich
Selbstverwirklichung	ja	11	21
	nein	66	27
	unentschlossen	1	1
Mein eigenes Land ist wichtig in meinem Leben	ja	35	35
	nein	39	12
	unentschlossen	1	2

Frage: Was bedeutet Ihnen das Privateigentum an Boden?

Neben diesem allgemeinen Desinteresse hat Frauen auch die Lage des zu ersteigernden Landes nicht in gleichem Maße wie Männer interessiert. Sie haben im Fall von Ansprüchen auf Entschädigungsland im Allgemeinen zugunsten ihrer Männer auf „ihr" ursprüngliches Land verzichtet, und ihre Ansprüche wurden verwendet, um Land in der Nähe „seiner" alten *tanya* zu ersteigern. Insofern gilt, was in Kapitel 7 zur Praxis der Verteilung entlang vorsozialistischer Grenzen in Mesterszállás dargestellt wurde, nur für das männliche Erbe. Männer sprechen in diesem Zusammenhang oft von „Verpflichtung" oder „Verbindung" (kötődés). Péter, einer der mittleren Unternehmer, sagte beispielsweise *„dort bin ich geboren, dort aufgewachsen"* (TB 18. 5. 1999). Für einen anderen kam es nicht in Frage, seine Entschädigungspapiere zu verkaufen, weil sie sein Erbe (örökség) seien (TB 7. 5. 1999). Frauen dagegen sprechen selten sentimental über eine Verbindung zum Boden. Typisch sind eher Äußerungen wie diese: *„Ich habe immer gesagt, ich brauche dieses Land nicht"* (TB 4. 5. 1999).

Häufig wussten Frauen in Gesprächen auch tatsächlich nicht, wo sich das Land befindet, das ihre Angehörigen für sie „ersteigert" haben. Der folgende Gesprächsausschnitt stammt aus einem biographischen Interview mit einer Witwe, die ihre Ansprüche von ihrem Schwiegersohn klären ließ. Auch sie wusste nicht, wo und wieviel Land für sie ausgemessen wurde, und antwortete auf die Frage, ob sie denn keine Dokumente über ihren Landbesitz habe:

> „Die Papiere sind auch gar nicht bei mir, weil mein Schwiegersohn alles regelt. Ich habe ihm alles gegeben [ich sagte]: ‚mach, wie du meinst, dass es gut ist.'" (Frau Hegedüs 12. 5. 1999)

In einer anderen Familie kaufte der Sohn Entschädigungspapiere, um das Land seines Vaters ersteigern zu können. Während er alles tat, um Land bei der alten *tanya* wiederzubekommen, überließ seine Schwester die Entschädigung ihrem Mann. Die Geschwister sprachen sich dabei nicht ab (TB 19.5.1999).

Auch diese qualitativen Ergebnisse passen zu den Antworten in der Fragebogenerhebung. Frauen äußerten weniger Interesse an der Lage des Landes und weniger Beziehung zu einem „ursprünglichen" Land. Es wurde hier zunächst nur nach den Wünschen gefragt, erst in der nächsten Frage ging es darum, ob sie ihre Wünsche erfolgreich durchsetzen konnten. Zehn der Frauen hatten sich überhaupt nicht an den Auktionen beteiligt, d. h., sie hatten zwar Ansprüche auf Entschädigung, aber keine Wünsche über den Ausgang der Verteilung. Nur fünf der insgesamt 31 Anspruchsberechtigten hätten gerne das Land in der Nähe ihres vorsozialistischen Besitzes gehabt. Im Gegensatz dazu wollten 16 der 31 Männer ihr Land in der Nähe des vorsozialistischen Familienbesitzes ersteigern. Tabelle 22 gibt die Antworten derjenigen, die über Entschädigungsansprüche verfügten, wieder.

Tabelle 22: Wichtigster Gesichtspunkt bei Landversteigerung in Mesterszállás nach Geschlechtern

Aussage	**Geschlecht**	
	weiblich	männlich
Nicht teilgenommen	10	3
Nah am ursprünglichen Land	5	16
Nah am ursprünglichen Land und mind. ein anderer Punkt	5	1
Gute Qualität	1	0
Gute Qualität und mind. ein anderer Punkt	1	3
Nah am Dorf	5	6
Anderer Gesichtspunkt	2	0
Egal	2	2
gesamt	31	31

Allein stehende Frauen, die ohne männliche Verwandte versuchten, ihre Entschädigungsansprüche wahrzunehmen, hatten es schwer, ihre Interessen durchzusetzen. In der Wahrnehmung von Julianna, die schon in Kapitel 6 erwähnte

Tochter eines Großbauern, gestaltete sich der Prozess der Verteilung als direkte Exklusion wegen ihres Geschlechts. Im Gespräch beschrieb sie ihre erfolglosen Versuche, das von ihr gewünschte Land zu bekommen:

> „(...) weil ich eine Frau bin, als ich dahin kam, hatten die Männer alles schon unter sich verteilt. Ich bin drei Mal hingegangen, und immer hat man mich vertröstet."
> (TB 28.8.2000, Rentnerin, 80 Jahre)

Ihre Herkunft aus einer Großbauernfamilie änderte daran nichts daran, dass sie ihre Wünsche nicht durchsetzen konnte. Dies ist auch ein weiterer Hinweis darauf, dass, wie schon die Netzwerkerhebung in Kapitel 4 zeigen konnte, vorsozialistische Klassenzugehörigkeit nicht entscheidend ist für Kooperation, sondern heutiger Erfolg.

Auch die grundsätzlichen Einstellungen von Frauen und Männern zur Landwirtschaft passen zu den Ergebnissen zur jeweiligen Beteiligung am Privatisierungsprozess. So äußern nur Männer neben idealisierenden Ansichten über die Bindung an den Boden Ähnliches über das bäuerliche Leben. Während z. B. István, einer der beiden größten Mittelbauern (siehe Kapitel 4), sagt: *„Unser Land ist unser Leben"* (TB 18. 4. 1999), bewahrt seine Mutter immer noch Entschädigungspapiere im Schrank auf und meint: *„Ich habe genug auf dem Feld (határon) gearbeitet, ich brauche das nicht mehr"* (TB 25.5. 1999).

Position von Frauen zu und in der postsozialistischen Landwirtschaft

Auch nach der Privatisierung halten sich Frauen bei der Regelung der Angelegenheiten in Zusammenhang mit dem Bodeneigentum zurück. Die Antwort von Frau Hegedüs (oben zitiert), die ihre Ansprüche durch ihren Schwiegersohn regeln ließ, auf die Nachfrage, ob sie nicht interessiere, wo das Land sei und was damit passiere, drückt Desinteresse aus:

> Frau Hegedüs: „Nein."
>
> Frage: „Und was ist mit dem Land, wenn die LPG Pleite geht?"
>
> Frau Hegedüs: „Na, ich weiß nicht."
>
> (12.5. 1999)

Eine andere ältere Frau antwortet auf die dieselbe Frage, was werde, wenn die LPG Konkurs mache, ebenfalls, sie wisse es nicht. Sie fügt hinzu, dass ihr Mann inzwischen zu krank sei, um Informationen im Dorf einzuholen, aber ihr Schwager werde sie informieren, wenn er etwas wisse (TB 11. 8. 2000). Sie würde sich also wie schon bei den Entschädigungsansprüchen eher auf ein männliches Familienmitglied, in diesem Fall den Bruder ihres Mannes, verlassen, als zu versuchen, die Bodenangelegenheiten selbst zu regeln.

Von der öffentlichen Repräsentation abgesehen, scheint auch die Entscheidung, die eigene Landwirtschaft als Haupterwerbsquelle zu ergreifen, vornehmlich eine Entscheidung der Männer zu sein. So beschreibt z. B. Erika, die junge Ehefrau von Jószef, dem jüngsten neuen Großbauern, den Beginn der eigenen Landwirtschaft so:

> „Vor zwei, vielleicht drei Jahren, da hat er [Jószef] Asthma bekommen, als er bei den Kuhställen [der LPG] gearbeitet hat, und der Arzt hat ihm empfohlen, den Arbeitsplatz sein zu lassen", sie wollte damals, dass er sich einen anderen Arbeitsplatz sucht, „aber Jószka meinte, das liege ihm im Blut, auf dem Feld zu arbeiten." (TB 30. 9. 1999)

Seitdem ist er der jüngste selbständige Landwirt unter den größeren Unternehmern (siehe Kapitel 4). Seine Frau arbeitete zum Zeitpunkt der Aufnahme der privaten Landwirtschaft noch in der Gemüsetrockenanlage der LPG, wo sie auch ihren Mann kennengelernt hatte. Zur Zeit des Gesprächs war sie im dreijährigen Erziehungsurlaub, der am Ende der Forschung auslief. Wegen des Konkurses der LPG und dem damit zusammenhängenden Verkauf der Trockenanlage ist sie heute arbeitslos. Die Anlage arbeitete im Jahr 2001 noch, allerdings nur saisonal und nach ihrer Ansicht überwiegend mit Schwarzarbeitern. Auch nach einer Umschulung im kaufmännischen Bereich konnte sie bisher keine neue Arbeit finden. Im Gegensatz zu früheren Zeiten verfügt sie also heute über kein eigenes Einkommen mehr. Während der Feldforschung gab es zwischen den Eheleuten Meinungsverschiedenheiten darüber, wie die familiären Einkünfte angelegt werden sollten. Während Erika lieber einen eigenen Hausstand gründen (sie leben mit ihrer Schwiegermutter zusammen) oder Möbel kaufen würde, *„kauft Jószka immer weiter Maschinen"* (TB 15. 9. 1999). Möglicherweise trägt ihr sinkender Beitrag zum Haushaltseinkommen dazu bei, dass sie sich in diesen Auseinandersetzungen unterlegen sieht.

Bei denjenigen Familien, die Anfang der 1990er Jahre den Schritt in die selbständige Landwirtschaft wagten, gab es zum Zeitpunkt der Landversteigerungen Männer im Alter von 25 bis 50 Jahren in der Familie. Familien mit der gleichen Hektarzahl, aber mit Töchtern, haben ihren Boden in der kollektiven Bearbeitung belassen. So sagt z. B. Herr Seres (9. 4. 1999, Rentner, 72 Jahre) im biographischen Interview auf die Frage, ob niemand aus der Familie den Boden (65 ha) bearbeiten könnte: *„Ich habe zwei Töchter."* Für ihn ist diese Antwort erschöpfend, erst auf die Frage, was wäre, wenn es einen Sohn gebe, antwortet er: *„dann würden wir es sicher machen"* und bezieht sich damit auf die Bebauung des eigenen Bodens. Die Vorstellung, dass Töchter die elterliche Wirtschaft übernehmen können, wird eher von Männern als von Frauen abgelehnt. So unterschieden sich die Antworten eines Ehepaares, die nebenberuflich auf 18 Hektar wirtschaften, hinsichtlich ihrer Wünsche für die Zukunft ihrer Töchter. Während die Frau möchte, dass eine der drei die Landwirtschaft der Eltern fortführt, lehnt der Vater dies ab (I, Nr. 12, 2.7.1999).

Der Unterschied zwischen Männern und Frauen wird begleitet vom im letzten Abschnitt behandelten Unterschied der Generationen. So sind es heute wieder vornehmlich die „alten Männer", die entscheiden, ob und welche Form der privaten Landwirtschaft gewählt wird. Im Falle der Familie von Zoltán (siehe Kapitel 4) ist es, wie im vorigen Abschnitt beschrieben, Sache des Vaters zu entscheiden, ob er nun Land in die eigene Bewirtschaftung übernimmt und mit seinem Sohn zusammenarbeitet oder nicht. Im Falle des „Aufsteigers" Tibor (siehe Kapitel 4) war die gesamte Familie gegen sein Engagement an den Landauktionen. In der Tonbandaufnahme beschreibt er die Ablehnung seiner Familie, die erst angesichts seines wirtschaftlichen Erfolges nun einverstanden ist.

> Tibor (sen.): „Die Land-Frage war auch ein großer Konflikt in der Familie in den 90er Jahren. Sie sagten, Wofür? – Es war ein Geschäft, Land zu kaufen für wenig Geld. Dann haben wir angefangen zu wirtschaften."
>
> Frage: „Aber woher kam die Erfahrung?"
>
> Tibor (sen.): „Man kann alles lernen. Man sieht es und aus Büchern. Deshalb geht mein Sohn jetzt auf die Fachhochschule. Damit er auch die Theorie lernt, was er zu Hause sieht und erfährt. Weil der Familie hat die Situation überhaupt nicht gefallen."
>
> Frage: „Sie haben entgegen der ganzen Familie entschieden? Und was sagen sie jetzt?"
>
> Tibor (sen.): „Meine Vorstellungen, meine Behauptungen wurden von den Tatsachen, von den Einnahmen, dem Gewinn bestätigt. Das, was es uns selbst gezeigt hat, nicht den Steuerbehörden, sondern was in unseren Taschen blieb. Jetzt ist es kein Problem mehr. Im Gegenteil, jetzt sagen sie schon, dass ich Land kaufen soll."
>
> (29.3.1999)

Sein Sohn und seine Schwiegertochter beschrieben diese innerfamiliären Diskussionen um die Privatisierung ähnlich. Trotzdem hoffte die Schwiegertochter noch im selben Jahr des zitierten Interviews, dass ihr Mann nach Abschluss seines Fachhochschulstudiums eine Stellung in einer Firma bekommen könne und dann die selbständige Landwirtschaft wieder aufgeben würde: *„Dann wäre alles einfacher“* (TB 2. 5. 1999). Ein Jahr später entschied ihr Schwiegervater jedoch, wie schon im vorigen Abschnitt erwähnt, zunächst durch die Aufnahme der Tierhaltung über eine Erweiterung des privaten Betriebes. Er kaufte zwei Ställe im „Unterdorf“ (etwa 3 km entfernt) und einige Kälber dazu. Die Frau seines Sohnes wurde dann „eingeteilt“ zur morgendlichen Versorgung der Tiere. Dafür muss sie morgens sehr früh (vor ihrem Mann und den beiden Söhnen – 1,5 bzw. 3 Jahre) aufstehen und mit dem Fahrrad zum Stall radeln. *„Ich bin ernannt worden, weil ich sowieso nie was tue“,* kommentierte sie diese Aufgabe, die von ihr offensichtlich nicht geschätzt wird, die sie aber dennoch erledigt (TB 7. 10. 2000).

Der Unterschied in der Beteiligung an Entscheidungsprozessen ist aber auch abhängig von Art und Größe der privaten Landwirtschaft. Je größer der Spezialisierungsgrad und der Beitrag der Landwirtschaft zum Familieneinkommen desto geringer ist der Einfluss der Frauen. So haben die Frauen der größeren landwirtschaftlichen Unternehmer fast gar keine Verbindung zu der Landwirtschaft ihrer Männer. Vor allem die größeren Bauern leben hauptsächlich vom Feldbau, speziell dem Getreideanbau, und hier ist der Beitrag der Frauen äußerst gering. Die Viehhaltung beschränkt sich, insofern überhaupt Vieh gehalten wird, fast ausschließlich auf den Eigenbedarf. Die Frauen der größeren Bauern Tamás und Gábor arbeiteten in anderen Bereichen (Bürgermeisteramt bzw. Lehrerin). Die beiden jüngeren Frauen solcher Unternehmer waren früher Arbeiterinnen, die dann durch Konkurs ihrer Betriebe arbeitslos wurden. Sie sehen ihre berufliche Zukunft nicht in dem bäuerlichen Betrieb, sondern möchten nach dem Erziehungsurlaub am liebsten wieder in anderen Sektoren arbeiten. Die Aufnahme von Tierhaltung, die ihren Arbeitsanteil an der eigenen Landwirtschaft erhöht, wird von ihnen nicht gewünscht. In dem einen Fall werden dennoch einige Schweine, hauptsächlich für den Eigenbedarf, gehalten, weil Jószef dies möchte, obwohl er die Tiere wegen seiner Allergie nicht selber versorgen kann. In dem anderen Fall hat der Schwiegervater, wic geschildert, über die Haltung von Kälbern entschieden. Aufgrund der schlechten Arbeitsmarktlage wird die Rückkehr der beiden Frauen in andere Berufswege immer unwahrscheinlicher. Das zeigte u. a. die vergebliche kaufmännische Umschulung in Fall von Erika. Im anderen Fall wurde die junge Frau 2001 offiziell im Betrieb ihres Mannes angestellt, um den Status ihrer sozialen Sicherung zu erhalten. Bei einem Besuch im Jahr 2002 sagte sie: *„Ich würde gerne arbeiten, nicht wegen dem Geld, sondern für mich.“* Es ist gut möglich, dass in der gegenwärtigen Arbeitsmarktlage, die jungen ausgebildeten Frauen in ländlichen Gegenden wenig Möglichkeiten bietet, solche „Notlösungen“ dauerhaft Bestand haben und diese Frauen keinen Weg mehr in andere Berufe finden.

Auch bei vielen neuen Mittelbauern ist die Landwirtschaft fast reine Männerangelegenheit. Eine junge Frau meinte beim Fragebogeninterview auf die Frage, welche Bezeichnung auf die Landwirtschaft der Familie am besten passe, das könne sie nicht sagen, weil das *„die Sache ihres Mannes sei“* (I, Nr. 56, 27. 9. 99, 31 Jahre). Gleichzeitig hatte sie aber auch angegeben, dass die Landwirtschaft die Haupteinnahmequelle der Familie sei. Sie selber war zur Zeit des Interviews wie die beiden oben erwähnten Frauen im Erziehungsurlaub. Davor hatte sie als Schulsekretärin gearbeitet und danach als Sozialarbeiterin im Dorf. Eine Identifikation mit dem bäuerlichen Unternehmen ihres Mannes und Schwiegervaters lehnte sie ab.[202] Bei den beiden größeren Mittelbauern, Péter und István, nimmt die Milchviehhaltung einen größeren Raum als bei den anderen Produzenten ein. Hier sind die Frauen beteiligt.

Auch in den Antworten der Netzwerkerhebung in Mesterszállás spiegelt sich das beschriebene Geschlechterverhältnis. Man kann, wie eingangs erwähnt, davon ausgehen, dass diese Daten stabile Beziehungsmuster wiedergeben. Acht der neun Interviews wurden mit Männern durchgeführt, eines mit einem Ehepaar gemeinsam. Während sich sechs der acht Fragen in direktem Zusammenhang mit der eigenen Landwirtschaft sehen lassen, zielen die Fragen 1 (Zucker ausleihen) und 8 (andere regelmäßige soziale Kontakte) auf andere soziale Beziehungen. Im Allgemeinen wurden Frauen aus dem engeren Familienkreis (Ehefrau, Großmutter) auf diese Fragen genannt. Eine weitere weibliche Domäne ist die Buchhaltung; auch hier nehmen Männer die Hilfe von Frauen in Anspruch. Als Antwort auf Frage 4 (Hilfe bei der Steuererklärung) wurden neben Professionellen auch Frauen der weiteren Verwandtschaft und Bekannte genannt.

Auf alle anderen Fragen, also all diejenigen, die im engeren oder weiteren Sinne auf die eigene Landwirtschaft bezogen werden können, wurden überwiegend männliche Bezugspersonen genannt. Auf die Frage 7 (Geld leihen) antworteten fast alle Informanten mit „bei der Bank“; in einer einzigen Ausnahme wurde der Vater als Ansprechpartner genannt. Auf die Frage, wer ihnen bei größerer Entscheidung, wie dem Wechsel des Arbeitsplatzes oder dem Kauf einer Maschine

202 Auch in der Fallstudie von Pine (1996) beschrieben arbeitslos gewordene Frauen, die einen großen Teil der Arbeit im landwirtschaftlichen Familienbetrieb übernahmen, sich selbst nicht als Bäuerinnen. "When I commented that she did a great deal of farm labor, she replied that this was what she did at home, but that she was not a farmer like her father and brother." (Pine 1996: 145)

Rat geben würde, nannten die Informanten fast ausnahmslos männliche Verwandte (Sohn, Bruder, Schwager), sowie männliche Freunde und Bekannte. Zwei Personen nannten auf diese Frage Fachleute, und nur einer gab an, dass er solche Entscheidungen auch mit seiner Frau besprechen würde. Insgesamt ergaben die Interviews 92 Nennungen männlicher Bezugspersonen und nur 19 Nennungen weiblicher Bezugspersonen. Das bedeutet, dass die Netzwerke rund um den familiären landwirtschaftlichen Betrieb männlich dominiert sind. Dabei ist zu bedenken, dass die befragten Familien fast ausschließlich aus den Einkünften der Landwirtschaft leben. Sechs der Betriebe verfügten im Erhebungszeitraum sogar über gar keine anderen Einkünfte. In drei Familien hatte die Ehefrau zumindest zeitweise ein eigenes Einkommen, zwei dieser Frauen waren allerdings auch zeitweise arbeitslos. Trotzdem werden wichtige Entscheidungen eher mit männlichen Freunden und Bekannten als mit den Ehefrauen besprochen. Es sollte hinzugefügt werden, dass alle bis auf einen Befragten verheiratet waren und auch mit ihren Frauen zusammenlebten. Die Nennungen männlicher Bezugspersonen weist auch ein größeres Spektrum verschiedener sozialer Beziehungen auf. Es werden Nachbarn, Freunde und auch ein ehemaliger Arbeitskollege genannt, während die weiblichen Bezugspersonen überwiegend zum engeren Familienkreis (Ehefrau, Mutter) gehören. Tabelle 23 fasst die Antworten aus den Fragebögen zusammen. Antworten, die professionelle Institutionen wie Banken, Firmen oder Buchhalter enthielten, wurden nicht berücksichtigt. Die Zahlen in Klammern geben die Häufigkeit der Nennungen wieder.

Angesichts der dargestellten fehlenden öffentlichen Beteiligung von Frauen am Prozeß der Privatisierung und der postsozialistischer Landwirtschaft stellt sich die Frage nach den Gründen für diese Entwicklung. Warum nutzten Frauen die Chancen neuer Handlungsspielräume durch Bodenbesitz nicht? Für die Annäherung an diesen Problemkreis wird im Folgenden der „sozialistische Pfad", also die im Sozialismus angelegte Ausgangsposition in diese auffallende Nichtbeteiligung nachvollzogen. Als wichtige Elemente werden sowohl die sozialsitische Arbeitsteilung in der Landwirtschaft als auch die Position von Fauen im privaten Sektor angesehen. Aber auch der Verlust anderer sozialer Ansprüche trud dazu bei, dass sich die geschilderte marginale Position von Frauen in der Privatisierung sich zur Exklusion aus der landwirtschaftlichen Produktion entwickelt Dies hat möglicherweise auch die im Folegenden dargestellte unterschiedliche Wahrnehmung der Folgen des Systemwechsels für das persönliche Leben durch Männer und Frauen beeinflusst.

Tabelle 23: Männliche und weibliche Bezugspersonen in der Netzwerkerhebung

Frage	**Bezugsperson**	
	männlich	weiblich
Ausleihen von Kleinigkeit (Zucker)	Bekannter (1), Nachbar (6), Vater (1), Schwager (2)	Großmutter (3)
landwirtschaftliche Maschine	Bekannter (11), Freund (6), Onkel (1), Cousin (1)	
kleinere Hilfen	Freund (5), Gelegenheitsarbeiter (3), Bekannter (6), Nachbar (4), Bruder (1)	Ehefrau (1)
Steuererklärung		Ehefrau (1), Bekannte (1), Kusine der Ehefrau (1), Kusine (1)
wichtige Entscheidung	Freund (7), Bruder (1), Sohn (1), Bekannter (6), Schwager (2)	Ehefrau (1)
Versorgung von Haus und Tieren bei Krankheit oder Reise	Vater (1), Sohn (2), Schwager (2), Nachbar (2), Bruder (1), Freund (3), Bekannter (2)	Mutter (4), Ehefrau (2)
größere Geldsumme	Vater (1)	
sonstige regelmäßige Sozialkontakte	Sohn (5), Bruder (1), Onkel (2), Schwiegervater (1), früherer Arbeitskollege (2), Freund (7)	Ehefrau (3) Schwiegermutter (1)

8.2.2 Der „sozialistische Pfad" und der Verlust von Langfristrechten im Postsozialismus

Das sozialistische Projekt beinhaltete, wie schon erwähnt, einen Anspruch auf Gleichberechtigung der Geschlechter. Als Basis für die Umsetzung dieser Rechte wurde infolge der sozialistischen Betonung der Arbeit als Grundlage von Identität und Bürgerrechten[203] quasi automatisch die Teilnahme der Frauen am Er-

203 Für eine Beschreibung des Werts der Arbeit und seiner Auswirkungen auf die Romabevölkerung im sozialistischen Ungarn siehe Stewart (1993).

werbsleben gesehen. Diese Beteiligung würde dann auch ihre untergeordnete Rolle in der bürgerlichen Familie aufheben.

Die Entwicklung der Position von Frauen in der sozialistischen Gesellschaft war durchaus widersprüchlich. Während sie einerseits neue Rechte erhielten, blieben andererseits die „traditionellen" Rollen in den Familien erhalten, bzw. wurden diese zum Teil durch sozialistische Institutionen und Geschlechterkonstruktionen gestärkt.[204] Daher ist auch das Bild der Situation von Frauen in Mesterszállás während des Sozialismus widersprüchlich. Zwei gegensätzliche Tendenzen zeichnen sich ab. Zum einen wurden mehr Frauen berufstätig, was z. T. eine „Befreiung" aus dem einsamen Leben des Einzelgehöfts bedeutete, zum anderen blieben aber auch viele Frauen in der privaten Hauswirtschaft ohne offiziellen Arbeitsplatz tätig. Die Entwicklung sozialistischer Geschlechterbeziehungen wird im Einschub überblicksartig dargestellt.

Geschlechterbeziehungen im Sozialismus

Der sozialistische Staat war in seiner Struktur als Großfamilie organisiert, in der die Partei als eine Art Übervater für die unmündigen Bürger sorgte, deren Bedürfnisse festgelegt und dann durch staatliche Verteilung befriedigt werden sollten. In dieser Rolle übernahm der Staat einerseits klassische Aufgaben der Familienväter, eignete sich aber andererseits auch traditionell weibliche Aufgaben der gesellschaftlichen Reproduktion an. So wurden bestimmte Teile der Reproduktion aus der „häuslichen" in die „öffentliche" Sphäre gezogen. Als Folge wuchs die innerfamiliäre Autorität von Frauen. (Verdery 1996:64ff.)

In der Anfangszeit des Sozialismus änderten sich das Leben und die Position von Frauen erheblich. Sie wurden in vielen Fällen erstmals berufstätig und hatten eigene Ansprüche auf Altersversorgung. Quasi als Nebenprodukt wurde durch diese Veränderungen innerhalb der Kleinfamilien, deren Struktur grundsätzlich nicht angetastet wurde, mehr Gleichheit zwischen den Geschlechtern gefördert.

Insgesamt erfuhr das Projekt der Gleichberechtigung jedoch im Laufe der 40 Jahre verschiedene Änderungen. Zugespitzt könnte man sagen, dass man in den meisten

---

204 Goven (1993: 225–226) weist darauf hin, dass es sich auch bei diesen Phänomenen nicht um ein einfaches „Überdauern" von Traditionen handelt, sondern dass die sozialistischen Verhältnisse selbst zu einer neuen Konstruktion alter idealisierter Geschlechterverhältnisse führten. Der Rückzug in das Private und die Familie führte vor allem bei Intellektuellen zu einer Überhöhung bürgerlicher Familienwerte. Von den Frauen der Dissidenten wurde beispielsweise erwartet, dass sie das politische Leben ihrer Männer finanziell und durch ein „schönes Zuhause" unterstützten.

sozialistischen Ländern vom Bild der revolutionären Traktoristin als Vorkämpferin für den Sozialismus schnell abkam und ein Rückgriff auf das Bild der „natürlichen" Rolle der Frau als Mutter stattfand. Innerhalb der Familien blieben die Frauen zuständig für Haushalt und Kindererziehung. Die gehetzte sozialistische Frau, die zwischen Schlangestehen in der Mangelwirtschaft, Arbeitsplatz, Kinderkrippe und Haushalt hin und her hastet, wurde zum geläufigen Bild auch in der sozialistischen Literatur (Einhorn 1996: 51–59). Viele Kommentatoren haben in der Vergangenheit die Doppel- und Dreifachbelastung von Frauen in den sozialistischen Staaten hervorgehoben. Spätestens seit den achtziger Jahren ließ sich eine graduelle „Refeminisierung" der traditionellen Aufgaben der Frau beobachten. Frauen wurden wieder aus dem Arbeitsleben verdrängt, um die enormen Kosten für Kinder- und Altenbetreuung zu sparen. In Ungarn trug auch der expandierende Sektor der „second economy", der vielfach mit Frauen assoziiert wurde, dazu bei. (Szalai 1991: 166)

Frauen und der „sozialistische Pfad" in Mesterszállás

Die Frühphase der sozialistischen Landwirtschaft in Mesterszállás war noch durch die Struktur der in Kapitel 5 beschriebenen patriarchalen vorsozialistischen Bauernfamilie bestimmt. Da die Väter als *gazda* auch als Besitzer des Familieneigentums galten, ist es nicht verwunderlich, dass in den biographischen Interviews der Anfang der Kollektivierung als Entscheidung der Männer bzw. als ein Zwang, der auf die Väter ausgeübt wurde, erinnert wird. Frau Szabó beschreibt z. B. die Übergabe der Pferde der Familie an die LPG: *„Und so hatten wir dann Pferde, aber die hat mein Vater bald in die LPG eingebracht"* (21. 3. 2000). Die Gründungsmitglieder der Genossenschaften in Mesterszállás Anfang der 1950er Jahre waren ausschließlich Männer.

Aber auch während des konsolidierten Sozialismus stellten Männer weiterhin die Führungskräfte in der örtlichen LPG. Auch die Arbeitsteilung blieb trotz der „heroischen Traktoristin" im frühen Sozialismus (siehe unten) weiterhin geschlechtsspezifisch.[205] Die Feldarbeit in der LPG war, abgesehen vom intensiven Gemüseanbau, weiterhin „Männersache". Diese Trennung wurde nie längerfristig aufgehoben. So konnte die Feldarbeit auch im Sozialismus, wie schon Fél

205 Auch die breitere gesellschaftliche Arbeitsteilung blieb geschlechtsspezifisch. Trotz aller Kampagnen waren Kernbereiche des sozialistischen Staates (wie Bürokratie, Armee, Schwerindustrie und Repressionsapparat) vor allem in den Führungspositionen männlich dominiert. Frauen arbeiteten häufiger in den vom Sozialismus stiefmütterlich behandelten Sektoren wie Dienstleistungen, Tourismus, Banken, Versicherung und Werbung.

und Hofer (1969) für die vorsozialistischen Zeiten schrieben, das „Wesentliche", das „Herz" der Landwirtschaft bleiben.

Die Traktoristin[206]

Margit stammt aus einer „sozial benachteiligten" Familie in Turkeve. Als junge Frau besuchte sie ein landwirtschaftliches Technikum. Danach kam sie zunächst für 1,5 Jahre zur damaligen Maschinenstation nach Mesterszállás. Sie meint, es sei nicht einfach gewesen, dort als Frau zu arbeiten, und am Anfang war sie auch noch sehr arm. Dann hat sie in den Ort eingeheiratet und ist später zur Buchhalterin in der LPG avanciert. In diesem typischen Frauenberuf im Büro arbeitete sie bis zu ihrer Rente.

Die geschlechtsspezifische Arbeitsteilung in der LPG hatte zwiespältige Folgen. Einerseits könnte sie das Überdauern der Vorstellung von Land als „Männersache" trotz Kollektivierung und formal gleichberechtigter Erbregelung (in Bezug auf Boden in der LPG) begünstigt haben. Andererseits arbeiteten Frauen in der LPG nicht nur in den „traditionell" weiblichen Bereichen von Gemüseanbau und Geflügelhaltung, sondern übernahmen häufig auch sozial angesehenere und besser bezahlte Bürotätigkeiten in der Verwaltung der Genossenschaften. In diesen Positionen waren sie den „einfachen" männlichen Mitgliedern übergeordnet. Vor allem junge Frauen aus armen Familien konnten in dieser Zeit, wie u. a. die Beispiele der Traktoristin (siehe oben) oder auch der Hauptbuchhalterin (siehe unten) zeigen, sozial aufsteigen.

Die Hauptbuchhalterin[207]

Emese wurde 1941 auf einer *tanya* in Mesterszállás geboren. Ihre Familie hatte nur wenig Boden, und als der Vater, der 14 Jahre älter war als ihre Mutter, zu alt wurde, um es zu bewirtschaften, war die neue LPG (ihrer Ansicht nach) ein Glück. Auf der weitläufigen Weide um das Haus wurde die Hühnerhaltung der LPG eingerichtet, wo ihre Mutter gleichzeitig einen festen Arbeitsplatz fand. Emese selbst wurde 1957 mit 16 Jahren ohne Ausbildung Buchhalterin in der Béke-LPG, später arbeitete sie in der Úttörő und schließlich als Hauptbuchhalterin in der Táncsics-LPG. Nach ihrer Scheidung bekam sie von der LPG eine Dienstwohnung zur Verfügung gestellt, in der sie heute von ihrer Rente lebt.

Solche Frauen, die im Sozialismus der schmutzigen, einsamen Arbeit auf dem Einzelgehöft „entkommen" waren, zeigen im Postsozialismus wenig Neigung, sich wieder einer familiären Landwirtschaft zuzuwenden. Der Ausschluss der

206 Zusammengestellt aus Interview Nr. 39 (19. 7. 1999).

207 Zusammengestellt nach Informationen aus Interview Nr. 97.

Frauen in der Privatisierung war also nicht unbedingt ein „unfreiwilliger" Prozess. Erinnert man sich an die z. T. tränenreichen Berichte älterer Frauen über das Leben auf der *tanya* in Kapitel 5, ist es kein Wunder, dass die Rückkehr in die Landwirtschaft für die meisten Frauen keine Option darstellte. Bildung und andere Berufe ermöglichten Frauen im Sozialismus gerade durch die klassische Arbeitsteilung in den Genossenschaften einen Weg aus der schweren und einsamen Arbeit und einen gesellschaftlichen Aufstieg. Für sie ist das „Zurück-zum-Bauern" des frühen postsozialistischen Diskurses (siehe Einleitung) keine Zukunftsvision wie für viele Männer. An einer der seltenen Stellen, die sich in der Transformationsliteratur zu diesem Thema finden, beschreibt Hann (1993: 310) das fehlende Interesse von Frauen an der privaten Landwirtschaft sehr ähnlich:

> "This lack of interest is clearly influenced by their assessment of economic returns, but another very significant factor, emphasized particularly by women, is distaste for the lifestyle associated with farming (having to get up early in the mornings, put up with smelly yards, etc.)."

Während ein Teil der Frauen eine soziale Aufwertung durch die Berufstätigkeit erfuhr, bedeutete für die Männer die Arbeit in der LPG eine Herabsetzung. Sie wurden vom Haushaltsvorstand (gazda), der selbstbestimmt entschied und Familienmitglieder zur Arbeit einteilte, zum fremdbestimmten Arbeiter im kollektiven Betrieb. Innerfamiliär mochten sie ihren Status erhalten, ihr Wirkungskreis wurde jedoch entscheidend eingeschränkt. Die geschilderte deutlich stärkere Neigung von Männern, die vorsozialistische Zeit und das Leben als Bauer zu idealisieren, hängt vermutlich mit diesen unterschiedlichen Erfahrungen während des Sozialismus zusammen.

Neben den Einzelschicksalen belegt auch der statistische Überblick, dass der Anteil der Frauen in einem offiziellen Arbeitsverhältnis während des Sozialismus in Mesterszállás stieg. Frauen traten erstmals verstärkt in den Arbeitsmarkt, d. h. aus dem häuslichen Bereich in die öffentliche Sphäre. Dabei geben die Daten neben dem Nachweis des Anstiegs weiblicher Erwerbstätigkeit aber auch Aufschluss über die strukturelle Benachteiligung von Frauen gegenüber Männern während des Sozialismus. Die Beschäftigungsstatistiken belegen auch, dass immer ein Teil der weiblichen Bevölkerung von Mesterszállás nicht aktiv am Erwerbsleben teilnahm. 1970 nahmen von 539 Frauen über 14 Jahren nur 120 aktiv am Erwerbsleben teil (KSH 1970). Der Anteil der Frauen im erwerbsfähigen Alter (14 bis 54 Jahre), die ohne eigenes Einkommen als „versorgt" (eltartott) galten, lag 1970 bei 326 und sank bis 1980 auf 40 Frauen. In denselben Erhebungen galten jeweils weniger Männer als *eltartott* (66 bzw. 3, KSH 1980).

Die Situation auf den *tanyas* war noch etwas unausgeglichener als im Dorfkern. Dort hatten 1970 nur 38 Frauen (gegenüber 158 Männern) ein eigenes Einkommen aus Berufstätigkeit (KSH 1970).

Parallel zum Anteil an offizieller Beschäftigung war auch die Schulbildung von Frauen in Mesterszállás tendenziell niedriger als diejenige der Männer. 1970 hatten von der Bevölkerung über 15 Jahren 44 % der Männer mindestens acht Jahre Schulbildung gegenüber 38 % der Frauen. Der Unterschied bei den über 18-Jährigen mit Abitur lag etwas niedriger bei 2,2 %. 9,8 % der Männer hatten mindestens Abitur gegenüber 7,6 % der Frauen (KSH 1970). Dieser Unterschied in der Bildung blieb bis 1980 erhalten. Zu dieser Zeit hatten von 504 Frauen 420 höchstens acht Klassen beendet, gegenüber 324 von 470 Männern. Auch wenn man den Unterschied der absoluten Zahl von Männern und Frauen mit einbezieht, bleibt ein Unterschied von 58 Frauen mit geringerer Schulbildung. Diese Zahl korrespondiert mit der höheren Anzahl von Männern (79 Personen), die einen mittleren Schulabschluss mit Fachausbildung (középfokú szakmunkásképző iskola, szakiskola) erreicht haben, gegenüber 16 Frauen mit einem solchen Abschluss (KSH 1980). Einige dieser Unterschiede könnten durch die Generationen bedingt sein, darüber gibt die Statistik aber keinen Aufschluss.[208]

Ein ähnliches Bild belegen auch die Zahlen aus der örtlichen Genossenschaft über den arbeitenden Anteil weiblicher Mitglieder. 1974 waren beim Zusammenschluss mit der Táncsics-LPG in der Mesterszálláser „Pionier" von 223 arbeitenden Mitgliedern nur 27 Frauen. In der vereinten LPG waren 1975 immer noch 80,4 % der Mitglieder Männer (Marinka 1989: 110 und 126). Die sektoren-

---

208 In dieser Phase stieg allgemein in Ungarn der Anteil der weiblichen Erwerbstätigkeit rasant an. Während 1949 noch 60 % aller Frauen zwischen 14 und 54 Jahren Hausfrauen, Schülerinnen oder anderweitig finanziell Abhängige waren, waren es 1975 in der gleichen Lebensphase nur noch 16,4 % in dieser Position. Trotzdem erhielt sich durch alle Phasen ein Ungleichgewicht: Frauen erreichten im Durchschnitt einen niedrigeren Bildungsstand als Männer, sie wurden für die gleiche Arbeit schlechter bezahlt und blieben auch bei höherer Ausbildung in untergeordneten Positionen. 35 % aller Männer mit mittleren Abschlüssen hielten mittlere Managementpositionen (also mit relativ geringen Schulabschlüssen, während nur 7,5 % der Frauen mit höheren Abschlüssen Managementpositionen erreichten. 90 % der Frauen mit hohen Abschlüssen arbeiteten in untergeordneten Positionen. 1974 erhielten weibliche ausgebildete Fabrikarbeiter nur 71,4 % der Bezahlung ihrer männlichen Kollegen, unter den Direktoren und Präsidenten kleinerer industrieller Kooperativen verdienten Frauen 86,7 % der Bezahlung von Männern in derselben Position. Im mittleren und unteren Management erreichten die Löhne der Frauen zwischen 77,5 % und 83,8 % des Niveaus der Männer (Lampland 1989: 311–314).

spezifische Arbeitsteilung zeigt sich daran, dass 1980 von der Gesamtbevölkerung in Mesterszállás 81,3 % der Männern in der Landwirtschaft tätig waren, im Gegensatz zu nur 47,5 % der Frauen.

Im Gegensatz zur Teilhabe an der „offiziellen" Landwirtschaft war ein großer Anteil der Frauen zunehmend in der privaten landwirtschaftlichen Produktion aktiv. Diese Entwicklung hing mit dem Aufstieg der sog. 2. Wirtschaft in Ungarn, wie sie in Kapitel 6 beschrieben wurde, zusammen. Durch diese war es häufig wirtschaftlicher, wenn die Frau zu Hause blieb und sich dort um die private Viehhaltung kümmerte. Das Beispiel stellt Katalin vor, die sich auf einer *tanya* um die die Geflügelzucht kümmerte.[209]

> Katalin wurde 1952 in Mesterszállás geboren. Nach dem Tod ihrer Mutter lebte sie mit ihrem Vater weiterhin im Einzelgehöft. Mit 18 Jahren heiratete sie ihren zwölf Jahre älteren Mann, der in der LPG als Traktorist und später als Schweißer arbeitete. Sie ging währenddessen nicht arbeiten, sondern kümmerte sich um die private Gänsehaltung. Bis 1989 machte diese private Zucht (zeitweise hielt sie bis zu 250 Tiere) einen beträchtlichen Teil ihrer Einkünfte aus. Seit ihrem Umzug ins Dorf und der Transformation wurde diese private Produktion aufgegeben.

Der Aufschwung der privaten Produktion hatte für die Position der Frauen in Mesterszállás zwei gegenläufige Folgen. Einerseits blieben, wie im Beispiel von Katalin, viele Frauen zu Hause, gingen keiner offiziellen Beschäftigung nach und konnten so keine Rentenansprüche erwerben. Andererseits stieg ihr innerfamiliärer Einfluss, denn das durch sie erwirtschaftete Einkommen überstieg häufig das Einkommen des Mannes aus der offiziellen Tätigkeit. Bei häufiger Abwesenheit der Männer durch auswärtige Arbeit, die dann nur am Wochenende „mithalfen", konnte es sein, dass, wie es ein Soziologe ausdrückt,

> „sich in diesen Familien die Rolle der Ehefrauen und ihr Einfluss auf die Führung der Familie und Wirtschaft in Herrschaft wandelt" (Andorka 1979: 544).

Viele Frauen der mittleren und älteren Generation in Mesterszállás gingen nie einer ständigen Erwerbstätigkeit nach. Ältere Frauen verfügen daher heute häufig nicht über eigene Rentenansprüche. Ohne direkte Nachfrage gaben in den Interviews immerhin sieben von insgesamt 24 Frauen im Rentenalter explizit an, keine eigenen Versorgungsansprüche zu haben. Die Tatsache, dass sie nicht über eine eigene Rente verfügen, wird durchaus als Nachteil gesehen. Eine Frau, die zu dem biographischen Interview mit ihrem Mann hinzukam, sagte beispielsweise auf die Frage, ob sie beide in der LPG gearbeitet hätten: *„Ich im Haushalt.*

---

209 Zusammengestellt nach I, Nr. 84, 18.3.2000.

Nur bekomme ich keine Rente." Der Grund für die Arbeit im Haushalt ist nicht immer eindeutig. So sagt sie, als ihr Mann erzählt, dass sie drei Jahre in einem Laden und ein Jahr als Heimarbeiterin gearbeitet habe:

> „Es wäre noch möglich gewesen weiterzumachen, aber irgendwie hat man es einfach gelassen. Da hat der Mensch genug gearbeitet, aber trotzdem bekommt man keine Rente." (Frau Kovách 18.6.1999)

Eine andere ältere Frau erklärte im biographischen Interview, dass ihr Mann eine Tätigkeit „außer Haus" und damit verbunden die Übertragung von Erziehungsaufgaben an die Großmutter abgelehnt habe:

> „Ja, mein Mann sagte, das würde er nicht ertragen, dass seine Frau arbeiten gehe und die Kinder zu einer Großmutter stoße. Für vier Kinder braucht es eine Mutter. Es kam vor, dass ich ihm ausgeholfen habe, aber nicht für die Rente." (Frau Szabó 21.3.2000)[210]

Ihre Schwester, die ebenfalls nicht offiziell arbeiten ging und heute auch keine Rente bezieht, erklärt in einem anderen Gespräch zur weiblichen Berufstätigkeit: *„Das war noch nicht Mode"* (TB 28.9.2000).

Mit der zweiten Welle der Industrialisierung sollten in den 1970er Jahren u. a. Arbeitsplätze für Frauen neu geschaffen werden. In Mesterszállás waren dies vor allem Heimarbeitsplätze (Teppichknüpferei), durch die einige Frauen eigene Rentenansprüche erwarben. Eine Frau erzählt im biographischen Interview:

> „Dann bin ich 1975 nach Békesszentandrás gegangen in die Weberei als Teppichweberin, Perser habe ich gewebt, von da habe ich mir die Rente erworben, elf Jahre habe ich gearbeitet, weil anders hätte ich auch das nicht." (Frau Szaszkó 3.7. 1999)

Für die Position von Frauen waren offenbar zwei gegensätzliche Entwicklungen entscheidend. Für einen Teil, vor allem junge Frauen, bedeutete die Berufstätigkeit im Sozialismus eine Befreiung aus der Landwirtschaft auf dem einsamen Einzelgehöft und eigene Einkünfte. Für einen weiteren Teil der Frauen bedeutete die private Produktion eine Möglichkeit, entscheidend zum Familieneinkommen beizutragen. Insgesamt hatte also die sozialistische Umgestaltung der Wirtschaft trotz aller Einschränkungen Auswirkungen auch auf das Geschlechterverhältnis, ähnlich wie es im vorangegangenen Abschnitt für das Machtgefälle zwischen den Generationen beschrieben wurde. Nun sind in der Transformation genau diese beiden Bereiche langfristiger Ansprüche (das Recht auf einen Arbeitsplatz

210 Das Zitat enthält ebenfalls einen Hinweis auf die Bewertung der Rolle als Mutter, siehe unten.

und Zugang zu Land ohne eigenes Bodeneigentum) im Postsozialismus verloren gegangen. Da die Position der Frauen offenbar auch entscheidend von den Möglichkeiten der privaten Produktion abhing, trifft der Verlust dieser sozialistischen Zugangsrechte zu Boden sie besonders, vor allem in einer Situation, in der sie, wie oben beschrieben, an der Privatisierung des Bodens nicht teilnahmen. In dieser Situation kann sich, wie einige der geschilderten Beispiele andeuten, die „freiwillige" Nichtbeteiligung an der postsozialistischen Privatisierung zu einer gänzlichen Exklusion von der landwirtschaftliche Produktion ausdehnen und so zu einem ökonomischen Nachteil, der Anfang der 1990er Jahre für sie noch nicht absehbar war, werden.

Diese Veränderungen fallen zusammen mit den in der Einleitung erwähnten gesamtgesellschaftlichen Vorgängen der Transformation, in der viele Kräfte in Ablehnung des sozialistischen Systems eine „Rückkehr" zu „traditionellen" Werten propagieren. Um den Verlust der weiblichen Autorität im Postsozialismus besser erfassen zu können, erfolgt nun ein Exkurs in die Frauen- und Familienpolitik des sozialistischen Ungarn.

Schon das sozialistische Bild von der Aufgabe der Frauen war nicht widerspruchsfrei gewesen und erfuhr über die 40 Jahre deutliche Veränderungen. Die Rolle der Frau als Arbeiterin stand u. a. häufig in Kontrast zu ihrer Verpflichtung der Reproduktion von Arbeitskraft (Kligman 1992: 366). Sinkende Geburtenraten zogen verschiedene pronatale politische Antworten nach sich, durch die eine adäquate Zahl an Arbeitern für den „Aufbau des Sozialismus" garantiert werden sollte. Reproduktionspolitik wurde so zum Herzstück der Frauen- und Familienpolitik. Es wird daher im Folgenden der Versuch unternommen, dieses zentrale Thema der Frauenpolitik in seiner Entwicklung und in seinen Konsequenzen für die Situation von Frauen darzustellen. Abschließend sollen dann kurz die Folgen des Abbaus von sozialistischen Rechten für die Frauen geschildert werden, und es wird auf ihre (im Gegensatz zu den Männern) negative Beurteilung des Systemwechsels hingewiesen.

Frauen- und Familienpolitik in Ungarn

Die ungarische Familienpolitik der zweiten Hälfte des 20. Jahrhunderts kann in drei Phasen gegliedert werden. Die Hintergründe der unterschiedlichen Phasen waren sowohl sozialer und ökonomischer als auch wissenschaftlicher Natur. Es waren Reaktionen auf spezifische historische Situationen, ökonomische Reformen und demographische Bewegungen. Ebenso unterschiedlich waren die zentralen Akteure. In der ersten Phase waren es vor allem Parteifunktionäre und Gewerkschaften, während in der zweiten Phase hauptsächlich Demographen, Reformer und Psychologen die Politik bestimmten. Im Postsozialismus nehmen Soziologen und neoliberale Ökonomen die zentrale Stellung in der Konstruktion weiblicher Bedürfnisse ein (Haney 1999).

In der ersten Phase von 1948 bis 1968 gab es noch keine gesonderte Familien- oder Frauenpolitik; vielmehr sollten die bestehenden Institutionen das Wohlergehen der Bevölkerung sichern. Eine spezielle auf Zielgruppen ausgerichtete Sozialpolitik erschien daher überflüssig. Zentrale Planung und auf Arbeit basierende Zuwendungen sollten die materiellen Bedürfnisse der Bevölkerung befriedigen (Haney 1999: 154). Staatliche Propaganda vor allem der frühen Phase betonte die Gleichberechtigung von Frauen und forderte sie auf, sich am Aufbau des Sozialismus zu beteiligen. Es war die Phase der heroischen Traktoristin und Maurerin; gleichzeitig aber auch die der stolzen Mutter, die (verheiratet oder nicht) Kinder für den sozialistischen Staat gebar (Lampland 1989: 312).

Mitte der 1960er Jahre änderte sich diese Politik. Jetzt wurden spezielle Bedürfnisse spezifischer Gruppen betont. Ein Subsystem der Sozialpolitik kam auf, in dem Bedürfnisse nicht mehr primär an die Partizipation der Arbeitskraft geknüpft waren, sondern an andere soziale Charakteristika. Ein solches Kennzeichen wurde „Mutterschaft", das als konstituierend für die „speziellen" Bedürfnisse von Frauen angesehen wurde. Die Phase von 1965 bis 1985 war gekennzeichnet durch das Herausbilden eines maternalistischen Wohlfahrtsapparates, der die ungarischen Frauen als Kinder-Aufzieherinnen konstituierte und ein Gefühl des Anrechts auf bestimmte Leistungen, basierend auf Mutterschaft, schuf.

Der Impuls für diese Entwicklung kam aus unterschiedlichen Quellen. Zum einen tauchten Probleme auf, die durch die erste Welle der wirtschaftlichen Reformen ausgelöst wurden. Ein Aspekt der schon in Kapitel 6 angesprochenen Reformen war, dass Unternehmen mehr Einfluss auf Anstellung bzw. Entlassung von Mitarbeitern hatten. Das führte zu dem völlig neuen Phänomen des Arbeitskräfteüberschusses und Arbeitslosigkeit und stellte ein Problem für den sozialistischen Staat dar, der seinen Bürgern Vollbeschäftigung garantierte. Sozialpolitik, die Mütter ermutigte, ihren Arbeitsplatz zu verlassen und sich ihren Kindern zu widmen, war ein Weg, die vorhandene Arbeitskraft zu reduzieren (Lampland 1989: 315).

Zum anderen warnten gleichzeitig Demographen vor einem Bevölkerungsrückgang. Seit 1956 war die Abtreibung legal und die Geburtenrate bis 1962 um fast 50 % gesunken.[211] Diese Entwicklung war nicht einzigartig in Osteuropa, vielmehr trat sie auch in anderen Ländern infolge von Industrialisierung, Urbanisierung und weiblicher Beschäftigung auf. Aber die ungarische Reaktion wich entscheidend von der anderer Länder wie z. B. Rumäniens (siehe unten) ab. Dieser spezielle Weg der ungarischen

211 Die Geburtenrate fiel von 23,0 Geburten pro 1000 Einwohner 1952 auf 12,3 Geburten pro 1000 Einwohner 1962 (Haney 1996: 154–155).

Politik wurde auch durch den neuen Aufstieg der professionellen Psychologie beeinflusst. Nach einer zehnjährigen Pause wurde das Psychologische Institut an der Universität von Budapest neu gegründet. Die dortigen Wissenschaftler begannen ab Mitte der 1960er Jahre, sich mit der reproduktiven Sphäre zu beschäftigen. Man entdeckte neue Kindheitsneurosen und verband diese mit familiären Problemen. Daraufhin wurden Methoden zur Qualitätskontrolle von Mutterschaft vorgeschlagen: Sozialpolitik, die Müttern mehr Zeit für ihre Kinder ließ, und Institutionen, die „wissenschaftliche" Erziehungsmethoden verbreiten sollten (Haney 1999: 156).

So stimmten in den späten 1960er Jahren demographische und ökonomische Lösungen sowie neue fachliche Interessen ungarischer Psychologen überein und machten den Weg frei für eine neue, an Mutterschaft orientierte Sozialpolitik. Das Zentralstück dieser neuen Politik war die Einführung der „Kinderversorgungshilfe" (Gyermekgondozási Segély, kurz: GYES). GYES ähnelt dem deutschen Erziehungsurlaub, ist allerdings besser finanziell unterstützt. Dieser Erziehungsurlaub war verschiedenen Änderungen und Ausdehnungen seiner Gültigkeit unterworfen. Seit 1969 bestand der Anspruch drei Jahre. Während des ersten halben Jahres wurde eine Unterstützung in Höhe des vorherigen Lohnes gezahlt, in den darauffolgenden Jahren eine Unterstützung, die in etwa 50 bis 65 % des Durchschnittsverdienstes abdeckte. Es bestand eine Arbeitsplatzgarantie, d. h., nach den drei Jahren konnten die Frauen auf ihren ursprünglichen Arbeitsplatz zurückkehren. Diese Regelung betraf nur Frauen, d. h., Vaterschaft brachte keine speziellen Bedürfnisse und daher auch keine Anrechte mit sich.[212] In der Anfangsphase waren diese staatlichen Zuwendungen noch von einem vorherigen Arbeitsplatz abhängig, später wurde der Personenkreis auch auf Studentinnen und Teilzeitarbeiterinnen ausgedehnt. 1978 hatten über 90 % aller Mütter Ansprüche auf eine solche staatliche Unterstützung. Das soziale Kennzeichen der Mutterschaft war entscheidend, es gab keine einkommensabhängigen Kriterien.[213]

Zusätzlich zu GYES wurden weitere Erleichterungen für Mütter eingeführt. Der so genannte „Haushaltstag" (Háztartási szabadnap) erlaubte Müttern von mindestens zwei Kindern unter 14 Jahren einen Tag unbezahlten Urlaub pro Monat für Haushaltsaufgaben. 1973 wurde zudem ein spezielles System des bezahlten Urlaubs für Mütter eingeführt. Mütter von einem Kind hatten Anspruch auf zwei Tage voll bezahlter Auszeit pro Jahr, und Frauen mit zwei oder mehr Kindern erhielten fünf bis neun Tage.

---

212 In Ausnahmefällen, wie bei Tod oder schwerer Krankheit der Mutter, konnten auch Väter GYES in Anspruch nehmen.

213 Gut verdienende Frauen waren durch diese Regelung leicht benachteiligt, da sie mehr als der Durchschnitt verdienten und daher eine größere Einkommenseinbuße hinnehmen mussten als Frauen in niedriger bewerteten Berufen. Besser verdienende Frauen neigten daher dazu, nicht die vollen drei Jahre in Anspruch zu nehmen.

Schließlich wurden auch bezahlte Krankentage für Mütter eingeführt. (Haney 1997: 157)[214]

Weitere finanzielle Zuwendungen konnte man durch spezielle „Erziehungshilfe-Programme“ (Rendkívüli/Rendszeres Nevelési Segély) auf Antrag erhalten. Über diese Anträge wurde von Fall zu Fall entschieden. Grundlage einer solchen Entscheidung war dabei wiederum nicht die finanzielle Lage der Antragstellerin, sondern ihre Fähigkeit als Mutter und Hausfrau, über die vor allem durch Hausbesuche entschieden wurde. Frauen mit besserem Bildungsstand hatten nicht unbedingt einen Vorteil, denn ihnen wurde häufig von den zuständigen Sachbearbeiterinnen die Fähigkeit der Haushaltsführung abgesprochen und Karrierestreben vorgeworfen (Haney 1997: 158). Während die Instrumente sozialistischer Sozialpolitik einerseits ein Gefühl des Anspruchs auf bestimmte Begünstigungen förderten, bestärkten sie andererseits die traditionelle Rolle der Frau als Hausfrau, Erzieherin der Kinder und Abhängige (Lampland 1989: 315).

Schon Mitte der 1980er Jahre, also vor dem eigentlichen Systemwechsel, und parallel zu einer öffentlich geführten antifeministischen Debatte (Goven 1993) setzte eine Umorientierung in der ungarischen Familienpolitik ein. Soziologen griffen das Thema der Armut auf und zeigten, dass bestimmte Gruppen durch das soziale Netz fielen. Im Namen dieser Armen forderten sie daraufhin Reformen der staatlichen Wohlfahrt in Richtung einer speziellen Zielgruppen-Politik.[215] Die Soziologen fanden sich mit ihren Forderungen beinah paradoxerweise in Übereinstimmung mit neoliberalen Ökonomen, die eine Anpassung der staatlichen Sozialpolitik an das westliche System forderten. Soziale Kategorien der Bedürftigkeit sollten geschaffen werden anstatt umfassender Kriterien wie Mutterschaft (Haney 1997: 166).

Am Anfang der Transformationsjahre war die Familienpolitik noch vom übernommenen System der staatlichen Wohlfahrt geprägt. Zwar sank bereits der Realwert der Unterstützung, aber Anfang der 1990er Jahre erreichten Familien mit Kindern, auch mit drei und mehr Kindern, noch ein durchschnittliches Einkommen (Gábos 2000: 102). Die

214 Es wurde errechnet, dass in Ungarn Mütter mit kleinen Kindern bis zu 50 % ihrer jährlichen Arbeitszeit aufgrund solcher Ansprüche zu Hause verbrachten. 84 Tage konnte man aufgrund von Krankheit von Kindern unter drei Jahren dem Arbeitsplatz fernbleiben, 40 Tage bis zum Alter von sechs Jahren und 14 Tage für den Zeitraum von sechs bis zehn Jahren (Einhorn 1993: 47).

215 In der unten beschriebenen rumänischen Frauen- und Familienpolitik hatten Psychologen und Soziologen u. a. deshalb keinen Einfluss auf die Debatte, weil die universitären Institute vor allem während der 1980er Jahre geschlossen wurden (Harsányi 1993: FN 8). Schon während der 1970er Jahre nach der Chinareise Ceauşescus (s. a. FN 171) waren die Möglichkeiten der empirischen Sozialwissenschaft entscheidend beschnitten worden (Nelson 1988: 62, dort auch allgemein zur Entwicklung der Soziologie in Rumänien während der Zeit von Ceauşescu).

gesellschaftlichen Probleme der Arbeitslosigkeit, steigenden Armut etc., die durch die Transformation hervorgerufen wurden, versuchte man mit dem bestehenden System der Unterstützung aufzufangen. Auf den Rückgang der Beschäftigtenzahlen reagierte die Regierung nicht mit einer Änderung des Systems, sondern mit einer Ausweitung. So wurde GYET eingeführt. Mütter von drei und mehr Kindern können nun bis zu einem Lebensalter von acht Jahren des jüngsten Kindes ein staatliches Einkommen in Höhe der Minimalrente bekommen. Dies soll, ähnlich wie die Einführung des GYES in den 1960er Jahren, Frauen darin unterstützen, auch länger mit ihren Kindern zu Hause zu bleiben und nicht auf den Arbeitsmarkt zurückzukehren (Gábos 2000: 105–106).

Erst die zweite Regierung unter Horn (1994–1998) wollte die staatliche Wohlfahrt radikal umorganisieren. Am 12. 3. 1995 wurde das sog. „Bokros-Paket" (Bokros-csomag) verabschiedet, konnte allerdings erst im April 1996 nach einigen Korrekturen, die auch durch Entscheidungen des Verfassungsgerichts nötig wurden, umgesetzt werden. Das Gesetzespaket hatte vor allem zwei Ziele: eine finanzielle Entlastung der öffentlichen Kassen und eine ideologische Umorientierung vom undifferenzierten Kriterium der Mutterschaft zu Bedürftigkeit als Kriterium (Gábos 2000: 107–108, Goven 1996). Einkommens- und Vermögensstatus wurden Zugangskriterien finanzieller Hilfen und gleichzeitig Bedürftigkeit individualisiert und zum sozialen Stigma (Haney 1999: 166–167).

Frauen verloren somit Rechte, die sich allein auf Mutterschaft gründeten. Und obwohl vielen Frauen die Zweischneidigkeit dieser Rechte durchaus bewusst war, erlebten sie deren Beschneidung im neuen ökonomischen Umfeld auch als Enteignung, was sich u. a. in dem Ausspruch einer Frau während Frauenprotesten vor einem Sozialamt in Budapest: "But we are still mothers" (Haney 1999: 151) ausdrückt. Als Folge des Sinkens der Reallöhne und der Wohlfahrt stieg in den Jahren 1995–97 die Armut.[216] Die neue Regierung unter Orbán nahm seit 1999 die Reformen teilweise zurück, aber die Folgen sind noch nicht abzuschätzen.

Mit der Transformation änderte sich auch die öffentliche Diskussion um die Abtreibung. Bereits 1992 wurde ein neues Gesetz verabschiedet, das die Abtreibung in ökonomischen und psychologischen Krisensituationen zwar weiterhin erlaubt, der Diskurs um dieses Gesetz nahm jedoch völlig neue Konnotationen an. Von einem liberalen Humanismus mit Betonung der reproduktiven Rechte von Frauen änderte sich der Ton der Debatte in Richtung des aus westlichen Gesellschaften bekannten z. T. an religiösen Fundamentalismus grenzenden „Schutz des ungeborenen Lebens" (Fodor 1994: 183–184, Gal 1994).

---

216 Die Reallöhne sanken um 18 % und die Rate der Kinder unter zwei Jahren, die in Armut leben, stieg in den Jahren 1998–99 um 100 % (Gábos 2000: 109–110).

Verlust von Langfristrechten und Wahrnehmung des Systemwechsels in Mesterszállás

Die Institution des GYES und anderer finanzieller Hilfen für Mütter wurde in Mesterszállás immer positiv beurteilt. Vor allem ältere Frauen, die ihre Kinder noch in der Zeit vor der Einführung dieser staatlichen Hilfen bekommen hatten, betonten in Gesprächen, dass es „damals noch keine Hilfen gegeben habe". Es war eine Möglichkeit für Frauen, finanziell abgesichert ihre Kinder in den ersten Jahren zu Hause zu versorgen. Nebenher konnten sie sich in der privaten Produktion engagieren und so zum Haushaltseinkommen beitragen. Die Unterstützungen entsprachen den Rollenerwartungen an Männer und Frauen hinsichtlich der Kindererziehung und Haushaltsführung. Mit dem Wegfall solcher Vergünstigungen ist es nicht verwunderlich, dass sich die meisten Klagen jüngerer Frauen auf die postsozialistische Familienpolitik beziehen. Anfang des vorigen Abschnitts wurden einige Frauen zitiert, die sich über die Nachteile für Familien im Postsozialismus beklagten, daher hier nur noch eine typische Bemerkung einer Mutter von zwei Kindern: *„Das heutige System unterstützt nicht mehr so die Familien"* (I, Nr. 10, 1. 7. 1999, weiblich, 37 Jahre, verheiratet, untere Führungsebene der LPG).

Dementsprechend zeigten viele Äußerungen von Frauen der Generation der zwischen 30- und 40-Jährigen während der Feldforschung die positive Bewertung des Sozialismus unter Kádár. Die heute arbeitslose Tochter von András dem „erfolglos innovativen" Gemüsebauern, sagt beispielsweise, dass das *„Kádár-System die beste Zeit in meinem Leben war"* (TB 15. 5. 1999). Auch eine andere meinte, *„für mich war Kádár das Beste"* (TB 15. 3. 2000), und ihre Schwiegermutter stimmte ihr insofern zu, dass sie ihre drei Kinder *„lernen lassen konnte"*, während es heute schwerer sei, eine Ausbildung zu finanzieren. Diese Frauen erleben die Zeit des Systemwechsels vor allem als Verlust.

Diese Erfahrung zeigt sich auch tendenziell in dem Unterschied der Bewertung des Systemwechsels zwischen Männern und Frauen. Die Antworten in der Stichprobe zum Thema des Systemwechsels geben dies partiell wieder. Da die Fragen sehr allgemein gehalten waren, können sie nicht als direkte Konsequenz des Entzugs langfristiger Rechte gewertet werden. Die Antworten geben aber die Tendenz wieder, dass Frauen seltener das Gefühl haben, im neuen System mehr Möglichkeiten zu besitzen; und sie bewerten den Systemwechsel tendenziell negativer als Männer. Da mehr gültige Antworten für die einzelnen Antwortmöglichkeiten von Frauen vorliegen (zwischen 78 und 82) als für Männer (zwischen 51 und 55), sind die Prozentzahlen leichter zu vergleichen. Bei der Frage:

„Was bedeutet der Systemwechsel für Sie?" stimmten weniger Frauen als Männer den positiven Antwortmöglichkeiten zu. 61 (74,4 %) von 82 Frauen in der Stichprobe verneinten die Frage, ob sie seit dem Systemwechsel „mehr Möglichkeiten" haben. Im Gegensatz dazu verneinten nur 32 (59,3 %) von 54 Männern diese Frage. 54 (26,4 %) Frauen fühlen sich in der neuen liberalen Demokratie nicht besser als im vorigen System, und eine „Herausforderung" war es nur für 33 (36,3 %). Dementsprechend stimmten die befragten Frauen in der Stichprobe eher den negativen Aussagen über den Systemwechsel zu. Für über die Hälfte von ihnen (63,9 %) „läuft seitdem alles schwerer", bedeutete der Systemwechsel eine „Enttäuschung" (56,1 %) und „Unsicherheit" (62,2 %). Auch Männer stimmen diesen negativen Aussagen zu, jedoch in tendenziell geringerem prozentualen Anteil (58,8 %/48,2 %/49,6 %). Die Tabellen 25 und 26 fassen die Antworten zusammen.

Tabelle 24: Positive Einschätzungen zum Systemwechsel von Männern und Frauen

Aussage	**Zustimmung**	**Geschlecht**	
		weiblich	männlich
Ich fühle mich besser als im alten System	ja	24	19
	nein	54	32
Ich habe mehr Möglichkeiten	ja	20	21
	nein	61	32
Herausforderung	ja	33	29
	nein	48	22

Tabelle 25: Negative Einschätzungen zum Systemwechsel von Männern und Frauen

Aussage	**Zustimmung**	**Geschlecht**	
		weiblich	männlich
Unsicherheit	ja	51	31
	nein	30	20
Alles läuft schwerer	ja	53	30
	nein	29	21
Enttäuschung	ja	46	27
	nein	33	28

Alternativen zur Landwirtschaft

Die beschriebene Zurückhaltung von Frauen aus der Privatisierung könnte auf alternative Einnahmequellen oder Lebensmodelle hindeuten, die während der Forschung gesammelten Daten deuten jedoch vielmehr auf eine Exklusion hin, die durch die postsozialistische wirtschaftliche Entwicklung und den damit verbundenen schon angesprochenen Verlust weiterer langfristiger Rechte verstärkt wird.

Neben den frauenspezifischen Rechten hat, ähnlich wie im Fall der ehemals armen Bauern und jungen Familien die Veränderung des Arbeitsmarktes und der damit verbundenen Verlust des Rechts auf einen Arbeitsplatz auch Auswirkungen auf den Einbezug von Frauen in die landwirtschaftaftliche Produktion. Viele der in der Landwirtschaft tätigen Frauen hatten zu Beginn der Transformation den Vorteil, dass sie überwiegend in Bereichen arbeiteten (Verwaltung), die nicht von den ersten Massenentlassungen betroffen waren. Erst mit dem Konkursverfahren der LPG in Mesterszállás verloren auch sie ihren Arbeitsplatz.[217] Auch die Verschlechterung des öffentlichen Nahverkehrs hat einen Einfluss auf die geringere Berufstätigkeit von Frauen. Zu den wenigen Arbeitsplätzen außerhalb der Landwirtschaft zählte die Schuhfabrik in der nahe gelegenen Kleinstadt Martfű. Während des Sozialismus gab es einen regelmäßigen werkseigenen Busverkehr, der auf die Schichtarbeitszeiten abgestimmt war. Dieser existiert nun ähnlich wie ein Busservice zu Arbeitsstätten der LPG nicht mehr. Eine der Frauen, die früher in der Schuhfabrik arbeiteten, sagte, sie würde gerne wieder arbeiten, aber könne ihre Arbeit nicht wieder aufnehmen, weil es keinen Bus mehr gibt, mit dem sie die Schichtarbeitszeiten einhalten kann (TB 1.7.1999).

Viele solcher „unfreiwilligen Hausfrauen" sind zwar im Erziehungsurlaub (GYES) oder „offizielle Mutter" (GYET), würden aber lieber wieder am Erwerbsleben teilnehmen, d. h. sind latent auf Arbeitssuche. Da sie nicht als arbeitslos registriert sind, gehören sie zur immer größer werdenden Gruppe der

---

217 Durch die sozialistische Arbeitsteilung hatten Frauen zu Beginn der Transformation allgemein den strategischen Vorteil, in den Sektoren (Verwaltung, Dienstleistung, Versicherung, Tourismus etc.) beschäftigt zu sein, die das größte Wachstum zu verzeichnen hatten. Dieser relative Vorteil hielt jedoch nur wenige Jahre vor, in denen junge Männer in diese Bereiche strebten. Soziologen sagen voraus, dass mit fortschreitenden Reformen der Vorteil der Frauen verschwindet. Aufgrund der größeren Fortschritte auf dem Gebiet der Marktreformen nehmen sie für Ungarn eine stärkere Feminisierung der Armut im Gegensatz zu Rumänien an. Die Armutsrate von Frauen lag in Ungarn 1992 bei 10,1 %, die der Männer bei 7,8 % der Gesamtbevölkerung (Emigh, Fodor und Szelényi 1999: 8–14).

versteckten Arbeitslosen. Im Bürgermeisteramt wurde von der Notarin die Schätzung geäußert, dass ca. 100 Frauen in Mesterszállás in dieser Form als Hausfrauen zu den versteckten Arbeitslosen gehörten (TB 25. 3. 1999). Dass es sich nicht um einen freiwilligen Rückzug handelt, zeigten die Reaktionen der Frauen, die beim Fragebogeninterview irrtümlich als „Hausfrau" kategorisiert wurden. Sie bestanden in solchen Fällen auf der Eintragung „im Erziehungsurlaub" (gyes-en). Der Ausdruck zeigt an, dass zumindest theoretisch noch ein Arbeitsverhältnis besteht. In dieser Ablehnung der Identifikation als „Hausfrau" zeigt sich, dass der Arbeitplatz für diese Frauen idenfikatorischen Wert besitzt. Anders ausgedrückt: Die „identitätsstiftende Alternativrolle" als Hausfrau, wie sie in z. B. Westdeutschland anzutreffen ist, hat sich in Mesterszállás (noch nicht?) durchgesetzt. Eine solche sozial anerkannte „Alternativrolle" kann bei Exklusion vom Arbeitsmarkt in soziologischer Sicht vor sozialer Stigmatisierung schützen (Kronauer 1996: 59).

Ähnlich wie die jungen Männer versuchen auch junge Frauen ihre ökonomische Situation durch Arbeit im Ausland, vornehmlich in Österreich und Deutschland, zu verbessern.[218] Eine solche im Ausland arbeitssuchende junge Frau (geb. 1975) kommentierte als Grund für ihren Wunsch, im Ausland zu arbeiten: *„Ich liebe dieses Land, aber ich habe das Gefühl, dass es mich nicht liebt"* (TB 2. 7. 1999). Zu dieser Zeit besetzte sie eine Stelle in der Schwangeren- und Kleinkindervorsorge und war unzufrieden mit ihrem Auskommen. Sie hoffte, im Ausland mehr zu verdienen, um so ihre Konsumbedürfnisse besser befriedigen zu können. Da offizielle Vermittlungsagenturen für diese Frauen meist zu teuer sind, versuchen sie auf privatem Wege Kontakte zu knüpfen. Ein weiteres Beispiel ist Edit, eine der beiden Töchter von Lajos (Kapitel 4). Auch sie versuchte, nach Abschluss ihres Germanistikstudiums als „au pair" bei einer Familie in Österreich zu arbeiten. Sie verband damit neben der Hoffnung auf ein gutes Einkommen auch die Hoffnung auf Sprachpraxis, um ihre späteren Chancen im Tourismusbereich zu erhöhen. Da ihre Studienkenntnisse ihr als „Au-Pair-Mädchen" wenig nutzen würden, lernte sie, bevor sie die Stelle antrat, bei

218 Ein Hinweis auf die Größenordnung dieser Perspektive ist die Anzahl von Au-Pair-Mädchen. Seit 1989 ist der Anteil der jungen Frauen aus Osteuropa, die als „Au-Pair" in Deutschland arbeiten, sprunghaft auf 95 % angestiegen. Damit einhergehend hat diese Institution einen Bedeutungswandel erfahren. Früher auf einen „kulturellen Austausch" mit westlichen Ländern, vor allem mit Frankreich und den USA, angelegt, erwarten deutsche Familien infolge des chronischen Mangels an öffentlicher Kinderbetreuung zunehmend Dienstleistungen von den jungen Frauen. Die jungen Frauen, die häufig über höhere Bildung verfügen, fühlen sich daher oft ausgenutzt.

ihrer Mutter kochen. Sie wandte sich also „traditionellen" Frauenarbeiten zu. An diesem Beispiel zeigt sich, welchen enormen Einfluss die sozialistische Umgestaltung der Landwirtschaft auch auf die Erziehung der Kinder hatte. Vor dem Sozialismus wurden Jungen und Mädchen, wie in Kapitel 5 beschrieben, über die Mitarbeit im Haushalt und der Feldarbeit darauf vorbereitet, in die Fußstapfen ihrer Eltern zu treten. Nach der Kollektivierung investierten Eltern zunehmend in Bildung und eine Zukunft außerhalb der Landwirtschaft. Führte die Ausbildung über acht Grundschuljahre hinaus, gingen die Kinder meist in Städten zur Schule, und das bedeutete fast immer, dass sie in schuleigenen Internaten wohnten und nur an den Wochenenden nach Hause kamen. Die Kinder wurden früher vom Elternhaus getrennt, und ihnen wurde an den Wochenenden nicht mehr so viel Arbeit wie in früheren Zeiten zugemutet (Bell 1984: 193). Viele junge Frauen, die eine weiterführende Schule und evtl. eine Universität oder Fachhochschule besucht haben, sind während ihres bisherigen Lebens durch die Schulküchen und an den Wochenenden zu Hause versorgt worden. Erst in den 1990er Jahren sind ihre schulisch erworbenen Kenntnisse nicht mehr viel wert, und sie müssen „traditionelle" Frauenarbeiten lernen, um eine Stelle im Ausland zu bekommen. Im Allgemeinen planen diese jungen Frauen den Arbeitsaufenthalt im Ausland als Zwischenstadium, der ihnen bessere Chancen im Studium oder, wie im Fall von Edit, im Berufsleben verschaffen soll. Oft entwickelt sich daraus jedoch ein längeres „Pendeln" zwischen den „Gastländern" und dem Heimatdorf (Hess 2001). Die Geschichte von Edit ist in dieser Hinsicht typisch, der erste Aufenthalt scheiterte mehr oder weniger an den Ansprüchen der Gastfamilie, und die Einkünfte bzw. Ersparnisse fielen geringer aus als erwartet. Mit dem Kauf eines Küchenschrankes für den elterlichen Haushalt waren die Einnahmen aus dem ersten Jahr bereits erschöpft, und Edit suchte, nachdem sich auch danach keine Berufsperspektive eröffnete, nach weiteren Arbeitsmöglichkeiten im Ausland. Ende des Jahres 2001 versucht esie es im Hotelfach in Österreich, der Ausgang dieses Versuchs ist noch offen. Ebenso ist ein Ende dieser „wiederholten Migration" noch nicht absehbar.

Andere, etwas ältere Frauen zwischen 30 und 50 Jahren versuchen die geringeren Einkünfte im Postsozialismus durch unternehmerische Tätigkeiten zu ergänzen. Dies allerdings nicht, wie schon geschildert, in der Landwirtschaft, sondern in „frauenspezifischen" Segmenten, wie Putzmittel- und Kosmetikvertrieb. Die Frauen, die sich auf diese Weise im Vertrieb von beispielsweise Avon und AMWAY-Produkten engagieren, gehören meist zu den „Intellektuellen" im Dorf, d. h. sind Lehrerinnen oder Angestellte der LPG-Verwaltung.[219]

Neben der fehlenden Beteiligung am Privatisierungsprozess und der Landwirtschaft sind Frauen auch im politischen Bereich unterrepräsentiert.[220] Unter den acht gewählten Ratsmitgliedern im Gemeinderat war in den letzten zehn Jahren immer nur eine Frau. Sie ist die Ärztin des Dorfes. Politik bleibt grundsätzlich Sache der Männer.[221] Im Zusammenhang mit dem Systemwechsel beklagten Frauen auch häufig eine „Politisierung" des Lebens, die sie vor allem als Störung für das Familienleben empfinden. So sagte etwa die Schwiegertochter von Tibor, dem „Aufsteiger" und Bürgermeister:

> „Ich kann mich nicht erinnern, dass früher in unserer Familie so viel politisiert wurde. Das Leben war einfacher, und jetzt gibt es überall solche Diskussionen gegeneinander, vielleicht wäre es ja anders, wenn mein Schwiegervater nicht Bürgermeister wäre, aber es liegt sowieso in der Luft." (TB, 4.7.1999).

Für politische Ämter unterstützen Frauen eher ihre Männer als selbst zu kandidieren. So förderte z. B. die Frau des letzten Gegenkandidaten bei der Bürgermeisterwahl in Mesterszállás ihren Mann und kandidierte nicht selbst, obwohl sie offensichtlich ambitionierter und redegewandter ist als ihr Mann. Eine andere Frau begründete einmal den wirtschaftlichen Niedergang der LPG in den 1990er Jahren damit, dass nun eine Frau die Genossenschaft leitet, *„die Dinge vielleicht nicht so gut leiten kann wie ein Mann"* (TB 29.9.1999).

In der Besetzung der beiden höchsten Positionen, die von Frauen gehalten werden, spiegelt sich eine ähnliche soziale Reproduktion, wie sie für den landwirtschaftlichen Bereich in Kapitel 4 und 7 beschrieben wurde. Die Schuldirektorin und die Notarin im Bürgermeisteramt (die zweite Stelle in der Hierarchie, direkt hinter dem Bürgermeister, dessen rechte Hand sie ist) sind Schwestern und stammen aus einer sog. Kulakenfamilie.

---

219 Solche „Nebenberufe" scheinen auch in anderen Orten typische Strategien von Frauen in den genannten Positionen zu sein (Kovács und Váradi 2000: 180).

220 Auf nationaler Ebene ist die Präsenz von Frauen in politischen Gremien entscheidend zurückgegangen. In sozialistischen Zeiten hielten Frauen (aufgrund von Quoten bzw. deren Übererfüllung) immer 25 bis 30 % aller Sitze im Parlament. 1992 gab es nur noch 28 Frauen unter den 386 Parlamentariern. Von manchen Kommentatorinnen wird dieser quantitative Rückgang dennoch als ein Fortschritt hinsichtlich der Qualität der Politikerinnen beurteilt (Bollobás 1993: 203–204). Einen Überblick über die Beteiligung von Frauen im Parlament, in Parteien und anderen Organisationen bietet Fodor 1994.

221 Laut Umfragen in Ungarn hält man Frauen für politische Ämter für weniger geeignet als Männer (Fodor 1994: 185).

Die mangelnde Teilnahme von Frauen am Privatisierungsprozess ist also zunächst freiwillig, kann aber unter Verlust anderer Einkommensmöglichkeiten zu einem Ausschlussmechanismus werden. Insgesamt zeigt sich, dass die Nichtbeteiligung von Frauen an der privatisierten Landwirtschaft nicht durch Inklusion in anderen Bereichen ausgeglichen wird. Während des Sozialismus war die geschlechtsspezifische Arbeitsteilung sowohl gesamtgesellschaftlich als auch innerhalb der Familien nie aufgehoben worden. Trotzdem oder gerade dadurch hatten sich für Frauen in Mesterszállás Möglichkeiten eröffnet, entweder der landwirtschaftlichen Arbeit zu „entkommen“ oder doch ein gutes Einkommen durch private Produktion zu erzielen. In der postsozialistischen Landwirtschaft verlieren sie diese Möglichkeiten zunehmend. Ihre Exklusion von der ökonomischen Teilhabe, die nicht durch Teilhabe in anderen Sektoren, wie etwa dem Politischen, aufgewogen wird, fördert eine partielle Wiederkehr alter Macht- und Abhängigkeitsstrukturen.

8.2.3 Vergleich zu Kisiratos

Die Situation der Frauen in Kisiratos ist in manchen Bereichen sehr ähnlich, unterscheidet sich jedoch auch in wesentlichen Punkten von der Entwicklung in Mesterszállás. Dabei spielen sowohl der spezifische „sozialistische Pfad“ als auch die postsozialistische Entwicklung eine Rolle.

Ähnlich wie in Mesterszállás nahmen auch die Frauen in Kisiratos an den offiziellen Gremien der Privatisierung nicht teil. Anders als in Mesterszállás aber beteiligten sie sich eher am Gespräch über die familiäre Landwirtschaft mit der deutschen Ethnologin. Dabei zeigten sie zusätzlich profundere Kenntnisse über den Familienbesitz als Frauen in Mesterszállás.[222] Diese höhere Teilnahme an der postsozialistischen Landwirtschaft hat m. E. verschiedene Gründe. Zum Teil liegt das daran, dass in Kisiratos eine völlige Spezialisierung auch der größeren landwirtschaftlichen Unternehmer auf Getreideanbau nicht vorliegt, denn das wäre angesichts der wirtschaftlichen Situation zu riskant. Neben der Risikostreuung („Wird das eine nicht, dann das andere“) einer Mischwirtschaft dient das Vieh in Kisiratos als Düngerproduzent, denn für die Bauern in Rumänien ist der

---

222 Möglicherweise handelt es sich um einen Einzelfall, von rumänischen Ethnologen wurde jedoch bestätigt, dass auch in den von ihnen untersuchten Orten der Regionen Maramureş und Constanţa Frauen über die Grundbesitzverhältnisse informiert waren und sich z. T. auch für ihre persönlichen Ansprüche engagierten (persönliche Kommunikation mit Stefan Dorondel und Stelu Şerban, Dezember 2001).

Einsatz chemischer Dünger noch teurer als in Ungarn.[223] Da in sozialistischen Zeiten die privaten Hauswirtschaften in Rumänien strengen Kontrollen unterlagen (siehe Kapitel 6), bedeutet das neue System zusätzlich die neue Freiheit so viel Vieh halten zu dürfen, wie erwünscht. Mit dem Absatz der Milch existieren zwar ähnliche Probleme mit der Bezahlung durch die Molkerei wie in Kisiratos, die Produkte lassen sich jedoch auch privat vermarkten. Diese Gründe tragen dazu bei, dass es im Gegensatz zu Mesterszállás im postsozialistischen Kisiratos nicht weniger, sondern mehr Milchvieh in privater Haltung als zu Zeiten des Sozialismus gibt. Wegen der Arbeitsteilung in der Landwirtschaft, bei der Frauen in größerem Maße für die Versorgung der Tiere zuständig sind, steigt so der Anteil der Frauen an der familiären Produktion. Da gleichzeitig die staatlichen und regionalen Vermarktungsmöglichkeiten mehr und mehr zusammenbrechen (zuletzt zahlte die Molkerei in Arad nur noch in Naturalien), gehen mehr Familien dazu über, ihre Milchprodukte (Milch, Quark, Käse) direkt zu vermarkten. Dies ist Aufgabe der Frauen, die zumeist auf dem Wochenmarkt von Arad die Produkte verkaufen. Ihr Beitrag zum Familieneinkommen ist daher gleich, wenn nicht höher als zu sozialistischen Zeiten.

Ein weiterer Grund für die höhere wirtschaftliche Bedeutung und damit einhergehende Repräsentation von Frauen im öffentlichen Raum könnte ihr größerer Anteil an der genossenschaftlichen Arbeitskraft sein. Eine Mitgliederversammlung in Kisiratos ist im Gegensatz zu Mesterszállás durch Anwesenheit der weiblichen Mitgliedschaft geprägt. Zwar setzt sich die Leitung auch hier weiterhin überwiegend aus Männern zusammen, die Diskussionen sind aber z. T. durch den hohen Frauenanteil geprägt. So wurde beispielsweise bei einer geplanten Terminfestlegung für eine erneute Mitgliederversammlung im April 2000 Protest laut. Die anwesenden Frauen argumentierten, wegen der bevorstehenden Festtage (Ostern), an dem diskutierten Termin nicht teilnehmen zu können. Der hohe Anteil weiblicher Mitgliedschaft und Arbeitskraft in der Genossenschaft hängt mit dem „sozialistischen Pfad“ der extremen „Feminisierung“ der Landwirtschaft in Rumänien zusammen (siehe Einschub).

223 Ähnlich wie in Ungarn sank auch in Rumänien der Einsatz von chemischen Düngemitteln in den letzten Jahren, allerdings nicht ganz so drastisch: von 538 000 Tonnen auf 470 000 Tonnen, der Einsatz natürlichen Düngers dagegen stieg leicht an (CNS 2000: 454–455).

Schon zu Beginn der Kollektivierung wurde die Organisation der bäuerlichen Familie in Rumänien erschüttert. So verlangte ein vollständiges Eintrittsdokument in die Genossenschaft die Unterschrift beider Eheleute (Cernea 1976).

Aber erst infolge der in Kapitel 6 beschriebenen Maßnahmen der forcierten Industrialisierung und der Benachteiligung der landwirtschaftlichen Produktion kam es zu einer regelrechten „Feminisierung" der Landwirtschaft. Männer suchten zunehmend nach Arbeitsplätzen in der Industrie, die als staatliche Stellen weit besser bezahlt wurden als die Arbeit in den LPGs. Viele pendelten, d. h., sie waren den ganzen Tag, manchmal die ganze Woche oder auch über Monate nicht zu Hause. Ende der 1970er Jahre war in 60 bis 70 % aller ländlichen Familien mindestens ein männliches Familienmitglied ein solcher Pendler. Die Frauen dagegen wurden zu Arbeitskräften in den Genossenschaften, um den Anspruch der Familie auf die Haushaltsparzelle erhalten zu können. 1974 waren 63,2 % aller Arbeitskräfte in den LPGs weiblich. Neben der beruflichen Differenzierung in der ländlichen Familien führte diese Entwicklung auch zu einer räumlichen Trennung zwischen Männern und Frauen. Dies und ihre öffentliche Präsenz auf den Mitgliedsversammlungen förderte eine gesteigerte Autorität auch innerhalb der Familie (Cernea 1979).

In Kisiratos hatte sich der Anteil an Arbeitskräften in der LPG seit der Gründung von anfänglich überwiegend Männern hin zu überwiegend Frauen verschoben. Zwar wurden auch hier die Führungspositionen weiterhin von Männern besetzt, aber die aktive Mitgliedschaft bestand nach Aussage des leitenden Agraringenieurs aus 60 % Frauen. Auf die Frage, ob es in Kisiratos auch Agraringenieurinnen gegeben habe, antwortete der leitende Agronom:

> „Ja, zwei mal hatten wir Frauen, aber die sind nicht lange geblieben. Das ist keine Arbeit für Frauen. Sie gehen früher und kommen später, weil sie nicht gerne so früh aufstehen." (TB 22.11.2000).

Die Verschiebung im Anteil an Arbeitskräften wurde durch die extreme Vernachlässigung der Landwirtschaft im Vergleich mit der Industrie induziert. Die Männer versuchten, in Staatsbetrieben eine besser bezahlte Arbeit zu finden, und Frauen übernahmen die Arbeit in der LPG, um den Anspruch auf die Haushaltsparzelle für die Familie zu erhalten. Im Dorf selber begründete man diese innerfamiliäre Arbeitsteilung damit, dass *„Männer besser reisen"* konnten (TB 25. 8. 1999). Damit meinte man die langen Anfahrtswege nach Arad, denn bis Curtici musste mit dem Fahrrad gefahren werden, um dann von dort den Zug nehmen zu können. In der genossenschaftlichen Arbeitsteilung bedeutete der Wechsel zu einer überwiegend weiblichen Arbeitnehmerschaft keine grundsätzliche Änderung, da in Rumänien die Arbeit mit Maschinen durch die staatlichen MTS erledigt wurde (siehe Kapitel 6). Die Mehrzahl der dort Angestellten waren Männer, so dass die maschinelle Arbeit auf den Feldern auch in Kisiratos weiterhin überwiegend von Männern geleistet wurde.

Trotz Beibehaltung der Arbeitsteilung in der LPG blieb die „Feminisierung" der Arbeitskraft in der LPG nicht gänzlich ohne Einfluss auf die Situation der Frauen in der postsozialistischen Zeit. Eine Folge dieser offiziellen Erwerbstätigkeit ist, dass bei den älteren Paaren in Kisiratos im Gegensatz zu Mesterszállás zumeist beide Eheleute Rente beziehen. Frauen verfügen also über eigene langfristige Rechte und steuern auch im Alter zum Familieneinkommen bei. Dieser Vorteil wird allerdings dadurch relativiert, dass eine Rente aus Arbeit in der LPG weit geringer ist als Ansprüche aus Arbeit im staatlichen Sektor. Trotzdem könnte der Beitrag von Frauen zum Familieneinkommen sowie ihre öffentliche Präsenz dazu beigetragen haben, dass die Frauen in Kisiratos an der Landwirtschaft sowie der öffentlichen Repräsentation mehr Anteil nehmen.

Eine weitere Folge des „sozialistischen Pfades" ist, dass in der postsozialistischen Phase viele Frauen in Kisiratos ihren Arbeitsplatz in der landwirtschaftlichen Produktion behalten konnten, während Männer ihre industriellen Arbeitsplätze in Arad verloren.[224] Letzteres hängt mit dem Verlust des Rechtes auf einen bezahlten Arbeitsplatz und damit zusammen, dass, wie im vorigen Abschnitt erwähnt, Personen mit Landbesitz nicht als arbeitslos gelten. Der Ausfall des öffentlichen Nahverkehrs trifft daher in Kisiratos eher als in Mesterszállás die Männer, die dadurch alternative Arbeitsmöglichkeiten in Curtici nicht wahrnehmen können.

Der Systemwechsel enttäuschte zwar auch in Kisiratos die an ihn geknüpften wirtschaftlichen Erwartungen, war aber dennoch mit wahrgenommenen neuen Produktionsrechten verbunden. Aber nicht nur auf dem Gebiet der Landwirtschaft ging der Systemwechsel in Rumänien mit einer Erweiterung langfristiger Rechte einher. Für die Wahrnehmung postsozialistischer Veränderung ist auch wichtig, dass die Revolution den Frauen in Rumänien im Gegensatz zu den ungarischen Frauen eine Erweiterung ihrer reproduktiven Rechte gebracht hat, wie im Folgenden an der Darstellung der stalinistischen Familienpolitik deutlich wird.

---

224 Durch die Reformen insgesamt scheint der Trend der feminisierten Landwirtschaft rückläufig zu sein. Bis 1992 war der Anteil der weiblichen Beschäftigten in der Landwirtschaft von 62,7 % (1977) auf 53,2 % gesunken (CNS 1992).

Auch in Rumänien wurden Frauen im Sozialismus in der Verfassung zunächst die gleichen Rechte wie Männern garantiert. Ebenso wurde die Verwirklichung der Gleichstellung von Frauen im Recht auf Arbeit gesehen, und als positive Anreize und Hilfe für Frauen zur Teilnahme am Erwerbsleben wurden Kinderbetreuungsmöglichkeiten u. ä. propagiert (Kligman 1992: 372–373).

Als die Geburtenrate 1966 auf 14,3 pro 1000 Bürger gefallen war (von 19,1 im Jahr 1960), wurde dieses Sinken auf die liberale Abtreibungspolitik zurückgeführt. Man reagierte mit einem Verbot der Abtreibung[225] und einer Einschränkung des Zugangs zu Verhütungsmitteln. Die Politik fokussierte also auf den Vorgang des Gebärens, während sich die Politik in Ungarn auf das nach-geburtliche Kinder-Aufziehen konzentrierte. Im folgenden Jahr (1967) stieg die Geburtenrate sprunghaft auf 27,4 Geburten pro 1000 Bürger, was zeigt, dass das neue Gesetz völlig überraschend für die Bevölkerung kam (Kligman 1992: 376). Langfristig erreichte das Abtreibungsverbot das Ziel des Geburtenanstiegs nicht. In den folgenden Jahren glich sich die Geburtenrate langsam wieder an die Verhältnisse der 1960er Jahre an.[226] Schwangerschaften wurden (wieder) durch Enthaltung, Coitus interruptus und illegale Abbrüche verhindert.[227]

Im Gegensatz zu Ungarn gab es nur wenig positive Anreize für Geburten, etwa kleine finanzielle Zuwendungen[228] und Mutterschutz-Zeiten, der Umfang erreichte jedoch bei weitem nicht die ungarischen Ausmaße. So betrugen die Mutterschutz-Zeiten in etwa den bundesdeutschen Zeitraum (52 Tage vor der Geburt und 60 Tage danach), aber kamen nicht an Erziehungsurlaub-Zeiträume heran.

Nachdem die „sanfte" Variante nicht zum Erfolg geführt hatte, wurde ab 1983 der Zwang zur Mutterschaft bestimmend für die Frauen- und Familienpolitik. Die Geburtenrate wurde nun Teil des nationalen Produktionsplans. Am 8. März 1984 (Internationaler Frauentag) erklärte Ceauşescu den Anstieg der Bevölkerung von 22,6 Millionen auf 25 Millionen im Jahr 1990 zum Ziel (Kligman 1992: 379–380). 1985 wurde das

225 Ausnahmen waren möglich in Fällen, in denen die Schwangerschaft das Leben der Mutter gefährdete, eine Erbkrankheit diagnostiziert wurde, die Mutter über 45 Jahre alt war oder schon vier Kinder geboren und aufgezogen hatte (Kligman 1992: 375).

226 1983 war die Geburtenrate wieder exakt auf das Level von 1966 gesunken.

227 Manche städtische Kreise und Teile der ungarischen Minderheit hatten über persönliche Netzwerke weiterhin Zugriff auf Empfängnisverhütungsmittel. Diese waren nicht verboten, sondern wurden nur schlicht nicht verkauft. In Ungarn waren Verhütungsmittel seit Mitte der 1960er Jahre frei erhältlich.

228 Diese Zahlungen waren im Gegensatz zu Ungarn einkommens- und wohnortabhängig. 1985 erhielten in Städten wohnhafte Mütter zwischen 220 und 300 Lei bei Erstgeborenen, Mütter mit ländlichem Wohnort erhielten zwischen 130 und 200 Lei.

Abtreibungsverbot weiter verschärft. Da das Sinken der Geburtenrate z. T. den Medizinern zur Last gelegt wurde, enthielt das neue Gesetz nicht nur Bestimmungen zur Bestrafung von Frauen, sondern auch von Ärzten bei Zuwiderhandlung. Diese konnten bestraft werden, wenn sie die bei einer der regulären Untersuchungen festgestellte Schwangerschaft oder die Behandlung eines Notfalls, der durch illegale Abtreibung hervorgerufen war, nicht meldeten.[229] Zusätzlich wurden Gynäkologen nach ihrer Erfüllung des Plans besteuert. Um die Norm zu erfüllen, mussten sie ca. 50 bis 60 Untersuchungen pro Tag durchführen. Der Betrag, der ihnen bei Nicht-Erfüllen abgezogen wurde, entsprach in etwa demjenigen, der Kinderlosen im gebärfähigen Alter als „Bestrafung" auferlegt wurde. Frauen im gebärfähigen Alter hingegen sollten regelmäßigen Untersuchungen auf Fortpflanzungsfähigkeit und etwaig bestehende Schwangerschaft unterzogen werden. Die Frauen, die diesen jährlichen oder halbjährlichen Untersuchungen unterworfen waren, wussten nicht unbedingt, dass sie auf eine mögliche Schwangerschaft hin untersucht wurden (Kligman 1992: 392–396).

Als Folge dieser Politik stieg die Todesrate durch illegale, unsachgemäß durchgeführte Abtreibungen[230] Zusammenfassend lässt sich sagen, dass die rumänische Familien- und Frauenpolitik weniger einen Zickzackkurs wie in Ungarn verfolgte, vielmehr wurde die einmal aufgenommene Linie stetig verschärft. Die Folgen für die gesamte Gesellschaft waren immens.[231]

Während in Ungarn wie auch in anderen postsozialistischen Ländern die Transformation eine „Re-Traditionalisierung" für die Frauen im Sinne eines Zurückdrängens sozialer Hilfen für Frauen, Kinder und Familien, verbunden mit einer Einschränkung ihrer reproduktiven Freiheit, bedeutete, unterscheidet sich das postsozialistische Rumänien in diesem letzten Punkt deutlich von seinen Nachbarn. Das zweite Dekret der Übergangsregierung einen Tag nach der Erschießung Ceauşescus war die Legalisierung

229 Ein solches „Nicht-Melden" einer Schwangerschaft wurde vielfach als ein humanitärer Akt angesehen, wenn eine Frau andeutete, das Kind nicht haben zu wollen (Kligman 1992: 388 FN 59).

230 Zwischen 1965 und 1989 starben 9452 Frauen an den Folgen illegaler Abtreibungen (Kligman 1992: 389). Dadurch stieg auch gleichzeitig auch Anzahl der Waisen. 1989 wurden 1193 Kinder offiziell Waisen, da ihre Mutter an den Folgen einer illegalen Abtreibung starb (Kligman 1992: 398). Andere Kinder wurden verlassen und wuchsen in staatlicher Obhut auf. Da der Staat unfähig oder nicht willens war, sich um diese Kinder zu kümmern, kam es hier zu einer Selektion behinderter Kinder, die dem Sterben überlassen wurden, und zu einer AIDS-Epidemie unter Kindern durch unsachgemäße Behandlung. Rumänien hatte 1991 die höchste Zahl an HIV+-Kindern in Europa (Kligman 1992: 396 FN 78).

231 In Kligman (1998) kommen die verschiedenen betroffenen Akteure zu Wort und schildern die „bitteren Erinnerungen" an diese Zeit.

der Abtreibung.[232] Das Recht auf Abtreibung wird als grundsätzliche demokratische Freiheit betrachtet, und bisher hatten pronatale Gruppen kaum ein Forum, wie in anderen Ländern. Zusätzlich zu dem Recht auf Abtreibung wurde in Rumänien ein Erziehungsurlaub bis zu einem Jahr nach der Geburt eines Kindes bei 65 % Lohnausgleich eingeführt. Die postsozialistische Umgestaltung hat den Frauen Rumäniens also eine Erweiterung ihrer Rechte als Frauen und Mütter gebracht.

Wahrnehmung des Systemwechsels in Kisiratos

Die Darstellungen von Frauen aus Rumänien, die in Interviews die Folgen der restriktiven Abtreibungspolitik auf ihr Leben, wie sie sich in selbst induzierten Abtreibungen, im „Verschwindenlassen“ der auf diese Weise abgegangenen Föten, den nächtlichen, geheimen Treffen mit verbundenen Augen mit Ärzten und nicht zuletzt die Auswirkungen auf Partnerschaft etc. beschreiben (Kligman 1998), machen offensichtlich, dass die postsozialistische Zeit eine Befreiung aus diesen Zwängen bedeutete. Băban (2000: 233) zitiert in ihrer Studie zu weiblichem Reproduktionsverhalten in Rumänien eine 31-jährige Frau mit den Worten:

> "Abortion is the only good thing that democracy has brought us. Men have gained the right to be involved in politics and business; we have gained the right to abort! What else have we gained with the change to democracy ...? Food, and things we cannot afford to buy?!"

Ohne Kenntnis der vorherigen Zustände könnte dieses Zitat zynisch klingen. Es drückt aber aus, dass zwar auch in Rumänien Frauen im Postsozialismus kaum am politischen Leben beteiligt sind und sich viele Dinge nicht leisten können, dass aber das Recht auf Abtreibung als echte Verbesserung empfunden wird.

Die nationale Familienpolitik hat auch in Kisiratos die Wahrnehmung der Ereignisse beeinflusst. Obwohl Zahlen für die Entwicklung fehlen, ergeben sich aus der alltäglichen Kommunikation Hinweise auf die Bedeutung der Familienpolitik auch auf der dörflichen Ebene. So erzählte der Arzt des Dorfes, dass er immer Alterspyramiden für das Dorf erstellen und erklären musste, warum die Geburtenraten sanken (TB 12.11.2000). Eine kinderlose Witwe antwortete auf die Frage, warum ihr Mann und zeitweise auch sie selbst in der staatlichen Eisfabrik statt der örtlichen LPG arbeiteten:

232 Schon fünf Tage zuvor hatte man am 20. Dezember in Timişoara das Anti-Abtreibungsgesetz abgeschafft, und Gynäkologen führten umsonst Abtreibungen durch (Harsányi 1993: 49).

„Warum? – Weil sie uns hier keine Arbeit gegeben haben, weil sie wohl dachten, weil wir keine Kinder haben, müssen wir auch nicht leben." (2. 11. 2000)

Zusätzlich zu diesen Veränderungen sind die Frauen in Kisiratos stärker eingebunden in die landwirtschaftliche Sphäre als die Frauen in Mesterszállás. Diese unterschiedlichen Erfahrungen haben möglicherweise dazu beigetragen, dass der Systemwechsel und die Privatisierung des Landes in Kisiratos nicht auffällig anders von Männern und Frauen kommentiert wird. Vielmehr überwiegt die Einschätzung, dass es zwar „wirtschaftlich schlechter geht, aber die Ceauşescu-Zeit auch nicht gut war".

8.3 Zusammenfassung: Die neue Macht der alten Männer

In diesem Kapitel wurde untersucht, wie sich die postsozialistische Privatisierung der Landwirtschaft auf die Familienstrukturen auswirkt. Für Mesterszállás wurde ein partielles Wiederaufleben der innerfamiliären Macht der „alten Männer" aufgrund ihres Landbesitzes festgestellt. Zu dieser Entwicklung kommt es aufgrund des rechtlichen Vorteils der älteren Generation und des Verlustes von anderen langfristigen Rechten von jungen Männern und Frauen in der Transformation.

Die beiden dargestellten Gruppen, die jungen Familien und die Frauen verfügten zu sozialistischen Zeiten über Zugriffsrechte auf Land durch die Kooperation mit der LPG. Dieser Inklusionsmechanismus führte während des Sozialismus zu Veränderungen im „traditionellen" innerfamiliären Machtgefüge. Junge Familien verfügten über eigene Einkommen und konnten sich früher selbständig machen. Dabei erhielten sie staatliche Hilfen. Auch Frauen verfügten durch Berufstätigkeit oder quasi-selbständige Tätigkeit in der privaten Produktion über eigene Einkommen, die ihre innerfamiliäre Position stärkte. Im ländlichen Bereich bedeutete die sozialistische Arbeitsteilung häufig, dass sie sogar höhere Positionen als Männer hielten.

Die postsozialistische Privatisierung setzte mit dem Projekt der moralischen Wiedergutmachung bei ererbtem Eigentum an. Durch diese Bevorzugung kam hauptsächlich die Generation der vor 1950 Geborenen zu neuem Landbesitz. Die jüngeren Generationen wurden so von der Landverteilung ausgeschlossen. Gleichzeitig trifft sie der Abbau anderer langfristiger Rechte (Arbeitsplatzgarantie, *háztáji*-Produktion) besonders hart, so dass sie in manchen Fällen versuchen, auf das nun private Land ihrer Eltern zurückzugreifen, d. h., sie werden (wieder) abhängig von den Eltern, die über Eigentum an Boden verfügen.

Der Vergleich mit Kisiratos zeigte auch hier, dass solche Kontinuitäten kein „normaler" Rückgriff auf vorsozialistische Strukturen, sondern Reaktionen auf die sich ändernden ökonomischen Bedingungen sind. Durch die Beschränkung der Privatisierung auf 10 ha in Rumänien konnte allein durch Erbe kein effektiver landwirtschaftlicher Betrieb aufgebaut werden. Überlebensfähige Betriebe wurden daher von Anfang an durch Kauf und nicht durch familiäres Erbe erreicht. Sinkende Bodenpreise machen den Kauf von Land in Kisiratos einfacher als in Mesterszállás. In beiden Ländern sind junge Familien von struktureller und versteckter Arbeitslosigkeit durch die Transformation betroffen. Der allgemein niedrigere Lebensstandard in Rumänien lässt die Landwirtschaft auf wenigen Hektar gekauftem oder gepachtetem Land in Kisiratos für junge Familien zur Alternative werden, während in Ungarn auf ähnlich kleinen Flächen vor allem ältere Männer aus emotionaler Bindung Landwirtschaft betreiben.

Unter diesen Bedingungen und bei gleichzeitiger Nichtbeteiligung von Frauen an der Privatisierung werden junge Familien in Mesterszállás vor allem abhängig von den Entscheidungen der Väter. Die Exklusion der Frauen im Prozess der Privatisierung ist anders als diejenige der früher Armen und der jungen Männer nicht durch das Gesetz hervorgerufen, vielmehr handelt es sich um ein kulturelles Konstrukt, das Frauen von der Planung der landwirtschaftlichen Produktion ausschließt. Z. T. waren es die Frauen selbst, die es ablehnten, sich mit der Privatisierung oder Landwirtschaft zu beschäftigen. Der Sozialismus bedeutete für die Frauen in Mesterszállás u. a. eine Befreiung aus dem Leben des Einzelgehöfts und einen gesellschaftlichen Aufstieg durch nicht landwirtschaftliche Berufe. Frauen identifizierten sich daher nicht wie Männer mit dem Boden und engagierten sich nicht oder nur wenig in der Privatisierung und postsozialistischen Landwirtschaft. Sie hatten für ihr Leben andere Rollen vorgesehen als die der Bäuerin.

Während Frauen sich also nicht am Prozess der „Aneignung" beteiligten, verloren sie gleichzeitig durch die Umgestaltung des Systems zusätzlich andere langfristige Rechte, die mit dem sozialistischen System verbunden waren. Diese waren zwar z. T. hinsichtlich ihres „Emanzipationswertes" fragwürdig, ihr Verlust schwächt jedoch die innerfamiliäre ökonomische Situation von Frauen. Auch die „second economy", in der vor allem Frauen zu sozialistischen Zeiten ein gutes „Zusatzeinkommen" erwirtschaften konnten, bietet durch den Verlust an Zugangsrechten zu Land keine Alternative mehr. Dieser Abbau anderer Langfristrechte schmälert die ökonomische Lage der Frauen, so dass es auch hier zu einer Machtverschiebung in Richtung der Männer und vornehmlich der alten Männer kommt. Erst durch diesen Wegfall anderer Rechte entwickelt das „neu-alte“ Eigentumssystem Tendenzen, die alte patriarchale Bauernfamilienstruktur wiederherzustellen. Die Entwicklung ist daher keine Übernahme im Verhältnis 1:1, sondern bleibt, wie auch die im Vorangegangenen beschriebenen Tendenzen, eine neue hybride Reaktion auf die sich wandelnden Bedingungen.

Besonders deutlich wird dies wie auch in den anderen Kapiteln durch den Vergleich mit der Situation in Kisiratos. Frauen zeigten hier größeres Interesse und Beteiligung in Angelegenheiten des familiären Bodeneigentums und der familiären Produktion. Zu diesen Unterschieden tragen sowohl die postsozialistischen Produktionsbedingungen als auch der „sozialistische Pfad“ bei. Der „sozialistische Pfad“ war durch die „Feminisierung“ der Landwirtschaft gekennzeichnet, was zu einer größeren Beteiligung von Frauen an der postsozialistischen öffentlichen Repräsentation und Partizipation der Landwirtschaft beiträgt.

Ein weiterer Unterschied in den „sozialistischen Pfaden“ beider Länder liegt in der Familienpolitik. Wie in anderen Ländern auch, machte sich in Ungarn und Rumänien ab Mitte der 1960er Jahre ein Geburtenrückgang bemerkbar, auf den die sozialistischen Regierungen meinten reagieren zu müssen. Sie taten dies charakteristischerweise auf sehr unterschiedliche Arten. Während Ungarn vor allem positive Anreize in Form von Rechten für Mütter schuf, führte Ceaușescu ein äußerst restriktives System staatlicher Überwachung weiblicher Fertilität ein. Mit diesem sehr unterschiedlichen Erbe gingen beide Länder in die Transformation. Für die Frauen in Rumänien bedeutete die Legalisierung der Abtreibung eine Befreiung, neue Rechte über ihren Körper, während die Frauen in Ungarn vor allem ab Mitte der 1990er Jahre die Erfahrung machten, dass ihre Rechte als Mütter beschnitten wurden, ohne dass sie durch andere Rechte entschädigt worden wären. Der Entzug dieser Rechte ist im juristischen Sinne eine Enteignung, was zumindest z. T. auch von den Betroffenen so gesehen und in Protesten ausgedrückt wurde. Neben der Familienpolitik unterschied sich auch die Beteiligung von Frauen an der Landwirtschaft während des Sozialismus. Dieser unterschiedliche „sozialistische Pfad“ hat zu der späteren unterschiedlichen Bewertung postsozialistischer Entwicklung beigetragen. Während für viele Frauen in Mesterszállás die Transformation zu einem Verlust an ökonomischer Stellung und Rechten führte, gewannen Frauen in Kisiratos neue soziale Ansprüche hinzu.

9. Schlussbemerkung

Eigentum umschließt, wie im theoretischen Teil dargestellt, Prozesse der sozialen Inklusion und Exklusion. Änderungen von Eigentumsrechten umfassen daher immer auch Änderungen im sozialen System einer Gesellschaft. Es erschien deshalb interessant, im Kontext der postsozialistischen Privatisierung zu verfolgen, welche sozialen Gruppen durch welche Prozesse von Inklusion bzw. Exklusion betroffen sind. Im Anschluss an die vorangegangene Darstellung der Ergebnisse der Forschung sollen daher abschließend die beschriebenen Mechanismen und Akteure der postsozialistischen Landwirtschaft noch einmal im Zusammenhang betrachtet werden.

Einleitend war auf die zentralen Aspekte von „Wiedergutmachung vergangenen Unrechts" und „Rückkehr zu familiären Bauernwirtschaften" im postsozialistischen Diskurs in Ungarn hingewiesen worden. Diese Diskussionen beeinflussten die Gesetzgebung zur Privatisierung in der Landwirtschaft maßgeblich. Diese schuf einen Vorteil für die vorsozialistische Elite und Nachteile für die ehemals armen Tagelöhnerfamilien. Die Gewinner, die „neuen Großbauern", wie sie hier genannt wurden, bewirtschaften im ungarischen Untersuchungsdorf Mesterszállás Flächen von mehr als 100 ha und bauen ihre Betriebe seit dem Konkurs der Genossenschaft weiter aus. Diese neue soziale Gruppe stammt fast ausnahmslos aus der Schicht ehemals wohlhabender Bauern. Kleinere Landbesitzer und Kleinstproduzenten ohne eigenes Land, die aus ärmeren Familien stammen, werden dagegen im Laufe der Transformation zunehmend von landwirtschaftlichen Produktionsprozessen ausgeschlossen.

Weitere „Gewinner" im lokalen Prozess der Privatisierung sind alte Männer. Durch die Bevorzugung ererbten Eigentums durch die Gesetzgebung wurde vor allem die ältere Generation zu neuen Eigentümern. Die Kombination dieses altersspezifischen mit einem geschlechtsspezifischen Rollenverständnis lässt sie einen Teil ihrer innerfamiliären (vorsozialistischen) Macht wiedergewinnen. Die Verlierer in diesem Prozess sind junge Männer und Frauen, die folgerichtig, ebenso wie die Kleinbauern, das Privateigentum an Boden im Gegensatz zum dominanten Diskurs negativer beurteilen.

Aus kulturalistischer Sicht könnte man diese Ergebnisse, d. h. die „Wiederkehr“ der großbäuerlichen Elite und des alters- und geschlechtsspezifischen innerfamiliären Machtgefälles, als eine „natürliche“ Rückkehr zu „kulturellen Wurzeln“ betrachten. Der Vergleich mit einem anderen Dorf, in dem sich trotz ähnlicher Voraussetzungen ein anderes Muster der sozialer Mobilität zeigte, wies im Gegensatz dazu auf die Bedeutung der sozialen Voraussetzungen für die Entwicklung hin. Anhand dieses Befunds unterschiedlicher Reproduktion sozialer Gruppen im Prozess der postsozialistischen Privatisierung setzte die Suche nach möglichen Gründen für die unterschiedliche soziale Kontinuität ein. Dabei erwies sich der Einbezug nichteigentumsgebundener langfristiger Rechte als sinnvoll, denn dieser ermöglichte die begriffliche Erfassung eines Teils der relevanten Veränderungen des Übergangs erst zu sozialistischen Wirtschaftsbeziehungen und dann zu postsozialistischen Verhältnissen.

In diesem Sinne wurde zunächst die Entwicklung des Bodeneigentums hinsichtlich der sozialen und wirtschaftlichen Beziehungen verfolgt. Die Einführung des Privateigentums vollzog sich parallel zur Siedlungsgeschichte beider Dörfer, und in der Folge war die Verfügungsgewalt über Boden für das dörfliche Sozialsystem bestimmend. Diese war nie unumstritten, sondern immer auch das Feld gesellschaftlicher Auseinandersetzungen, wie die Geschichte der Reformen um die „Landfrage“ und die persönlichen Erinnerungen zeigten.

Mit der Kollektivierung erfolgte dann der Versuch, die Eigentumsbeziehungen radikal zu verändern. Damit wurde der vorsozialistischen ländlichen Gesellschaft das Fundament der Reproduktion ihres sozialen Systems, wie es sich in der sozialen Schichtung und der Familienstruktur ausdrückte, entzogen. Die Versuche der Kollektivierung stießen daher auf massiven Widerstand der bäuerlichen Bevölkerung. In den untersuchten Dörfern setzten sich in der weiteren Entwicklung zwei unterschiedliche Strategien zum Umgang mit diesem Widerstand durch. In Mesterszállás wurden in der letzten Phase der Kollektivierung Teile der Elite in den Umbau des Eigentumssystems aktiv miteinbezogen, während in Kisiratos der Widerstand mit Gewalt gebrochen wurde. So konnten in Mesterszállás Teile der vorsozialistischen Elite in die sozialistische Elite übergehen, und die Sozialstruktur konnte zumindest teilweise reproduziert werden. Zusätzlich wurden wichtige reproduktionsrelevante Rechte erfolgreich substituiert.

Diese anfänglichen Tendenzen setzten sich während des konsolidierten Sozialismus fort und fanden auf der lokalen Ebene ihre Entsprechung in den Sozialbeziehungen, wie sie sich zum Beispiel in den Heiratspräferenzen ausdrükken. Auch die biographischen Beispiele aus Mesterszállás zeigten, dass die kurzfristige Aufwärtsmobilität armer Schichten in Schlüsselstellungen zu Anfang der Kollektivierung bald beendet war. Die „Aufsteiger“ und ihre Nachkommen wurden in ihre alte soziale Stellung zurückgedrängt, während gleichzeitig die Söhne ehemals wohlhabender Bauern in Führungspositionen aufstiegen. In der postsozialistischen Reprivatisierung besetzten dann überwiegend Angehörige der vorsozialistischen Elite Schlüsselstellungen und waren daher in der geeigneten Position, ein erfolgreiches landwirtschaftliches Unternehmen zu gründen. Sie konnten auf Basis der juristischen Grundlagen und mit Hilfe ihres sozialen Kapitals ihren vorsozialistischen Grundbesitz nicht nur zurückerlangen, sondern sogar verdoppeln. Sie stehen sozusagen auf der Seite der Inklusion im neuen System. Durch diesen Prozess wurden die ehemals armen Bauern der vorsozialistischen Zeit vom gesellschaftlichen Aufstieg ausgeschlossen. Auch wenn sie aufgrund der Mobilitätschancen im Sozialismus ihre soziale Position verbessert hatten, verfügten sie zur Zeit der Transformation nicht über das nötige ökonomische und soziale Kapital. Bei gleichzeitigem Verlust von Arbeitsplätzen und Vermarktungsmöglichkeiten bedeutet dies, dass die unteren Schichten der dörflichen Gesellschaft aus dem Prozess der Privatisierung ausgeschlossen werden.

In Kisiratos dagegen wurde die Kollektivierung, von einer kurzen Unterbrechung abgesehen, bis zum Abschluss mit Gewalt forciert. Die lokale Praxis war durch Willkür und ein höheres Maß der Gewaltanwendung als in Mesterszállás geprägt, was sich entscheidend auf das ländliche Wertesystem auswirkte. Die Einbeziehung der vorsozialistischen Elite in den Prozess blieb marginal, und stattdessen erreichten die „Aufsteiger“ der frühen Zeit eine Festigung ihrer sozialen Position. Diese konnten sie dann auch, wie an Beispielen deutlich wurde, in die Zeit der neuerlichen Transformation übertragen. Wichtige politische und wirtschaftliche Positionen werden hier wie in Mesterszállás von der sozialistischen Elite besetzt, allerdings gibt es in Kisiratos nur wenig personelle Überschneidungen mit der vorsozialistischen Elite. Überdurchschnittlich erfolgreiche postsozialistische Unternehmer stammen aus vormals agrarproletarischen Familien. Die postsozialistische Privatisierung unterstützte diesen Prozess durch egalitäre Verteilungsprinzipien.

Ein weiteres verstärkende Moment der sozialen (Dis-)Kontinuität war die lokale Praxis der Landverteilung in beiden Orten. Obwohl Ungarn durch sein Gesetz der Entschädigung den Weg einer marktorientierten Verteilung ohne Restitution alter räumlicher Verteilung eingeschlagen hatte, bildete die vorsozialistische Besitzverteilung die Grundlage der lokalen Lösung. Hier konnte die „neu-alte“ Elite ihr Rechtsverständnis, das sich innerhalb der größeren historischen Kontinuität und den Erfahrungen der Zuverlässigkeit staatlichen Agierens gehalten hat, durchsetzen. In Kisiratos hingegen, wo das alte Sozialsystem größeren Umwälzungen ausgesetzt war und das Handeln des Staates gegenüber der ländlichen Gesellschaft als arbiträr, unvorhersehbar und feindlich wahrgenommen wurde, konnte sich die Berufung auf „altes Recht“ nicht durchsetzen. Der Boden wurde hier, obwohl das Gesetz eine räumliche Restitution zugelassen hätte, nach Zufallsprinzip verteilt. Es ließen sich keine Hinweise oder Klagen darüber finden, dass eine andere Lösung angestrebt worden wäre.

Durch den Vergleich konnte die vorliegende Arbeit somit einen Beitrag zur Erforschung der Elitenkontinuität im ländlichen Raum leisten. Kulturelles Kapital hat sehr viel weniger Auswirkungen auf Prozesse der sozialen Reproduktion, als vielfach angenommen wird. Die Mikroanalyse verwies dagegen auf Prozesse auf der lokalen Ebene, insbesondere auf die Bedeutung der Gewaltanwendung, die durch Makroanalysen nicht aufgezeigt werden können. Der Hinweis auf die Auswirkung von Gewalt als wirksames Mittel zur Aufhebung sozialer Reproduktion war erst durch den Vergleich möglich und unterstreicht daher die Bedeutung des vergleichenden Arbeitens für die sozialwissenschaftliche Theoriebildung.

Ein weiteres Argument gegen eine kulturalistische Deutung sozialer Kontinuität in Mesterszállás lieferten in diesem Zusammenhang die Ergebnisse der Netzwerkuntersuchung. Diese Interviews ergaben, dass heutige Muster der Kooperation nicht auf einer ehemaligen Klassenlage oder Gruppenkohäsion beruhen, vielmehr verschaffte die alte Klassenlage einen Vorteil während des Privatisierungsprozesses, hingegen sind neue Austauschbeziehungen an den neuen ökonomischen Umständen orientiert.

Das Bild der durch die Umstellung der Eigentumsrechte hervorgerufenen Veränderungen sozialer Beziehungen wäre jedoch im Blick auf die Elitenreproduktion bzw. den Ausschluss vorsozialistisch armer Familien nicht vollständig. Es wurde daher in den folgenden Kapiteln auch das Verhältnis der Generationen und Geschlechter verfolgt.

Im theoretischen Teil der Arbeit wurde angesprochen, dass die ethnologische Tradition immer auch die mit dem Eigentum verbundenen Pflichten betonte. So hatte ein erbender Sohn in der vorsozialistischen bäuerlichen Gesellschaft Ungarns beispielsweise die Pflicht, seine Eltern bis zu deren Tod zu versorgen. Für den Erfolg des sozialistischen Systems in Mesterszállás war, wie gezeigt wurde, die erfolgreiche Substitution solcher Langfristrechte durch neue Institutionen entscheidend. Während in vorsozialistischen Zeiten die Versorgung der Alten durch ihre Besitzrechte gesichert war, bezogen sie nun eine Rente. Junge Familien dagegen konnten ihren Handlungsspielraum durch sozialistische Zugangsrechte zu Land ohne Eigentumstitel vergrößern. Die Grundversorgung wurde gesichert und die wirtschaftliche Position aller ländlichen Akteure verbessert. Diese wirtschaftliche Legitimation im Zusammenspiel mit staatlicher Verlässlichkeit führte zu einer großen Akzeptanz des Systems bei der ländlichen Bevölkerung. Im Postsozialismus verlieren nun viele dieser Gruppen ihre Rechte. Als beispielsweise die Elterngeneration durch die Privatisierung erneut Bodeneigentum erhielt, bekam die junge Generation keinen neuen Zugang zu Produktionsmitteln. Diese Entwicklung wird durch den Verlust anderer Langfristrechte zum Exklusionsmechanismus. Ähnlich ist die Situation der Frauen, deren gesellschaftliche Position im Sozialismus durch Arbeitsplätze und sozialistische Zugangsrechte zu Boden verbessert worden war. Im Postsozialismus waren sie nicht in den Privatisierungsprozess einbezogen, was unter der Bedingung des Verlusts anderer langfristiger Rechte negative Auswirkungen auf ihre ökonomische Stellung hat. Die Verschlechterung der wirtschaftliche Position der jungen Generation und der Frauen und der Verlust langfristiger Rechte ohne Substitution führen u. a. zu einer Unzufriedenheit mit der neuen Demokratie. In Rumänien hingegen hatte das sozialistische System seine Versprechen der nationalen Wohlfahrt nie einhalten können. Die Substitution vorsozialistischer Rechte durch neue Rechte, wie etwa garantierte Grundversorgung, gelang nicht. Vielmehr entwickelte sich das System zu einem verhassten Überwachungsapparat. Daher wird zwar auch in Kisiratos häufig ein Nachteil der wirtschaftlichen Situation beklagt, aber das „alte System“ immer auch als fehlerbehaftet angesehen.

Diese Ergebnisse der vorliegenden Arbeit zeigen, dass es bei Änderungen des Eigentumssystems zu unbeabsichtigten Konsequenzen kommen kann und die Substitution alter sozialer Rechte in die Analyse der Veränderungen einbezogen werden sollte. Die Einführung des neuen Bodeneigentums in Zusammenhang mit dem Verlust anderer Rechte bringt eine Umstrukturierung sozialer Beziehungen mit sich, die u. a. in einer Verschiebung der Verpflichtungen hinsichtlich des Eigentums und zu Konflikten innerhalb der Familien führt. Die Beschreibung dieser Konflikte diente in dieser Arbeit, im Sinne von Malinowski, der Analyse von Eigentum anhand des Einbezugs umgebender Sozialbeziehungen. Insgesamt hat sich für die Analyse der postsozialistischen Situation zweier Dörfer die Arbeit mit einem erweiterten Begriff von Eigentum als sinnvoll erwiesen. Ein begriffliche Unterscheidung in juristisches Eigentum und andere soziale Ansprüche erscheint aber für eine differenzierte Analyse weiterhin sinnvoll, deshalb wurde hier der Begriff der Langfristrechte verwendet. Mit der terminologischen Unterscheidung liegt die Analyse emischen Kategorien näher und erlaubt gleichzeitig eine klarere Differenzierung des Untersuchungsgegenstandes.

Als wesentlichste Ergebnisse der Untersuchung ergab die Analyse neben einer Beschreibung der Eigentumsbeziehungen, die über die juristische Ebene hinausgehen, einen Beitrag zum Verständnis von Elitenreproduktion sowie der Bedeutung von Gewalt als Mittel zur Verhinderung sozialer Kontinuität. Die Betonung von Exklusionsmechanismen im Zusammenhang mit der Einführung des Privateigentums verdeutlichte den prozesshaften Charakter und die Ausschlusssituation, die bestimmte soziale Gruppen durch die Transformation erfahren müssen.

Verzeichnis der Abkürzungen

Ak	aranykorona (Goldkrone), Einheit zur Bewertung von Bodenqualität
FIDESZ	Fiatal Demokraták Szövetsége (Vereinigung junger Demokraten)
FKGP	Független Kisgazdapárt (Unabhängige Partei der Kleinen Landwirte)
ha	Hektar
kh	katasztralis hold (Kastraljoch), alte Flächeneinheit ca. 0,58 ha
LPG	Landwirtschaftliche Produktionsgenossenschaft, verwendet sowohl für die ungarische Abkürzung TSZ als auch die rumänische GAC/CAP
MDF	Magyar Demokrata Fórum (Ungarisches Demokratisches Forum)
MTS	staatliche Maschinen/Traktoren-Station
RMDSZ	Romániai Magyar Demokrata Szövetség (Rumänisch-Ungarische Demokratische Vereinigung)

Verzeichnis der Karten, Abbildungen und Fotos

Karten

Abbildungen

Fotos

Verzeichnis der Tabellen

Fragebögen

In Mesterszállás wurden zwei Fragebögen verwendetet; die im Folgenden mit möglichst wortgenauen (kursiv gesetzten) Übersetzungen abgedruckt sind.

1. rész (*1. Teil)*

Im ersten Teil des Fragebogens wurden soziologische Grunddaten zu allen Haushaltmitgliedern abgefragt. Im Einzelnen wurde gefragt nach:
Name, Geschlecht, Geburtsjahr, Geburtsort, Familienstand, Religionzugehörigkeit und Beruf.
Eingefügt war die Frage, ob die Betreffenden über Landbesitz verfügen. Eine Hektarzahl wurde hier noch nicht abgefragt.
Weiterhin wurden nach Namen der Eltern, deren Geburtsort, Geburtsjahr und gegebenenfalls Sterbejahr gefragt. Dieselben Daten wurden für die Kinder der Haushaltmitglieder erhoben, und es wurde zusätzlich gefragt, ob diese in Mesterszállás oder anderen Regionen leben.

Der zweite Teil richtete sich an den einzelnen Befragten.

2. rész (*2. Teil)*

1. Mióta lakik Mesterszálláson? *(Seit wann wohnen Sie in Mesterszállás?)*

1.1. Hol élt előtte? *(Wo haben Sie davor gelebt?)*

2. A rendszerváltás azt jelenti Önnek, hogy (A megfelelő helyre X jelet tegyen!)
(Der Systemwechsel bedeutet für Sie, dass [Kreuzen Sie am passenden Platz an!]

	Igen (ja)	Nem (nein)
Több gondom van *(Ich habe mehr Sorgen)*		
Minden nehezebben megy *(Alles läuft schwerer)*		
csalódottságot *(Enttäuschung)*		
bizonytalanságot *(Unsicherheit)*		
kihívást *(Herausforderung)*		
Jobban érzem magam mint a régi rendszerben *(Ich fühle mich besser als im alten System)*		
Több lehetőségem van *(Ich habe mehr Möglichkeiten)*		
Semmit sem jelent *(bedeutet gar nichts)*		

– egyéb *(sonstiges):*

3. A föld magántulajdona azt jelenti Önnek, hogy (A megfelelő helyre X jelet tegyen!)
(Das Privateigentum an Boden bedeutet für Sie, dass [Kreuzen Sie am passenden Platz an]

	Igen (ja)	Nem (nein)
Több gondom van *(Ich habe mehr Sorgen)*		
bizonytalanságot *(Unsicherheit)*		
Szükségünk volt rá *(Wir brauchten es)*		
önmegvalósítást *(Selbstverwirklichung)*		
A saját földem fontos az életemben *(mein eigenes Land ist wichtig in meinem Leben)*		
ez egy természetes dolog volt *(das war eine natürliche Sache)*		

– egyéb *(sonstiges)*:

3.1. A közös tulajdon mit jelenti Önnek?
(Was bedeutet Ihnen der Kollektivbesitz?)

	Igen *(ja)*	Nem *(nein)*
Nem látok semmit a közösben (*Ich sehe nichts im Kollektiven*)		
Az egyik dolgozik, a másik pedig csak nézi *(Der eine arbeitet, der andere schaut zu)*		
Jó ötlet volt, csak nem m•ködött *(Es war eine gute Idee, hat nur nicht funktioniert)*		
Felőlem maradhatott volna, nem látok semmi rosszat benne *(Hätte von mir aus bleiben können, ich sehe nichts Schlechtes darin)*		
Igazságosabb volt, mint a magántulajdon *(War gerechter als das Privateigentum)*		

4. Mi a véleménye a kárpótlásról? *(Was ist Ihre Meinung zur Entschädigung?)*

	Igen *(ja)*	Nem *(nein)*
Túl későn volt *(Es war zu spät)*		
Jó érzés volt (Es war ein gutes Gefühl)		
Jogtalan volt, mert csak azoknak, akik közel voltak a tűzhöz sikerült jól elintézni *(Es war ungerecht, weil nur diejenigen die nah am Feuer waren, es schafften das gut zu regeln)*		
Jó ötlet volt csak azt volt a baj, hogy eladhatóak voltak a kárpótlási jegyek *(Es war eine gute Idee, nur war das Problem, dass die Entschädigungsscheine verkäuflich waren)*		
Az jobb lett volna, ha mindenki az eredeti földjét kapta volna vissza (Es wäre besser gewesen, wenn jeder sein ursprüngliches Land wiederbekommen hätte)		

– egyéb (*sonstiges*):

5. Volt-e Önnek személyre szóló kárpótlási jegye? Igen nem
(Haben Sie persönlich über Entschädigungsscheine verfügt?) ja nein

5.1. ha igen *(wenn ja):*

– Személyesen intézkedtem *(Ich habe das persönlich geregelt)*
– Acsaládomból intézkedett valaki, pl: férjem, bátyám, anyám *(Jemand aus meiner Familie hat das geregelt: z. B. mein Mann, mein älterer Bruder, meine Mutter)*
– Más valaki intézte *(Jemand anders hat das geregelt)*
– Eladtam *(Ich habe sie verkauft)*
– Megmaradt *(Es sind noch welche übrig)*

5.2. Kárpótlási jegyet vásároltam *(Ich habe Entschädigungsscheine gekauft)*:

– testvéremtől *(von meinen Geschwistern)*
– távoli rokonságtól *(von weiterer Verwandtschaft)*
– barátaimtól *(von meinen Freunden)*
– ismerőseimtől *(von meinen Bekannten)*
– más valakitől *(von jemand anderem)*

6. Az árvéresen mi volt számára a legfontosabb szempont, hogy *(Auf der Versteigerung war aus Ihrer Sicht der wichtigste Gesichtspunkt, dass)*

– közel legyen az eredeti földjéhez *(es nah am ursprünglichen Land ist)*
– jó minöségű legyen *(es gute Qualität haben würde)*
– közel legyen a faluhoz *(es nah am Dorf sein würde)*
– más *(anderes)*

6.1. Sikerült a terve? *(War Ihr Plan erfolgreich?)*

6.2. Azóta még vásároltam / béreltem / eladtam földet. *(Seitdem habe ich noch Land gekauft / gepachtet / verkauft)*

7. Ha rendelkezik földtulajdonnal *(Wenn Sie über Landbesitz verfügen)*:

7.1. Ez a földje van *(Dieses Land ist)*:
– Mesterszállási területen *(auf dem Gebiet von Mesterszállás)*
– Mezőhéki területen *(auf dem Gebiet von Mezőhék)*
– Máshol a környéken *(woanders in der Umgebung)*
– Máshol *(woanders)*

7.2. Hány hektárja van a tsz-ben és hány hektáron gazdálkodik?
(Wie viele Ihrer Hektar sind in der LPG, und auf wie vielen Hektar wirtschaften Sie?)

tsz-ben maradt	ha:	magángazdálkodik	ha:
(in der LPG verblieben)	*ha:*	*(Eigenbewirtschaftung)*	*ha:*

8. Milyen típúsú földhöz sikerült hozzájutnia a kárpótlással?
(Welche Art von Land konnten Sie durch die Entschädigung erwerben?)

– szántó	*(Feld)*
– legelő, kaszáló	*(Weide, Heuwiese)*
– erdő	*(Wald)*

9. Milyen jellegű gazdálkodással foglalkozik?
(Mit welcher Art Wirtschaft befassen Sie sich?)

– csak állattartással	*(nur mit Tierhaltung)*
– csak növénytermesztéssel	*(nur mit Pflanzenbau)*
– mindkettővel	*(mit beidem)*

10. Biztosítja-e a család megélhetését a gazdasága?
(Sichert die eigene Wirtschaft den Lebensunterhalt der Familie?)

– igen nem / részben)/ csak saját használatra termelünk
– *(ja) / (nein) / (teilweise) / wir produzieren nur zum eigenen Verbrauch)*

10.1. Ha saját használatra termel: Mi a fő megélhetési lehetősége?
(Wenn Sie für den Eigenverbrauch produzieren: Was ist Ihr Haupteinkommen zum Lebensunterhalt?)

10.2. Ha részben bíztosítja megélhetését: Miből tudják pótolni a hiányt?
(Wenn die Wirtschaft teilweise den Lebensunterhalt sichert: Wodurch können sie das Fehlende ergänzen?)

11. Kénytelen volt-e már felszámolni valamilyen mezőgazdasági tevékenységet?
(Mussten Sie schon einmal eine landwirtschaftliche Produktion gezwungenermaßen aufgeben?)

igen *(ja)* nem *(nein)*

11.1. Ha igen, melyiket? *(Wenn ja, welche?)*

– sertéshízlalást	*(Schweinemast)*
– szarvasmarhatartást	*(Rinderhaltung)*
– baromfitartást	*(Geflügelhaltung)*
– növénytermesztést	*(Pflanzenbau)*
– egyéb:	*(sonstiges)*

11.2. Ha igen, a felszámolás oka volt *(Wenn ja, der Grund für die Aufgabe war)*:

– a felvásárlás bizonytalansága	*(die Aufkaufunsicherheit)*
– a felvásárlás alacsony ára	*(der niedrige Auskaufpreis)*
– az eladott termékért nem fizettek	*(die verkauften Produkte wurden nicht bezahlt)*
– a termék minősége miatt	*(wegen der Qualität der Produkte)*
– egyéb:	*(sonstiges)*

Tervezi-e a jövőben a disznótartást eladásra, vagy saját részre?
(Planen Sie in der Zukunft die Schweinehaltung zum Verkauf oder zum Eigenverbrauch?)

12. Ha magángazdálkodó: melyik kifejezés illik Önhöz a legjobban:
(Wenn sie selbständig wirtschaften: welcher Ausdruck passt zu Ihnen am besten)

paraszt	*(Bauer)*
ős/kistermelő	*(Klein[st]produzent)*
családi vállalkozó	*(Familienunternhemer)*
magángazdálkodó	*(Privatlandwirt)*
agrárvállalkozó	*(Agrarunternehmer)*
farmer	*(Farmer)*
egyéb	*(sonstiges)*:

13. Tagja-e Ön valamilyen mezőgazdasági, vagy szakmai szervezetnek? (milyennek?)

(Sind Sie Mitglied in einer landwirtschaftlichen oder fachlichen Vereinigung? (Welche?)

14. Mit gondol általában a jövőről? *(Was denken Sie über die Zukunft?)*

	Igen *(ja)*	Nem *(nein)*
Nagyon sötéten látom a jövőt *(Ich sehe die Zukunft sehr schwarz)*		
Úgy érzem, hogy legalább a földünk mindig meg fog maradni *(Ich fühle, dass wenigstend unser Land immer bleiben wird)*		
Lépesröl lépesre jobb lesz a életünk *(Schritt für Schritt wird unser Leben besser)*		
Semmit sem fog változni *(Gar nichts wird sich ändern)*		

– egyéb *(sonstiges):*

15. Tervez-e beruházást a gazdaságában? *(Planen Sie Investitionen in Ihre Wirtschaft?)*

– igen *(ja)* nem *(nein)*

15.1. Ha igen *(Wenn ja)*:

– földet vásárol *(Land kaufen)*
– gazdasági épületet épít *(Wirtschaftsgebäude bauen)*
– mezőgazdasági gépet vásárol *(landwirtschaftliche Maschinen kaufen)*
– tenyészállatot vásárol *(Zuchttiere kaufen)*
– felújít *(Erneuerungen)*
– egyéb: *(sonstiges)*

15.2. Ha igen: milyen lehetőség van a fejlesztésre? *(Wenn ja: welche Möglichkeiten haben Sie zur Entwicklung?)*

– önerő *(eigene Kraft)*

– pályázat (*Ausschreibungen*)
– hitel (*Kredit*)

16. Az EU-csatlakozás szerintem magával hozza a(z):
(Meiner Meinung nach bringt der EU-Beitritt, mit sich:)

	Igen *(ja)*	Nem *(nein)*
új piacot és új támogatást *(neuen Markt und neue Unterstützung)*		
Még nehezebb lesz eladni a termékünket *(es wird noch schwerer unsere Produkte zu verkaufen)*		
Modernizálni kell a gazdálkodásunkat *(wir müssen unsere Wirtschaft modernisieren)*		
Külfldiek fogják felvásárolni a földet is *(die Ausländer werden auch unser Land aufkaufen)*		

16.1. ha az utolso kérdés igen: támogatom ellenzem
(Wenn bei letzter Frage ja: ich unterstütze das ich bin dagegen)

miért? *(warum?)*

17. Azt kívánom a gyermekeinknek/unokáinknak, hogy:
(Ich wünsche mir für meine Kinder/Enkelkinder, dass:)

– a mezőgazdaságból tisztességesen meg tudjanak élni
(*sie von der Landwirtschaft leben können*)
– ne próbálkozzanak a mezőgazdáságból megélni
(sie nicht versuchen von der Landwirtschaft zu leben)
– csak fix állás mellett gazdálkodjanak
(*sie nur neben einer festen Stellung wirtschaften*)
– Szeretném, ha gazdaságomat: fiam, lányom, unokám vinné tovább
(Ich hätte gerne, dass mein Sohn, meine Tochter, mein Enkel meine Wirtschaft fortführt)

Netzwerkfragebogen

1. Képzelje el, hogy cukorra vagy valami hasonló apróságara lenne szüksége és a boltok már bezártak. Kihez fordulna segítségért?

   (Stellen Sie sich vor, Sie bräuchten Zucker oder eine ähnliche Kleinigkeit, und die Geschäfte sind bereits geschlossen. Wen würden Sie um Hilfe bitten?)

2. Képzelje el, hogy egy mezőgazdásági gépre lenne szüksége. Kihez fordulna segítségért?

   (Stellen Sie sich vor, Sie bräuchten eine landwirtschaftliche Maschine. Wen würden Sie um Hilfe bitten?)

3. Ha olyan feladat lenne, amelyet csak segítséggel képes elvégezni, ilyen például néhány házkörüli munka, amikor szükséges hogy valaki tartsa a létrát. Kérem nevezze meg, kihez fordulna segítségért.

   (Stellen Sie sich vor, Sie hätten eine solche Aufgabe, die Sie nur mit Hilfe bewältigen könnten, wie z. B. kleinere Arbeiten am Haus, wenn es nötig ist, dass jemand die Leiter hält. Bitte nennen Sie, wen Sie um um Hilfe bitten würden.)

4. Ha nehézséget okoz Önnek egy adatlap vagy adóbevallás kitöltése, kihez fordulna segítségért?

   (Wenn Ihnen das Ausfüllen eines Formulars oder einer Steuererklärung Schwierigkeiten machen würde, wen würden Sie um Hilfe bitten?)

5. Ha Ön jelentös döntés elött állna, például azt tervezné, hogy állást változtat, vagy gépet szeretne venni, kihez fordulna segítségért?

   (Wenn Sie vor einer wichtigen Entscheidung stünden, wenn sie zum Beispiel planen, den Arbeitsplatz zu wechseln oder eine Maschine kaufen möchten, wen würden Sie um Hilfe bitten?)

6. Ha beteg lenne s néhány napra ágyban kellene maradnia vagy néhány napra el akarna utázni kihez fordulna segítségért hogy vigyázzona a házra és a joszágra?

   (Wenn Sie krank wären und müssten einige Tage im Bett verbringen oder sie möchten ein paar Tage verreisen, wen würden Sie um Hilfe bitte, dass er/sie auf das Haus und das Vieh aufpasst?)

7. Tételezzük fel, hogy Önnek nagyobb összegü kölcsönre lenne szüksége. Kihez fordulna segítségért?

   (Stellen Sie sich vor, Sie bräuchten eine größere Summe Geld, wen würden Sie um Hilfe bitten?)

8. Kivel jár Ön rendszeresen össze, legalább havonta egyszer, például egy beszélgetésre, kávézni, sörözni vagy kártyázni? Vagy ki az aki még fontos az életében?

   (Mit wem haben Sie regelmäßig Kontakt, mindestens einmal im Monat, zum Beispiel für ein Gespräch, eine Tasse Kaffee, ein Bier oder ein Kartenspiel? Oder wer ist in Ihrem Leben noch wichtig für Sie?)

Liste der aufgenommenen Interviews

Biographische Interviews

1. Herr Seres (9.4.1999)
2. Frau Tigyi (6.7.1999)
3. Herr Kézsmárki (25.6.1999)
4. Frau Szaszkó (3.7.1999)
5. Herr Hegedüs
6. Frau Hegedüs (kein Ehepaar) (12.5.1999)
7. Herr Kovách (18.6.1999)
8. Herr Szellelki (2.9.1999)
9. Frau Szabó (21.3.2000)
10. Frau Szarvák (16.8.2000)

Interviews in der Genossenschaft

1. Die beiden Inseminatoren der Schweineproduktion, später kommt der Chef dazu, es folgt ein Gespräch über Veränderungen und Privateigentum, Gruppendiskussion (13.4.1999)
2. Sachbearbeiter im Büro für Bodenangelegenheiten der LPG (26.4.1999)
3. Leiter der Schweineproduktion der LPG (1.5.1999)
4. Mitschnitt der Mitgliederversammlung (közgyülés) der LPG am 7.5.1999 (die letzte vor der Konkursanmeldung)
5. früherer Parteisekretär der LPG, dann Leiter der Pflanzenproduktion in Mezőhék (16.3.2000)
6. Konkursverwalter (31.8.2000)

Interviews mit selbständigen Bauern

1. Tibor sen. (29.3.1999), gleichzeitig Bürgermeister von Mesterszállás
2. Tibor jun. (31.4.1999)
3. Gábor (26.5.1999)
4. Tamás (27.5.1999)
5. Dezső (24.4.2000), gleichzeitig Dorfberater in Landwirtschaftsangelegenheiten

Quellen- und Literaturverzeichnis

Statistische Quellen

KSH: Kir. Statisztikai Hivatal/Köszponti Statistikai Hivatal [Königliches Statistisches Amt/Zentrales Statistisches Amt, Ungarn]

CNS: Comisia Na•ionala Pentru Statistic• [Nationale Kommission für Statistik, Rumänien]

Volkszählungen

Ungarn

–*Népség és háziállat számlalás felvételi ívek, Mesterszállás 1869* (Jász-Nagykun-Szolnok Meygei Levéltár; Kunszentmárton 286).

–*1881 Népszámlálás* (voller Titel: A Magyar Korona Osrzágaiban az 1881 év elején végrehajtott Népszámlálás föbb eredményei Megyek és Községek szerint), Az Országos Magyar Kir. Statisztikai Hivatal, Budapest 1882.

–*1900 népszámlálás* (A Magyar Korona Országainak 1900. évi Népszámlálása.) A Magyar Kir. Központi Statisztikai Hivatal, Budapest 1902.

–*1941 évi népszámlálás*, Vol. I, KSH, Budapest 1975.

–*1949 évi népszámlalás*, Bd. 5 und Bd. 11, KSH, Budapest, 1950.

–*1980 évi népszámlalás*, Bd. 16: 583, KSH, Budapest 1981.

Rumänien

–1930 *Recensământul General Al Populaţiei României,* Bucureşti: Institutul Central de Statistică, 1938.

–1941 *Recensământul General Al României*, Bucureşti: Institutul Central de Statistică, 1944.

–1956 *Recensămîntul Populaţiei* Din 21. Februarie.

–1992 *Recenământul Populaţiei şi Locuinţelor*, CNS, România, 1994.

Sonstiges statistisches Material

– *A Magyar Korona Országainak Mezőgazdásági Statszikája*, elsö rész, Az Országos Magyar Kir. Statisztikai Hivatal, Budapest 1897.

– Magyar Statisztikai Közlemények, 42 kötet: Budapest.

– *Országos Mezőgazdasági Cimtár,* 5. Kötet.: Tiszántul-Kaposvár, Kultura Könyvnyomda: 1937.

– *Statistical Handbook of Agriculture and Food Industry of Hungary* 1995, KSH, Budapest 1996.
– *Életmód – Időmérleg. Időfelhasználás 1986 és 1999 őszén. Time use, 1986 and 1999 autumn*, KSH, Budapest 2000a.
– *Demográfiai és Életszínvonal-Statisztikai Idősorok. Demographical and Living Standard Time Series 1989–1998*, KSH, Budapest 2000b.
– *Magyar Statisztikai Évkönyv 1999/Statistical Yearbook of Hungary 1999*, KSH, Budapest, 2000c.
– *Jász-Nagykun-Szolnok Megye Statisztikai Évkönvye*, Szolnok, 1996.
– *Anuarul Statistic al României 1999/Romanian Statistical Yearbook 1999*, CNS, Bukarest, 2000.

Archivmaterial und andere Quellen

– *Dep. Regnicolaris, 1828-as összeirás* Országos Leveltár, Budapest.
– *Archivum palatinale: Landeconskription 1828*, Országos Levéltár, Budapest
– *Sitzungsprotokolle der Ratssitzungen in Mesterszállás vom 27. 11. 1956, 20. 12. 1956, 11. 1. 1957 und 22. 2. 1957* (Jász-Nagykun-Szolnok Megyei Levéltár: Mesterszállás KT.VB. 1956/1957)
– *Sitzungsprotokolle des „Ausführenden Ausschuß" (végrehajtó bizottság) vom 4. 4. 1956, 24. 2. 1956, 22. 2. 1957 und 5. 4. 1957* (Jász-Nagykun-Szolnok Megyei Levéltár).
– *Kulakenliste* (kuláklista) aus Mesterszállás (Jász-Nagykun-Szolnok Meygei Levéltár: Megyei Tanács VB. Pénzügyi Osztaly. Szám nélküli iratai 1950–53).
– *Materialien zu den LPGs in Mesterszállás* (Jász-Nagykun-Szolnok Megyei Levéltár, Tsz iratok Uttörő, vezetési ügyek 1950–72, Rákóczi mg tsz).
– *Material zur Revolution 1956 in Mesterszállás* (Történeti Hivatal: 146/k.v.-150377.384-87).
– *Registru Agricol Comunal, 1951–55 und 1959–1963* (Direcţiunea Centralâ de Statisticâ).

Archiv- Karten

– Jász-Nagykun-Szolnok Levéltár T 98
– Jász-Nagykun-Szolnok Levéltár K 32

Andere schriftliche Quellen und unveröffentlichte Chroniken

– *Historia Domus 1935–2000*, Pfarramt Mesterszállás
– *Historia Domus 1945–1970*, Pfarramt Kisiratos
–Szabó, Imre *A Szabó Család 1721–1981* [Die Familie Szabó 1721–1981, Békesszentandrás, 1981.
–Benke, Mátyás *A Benke család törtenete* [Die Geschichte der Familie Benke], Manuskript, Nyékládháza: 1998.
–Marinka, Zsigmond *Táncsics' MgTSZ 40. éve* [40 Jahre Táncsics LPG], Mezőtúr, 1989.

Sekundärliteratur

Anderson, David G. *Property as a way of knowing on Evenki lands in Arctic Siberia,* in: Hann, Christopher M. (Hg.) *Property Relations – Renewing the anthropological tradition,* Cambridge: Cambridge UP, 1998: 64–84.

Andor, Laszlo und Summer, Martin *Market Failure. Eastern Europe's "Economic Miracle"* London, Chicago, Illinois: Pluto Press, 1996.

Andor, Mihály; Kuczi, Tibor und Swain, Nigel *Central European Villages after 1990",* Szociológiai Szemle, Nr. 3–4, 1996: 116–139.

Andorka, Rudolf *Háztartászerkezet és háztáji-kisegítő gazdaságok a mai magyar falvakban* [Haushaltsorganisation und Háztáji-Aushilfs-Wirtschaften in den heutigen ungarischen Dörfern], Ethnographia XC 1979/4 : 532–547.

Băban, Adriana *Women's Sexuality and Reproductive Behaviour in Post-Ceauşescu Romania: A Psychological Approach,* in: Gal, Susan und Kligman, Gail (Hg.): *Reproducing Gender. Politics, Publics and Everyday Life after Socialism,* Princeton: Princeton UP 2000: 225–256.

Barna, Gábor (Hg.) *Mesterszállás. Fejezetek a község történetéből* [Mesterszállás. Skizzen zur Geschichte der Gemeinde], Mesterszállás, 1995.

Barna, Gábor und Gulyás Katalin (Hg.) *Mesterszállás. Az önállóság útján 1897–1997,* [Mesterszállás. Auf dem Weg der Unabhängigkeit 1897–1997], Mesterszállás, 1997.

Bell, Peter D. *Peasants in Socialist Transition. Life in a collectivized Hungarian Village,* Berkeley, Los Angeles, London: California UP, 1984.

Berend, Iván B. *The Hungarian Economic Reforms 1953–1988,* Cambridge: Cambridge UP, 1990.

Berend, Iván T. *Agriculture,* in: Kaser, M.C. und Radice, E.A. (Hg.) *The Economic History of Eastern Europe,* Vol. I, Oxford: Clarendon Press, 1985: 148–209.

Bernard, Russell H. *Research Methods in Anthroplogy,* Thousand Oaks: Sage Publications, 1994.

Bloch, Marc *Für eine vergleichende Geschichtsbetrachtung der europäischen Gesellschaft,* in: Middell, Matthias und Sammler, Steffen (Hg) *Alles Gewordene hat Geschichte,* Leipzig, 1994: 112–121.

Böröcz, József *Simulating the great transformation: property change under prolonged informality in Hungary,* Archives européennes de sociologie XXXIV, 1993: 81–107.

Bollobás, Enikö: *"Totalitarian Lib": The Legacy of Communism for Hungarian Women,* in: Funk, Nanette und Mueller, Magda (Hg.): *"Gender Politics and Post-Communism",* New York und London: Routledge, 1993.

Bourdieu, Pierre *Ökonomisches Kapital, kulturelles Kapital, soziales Kapital,* in: Kreckel, Reinhard (Hg.) *Zur Theorie sozialer Ungleichheiten,* Sonderband 2 der Sozialen Welt, Göttingen, 1983.

Braham, Randolph L. *The Politics of Genocide – The Holocaust in Hungary,* New York: Columbia UP, 1981.

Bridger, Susan *Women in the Soviet Countryside. Women's roles in rural development in the Soviet Union,* Cambridge: Cambridge UP, 1987.

Burawoy, Michael und Lukács, János *The Radiant Past. Ideology and Reality in Hungary's Road to Capitalism,* Chicago und London: The University of Chicago Press, 1992.

Burawoy, Michael und Verdery, Katherine *Introduction,* in: Burawoy, Michael und Verdery, Katherine (Hg.) *Uncertain Transition. Ethnographies of change in the Postsocialist World,* Lanham USA: Rowman&Littlefield Publishers, 1999: 1–17.

Burgerné, Gimes Anna *A Magyarországi Földpiac* [Der ungarische Bodenmarkt], Statisztikai Szemle. 74 evf., Nr. 5.–6., 1996: 411–420.

Cartwright, Andrew L. *The Return of the Peasant. Land reform in post-Communist Romania,* Aldershot, Burlington, Singapore, Sydney: Ashgate: 2001

Cernea, Michael *Macrosociological Change, Feminization of Agriculture And The Peasant Women's Threefold Economic Role,* Sociologia Ruralis, 1978 (2–3): 107–123.

Cernea, Mihail [Michael] *Cooperative Framing and Familiy Change in Romania,* in: Faber, Bernhard L. (Hg.) *The Social Structure of eastern Europe. Transition and Process in Czechoslowakia, Hungary, Poland, Romania, and Yugoslawia,* New York, Washington, London: Praeger Publishers, 1976: 259–280.

Csáki, Csaba *Merre tart Közép-Kelet-Európa mezőgazdasága?* [Wo steht die Landwirtschaft Mittel-Ost-Europas?], Közgazdasági Szemle, XLI. évf., Nr. 7.–8., 1994: 606–620.

Csetényiné Molnár, *Amália Mesterszállás önállósulása a kunszentmártoni sajtó tükrében* [Die Unabhängigkeit von Mesterszállás im Spiegel der Kunszentmártoner Presse] in: Barna, Gábor und Gulyás Katalin (Hg.) *Mesterszállás. Az önállóság útján 1897–1997,* Mesterszállás, 1997: 51–94.

Csite, András und Kovách, Imre *A falusi társadalom alakulása a rendszerváltozás folyamán* [Die Entwicklung der dörflichen Gesellschaft im Verlauf der Transformation], Manuskript, Budapest. 2000.

Cole, John W. *Familial Dynamics in a Romanian Worker Village,* Dialectical Anthropology, Vol. 1, Nr. 3, 1976: 251–265.

Cole, John W. *In a Pig's Eye: Daily Life and Political Economy in Southeastern Europe,* in ders. (Hg.) *Economy, Society and Culture in contemporary Romania,* Research Report No. 24, Department of Anthropology, University of Massachusetts, Amherst, 1984: 159–174.

DeSoto, Hermine G. und Panzig, Christel *From Decollectivization to Poverty and Beyond: Women in Rural East Germany before and After Unification,* in: Kideckel, David A. (Hg.) *East European Communities. The struggle for Balance in Turbulent Times,* Boulder und Oxford: Westview Press, 1995: 179–196.

Dóka, Klára *A Körös és berettyó vízrendszer szabályozása a 18.–19. században,* Gyula: 1997.

Dósa, Jószef und Szabó, Elek *Kunszentmárton Története* [Geschichte von Kunszenmárton], Kunszentmárton, 1936.

Einhorn, Barbara *Cinderella Goes To Market. Citizenship, Gender and Women's Movements in East Central Europe,* London und New York: Verso, 1993.

Elwert, Georg *Feldforschung – Vom literarischen Berichten zur methodisch angeleiteten qualitativen und quantitativen Forschung,* Skripten zu den Kulturwissenschaften, Nr. 1, Europa-Universität, Frankfurt a. d. Oder, 1994.

Elwert, Georg *Eigentum,* in: Betz, Hans Dieter et al. *Religion in Geschichte und Gegenwart,* Bd. 2, Tübingen: Mohr, Siebeck, 1999b:1143.

Elwert, Georg *Sozialanthropologische und ethnologische Gewaltforschung,* Manuskript für einen Beitrag in: Heitmeyer, Wilhelm (Hg.) *Handbuch der Gewaltforschung* (2001), in Druck.

Elwert, Georg; Kocka, Jürgen; Rammert, Werner und François, Etienne *Vergleich und Interdisziplinarität im Graduiertenkolleg. Ein Gespräch.,* in: Triebel, Armin (Hg.) *Die Pragmatik des Gesellschaftsvergleich,* Leipzig: Leipziger Universitätsverlag, 1996: 239–254.

Emigh, Rebecca J., Fodor, Eva und Szelényi Iván *The Racialization and Feminization of Poverty During the Market Transition in the Central and Southern Europe,* European University Institute: Working Papers RSC Nr. 10, 1999.

Erdei, Ferenc *Magyar Tanyák* [Ungarische Einsiedelhöfe], Budapest: Akadémiai Kiadó, 1976. [1942].

Fél, Edit und Hofer, Tamás *Proper Peasants – Traditional Life in A Hungarian Village,* Budapest und Chicago: Corvina Press, 1969.

Fél, Edit und Hofer, Tamás *Bäuerliche Denkweise in Wirtschaft und Haushalt,* Göttingen, 1972.

Fényes, Elek *Magyar Országnak, 's a hozza kapcsolt Tartományaknak mostani állapotja- Statisztikai és Geographiai Tekintetben,* Bd. 4 und Bd. 5, Pest, 1839.

Fischer, Hans *Zensusaufnahmen – das Beispiel der Gabsongkeg,* in: Schulze, Walter, Fischer, Hans und Lang, Hartmut (Hg.) *Geburt und Tod. Ethnodemographische Probleme, Methoden und Ergebnisse,* Berlin: Dietrich Reimer Verlag, 1997: 37–91.

Fischer, Mary E. und Harsányi, Doina P. *From Tradition and Ideology to Elections and Competition. The Changing Status of Women in Romanian Politics,* in: Rueschemeyer, Marilyn (Hg.) *Women in the Politics of Postcommunist Eastern Europe,* Armonk: M. E. Sharpe, 1994: 201–224.

Fodor, Eva *The Political Woman? Women in Politics in Hungary,* in: Rueschemeyer, Marilyn (Hg.) *Women in the Politics of Postcommunist Eastern Europe,* Armonk: M.E.Sharpe, 1994: 171–200.

Für, Lajos *Jobbágyföld – Parasztföld* [Leibeigenenland – Bauernland], in: Szabó, István (Hg.) *A Parasztság Magyarországon A Kapitaliszmuskorában 1848–1914,* Budapest: Akadémiai Kiadó, 1965: 33–153.

Funk, Nanette und Mueller, Magda (Hg.) *Gender Politics and Post-Communism,* New York und London: Routledge, 1993.

Furubotn, Eirik G. und Pejovich, Svetozar *Property Rights and Economic Theory: A Survey of Recent Literature,* Journal of Economic Literature, December, 10 (4), 1972: 1137–62.

Gábos, András *Családok helyzete és családtámogatások a kilencevenes években* [Die Situation der Familien und Familienunterstützung in den neunziger Jahren], in: Kolosi, Tamás,

Tóth István György und Vukovich György *Társadalmi Riport 2000,* TÁRKI, Budapest, 2000: 99–122.

Gal, Susan *Gender in the Post-Socialist Transition: The Abortion Debate in Hungary,* East European Politics and Societies 8(2), 1994: 256–287.

Gal, Susan und Kligman, Gail *The Politics of Gender After Socialism. A Comparative Historical Essay,* Princeton: Princeton UP, 2000a.

Gal, Susan und Kligman, Gail (Hg.) *Reproducing Gender. Politics, Publics, and Everday Life after Socialism,* Princeton: Princeton UP, 2000b.

Gluckman, Max. *The ideas in Barotse Jurisprudence,* Manchester: Manchester UP, 1972.

Godelier, Maurice *Territory and Property in Primitive society,* Sociel Science Information 17, 1978.

Goody, Jack *Death, Property and the Ancestors,* Stanford: Stanford UP, 1962.

Goven, Joanna *Gender Politics in Hungary: Autonomy and Antifeminism,* in: Funk, Nanette und Mueller, Magda (Hg.) *Gender Politics and Post-Communism,* New York und London: Routledge, 1993.

Goven, Joanna *New Parliament, Old Discourse? The Parental Leave Debate in Hungary,* in: Gal, Susan und Kligman, Gail (Hg.) *Reproducing Gender. Politics, Publics, and Everday Life after Socialism,* Princeton: Princeton UP, 2000b: 286–306.

Groza, Octavian *Hierarchie Urbaine: Migrations et Transformations culturelles en Roumanie* (Paper präsentiert auf dem interdisziplinären Workshop / journées d'étude interdisciplinaires: Solidarität zwischen Stadt und Land in Südosteuropa / Les solidarités entre villes et campagnes dans l'Europe de sud-est, veranstaltet von der Südosteuropa-Gesellschaft und dem Centre Marc Bloch), 1999.

Gulyás, Katalin *A népesség és településfejlődés irányai és tényező Mesterszálláson* [Richtung und Tatsachen der Entwicklung der Bevölkerung und der Siedlung in Mesterszállás], in: Barna, Gábor (Hg.) *Mesterszállás – Fejezetek a község történetéből,* Mesterszállás, 1995: 85–109.

Gulyás, Katalin *Mesterszállás községgé alakulása és közigazgatásának megszervezése* [Mesterszállás Entwicklung zur Gemeinde und die Organisation der Gemeindeverwaltung], in: Barna, Gábor und Gulyás Katalin (Hg.) *Mesterszállás. Az önállóság útján 1897–1997,* Mesterszállás, 1997: 13–50.

Gyimesi, Sándor *A telepítvényes falvak „felszabadulása"* [Die „Befreiung" der Siedlerdörfer], in: Szabó, István (Hg.): *A Parasztság Magyarországon A Kapitaliszmuskorában 1848–1914,* Budapest: Akadémiai Kiadó, 1965: 154–206.

Györffy, István *A magyar tanya* [Die ungarische Tanya], in: ders. *Alföldi Népélet,* Budapest: Gondolat, [Földrajzi Közlemények LXV évf.] 1983 [1937]

Haarland, Hans-Peter und Niessen, Hans-Joachim *Der Transformationsprozeß in Ungarn,* Forschungsinstitut für Ordnungspolitik, Köln: Europa Union Verlag, 1996.

Haney, Lynne *"But we are still Mothers": Gender, the State, and the Construction of Need in Postsocialist Hungary,* in: Burawoy, Michael und Verdery, Katherine (Hg.) *Uncertain Transition. Ethnographies of change in the Postsocialist World,* Lanham USA: Rowman&Littlefield Publishers, 1999: 151–187.

Hankiss, Elemér *East European Alternatives,* Oxford: Clarendon Press, 1990.

Transition. Ethnographies of change in the Postsocialist World, Lanham USA: Rowman&Littlefield Publishers, 1999: 151–187.
Hankiss, Elemér *East European Alternatives,* Oxford: Clarendon Press, 1990.
Hann, Christopher M.: *Tázlár: a Village in Hungary,* Cambridge: Cambridge UP, 1980.
Hann, Christopher M. *Progress toward Collectivized Agriculture in Tázlár, 1949–78,* in: Hollos, Marida und Maday, Bela C. (Hg.) *New Hungarian Peasants: An East central European Experience with Collectivization,* New York: Columbia UP. 1983: 69–92.
Hann, Christopher M. *From Production to Property: Decollectivization and the Familiy-Land Relationship in Contemporary Hungary,* MAN, Vol. 28, Nr. 2 1993: 299–320.
Hann, Christopher M. *Land Tenure and Citizenship in Tázlár,* in: Abrahams, Ray (Hg.): *After Socialism. Land Reform and Social Change in Eastern Europe,* Oxford: Berghahn Books, 1996: 23–50.
Hann, Christopher M. *Introduction: the embeddedness of property,* in: ders. (Hg.) *Property Relations – Renewing the anthropological tradition,* Cambridge: Cambridge UP, 1998.
Harcsa, István; Kovách, Imre und Szelényi, Iván *The Price of privatization: The post-communist transformational crisis of the Hungarian agrarian system,* in: Szelényi, Iván (Hg.) *Privatizing the Land – Rural political economy in post-communist societies,* London: Routledge, 1998: 214–239.
Hardin, Garrett *The tragedy of the commons,* Science 162, 1968: 1243–1248.
Harsányi, Doina P. *Women in Romania,* in: Funk, Nanette und Mueller, Magda (Hg.) *Gender Politics and Post-Communism,* New York und London: Routledge, 1993: 39–52.
Haupt, Heinz-Gerhard und Kocka, Jürgen *Historischer Vergleich: Methoden, Aufgaben, Probleme. Eine Einleitung* in: dies. (Hg.) *Geschichte und Vergleich. Ansätze und Ergebnisse international vergleichender Geschichtsschreibung,* Frankfurt/New York: Campus, 1996: 9–45.
Herkommer, Sebastian *Deklassiert, ausgeschlossen, chancenlos – die Überzähligen im globalisierten Kapitalismus,* in ders. (Hg.): *Soziale Ausgrenzungen,* Hamburg: VSA-Verlag, 1999: 7–34.
Hess, Sabine *Gender in Motion: Transnational Practices of Eastern European Women – a Plea for a transnational Cultural Anthropology,* in: Magyari-Vincze, Enikő (Hg.) *Cultural Anthropology on Eastern Europe – Cultural Anthropology in Eastern Europe,* 2001, in Druck.
v. Hirschhausen, Béatrice *Les Nouvelles Campagnes Roumaines. Paradoxes d'un «retour» paysan,* Paris: Belin, 1997.
v. Hirschhausen, Béatrice *The collapse of "navetismul" and the Redefinition of Town-Country Relations in Romania – the Example of Arad County,* in: Heller, Wilfried (Hg.) *Romania: Migration, socio-economic Transformations aand Perspectives of Regional Development,* München: Südosteuropa-Studien 62, 1998.
Hitchins, Keith *Rumania 1866–1947,* Clarendon Press: Oxford, 1994.
Hollos, Marida *Ideology and Economics: Cooperative Organization and Attitudes toward Collectivization in two Hungarian Communities,* in: Hollos, Marida und Maday, Bela C. (Hg) *New Hungarian Peasants: An East central European Experience with Collectivization,* New York: Columbia UP, 1983: 93–122.

Humphrey, Caroline *Karl Marx Collective: economy, society and religion in a Siberian collective farm,* Cambridge: Cambridge UP, 1983.

Ionescu, Ghita *Communism in Rumania 1944–1962,* London, New York, Toronto: Oxford UP, 1964.

Janos, Andrew C. *The Politics of Backwardness in Hungary 1825–1945,* Princeton: Princeton UP, 1982.

Jetzulfalussy, Jószef *A magyar korona országainak helységnévtára* [Ortsnamenverzeichnis der Länder der ungarischen Krone], Budapest: Pester Buchdruckerei-Actien Gesellschaft, 1900.

Juhász, Pál *Leckéink a mezőgazdaság új rendje érdekében* [Unsere Lektion im Interesse der neuen Ordnung der Landwirtschaft], Szociológiai Szemle, Nr. 1, 1998: 33–46.

Juhász, Pál *Az agrárértelmiség szerepe és a mezőgazdásági szövetkezetek* [Die Rolle der Agrarintelligenz und die landwirtschaftlichen Genossenschaften], Medvetánc, Nr. 1, 1983: 191–213.

Juhász, Pál und Mohácsi Kálmán *A magyar élelmiszer-gazdaság problémai és lehetőségei* [Probleme und Möglichkeiten der ungarischen Lebensmittel-Wirtschaft], Közgazdasági Szemle, XLI evf., Nr. 7–8, 1994: 620–632.

Kaschuba, Wolfgang *Einführung in die Europäische Ethnologie,* München: C. H. Beck, 1999.

Kideckel, David A. *The Solitude of Collectivism. Romanian Villagers to the Revolution and Beyond,* Ithaca: Cornell UP, 1993.

Kideckel, David A. *Two Incidents on the Plains in Southern Transylvania: Pitfalls of Privatization in a Romanian Community,* in: ders. (Hg.) *East European Communities. The struggle for Balance in Turbulent Times,* Boulder und Oxford: Westview Press, 1995b: 47–64.

Kideckel, David A. *Communities in the East European Transition,* in: ders. (Hg.) *East European Communities. The struggle for Balance in Turbulent Times,* Boulder und Oxford: Westview Press, 1995a: 1–8.

Kideckel, David A. *The Socialist Transformation of Agriculture in a Romanian Commune, 1945–1962,* American Ethnologist 9(2), 1982: 320–40.

Kideckel, David A. *The social Organization of Production on a Romanian Cooperative Farm,* Dialectical Anthropology Vol. 1, Nr. 3, 1976: 267–276.

Kideckel, David A. und Sampson, Steven L. *Field Work in Romania: Political, Practical and Ethical Aspects,* in: Cole, John W. (Hg.) *Economy, Society and Culture in Contemporary Romania,* Research Report Nr. 24, Department of Anthropology, University of Massachusetts: Amherst, 1984: 85–102.

Kligman, Gail *The Wedding of the Dead: Ritual, Poetics and Popular Culture in Transyslvania,* Berkeley: University of California Press, 1988.

Kligman, Gail *The Politics of Reproduction in Ceausescu's Romania: A Case Study in Political Culture,* East European Politics and Societies 6 (3), 1992: 364–418,.

Kligman, Gail *The Politics of Duplicity: Controlling Reproduction in Ceaucescu's Romania,* Berkeley: University of California Press, 1998.

Koch, Max *Ausbeutung und Ausgrenzung. Das Konzept der „Underclass“*, in: Herkommer, Sebastian (Hg.) *Soziale Ausgrenzungen*, Hamburg: VSA-Verlag, 1999: 35–59.

Konrád György und Szelényi, Iván *Die Intellektuellen auf dem Weg zur Klassenmacht*, Frankfurt a.M: Suhrkamp, 1978.

Kornai János *The socialist system*, Oxford: Clarendon Press:, 1992.

Kovách, Imre *Postsocialism and Embourgeoisement*, Szociológiai Szemle Nr. 4, 1997: 20–39.

Kovács, Ferenc *Iratosi Kertek alatt* [Unter den Gärten von Kisiratos], Bukarest: Állami Irodalmi és Mûveszeti Kiadó, 1958.

Kovács, Katalin *Elfújja a szél? Esettanulmány a „Homokvár" szövetkezetről* [Vom Winde verweht? Fallstudie über die „Homokvár“-Genossenschaft.- der Filmtitel ist im Ungarischen in die Gegenwartsform geändert], Replika Nr. 33–34, 1998a: 137–150.

Kovács, Katalin *Strenghts, Controversies and a Show-Case of Failure in Hungarian Agricultural Restructuring: The Case of the Hollóföldje Co-operative*, Replika, Special Issue: Central European Hysteria, 1998b: 173–190.

Kovács, Katalin und Váradi, Monika M. *Üzemtípusok és Agrárgazdasági szereplők Nagykőrösön* [Firmentypen und Agrarwirtschaftliche Rollen in Nagykőrös], in: Kovács Teréz (Hg.) *A Mezőgazdaságtól a vidékfejlesztésig* [Von der Landwirtschaft zur Entwicklung des ländlichen Raums], III. Falukonferencia. MTA Regionális Kutatások Központja: Pécs, 1995: 181–191.

Kovács, Katalin und Váradi, Monika M. *Women's Life Trajectories and Class Formation in Hungary*, in: Gal, Susan und Kligman, Gail (Hg.) *Reproducing Gender. Politics, Publics and Everyday Life after Socialism*, Princeton: Princeton UP 2000: 176–199.

Kovács Teréz *Elmaradott falvak „középrétegesedő" lakói. Egy országhatár mentén végzett kutatás tapasztalatai* [Die „Mittelschicht“-Bewohner zurückgebliebener Dörfer. Die Erfahrungen einer an der Grenze des Landes durchgeführten Forschung], in: Fokász, Nikosz; Örkény, Antal (Hg.) *Magyarország Társadalomtörténete 1945–1989*, Bd. 2, 1999: 129–131.

Kronauer, Martin *„Soziale Ausgrenzung“ und „Underclass“: Über neue Formen gesellschaftlicher Spaltung*, SOFI-Mitteilungen Nr. 24, 1996: 53–69.

Kronauer, Martin *„Exklusion“ in der Systemtheorie und in der Armutsforschung. Anmerkungen zu einer problematischen Beziehung*, Zeitschrift für Sozialreform, Heft 11/12, 1998: 755–768.

Laczka, Sándorné *A Földterület és a Földhasználat Alakulása 1945 és 1994 között* [Die Entwicklung der landwirtschaftliche Fläche und der Bodennutzung zwischen 1945 und 1994], Statisztikai Szemle, 1996: 117–129.

Laki, László *A „Háztájizás" Tegnap és Ma (A problémáról egy empirikus kutatás kapcsán)* [Die „ergänzende Hauswirtschaft“ gestern und heute (Über die Probleme im Zusammenhang mit einer empirischen Studie)], Szociológiai Szemle Nr. 1, 1997: 39–62.

Lampland, Martha *Biographies of Liberation: Testimonials to Labor in Socialist Hungary*, in: Kruks, Sonia; Rapp, Rayna und Young, Marilyn B. (Hg.) *Promissory Notes. Women in the Transition to Socialism*, New York: Monthly Review Press, 1989: 306–324

Lampland, Martha *The object of labor: Commodification in Socialist Hungary*, Chicago: Chicago UP, 1995.

Lettrich, E. *The Hungarian Tanya System: History and Present-day Problems,* in: Sárfalvi, Béla (Hg.) *Research Problems in Hungarian Applied Geography,* Budapest: Akadémiai Kiadó, 1969.

Lipp, Carola *Dörfliche Formen generativer und sozialer Reproduktion,* in: Kaschuba, Wolfgang und Lipp Carola *Dörfliches Überleben,* Tübingen: Tübinger Verlag für Volkskunde, 1982: 288–598.

Luhmann, Niklas: *Gesellschaftsstruktur und Semantik. Studien zur Wissenssoziologie der modernen Gesellschaft,* Bd. 4, Frankfurt/Main: Suhrkamp, 1995.

Malinowski, Bronislaw *Coral Gardens and Their Magic,* Vol. 1, London: Earthscan, 1935.

Márki, Sándor *Arad. Szabad Király Város* [Arad. Freie Königliche Stadt], Bd. 1, Arad: Monographia Bizottság, 1892.

McCay, Bonnie J. und Acheson, James M. (Hg.) *The question of the Commons,* Tucson: UP, 1987.

Medick, Hans und Sabean, David *Emotionen und materielle Interessen in Familie und Verwandtschaft: Überlegungen zu neuen Wegen und Bereichen einer historischen und sozialanthropologischen Familienforschung,* in: dies. (Hg.) *Emotionen und materielle Interessen – Sozialanthropologische und historische Beiträge zur Familienforschung,* Göttingen, 1984: 27–54.

Montias, John M. *Economic Development in Communist Rumania,* Cambridge, Massachusetts und London, England: The M.I.T. Press, 1967.

Müller, Ernst W. *Plädoyer für die komparativen Geisteswissenschaften,* Paideuma 39, 1993: 7–24.

Nagy, Iván *Magyarország Családi Czímerekkel és Nemzékrendi Táblákkal* [Ungarns Familien mit Wappen und Stammbäumen], Pest: Ráth Mór, 1863.

Nelson, Daniel N. *Democratic Centralism in Romania: A study of local Communist Politics,* New York: Columbia University Press, 1980.

Niedermüller, Peter *Politischer Wandel und Neonationalismus in Osteuropa,* in: Kaschuba, Wolfgang (Hg.) *Kulturen – Identitäten – Diskurse: Perspektiven europäischer Ethnologie,* Berlin: Akademie Verlag, 1995: 135–151.

Niedermüller, Peter *Ethnologische Forschung in Osteuropa,* Newsletter – Sozialwissenschaften in Osteuropa, GESIS: Berlin, Nr. 3, 1998.

North, Douglass C. *Institutions, Institutional Change and Economic Performanc,* Cambridge: Cambridge UP, 1990.

Örsi, Julianna *Mesterszállási népe, mint közösség* [Die Bevölkerung von Mesterszállás als Gemeinschaft], in: Barna, Gábor und Gulyás Katalin (Hg.) *Mesterszállás. Az önállóság útján 1897–1997,* Mesterszállás, 1997: 137–146.

Palugyay, Imre *Jász-Kún Kerületek külső Szolnok Vármegye Leírása* [Niederschrift der Jász-Kún-Gebiete des äußeren Szolnok Burgkomitat], Pest, 1854.

Pápay, Zsuzsa *Rang, párválasztás, közvélemény,* Budapest: Gondolat, 1989.

Petánovics, Katalin *Vállus: egy summásfalu néprajza* [Vállus: Ethnographie eines Vertragsarbeiterdorfes], Budapest: Akadémiai Kiadó, 1987.

Petri, Edit (Hg.) *Kárpótlás és Kárrendezés Magyarorzságon 1989–1998* [Entschädigung und Schadensbegleichung in Ungarn 1989–1998], Országos Kárpotlási és Kárrendezési Hivatal, Ungarn, 1998.

Pine, Frances *"The cows and pigs are his, the eggs are mine": women's domestic economy and entrepreneural activity in rural Poland,* in: Hann, Christopher M. (Hg.): *Socialism. Ideals, ideologies, and Local Practice,* ASA Monographs 31, London und New York: Routledge, 1993: 227–242.

Pine, Frances *Redefining Women's Work in Rural Poland,* in: Abrahams, Ray: *After Socialism. Land Reform and Social Change in Eastern Europe,* Oxford: Berghahn Books, 1996: 133–156.

Pine, Frances *Dealing with fragmentation: the consequences of privatisation for rural women in central and southern Poland,* in: Bridger, Sue und Pine, France; *Surviving Post-Socialism. Local strategies and regional responses in eastern Europe and the former Soviet Union,* London und New York: Routledge, 1998: 106–123.

Polanyi, Karl *The Great Transformation,* Boston: Beacon Press, 1944.

Rabinowicz, Ewa und Swinnen, Johan F. M. *Political economy of privatization and decollectivization of Central and East European agriculture: Definitions, issues and methodology,* in: Swinnen, Johan F. M. (Hg.): *Political Economy of Agrarian Reform in Central and Eastern Europe,* Ashgate: Aldershot, Brookfield, USA, Singapore und Sydney, 1997: 1–31.

Radcliffe-Brown, A. R. *Method in Social Anthropology,* Chicago: Chicago UP, 1958.

Richter, Rudolf und Furubotn, Eirik G. *Neue Institutionenökonomik – Eine Einführung und kritische Würdigung,* Tübingen: Mohr, 1996

Roberts, Henry L. *Rumania – Political Problems of an Agrarian State,* USA: Archon Books 1969 [1951, Yale UP].

Ronnas, Per *Turning the Romanian Peasant into a New Socialist Man: An assessment of Rural Development Policy in Romania,* Soviet Studies, vol. XLI, Nr. 4, 1989: 543–559.

Rueschemeyer, Marilyn (Hg.) *Women in the Politics of Postcommunist Eastern Europe,* M. E. Sharpe: Armonk, 1994.

Sampson, Steven *All Is Possible, Nothing Is Certain: The Horizons of Transition in a Romanian Village,* in: Kideckel, David A. (Hg.) *East European Communities. The struggle for Balance in Turbulent Times,* Boulder und Oxford: Westview Press, 1995: 159–178.

Sárkány Mihály *Economic changes in a Northern Hungarian Village,* in: Hollos, Marida und Maday, Bela C. (Hg.) *New Hungarian Peasants: An East central European Experience with Collectivization,* New York: Columbia UP, 1983: 25–56.

Schäfers, Bernhard *Eigentum,* in: ders. (Hg.) *Grundbegriffe der Soziologie,* Leverkusen: Leske + Budrich, 1986.

Schneider, Thomas *Landwirtschaft in Hajós. Agrarhistorie und sozialer Wandel in einem ungarndeutschen Dorf,* Studien zur Volkskultur 27, herausgegeben im Auftrag der Gesellschaft für Volkskunde in Rheinland-Pfalz von Frank Roeb und Herbert Schwedt, Mainz 2000.

Schweizer, Thomas *Perspektivenwandel in der ethnologischen Primär- und Sekundäranalyse,* Kölner Zeitschrift für Soziologie und Sozialpsychologie 41/3, 1989: 465–482.

Schweizer, Thomas *Netzwerkanalyse als moderne Strukturanalyse,* in: ders. (Hg.) *Netzwerkanalyse. Ethnologische Perspektiven,* Berlin, Reimer Verlag, 1989: 1–32.

Scott, Hilda *Women and Socialism. Experiences from Eastern Europe,* London: Alison & Busby, 1976.

Seres, Katalin *A Pusztai Vadóc* [Der Windfang der Puszta], Ungarn: eFo Kiadó, 2000.

Sikor, Thomas *Exploring the fuzziness of post-socialist property rights: contested land relations in northwestern Vietnam,* Paper zum Workshop: Property Rights in Natural Resources in Post-communist Countries, Universität Lund, 2001.

Solschenizyn, Alexander *Der Archipel GULAG. 1918–1956. Versuch einer künstlerischen Bewältigung,* Bern und München: Scherz Verlag, 1974.

Sozan, Michael *Domestic Husbandry and Social Stratification,* in: Hollos, Marida und Maday, Bela C. (Hg) *New Hungarian Peasants: An East central European Experience with Collectivization,* New York: Columbia UP, 1983: 123–144.

Stark, David *Path dependence and privatisation Strategies in East Central Europe,* East European Politics and Societies 6(1), 1992: 17–54.

Stark, David *Recombinant Property in Eastern European Capitalism,* American Journal of Sociology 101, 1996: 993–1027.

Stewart, Michael *Gypsies, the work ethic, and Hungarian Socialism,* in Hann, Christopher M. (Hg.): *Socialism. Ideals, Ideologies and Local Practice,* ASA Monographs 31, London und New York: Routledge, 1993. 187–203.

Swain, Nigel *Collective Farms which work?,* Cambridge: Cambrige UP, 1985.

Swain, Nigel *Getting land in Central Europe,* in Abrahams, Ray (ed.) *After Socialism: Land and Reform and Rural Social Change in Eastern Europe,* Oxford and Providence: Berghahn, 1996: 193–215.

Swain, Nigel *A Framework for Comparing Social Change in the Post-Socialist Countryside,* Eastern European Countryside, Nr. 4, 1998: 5–18.

Swain, Nigel *The Rural Transition in Post-socialist Central Europe and the Balkans,* Working Paper No. 9, Max Planck Institute for Social Anthroplogy, Halle/Saale 2000.

Szabó, Imre *Fejezetek Mesterszállás történetb•l* [Skizzen über die Geschichte von Mesterszállás], in Barna, Gábor (Hg.) *Mesterszállás. Fejezetek a község történetből,* Mesterszállás 1995: 38–84.

Szabó, István und Szabó, László *Mesterszállás,* in: *Adatok Szolnok megye történetéből,* Szolnok: Szolnok Megyei Levéltár, 1980: 599–606.

Szabó, Piroska *A magángazdálkodás visszatérése (Egy Örségi példa)* [Die Wiederkehr der selbständigen Wirtschaft (ein Beispiel aus Örség)], in: *A magyar tudományos Akadémia Néprajzi Kutatóintézetének évkönyve XIX,* Budapest: Akadémia Kiadó, 1998: 205–215.

Szalai, Julia *Some Aspects of the Changing Situation of Women in Hungary,* Signs 17, 1991.

Szelényi, Iván *Sozialistische Unternehmer. Verbürgerlichung im ländlichen Ungarn,* Hamburg: Junius-Verlag, 1989.

Thelen, Tatjana *„Zurück in Zukunft oder: Wer ist ein Bauer?" Institutionelle Transformation und kollektive Selbstbilder in einer ländlichen Gemeinde in Ungarn,* in: Rammert, Werner; Knauthe, Gunther, Buchenau, Klaus und Altenhörner, Florian (Hg.): *Kollektive Iden-*

titäten und kulturelle Innovationen, Leipzig: Leipziger Universitätsverlag, 2001a: 279–300.

Thelen, Tajana *"Post-socialist Entrepreneurs in rural Hungary": Social Continuity and Legal Practice in Mesterszállás*, Acta Ethnographica Hungarica, 46 (3–4), 2001b: 315–342.

Thelen, Tatjana *"The son of a fox is a fox, the son of a dog a dog" – Forms of capital and local perception of success in a Hungarian village (concluding a comparison to a village in Romania)*, in: Magyari-Vincze, Enikő (Hg.) *Cultural Anthropology on Eastern Europe – Cultural Anthropology in Eastern Europe*, 2001c, in Druck.

Turnock, David *Romanian Villages: Rural Planning under Communism*, Rural History 2,1, 1991: 81–112.

Varga, Gyula *Hungarian Agriculture and the EU*, The Hungarian Quarterly, Vol. 39, 1998: 108–119.

Vasary, Ildiko *Beyond the Plan. Social Change in a Hungarian village*, Boulder und London: Westview Press, 1987.

Verdery, Katherine *Transylvanian Villagers. Three Centuries of Political, Economic and Ethnic Change*, Berkeley, Los Angeles und London: University of California Press, 1983.

Verdery, Katherine *What was socialism and what comes next?*, Princeton: Princeton UP, 1996.

Verdery, Katherine *Fuzzy Property: Rights, Power and Identity in Transylvania's Decollectivization*, in: Burawoy, Michael und Verdery, Katherine (Hg.): *Uncertain Transition. Ethnographies of change in the Postsocialist World*, Lanham USA: Rowman&Littlefield Publishers, 1999: 53–81.

Vince, Mária und Swain, Nigel *Agricultural Transformation and the rural Labour Market in Romania*, Replika Nr. 33–34, 1998: 191–206.

Wagner, Ernst *Historisch-Statistisches Ortsnamenbuch für Siebenbürgen*, Köln und Wien: Böhlau Verlag, 1977.

Weimer, David L. *The political economy of property rights*, in: ders. (Hg.): *The political economy of property rights (Institutional change and credibility in the Reform of Centrally Planned Economies)*, Cambridge: Cambridge UP, 1997: 1–19.

Wejnert, Barbara und Spencer, Metta (Hg.) *Women in Post-Communism*, Research on Russia and Eastern Europe Vol. 2, Greenwich: JAI PRESS INC., 1996.

Wirsing, Rolf *Probleme des interkulturellen Vergleichs in der Ethnologie*, Sociologus 25, 1975: 97–126.

Zentralarchiv für empirische Sozialforschung (Hg.) *International Social Survey Program 1986 (ISSP): Social Networks and Support Systems*, Zentralarchiv für empirische Sozialforschung an der Universität zu Köln, 1986.

uldigt sich
Seite 9
Berlin